1章 数と式

1節 式の計算

1 整式とその加法・減法

本編 p.004

A

1 (1) 次数は 2，係数は $\boldsymbol{-1}$

x に着目すると，次数は 1，係数は $\boldsymbol{-a}$

a に着目すると，次数は 1，係数は $\boldsymbol{-x}$

(2) 次数は 6，係数は 2

x に着目すると，次数は 4，係数は $\boldsymbol{2a^2}$

a に着目すると，次数は 2，係数は $\boldsymbol{2x^4}$

(3) 次数は 5，係数は 9

y に着目すると，次数は 1，係数は $\boldsymbol{9abx^2}$

a と b に着目すると，次数は 2，係数は $\boldsymbol{9x^2y}$

2 (1) $2x^2-5x-4-x^2+3x+7$

$=(2-1)x^2+(-5+3)x+(-4+7)$

$\boldsymbol{=x^2-2x+3}$

(2) $3x-1+4x^2+1+3x^3-4x^2$

$=3x^3+(4-4)x^2+3x+(-1+1)$

$\boldsymbol{=3x^3+3x}$

(3) $x^2+3ax-a^2-4x^2-7ax+3a^2$

$=(1-4)x^2+(3-7)ax+(-1+3)a^2$

$\boldsymbol{=-3x^2-4ax+2a^2}$

(4) $5xy+2y^2-x^2-3y^2+2x^2-xy$

$=(-1+2)x^2+(5-1)xy+(2-3)y^2$

$\boldsymbol{=x^2+4xy-y^2}$

3 (1) **3次式**　(2) **3次式**　(3) **7次式**

4 (1) $2x^2+ax-1+3x+a$

$\boldsymbol{=2x^2+(a+3)x+(a-1)}$ より

x についての **2次式**で，x^2 の係数は **2**，

x の係数は $\boldsymbol{a+3}$，定数項は $\boldsymbol{a-1}$

(2) $2x^2+3xy+y^2-2x-y-1$

$\boldsymbol{=2x^2+(3y-2)x+(y^2-y-1)}$ より

x についての **2次式**で，x^2 の係数は **2**，

x の係数は $\boldsymbol{3y-2}$，定数項は $\boldsymbol{y^2-y-1}$

(3) $a^3x^3+ax-x^3-x+1$

$\boldsymbol{=(a^3-1)x^3+(a-1)x+1}$ より

x についての **3次式**で，x^3 の係数は $\boldsymbol{a^3-1}$，

x の係数は $\boldsymbol{a-1}$，定数項は **1**

(4) $a^2+ax^2-ax-b^2+bx+bx^2$

$\boldsymbol{=(a+b)x^2+(-a+b)x+(a^2-b^2)}$ より

（$+(-a+b)x$ は）$-(a-b)x$ としてもよい

x についての **2次式**で，x^2 の係数は $\boldsymbol{a+b}$，

x の係数は $\boldsymbol{-a+b}$，定数項は $\boldsymbol{a^2-b^2}$

5 (1) $A+B$

$=(3x^2-x-1)+(-x^3+3x^2+2)$

$=-x^3+(3+3)x^2-x+(-1+2)$

$\boldsymbol{=-x^3+6x^2-x+1}$

$A-B$

$=(3x^2-x-1)-(-x^3+3x^2+2)$

$=x^3+(3-3)x^2-x+(-1-2)$

$\boldsymbol{=x^3-x-3}$

(2) $A+B$

$=(7+5x-x^2)+(x^3+2x-1-4x^2)$

$=x^3+(-1-4)x^2+(5+2)x+(7-1)$

$\boldsymbol{=x^3-5x^2+7x+6}$

$A-B$

$=(7+5x-x^2)-(x^3+2x-1-4x^2)$

$=-x^3+(-1+4)x^2+(5-2)x+(7+1)$

$\boldsymbol{=-x^3+3x^2+3x+8}$

6 (1) $3A-2B$

$=3(x^2-2xy-3y^2)-2(-2x^2+3xy+y^2)$

$=(3+4)x^2+(-6-6)xy+(-9-2)y^2$ ← x^2，xy，y^2 の係数をまとめる

$\boldsymbol{=7x^2-12xy-11y^2}$

(2) $A+2B-(B-A)$

$=2A+B$ ← 式を簡単にしてから代入する

$=2(x^2-2xy-3y^2)+(-2x^2+3xy+y^2)$

$=(2-2)x^2+(-4+3)xy+(-6+1)y^2$ ← x^2, xy, y^2 の係数をまとめる

$\boldsymbol{=-xy-5y^2}$

(3) $2(A+B)+(2B-3A)$
$=2A+2B+2B-3A$
$=-A+4B$
$=-(x^2-2xy-3y^2)+4(-2x^2+3xy+y^2)$
式を簡単にしてから代入する

$=(-1-8)x^2+(2+12)xy+(3+4)y^2$
$=\boldsymbol{-9x^2+14xy+7y^2}$
x^2, xy, y^2 の係数をまとめる

B

7 $A+2B=x^3-8x-5$ ……①
$A+B=x^3-2x^2-4x+4$ ……②
①－②より
A と B の連立方程式とみる
$B=x^3-8x-5-(x^3-2x^2-4x+4)$
$=2x^2-4x-9$

②に代入して整理すると
$A=x^3-2x^2-4x+4-(2x^2-4x-9)$
$=x^3-4x^2+13$
(②×2－①を計算して A を求めてもよい。)
よって，$A=\boldsymbol{x^3-4x^2+13}$，$B=\boldsymbol{2x^2-4x-9}$

2 整式の乗法

本編 p.005～007

A

8 (1) $-(-a^3)^2=-(-1)^2a^{3\times2}=\boldsymbol{-a^6}$

(2) $3a\times(-2a)^3=3a\times(-2)^3a^3$
$=\{3\times(-8)\}a^{1+3}=\boldsymbol{-24a^4}$

(3) $(2x)^2\times x^3\times(-x)^4=4x^2\times x^3\times(-1)^4x^4$
$=(4\times1)x^{2+3+4}=\boldsymbol{4x^9}$

(4) $(-x^2y)^2\times(-2xy)^3=(-1)^2x^4y^2\times(-2)^3x^3y^3$
$=\{1\times(-8)\}x^{4+3}y^{2+3}=\boldsymbol{-8x^7y^5}$

(5) $(3ab^2c)^3\times\left(\frac{1}{3}a^3bc^2\right)^2$
$=3^3a^3b^6c^3\times\left(\frac{1}{3}\right)^2a^6b^2c^4$
$=\left(27\times\frac{1}{9}\right)a^{3+6}b^{6+2}c^{3+4}=\boldsymbol{3a^9b^8c^7}$

(6) $(-2xy^3)\times(x^2y)^2\times(-xy)^3$
$=(-2)\times xy^3\times x^4y^2\times(-1)^3x^3y^3$
$=(-2)\times(-1)x^{1+4+3}y^{3+2+3}=\boldsymbol{2x^8y^8}$

9 (1) $3a(-4a+5b)$
$=3a\cdot(-4a)+3a\cdot5b$
$=\boldsymbol{-12a^2+15ab}$

(2) $3x(x^2-2x-1)$
$=3x\cdot x^2+3x\cdot(-2x)+3x\cdot(-1)$
$=\boldsymbol{3x^3-6x^2-3x}$

(3) $(2x^2-3xy-y^2)x^2y$
$=2x^2\cdot x^2y-3xy\cdot x^2y-y^2\cdot x^2y$
$=\boldsymbol{2x^4y-3x^3y^2-x^2y^3}$

(4) $(4ab-12bc+8ca)\left(-\frac{1}{4}ab\right)$
$=4ab\cdot\left(-\frac{1}{4}ab\right)-12bc\cdot\left(-\frac{1}{4}ab\right)$
$+8ca\cdot\left(-\frac{1}{4}ab\right)$
$=\boldsymbol{-a^2b^2+3ab^2c-2a^2bc}$

10 (1) $(x-3y)(3x+2y)$
$=x(3x+2y)-3y(3x+2y)$
$=3x^2+2xy-9xy-6y^2=\boldsymbol{3x^2-7xy-6y^2}$

(2) $(2-x)(4+2x+x^2)$
$=2(4+2x+x^2)-x(4+2x+x^2)$
$=8+4x+2x^2-4x-2x^2-x^3=\boldsymbol{-x^3+8}$

(3) $(3x^2-4xy+y^2)(x+2y)$
$=3x^2(x+2y)-4xy(x+2y)+y^2(x+2y)$
$=3x^3+6x^2y-4x^2y-8xy^2+xy^2+2y^3$
$=\boldsymbol{3x^3+2x^2y-7xy^2+2y^3}$

(4) $(3x-4y-5)(x-2y+3)$
$=3x(x-2y+3)-4y(x-2y+3)$
$-5(x-2y+3)$
$=3x^2-6xy+9x-4xy+8y^2-12y$
$-5x+10y-15$
$=\boldsymbol{3x^2-10xy+8y^2+4x-2y-15}$

11 (1) $(2x+3)^2$
$=(2x)^2+2\cdot2x\cdot3+3^2=\boldsymbol{4x^2+12x+9}$

(2) $(3x-5y)^2$

$=(3x)^2-2\cdot3x\cdot5y+(5y)^2=\boldsymbol{9x^2-30xy+25y^2}$

(3) $(-a+3b)^2$

$=(-a)^2+2\cdot(-a)\cdot3b+(3b)^2=\boldsymbol{a^2-6ab+9b^2}$

(4) $(2a-5b)(2a+5b)$

$=(2a)^2-(5b)^2=\boldsymbol{4a^2-25b^2}$

(5) $(-x+y)(-x-y)$

$=(-x)^2-y^2=\boldsymbol{x^2-y^2}$

(6) $(x+6y)(x+y)$

$=x^2+(6+1)xy+6\cdot1y^2=\boldsymbol{x^2+7xy+6y^2}$

(7) $(x-2y)(x+8y)$

$=x^2+(-2+8)xy-2\cdot8y^2=\boldsymbol{x^2+6xy-16y^2}$

(8) $(a-5b)(a-7b)$

$=a^2+\{(-5)+(-7)\}ab+(-5)\cdot(-7)b^2$

$=\boldsymbol{a^2-12ab+35b^2}$

12 (1) $(x+2)(3x+1)$

$=1\cdot3x^2+(1\cdot1+2\cdot3)x+2\cdot1=\boldsymbol{3x^2+7x+2}$

(2) $(3x+2)(2x-1)$

$=3\cdot2x^2+\{3\cdot(-1)+2\cdot2\}x+2\cdot(-1)$

$=\boldsymbol{6x^2+x-2}$

(3) $(4x-3)(2x-3)$

$=4\cdot2x^2+\{4\cdot(-3)+(-3)\cdot2\}x+(-3)\cdot(-3)$

$=\boldsymbol{8x^2-18x+9}$

(4) $(x+2y)(3x-y)$

$=1\cdot3x^2+\{1\cdot(-1)+2\cdot3\}xy+2\cdot(-1)y^2$

$=\boldsymbol{3x^2+5xy-2y^2}$

(5) $(3x-4y)(x+5y)$

$=3\cdot1x^2+\{3\cdot5+(-4)\cdot1\}xy+(-4)\cdot5y^2$

$=\boldsymbol{3x^2+11xy-20y^2}$

(6) $(2x-3y)(7x-4y)$

$=2\cdot7x^2+\{2\cdot(-4)+(-3)\cdot7\}xy$

$+(-3)\cdot(-4)y^2$

$=\boldsymbol{14x^2-29xy+12y^2}$

13 (1) $a+2b=A$ とおくと

$(a+2b+2)(a+2b-3)$

$=(A+2)(A-3)=A^2-A-6$

$=(a+2b)^2-(a+2b)-6$

$=\boldsymbol{a^2+4ab+4b^2-a-2b-6}$

(2) $2x-3y=A$ とおくと

$(2x-3y+4)(2x-3y-1)$

$=(A+4)(A-1)=A^2+3A-4$

$=(2x-3y)^2+3(2x-3y)-4$

$=\boldsymbol{4x^2-12xy+9y^2+6x-9y-4}$

(3) $a+2=A$ とおくと

$(a-b+2)(a+3b+2)$

$=(A-b)(A+3b)=A^2+2bA-3b^2$

$=(a+2)^2+2b(a+2)-3b^2$

$=a^2+4a+4+2ab+4b-3b^2$

$=\boldsymbol{a^2+2ab-3b^2+4a+4b+4}$

(4) $y-1=A$ とおくと

$(x+y-1)(3x+y-1)$

$=(x+A)(3x+A)=3x^2+4Ax+A^2$

$=3x^2+4(y-1)x+(y-1)^2$

$=3x^2+4xy-4x+y^2-2y+1$

$=\boldsymbol{3x^2+4xy+y^2-4x-2y+1}$

14 (1) $(2x+y+z)(2x-y-z)$

$=\{2x+(y+z)\}\{2x-(y+z)\}$

$=(2x)^2-(y+z)^2$

$=\boldsymbol{4x^2-y^2-2yz-z^2}$

(2) $(a-3b-2c)(a+3b+2c)$

$=\{a-(3b+2c)\}\{a+(3b+2c)\}$

$=a^2-(3b+2c)^2$

$=a^2-(9b^2+12bc+4c^2)$

$=\boldsymbol{a^2-9b^2-12bc-4c^2}$

(3) $(2x-y+3z)(2x+y+3z)$

$=\{(2x+3z)-y\}\{(2x+3z)+y\}$

$=(2x+3z)^2-y^2$

$=4x^2+12xz+9z^2-y^2$

$=\boldsymbol{4x^2-y^2+9z^2+12zx}$

(4) $(a+2b-c)(a-2b+c)$

$=\{a+(2b-c)\}\{a-(2b-c)\}$

$=a^2-(2b-c)^2$

$=a^2-(4b^2-4bc+c^2)$

$=\boldsymbol{a^2-4b^2+4bc-c^2}$

15 $(a+b+c)^2=a^2+b^2+c^2+2ab+2bc+2ca$ を公式として使った

(1) $(a+2b+c)^2$

$=a^2+(2b)^2+c^2+2\cdot a\cdot 2b+2\cdot 2b\cdot c+2\cdot c\cdot a$

$=\boldsymbol{a^2+4b^2+c^2+4ab+4bc+2ca}$

(2) $(2x-y-z)^2$

$=(2x)^2+(-y)^2+(-z)^2+2\cdot 2x\cdot(-y)+2\cdot(-y)\cdot(-z)+2\cdot(-z)\cdot 2x$

$=\boldsymbol{4x^2+y^2+z^2-4xy+2yz-4zx}$

16 (1) $(3a+b)^2(3a-b)^2=\{(3a+b)(3a-b)\}^2$ ← $A^2B^2=(AB)^2$

$=(9a^2-b^2)^2$

$=\boldsymbol{81a^4-18a^2b^2+b^4}$

(2) $(x+2y)(x^2+4y^2)(x-2y)$

$=(x^2+4y^2)\{(x+2y)(x-2y)\}$

$=(x^2+4y^2)(x^2-4y^2)$

$=\boldsymbol{x^4-16y^4}$

B

17 (1) $(x-1)(x+2)(x-3)(x+4)$

$=\{(x-1)(x+2)\}\{(x-3)(x+4)\}$

$=(x^2+x-2)(x^2+x-12)$

$x^2+x=A$ とおくと $(A-2)(A-12)=A^2-14A+24$

$=\{(x^2+x)-2\}\{(x^2+x)-12\}$

$=(x^2+x)^2-14(x^2+x)+24$

$=x^4+2x^3+x^2-14x^2-14x+24$

$=\boldsymbol{x^4+2x^3-13x^2-14x+24}$

(2) $(x+2)(x+3)(x-4)(x-5)$

$=\{(x+2)(x-4)\}\{(x+3)(x-5)\}$

$=(x^2-2x-8)(x^2-2x-15)$

$x^2-2x=A$ とおくと $(A-8)(A-15)=A^2-23A+120$

$=\{(x^2-2x)-8\}\{(x^2-2x)-15\}$

$=(x^2-2x)^2-23(x^2-2x)+120$

$=x^4-4x^3+4x^2-23x^2+46x+120$

$=\boldsymbol{x^4-4x^3-19x^2+46x+120}$

> 置き換えができるように，項の組合せを考える。
> $\{(x+2)(x+3)\}\{(x-4)(x-5)\}$
> $=(x^2+5x+6)(x^2-9x+20)$
> と展開しても，置き換えができない。

18 (1) $(x^2-1)(x^2+2x-1)$

$=(x^2-1)x^2+(x^2-1)\cdot 2x+(x^2-1)\cdot(-1)$

$=x^4-x^2+2x^3-2x-x^2+1$

$=\boldsymbol{x^4+2x^3-2x^2-2x+1}$

(2) $(x^3+2x-1)(x^2-2)$

$=(x^3+2x-1)x^2+(x^3+2x-1)\cdot(-2)$

$=x^5+2x^3-x^2-2x^3-4x+2$

$=\boldsymbol{x^5-x^2-4x+2}$

(3) $(4x-2+3x^2)(x^2+5-2x)$

$=(3x^2+4x-2)(x^2-2x+5)$

$=(3x^2+4x-2)x^2+(3x^2+4x-2)\cdot(-2x)+(3x^2+4x-2)\cdot 5$

$=3x^4+4x^3-2x^2-6x^3-8x^2+4x+15x^2+20x-10$

$=\boldsymbol{3x^4-2x^3+5x^2+24x-10}$

19 (1) $(x+yz)^2(x-yz)^2=\{(x+yz)(x-yz)\}^2$

$=(x^2-y^2z^2)^2=\boldsymbol{x^4-2x^2y^2z^2+y^4z^4}$

(2) $(2x-3y-4z)^2$

$=(2x)^2+(-3y)^2+(-4z)^2+2\cdot(2x)\cdot(-3y)+2\cdot(-3y)\cdot(-4z)+2\cdot(-4z)\cdot 2x$

$=\boldsymbol{4x^2+9y^2+16z^2-12xy+24yz-16zx}$

(3) $(2a+b)(2a-b)(4a^2+b^2)$

$=(4a^2-b^2)(4a^2+b^2)=\boldsymbol{16a^4-b^4}$

(4) $(3x+3y-z)(x+y-z)$

$=\{3(x+y)-z\}\{(x+y)-z\}$

$=3(x+y)^2-4(x+y)z+z^2$

$=3x^2+6xy+3y^2-4xz-4yz+z^2$

$=\boldsymbol{3x^2+3y^2+z^2+6xy-4yz-4zx}$

(5) $(3a^2-5ab+2b^2)(3a^2+5ab+2b^2)$

$=\{(3a^2+2b^2)-5ab\}\{(3a^2+2b^2)+5ab\}$

$=(3a^2+2b^2)^2-(5ab)^2$

$=9a^4+12a^2b^2+4b^4-25a^2b^2$

$=\boldsymbol{9a^4-13a^2b^2+4b^4}$

(6) $(x^3+x^2-x+2)(x^3-x^2-x-2)$

$=\{(x^3-x)+(x^2+2)\}\{(x^3-x)-(x^2+2)\}$

$=(x^3-x)^2-(x^2+2)^2$

$=x^6-2x^4+x^2-(x^4+4x^2+4)$

$=\boldsymbol{x^6-3x^4-3x^2-4}$

20 (1)　$(5x^2-3x+2)(4x^2+3x-2)$

x の項は

$$-3x\times(-2)+2\times3x=6x+6x=12x$$

よって，x の係数は **12**

x^2 の項は

$$5x^2\times(-2)+(-3x)\times3x+2\times4x^2$$
$$=-10x^2-9x^2+8x^2=-11x^2$$

よって，x^2 の係数は **-11**

(2)　$(2x^2+xy-y^2)(x^2-3xy+6y^2)$

x^3y の項は　　　$2x^2\times(-3xy)+xy\times x^2$
$$=-6x^3y+x^3y=-5x^3y$$

よって，x^3y の係数は **-5**

x^2y^2 の項は　　　$2x^2\times6y^2+xy\times(-3xy)+(-y^2)\times x^2$
$$=12x^2y^2-3x^2y^2-x^2y^2=8x^2y^2$$

よって，x^2y^2 の係数は **8**

21 (1)　$(\underline{x^2}+xy+\underline{y^2})(\underline{x^2}-xy+\underline{y^2})(x^4-x^2y^2+y^4)$
$$=\{(x^2+y^2)+xy\}\{(x^2+y^2)-xy\}(x^4-x^2y^2+y^4)$$
$$=\{(x^2+y^2)^2-x^2y^2\}(x^4-x^2y^2+y^4)$$
$$=(x^4+2x^2y^2+y^4-x^2y^2)(x^4-x^2y^2+y^4)$$
$$=(x^4+x^2y^2+y^4)(x^4-x^2y^2+y^4)$$
$$=\{(x^4+y^4)+x^2y^2\}\{(x^4+y^4)-x^2y^2\}$$
$$=(x^4+y^4)^2-(x^2y^2)^2$$
$$=x^8+2x^4y^4+y^8-x^4y^4=\boldsymbol{x^8+x^4y^4+y^8}$$

(2)　$(a+b+c)^2+(-a+b+c)^2-(a-b+c)^2-(a+b-c)^2$
$$=\{a+(b+c)\}^2+\{-a+(b+c)\}^2-\{a-(b-c)\}^2-\{a+(b-c)\}^2$$
$$=\{a^2+2a(b+c)+(b+c)^2\}+\{a^2-2a(b+c)+(b+c)^2\}$$
$$\qquad-\{a^2-2a(b-c)+(b-c)^2\}-\{a^2+2a(b-c)+(b-c)^2\}$$
$$=2a^2+2(b+c)^2-2a^2-2(b-c)^2$$
$$=2(b^2+2bc+c^2)-2(b^2-2bc+c^2)$$
$$=4bc+4bc=\boldsymbol{8bc}$$

(3)　$(a+b+c+d)(a-b-c+d)-(a+b-c-d)(a-b+c-d)$
$$=\underline{\{(a+d)+(b+c)\}\{(a+d)-(b+c)\}}$$
$$\qquad\qquad-\underline{\{(a-d)+(b-c)\}\{(a-d)-(b-c)\}}$$

同符号の項と異符号の項をそれぞれまとめる

$$=\{(a+d)^2-(b+c)^2\}-\{(a-d)^2-(b-c)^2\}$$
$$=a^2+2ad+d^2-(b^2+2bc+c^2)-(a^2-2ad+d^2)+(b^2-2bc+c^2)$$
$$=\boldsymbol{4ad-4bc}$$

教 p.20 節末 ③

⇦ x の項になる積

$$(5x^2-3x+2)(4x^2+3x-2)$$

⇦ x^2 の項になる積

$$(5x^2-3x+2)(4x^2+3x-2)$$

1

1節　式の計算

⇦ $(x^2+\underset{A}{\underline{xy}}+y^2)(x^2-\underset{A}{\underline{xy}}+y^2)$

$(A+B)(A-B)=A^2-B^2$

が使える形にする。

⇦ $b+c=A$，$b-c=B$ とおくと
$$(a+A)^2+(-a+A)^2$$
$$\qquad\qquad-(a-B)^2-(a+B)^2$$
$$=(a^2+2aA+A^2)$$
$$\qquad\qquad+(a^2-2aA+A^2)$$
$$\qquad-(a^2-2aB+B^2)$$
$$\qquad\qquad-(a^2+2aB+B^2)$$

⇦ a と d は同符号，b と c は異符号

同符号

$(A+B)(A-B)=A^2-B^2$

異符号

3 因数分解

本編 p.008～011

A

22 (1) $3ax+6ay=3a\cdot x+3a\cdot 2y=\boldsymbol{3a(x+2y)}$

(2) $12x^2y-8xy^2$

$=4xy\cdot 3x-4xy\cdot 2y=\boldsymbol{4xy(3x-2y)}$

(3) $\underline{-14}axy+\underline{35}ax+\underline{21}ay$ ←14, 35, 21 の最大公約数は 7

$=7a\cdot(-2xy)+7a\cdot 5x+7a\cdot 3y$

$=\boldsymbol{7a(-2xy+5x+3y)}$

（$\boldsymbol{-7a(2xy-5x-3y)}$ でもよい。）

(4) $6a^4b-3a^3b^2+9a^2b^3$

$=3a^2b\cdot 2a^2-3a^2b\cdot ab+3a^2b\cdot 3b^2$

$=\boldsymbol{3a^2b(2a^2-ab+3b^2)}$

23 (1) $\underline{(x+y)}^2+4\underline{(x+y)}=\boldsymbol{(x+y)(x+y+4)}$

$(x+y)$ が共通因数

(2) $x\underline{(2a-b)}-3y\underline{(2a-b)}=\boldsymbol{(2a-b)(x-3y)}$

$(2a-b)$ が共通因数

(3) $(a-1)x\underline{-(1-a)}y$ 　$-(1-a)=(a-1)$ とする

$=(a-1)x+(a-1)y$

$=\boldsymbol{(a-1)(x+y)}$

(4) $x(y-z)\underline{+(z-y)}z$ 　$(z-y)=-(y-z)$ とする

$=x(y-z)-(y-z)z$

$=\boldsymbol{(x-z)(y-z)}$

(5) $x(y-z)\underline{-y+z}$ 　$-y+z=-(y-z)$ とする

$=x(y-z)-(y-z)$

$=\boldsymbol{(x-1)(y-z)}$

24 (1) $x^2-12x+36$

$=x^2-2\cdot 6x+6^2=\boldsymbol{(x-6)^2}$

(2) $25x^2+10xy+y^2$

$=(5x)^2+2\cdot 5x\cdot y+y^2=\boldsymbol{(5x+y)^2}$

(3) $\underline{6a}x^2-\underline{12a}xy+\underline{6a}y^2$ 　共通因数 $6a$ をはじめにくくり出す

$=6a(x^2-2xy+y^2)$

$=\boldsymbol{6a(x-y)^2}$

(4) $4x^2-36y^2=4(x^2-9y^2)$

$=\boldsymbol{4(x+3y)(x-3y)}$

(5) $a-ax^2y^2=a(1-x^2y^2)=a\{1^2-(xy)^2\}$

$=\boldsymbol{a(1+xy)(1-xy)}$

(6) $9a^2c^4-b^2c^2=c^2(9a^2c^2-b^2)$

$=c^2\{(3ac)^2-b^2\}=\boldsymbol{c^2(3ac+b)(3ac-b)}$

25 (1) $x^2+8x+12$

$=x^2+(2+6)x+2\cdot 6=\boldsymbol{(x+2)(x+6)}$

(2) $x^2-5x-36$

$=x^2+(4-9)x+4\cdot(-9)=\boldsymbol{(x+4)(x-9)}$

(3) $x^2-7xy+10y^2$

$=x^2-(2y+5y)x+2y\cdot 5y=\boldsymbol{(x-2y)(x-5y)}$

(4) $x^2+13xy-48y^2$

$=x^2+(16y-3y)x+16y\cdot(-3y)$

$=\boldsymbol{(x+16y)(x-3y)}$

26 (1) $2x^2+7x+5$

$=\boldsymbol{(x+1)(2x+5)}$

1	1 →	2
2	5 →	5
2	5	7

(2) $3x^2+13x-10$

$=\boldsymbol{(x+5)(3x-2)}$

1	5 →	15
3	−2 →	−2
3	−10	13

(3) $6a^2-17a+12$

$=\boldsymbol{(2a-3)(3a-4)}$

2	−3 →	−9
3	−4 →	−8
6	12	−17

(4) $8a^2-6ab-5b^2$

$=\boldsymbol{(2a+b)(4a-5b)}$

2	b →	$4b$
4	$-5b$ →	$-10b$
8	$-5b^2$	$-6b$

(5) $9x^2-29xy+20y^2$

$=\boldsymbol{(x-y)(9x-20y)}$

1	$-y$ →	$-9y$
9	$-20y$ →	$-20y$
9	$20y^2$	$-29y$

(6) $15x^2+38xy+24y^2$

$=\boldsymbol{(3x+4y)(5x+6y)}$

3	$4y$ →	$20y$
5	$6y$ →	$18y$
15	$24y^2$	$38y$

27 (1) $x-2y=A$ とおくと

$(x-2y)^2-z^2$

$=A^2-z^2=(A+z)(A-z)$

$=\{(x-2y)+z\}\{(x-2y)-z\}$

$=\boldsymbol{(x-2y+z)(x-2y-z)}$

(2) $x+y=A$，$y-z=B$ とおくと

$(x+y)^2-(y-z)^2$

$=A^2-B^2=(A+B)(A-B)$

$=\{(x+y)+(y-z)\}\{(x+y)-(y-z)\}$

$=\boldsymbol{(x+2y-z)(x+z)}$

(3) $a+b=A$ とおくと

$(a+b)^2-8(a+b)+15$

$=A^2-8A+15=(A-3)(A-5)$

$=\boldsymbol{(a+b-3)(a+b-5)}$

(4) $x^2=A$ とおくと

x^4+5x^2-6

$=A^2+5A-6=(A+6)(A-1)$

$=(x^2+6)(x^2-1)$

$=\boldsymbol{(x^2+6)(x+1)(x-1)}$

(5) $x^2=A$ とおくと

x^4-81

$=A^2-9^2=(A+9)(A-9)$

$=(x^2+9)(x^2-9)$

$=\boldsymbol{(x^2+9)(x+3)(x-3)}$

(6) $x^2+2x=A$ とおくと

$(x^2+2x)^2-11(x^2+2x)+24$

$=A^2-11A+24=(A-3)(A-8)$

$=(x^2+2x-3)(x^2+2x-8)$

$=\boldsymbol{(x+3)(x-1)(x+4)(x-2)}$

28 (1) $x^2+2xy+2y-1$

$=2(x+1)y+x^2-1$ ← 次数の低い y について整理

$=(x+1)\cdot 2y+(x+1)(x-1)$

$=\boldsymbol{(x+1)(x+2y-1)}$

(2) $x^2+xy-3x-y+2$

$=(x-1)y+x^2-3x+2$ ← 次数の低い y について整理

$=(x-1)y+(x-1)(x-2)$

$=\boldsymbol{(x-1)(x+y-2)}$

(3) a^3+b-a^2b-a

$=(1-a^2)b+a^3-a$ ← 次数の低い b について整理

$=(1-a^2)b-a(1-a^2)$

$=(1-a^2)(b-a)=(a^2-1)(a-b)$

$=\boldsymbol{(a+1)(a-1)(a-b)}$

(4) $2a^2+2ab+ac-bc-c^2$

$=(2a-c)b+2a^2+ac-c^2$ ← 次数の低い b について整理

$=(2a-c)b+(2a-c)(a+c)$

$=(2a-c)\{b+(a+c)\}$

$=\boldsymbol{(2a-c)(a+b+c)}$

(5) $x^2z+x+y-y^2z$

$=(x^2-y^2)z+x+y$ ← 次数の低い z について整理

$=(x+y)(x-y)z+(x+y)$

$=(x+y)\{(x-y)z+1\}$

$=\boldsymbol{(x+y)(xz-yz+1)}$

(6) $a^2b+a^2c-ab^2-b^2c$

$=(a^2-b^2)c+a^2b-ab^2$ ← 次数の低い c について整理

$=(a+b)(a-b)c+ab(a-b)$

$=(a-b)\{(a+b)c+ab\}$

$=\boldsymbol{(a-b)(ab+bc+ca)}$

B

29 (1) $x^2+x-y(y+1)$

$=\boldsymbol{(x-y)(x+y+1)}$

$$\begin{array}{ccccc} 1 & \times & -y & \rightarrow & -y \\ 1 & & y+1 & \rightarrow & y+1 \\ \hline & & & & 1 \end{array}$$

(2) $x^2-(2y+3)x+(y+1)(y+2)$

$$\begin{array}{ccccc} 1 & \times & -(y+1) & \rightarrow & -y-1 \\ 1 & & -(y+2) & \rightarrow & -y-2 \\ \hline & & & & -2y-3 \end{array}$$

$=\{x-(y+1)\}\{x-(y+2)\}$

$=\boldsymbol{(x-y-1)(x-y-2)}$

(3) $x^2+(y-2)x-2y(y-1)$

$$\begin{array}{ccccc} 1 & \times & -y & \rightarrow & -y \\ 1 & & 2(y-1) & \rightarrow & 2y-2 \\ \hline & & & & y-2 \end{array}$$

$=(x-y)\{x+2(y-1)\}$

$=\boldsymbol{(x-y)(x+2y-2)}$

(4) $x^2+(y+2)x-(y-1)(2y+1)$

$$\begin{array}{ccccc} 1 & \times & -(y-1) & \rightarrow & -y+1 \\ 1 & & 2y+1 & \rightarrow & 2y+1 \\ \hline & & & & y+2 \end{array}$$

$=\{x-(y-1)\}\{x+(2y+1)\}$

$=\boldsymbol{(x-y+1)(x+2y+1)}$

(5) $x^2+(2y-1)x+y^2-y-2$

$=x^2+(2y-1)x+(y+1)(y-2)$

$$\begin{array}{ccccc} 1 & \times & y+1 & \rightarrow & y+1 \\ 1 & & y-2 & \rightarrow & y-2 \\ \hline & & & & 2y-1 \end{array}$$

$=\{x+(y+1)\}\{x+(y-2)\}$

$=\boldsymbol{(x+y+1)(x+y-2)}$

(6) $x^2-(y+3)x-2y^2+3y+2$

$=x^2-(y+3)x-\underline{(2y^2-3y-2)}$

－をくくり出してから因数分解をする

$=x^2-(y+3)x-(y-2)(2y+1)$

$$\begin{array}{llcr} 1 & y-2 & \to & y-2 \\ 1 & -(2y+1) & \to & -2y-1 \\ \hline & & & -y-3 \end{array}$$

$=\{x+(y-2)\}\{x-(2y+1)\}$

$=\boldsymbol{(x+y-2)(x-2y-1)}$

30 (1) $x^2+2xy+x+y^2+y-2$

$=x^2+(2y+1)x+(y^2+y-2)$

$=x^2+(2y+1)x+(y-1)(y+2)$

$$\begin{array}{llcr} 1 & y-1 & \to & y-1 \\ 1 & y+2 & \to & y+2 \\ \hline & & & 2y+1 \end{array}$$

$=\{x+(y-1)\}\{x+(y+2)\}$

$=\boldsymbol{(x+y-1)(x+y+2)}$

(2) $x^2-3xy+2y^2+2x-5y-3$

$=x^2-(3y-2)x+(2y^2-5y-3)$

$=x^2-(3y-2)x+(y-3)(2y+1)$

$$\begin{array}{llcr} 1 & -(y-3) & \to & -y+3 \\ 1 & -(2y+1) & \to & -2y-1 \\ \hline & & & -3y+2 \end{array}$$

$=\{x-(y-3)\}\{x-(2y+1)\}$

$=\boldsymbol{(x-y+3)(x-2y-1)}$

(3) $2x^2+3xy+y^2-x-2y-3$

$=2x^2+(3y-1)x+(y^2-2y-3)$

$=2x^2+(3y-1)x+(y+1)(y-3)$

$$\begin{array}{llcr} 1 & y+1 & \to & 2y+2 \\ 2 & y-3 & \to & y-3 \\ \hline & & & 3y-1 \end{array}$$

$=\{x+(y+1)\}\{2x+(y-3)\}$

$=\boldsymbol{(x+y+1)(2x+y-3)}$

(4) $2x^2-5xy-3y^2+x+11y-6$

$=2x^2-(5y-1)x-(3y^2-11y+6)$

$=2x^2-(5y-1)x-(3y-2)(y-3)$

$$\begin{array}{llcr} 1 & -(3y-2) & \to & -6y+4 \\ 2 & y-3 & \to & y-3 \\ \hline & & & -5y+1 \end{array}$$

$=\{x-(3y-2)\}\{2x+(y-3)\}$

$=\boldsymbol{(x-3y+2)(2x+y-3)}$

(5) $6x^2-7xy-5y^2-7x+3y+2$

$=6x^2-(7y+7)x-(5y^2-3y-2)$

$=6x^2-(7y+7)x-(y-1)(5y+2)$

$$\begin{array}{llcr} 2 & y-1 & \to & 3y-3 \\ 3 & -(5y+2) & \to & -10y-4 \\ \hline & & & -7y-7 \end{array}$$

$=\{2x+(y-1)\}\{3x-(5y+2)\}$

$=\boldsymbol{(2x+y-1)(3x-5y-2)}$

31 (1) $ab(a-b)+bc(b-c)+ca(c-a)$ 一度展開

$=a^2b-ab^2+bc(b-c)+ac^2-ca^2$

$=(b-c)a^2-(b^2-c^2)a+bc(b-c)$

a について整理

$=\underline{(b-c)}a^2-(b+c)\underline{(b-c)}a+bc\underline{(b-c)}$

a^2 の係数 $(b-c)$ が共通因数となる

$=(b-c)\{\underline{a^2-(b+c)a+bc}\}$

$$\begin{array}{llcr} 1 & -b & \to & -b \\ 1 & -c & \to & -c \\ \hline & & & -(b+c) \end{array}$$

$=(b-c)(a-b)(a-c)$

$=\boldsymbol{-(a-b)(b-c)(c-a)}$

(2) $bc(b+c)+ca(c-a)-ab(a+b)$

$=bc(b+c)+ac^2-a^2c-a^2b-ab^2$

$=-(b+c)a^2-(b^2-c^2)a+bc(b+c)$

$=-(b+c)a^2-(b+c)(b-c)a+bc(b+c)$

$=-(b+c)\{a^2+(b-c)a-bc\}$

$=-(b+c)(a+b)(a-c)$

$=\boldsymbol{(a+b)(b+c)(c-a)}$

(3) $ab(a+b)+bc(b+c)+ca(c+a)+2abc$

$=a^2b+ab^2+bc(b+c)+ac^2+a^2c+2abc$

$=(b+c)a^2+(b^2+2bc+c^2)a+bc(b+c)$

$=(b+c)a^2+(b+c)^2a+bc(b+c)$

$=(b+c)\{a^2+(b+c)a+bc\}$

$=(b+c)(a+b)(a+c)$

$=\boldsymbol{(a+b)(b+c)(c+a)}$

(4) $a(b+c)^2+\underline{b(c+a)^2+c(a+b)^2}-4abc$

a について整理するため展開

$=a(b+c)^2+\underline{b(c^2+2ca+a^2)}$

$\underline{+c(a^2+2ab+b^2)}-4abc$

$=(b+c)a^2+(b+c)^2a+bc(b+c)$

$=(b+c)\{a^2+(b+c)a+bc\}$

$=(b+c)(a+b)(a+c)$

$=\boldsymbol{(a+b)(b+c)(c+a)}$

32 (1) $x^2+(a-b)x-ab$

$\boldsymbol{=(x+a)(x-b)}$

$$\begin{array}{cccc} 1 & \diagdown\!\!\!\diagup & a \to & a \\ 1 & & -b \to & -b \\ \hline & & & a-b \end{array}$$

(2) $x^2-(a-b)x-ab$

$\boldsymbol{=(x-a)(x+b)}$

$$\begin{array}{cccc} 1 & \diagdown\!\!\!\diagup & -a \to & -a \\ 1 & & b \to & b \\ \hline & & & -a+b \end{array}$$

(3) $x^2+(2a-b)x-2ab$

$\boldsymbol{=(x+2a)(x-b)}$

$$\begin{array}{cccc} 1 & \diagdown\!\!\!\diagup & 2a \to & 2a \\ 1 & & -b \to & -b \\ \hline & & & 2a-b \end{array}$$

(4) $x^2-(a-2b)x-2ab$

$\boldsymbol{=(x-a)(x+2b)}$

$$\begin{array}{cccc} 1 & \diagdown\!\!\!\diagup & -a \to & -a \\ 1 & & 2b \to & 2b \\ \hline & & & -a+2b \end{array}$$

(5) $ax^2+(a^2-2)x-2a$

$\boldsymbol{=(x+a)(ax-2)}$

$$\begin{array}{cccc} 1 & \diagdown\!\!\!\diagup & a \to & a^2 \\ a & & -2 \to & -2 \\ \hline & & & a^2-2 \end{array}$$

(6) $abx^2-(a^2-b^2)x-ab$

$\boldsymbol{=(ax+b)(bx-a)}$

$$\begin{array}{cccc} a & \diagdown\!\!\!\diagup & b \to & b^2 \\ b & & -a \to & -a^2 \\ \hline & & & -a^2+b^2 \end{array}$$

33 (1) $x+2y=A$ とおくと

$(x+2y+2)(x+2y-2)+3$

$=(A+2)(A-2)+3$ ←― A で置き換えてから展開して因数分解する

$=A^2-4+3$

$=A^2-1$

$=(A+1)(A-1)$

$\boldsymbol{=(x+2y+1)(x+2y-1)}$

(2) $x+y=A$ とおくと

$(x+y-4)(x+y-3)-2$

$=(A-4)(A-3)-2$ ←― A で置き換えてから展開して因数分解する

$=A^2-7A+12-2$

$=A^2-7A+10$

$=(A-2)(A-5)\boldsymbol{=(x+y-2)(x+y-5)}$

34 (1) $y+1=A$ とおくと

$(x-y-1)(x+y+1)+3x^2$

$=(x-A)(x+A)+3x^2$

$=4x^2-A^2=(2x+A)(2x-A)$

$\boldsymbol{=(2x+y+1)(2x-y-1)}$

(2) $x-2=A$ とおくと

$(x+y-2)(x+3y-2)+y^2$

$=(A+y)(A+3y)+y^2$

$=A^2+4Ay+4y^2$

$=(A+2y)^2$

$\boldsymbol{=(x+2y-2)^2}$

(3) $x+1=A$ とおくと

$(x+y+1)(x-6y+1)+6y^2$

$=(A+y)(A-6y)+6y^2$

$=A^2-5Ay-6y^2+6y^2$

$=A^2-5Ay=A(A-5y)$

$\boldsymbol{=(x+1)(x-5y+1)}$

35 (1) $a^2+(a-b)^2-(b-c)^2-c^2$

$=(a^2-c^2)+\underline{(a-b)^2-(b-c)^2}$

↓ $A^2-B^2=(A+B)(A-B)$ の因数分解 ↓

$=(a+c)(a-c)$

$\quad+\underline{\{(a-b)+(b-c)\}\{(a-b)-(b-c)\}}$

$=(a+c)(a-c)+(a-c)(a-2b+c)$

$=(a-c)(a+c+a-2b+c)$

$=(a-c)(2a-2b+2c)$

$\boldsymbol{=2(a-c)(a-b+c)}$

(2) $(a^2-b^2+c^2)^2-4a^2c^2$ ← $4a^2c^2=(2ac)^2$

$=(a^2-b^2+c^2+2ac)(a^2-b^2+c^2-2ac)$

$=\{(a^2+2ac+c^2)-b^2\}\{(a^2-2ac+c^2)-b^2\}$

$=\{(a+c)^2-b^2\}\{(a-c)^2-b^2\}$

$=(a+c+b)(a+c-b)(a-c+b)(a-c-b)$

$\boldsymbol{=(a+b+c)(a-b+c)(a+b-c)(a-b-c)}$

(3) $(a+b)^2+(a+c)^2-(b+d)^2-(c+d)^2$

$=\{(a+b)^2-(b+d)^2\}+\{(a+c)^2-(c+d)^2\}$

$=(a+b+b+d)(a+b-b-d)$

$\quad+(a+c+c+d)(a+c-c-d)$

$=(a+2b+d)(a-d)+(a+2c+d)(a-d)$

$=(a-d)(2a+2b+2c+2d)$

$\boldsymbol{=2(a-d)(a+b+c+d)}$

36 (1) $a(a-c+1)+b(b+c-1)-2ab$

$=a^2-ac+a+b^2+bc-b-2ab$

次数の低い c について整理

$=(b-a)c+a^2+a+b^2-b-2ab$

$=(b-a)c+(a^2-2ab+b^2)+(a-b)$

$=-(a-b)c+(a-b)^2+(a-b)$

$=\boldsymbol{(a-b)(a-b-c+1)}$

(2) $x^2(1-yz)-y^2(1-xz)$ 一度展開

$=x^2-x^2yz-y^2+xy^2z$ 次数の低い z について整理

$=(-x^2y+xy^2)z+x^2-y^2$

$=-xy(x-y)z+(x+y)(x-y)$

$=(x-y)\{(x+y)-xyz\}$

$=\boldsymbol{(x-y)(x+y-xyz)}$

C

37 (1) $x^4+(2a-1)x^2+a^2$ 次数の低い a について整理

$=a^2+2x^2a+x^4-x^2$

$=a^2+2x^2a+x^2(x^2-1)$

$=a^2+2x^2a+x^2(x+1)(x-1)$

$=(a+x^2+x)(a+x^2-x)$

$=\boldsymbol{(x^2+x+a)(x^2-x+a)}$

$$\begin{array}{ccccc} 1 & \diagdown\!\!\!\!\diagup & x(x+1) & \to & x^2+x \\ 1 & & x(x-1) & \to & x^2-x \\ \hline & & & & 2x^2 \end{array}$$

⇦(別解)

$x^4+(2a-1)x^2+a^2$

$=(x^4+2ax^2+a^2)-x^2$

$=(x^2+a)^2-x^2$

$=(x^2+a+x)(x^2+a-x)$

$=(x^2+x+a)(x^2-x+a)$

(2) $x^4-(a^2-2)x^2+1$

$=x^4-a^2x^2+2x^2+1$ ← 次数の低い a について整理すると $-x^2a^2+(x^4+2x^2+1)$

$=(x^4+2x^2+1)-a^2x^2=(x^2+1)^2-(ax)^2$

$=(x^2+1+ax)(x^2+1-ax)$

$=\boldsymbol{(x^2+ax+1)(x^2-ax+1)}$

38 (1) $x^2+3x=A$ とおくと

$(x^2+3x-2)(x^2+3x+4)-16$

$=(A-2)(A+4)-16=A^2+2A-24$

$=(A+6)(A-4)=(x^2+3x+6)\underline{(x^2+3x-4)}$

$=\boldsymbol{\underline{(x-1)(x+4)}(x^2+3x+6)}$ ← さらに因数分解

(2) $(x+1)(x+2)(x+3)(x+4)-3$

$=\{(x+1)(x+4)\}\{(x+2)(x+3)\}-3$

$=(x^2+5x+4)(x^2+5x+6)-3$

$x^2+5x=A$ とおくと

$(x^2+5x+4)(x^2+5x+6)-3$

$=(A+4)(A+6)-3=A^2+10A+21$

$=(A+3)(A+7)=\boldsymbol{(x^2+5x+3)(x^2+5x+7)}$

⇦置き換えができるように，項の組合せを考える。
次の組合せでは置き換えができない。

$$\begin{cases}(x+1)(x+2)=x^2+3x+2\\(x+3)(x+4)=x^2+7x+12\end{cases}$$

$$\begin{cases}(x+1)(x+3)=x^2+4x+3\\(x+2)(x+4)=x^2+6x+8\end{cases}$$

39 (1) x^4+3x^2+4

$=(x^4+4x^2+4)-x^2=(x^2+2)^2-x^2$

$=(x^2+2+x)(x^2+2-x)$

$=\boldsymbol{(x^2+x+2)(x^2-x+2)}$

⇦ A^2-B^2 の形をつくる。

(2) x^4+64

$=(x^4+16x^2+64)-16x^2=(x^2+8)^2-(4x)^2$

$=(x^2+8+4x)(x^2+8-4x)$

$=\boldsymbol{(x^2+4x+8)(x^2-4x+8)}$

⇦ A^2-B^2 の形をつくる。

(3) $x^4-7x^2y^2+y^4$

$=(x^4+2x^2y^2+y^4)-9x^2y^2$

$=(x^2+y^2)^2-(3xy)^2$

$=(x^2+y^2+3xy)(x^2+y^2-3xy)$

$=\boldsymbol{(x^2+3xy+y^2)(x^2-3xy+y^2)}$

(4) $a^4-14a^2b^2+25b^4$

$=(a^4-10a^2b^2+25b^4)-4a^2b^2$

$=(a^2-5b^2)^2-(2ab)^2$

$=(a^2-5b^2+2ab)(a^2-5b^2-2ab)$

$=\boldsymbol{(a^2+2ab-5b^2)(a^2-2ab-5b^2)}$

(5) $9x^4+23x^2y^2+16y^4$

$=(9x^4+24x^2y^2+16y^4)-x^2y^2$

$=(3x^2+4y^2)^2-(xy)^2$

$=(3x^2+4y^2+xy)(3x^2+4y^2-xy)$

$=\boldsymbol{(3x^2+xy+4y^2)(3x^2-xy+4y^2)}$

40 (1) $(xy+2)(x-1)(y-2)+2xy$

$=(y-2)(x^2y-xy+2x-2)+2xy$

$=y(y-2)x^2+\{-(y-2)^2+2y\}x-2(y-2)$

$=y(y-2)x^2-(y^2-6y+4)x-2(y-2)$

$$\begin{array}{ccccc} y & \times & -(y-2) & \rightarrow & -y^2+4y-4 \\ y-2 & & 2 & \rightarrow & 2y \\ \hline & & & & -y^2+6y-4 \end{array}$$

$=\{yx-(y-2)\}\{(y-2)x+2\}$

$=\boldsymbol{(xy-y+2)(xy-2x+2)}$

(別解)

$(xy+2)(x-1)(y-2)+2xy$

$=(xy+2)(xy-2x-y+2)+2xy$

$xy+2=A$ とおくと

$(xy+2)(xy-2x-y+2)+2xy$

$=A(A-2x-y)+2xy$

$=A^2-(2x+y)A+2xy$

$=(A-2x)(A-y)$

$=(xy+2-2x)(xy+2-y)$

$=\boldsymbol{(xy-2x+2)(xy-y+2)}$

⇦ $(x^4-2x^2y^2+y^4)-5x^2y^2$
$=(x^2-y^2)^2-5x^2y^2$
と変形しても，$5x^2y^2$ が
B^2 の形にならない。

⇦ $(a^4+10a^2b^2+25b^4)-24a^2b^2$
$=(a^2+5b^2)^2-24a^2b^2$
と変形しても，$24a^2b^2$ が
B^2 の形にならない。

012

(2) $(1-a^2)(1-b^2)-4ab$

$=1-a^2-b^2+a^2b^2-4ab$

$=(b^2-1)a^2-4ab-(b^2-1)$

$=(b+1)(b-1)a^2-4ba-(b+1)(b-1)$

⇦a, b についてともに２次式だからどちらかの文字で整理する。

$$\begin{array}{ccccc} b+1 & \diagdown\!\!\!\!\diagup & b-1 & \rightarrow & b^2-2b+1 \\ b-1 & & -(b+1) & \rightarrow & -b^2-2b-1 \\ \hline & & & & -4b \end{array}$$

⇦a についての２次式だからたすき掛けを考える。

$=\{(b+1)a+(b-1)\}\{(b-1)a-(b+1)\}$

$=(ab+a+b-1)(ab-a-b-1)$

(別解)

$(1-a^2)(1-b^2)-4ab$

$=1-a^2-b^2+a^2b^2-4ab$

$=(a^2b^2-2ab+1)-(a^2+2ab+b^2)$

⇦$-4ab$ を２つの $-2ab$ に分けて考える。

$=(ab-1)^2-(a+b)^2$

$=(ab-1+a+b)(ab-1-a-b)$

$=(ab+a+b-1)(ab-a-b-1)$

(3) $x^3+(a+1)x^2+ax+a^2+a$

$=x^3+ax^2+x^2+ax+a^2+a$

$=a^2+(x^2+x+1)a+x^3+x^2$

⇦次数の低い a について整理する

$=a^2+(x^2+x+1)a+x^2(x+1)$

⇦a についての２次式だからたすき掛けを考える。

$$\begin{array}{ccccc} 1 & \diagdown\!\!\!\!\diagup & x+1 & \rightarrow & x+1 \\ 1 & & x^2 & \rightarrow & x^2 \\ \hline & & & & x^2+x+1 \end{array}$$

$=(a+x+1)(a+x^2)$

$=(x+a+1)(x^2+a)$

(4) $a^3+(b+2)a^2+(b-1)a+b^2+b-2$

$=a^3+a^2b+2a^2+ab-a+b^2+b-2$

$=b^2+(a^2+a+1)b+a^3+2a^2-a-2$

⇦次数の低い b について整理する。

$=b^2+(a^2+a+1)b+a^2(a+2)-(a+2)$

$=b^2+(a^2+a+1)b+(a+2)(a^2-1)$

$=(b+a+2)(b+a^2-1)$

$=(a+b+2)(a^2+b-1)$

$$\begin{array}{ccccc} 1 & \diagdown\!\!\!\!\diagup & a+2 & \rightarrow & a+2 \\ 1 & & a^2-1 & \rightarrow & a^2-1 \\ \hline & & & & a^2+a+1 \end{array}$$

⇦b についての２次式だからたすき掛けを考える。

発展 3次式の展開と因数分解

本編 p.012

A

41 (1) $(a+4)^3=a^3+3\cdot a^2\cdot 4+3\cdot a\cdot 4^2+4^3$

$=\boldsymbol{a^3+12a^2+48a+64}$

(2) $(x-3y)^3$

$=x^3-3\cdot x^2\cdot(3y)+3\cdot x\cdot(3y)^2-(3y)^3$

$=\boldsymbol{x^3-9x^2y+27xy^2-27y^3}$

(3) $(4a-3b)^3$

$=(4a)^3-3\cdot(4a)^2\cdot 3b+3\cdot 4a\cdot(3b)^2-(3b)^3$

$=\boldsymbol{64a^3-144a^2b+108ab^2-27b^3}$

42 (1) $(x-2)(x^2+2x+4)$

$=(x-2)(x^2+2\cdot x+2^2)$

$=x^3-2^3=\boldsymbol{x^3-8}$

(2) $(3x+y)(9x^2-3xy+y^2)$

$=(3x+y)\{(3x)^2-3x\cdot y+y^2\}$

$=(3x)^3+y^3=\boldsymbol{27x^3+y^3}$

43 (1) $8x^3+1=(2x)^3+1^3$

$=(2x+1)\{(2x)^2-2x\cdot 1+1^2\}$

$=\boldsymbol{(2x+1)(4x^2-2x+1)}$

(2) $27x^3-64y^3=(3x)^3-(4y)^3$

$=(3x-4y)\{(3x)^2+3x\cdot 4y+(4y)^2\}$

$=\boldsymbol{(3x-4y)(9x^2+12xy+16y^2)}$

(3) $ab^3+8ac^3=a(b^3+8c^3)$

$=a\{b^3+(2c)^3\}$

$=a(b+2c)\{b^2-b\cdot 2c+(2c)^2\}$

$=\boldsymbol{a(b+2c)(b^2-2bc+4c^2)}$

(4) $a^4b^3-27ac^3=a(a^3b^3-27c^3)$

$=a\{(ab)^3-(3c)^3\}$

$=a(ab-3c)\{(ab)^2+ab\cdot 3c+(3c)^2\}$

$=\boldsymbol{a(ab-3c)(a^2b^2+3abc+9c^2)}$

C

44 (1) 与式は $a=x$, $b=2y$, $c=-z$ とおいた式であるから

$x^3+8y^3-z^3+6xyz$

$=x^3+(2y)^3+(-z)^3-3\cdot x\cdot 2y\cdot(-z)$

$=(x+2y-z)\{x^2+(2y)^2+(-z)^2-x\cdot 2y-2y\cdot(-z)-(-z)\cdot x\}$

$=\boldsymbol{(x+2y-z)(x^2+4y^2+z^2-2xy+2yz+zx)}$

(2) 与式は $a=x$, $b=y$, $c=2$ とおいた式であるから

$x^3+y^3-6xy+8=x^3+y^3+2^3-3\cdot x\cdot y\cdot 2$

$=(x+y+2)(x^2+y^2+2^2-xy-y\cdot 2-2\cdot x)$

$=\boldsymbol{(x+y+2)(x^2+y^2-xy-2x-2y+4)}$

45 (1) x^3+2x^2+2x+4

$=(x^3+2x^2)+(2x+4)$

$=x^2(x+2)+2(x+2)$

$=\boldsymbol{(x+2)(x^2+2)}$

(別解)

x^3+2x^2+2x+4

$=(x^3+2x)+(2x^2+4)$

$=x(x^2+2)+2(x^2+2)$

$=\boldsymbol{(x+2)(x^2+2)}$

⇦共通因数が出てくる組合せを考える。

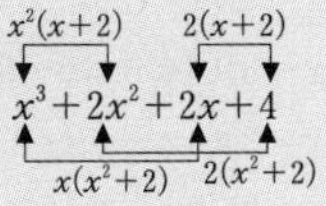

$x^2(x+2)$
$2(x+2)$
x^3+2x^2+2x+4
$x(x^2+2)$
$2(x^2+2)$

(2) $x^3-2x^2+5x-10$

$=(x^3-2x^2)+(5x-10)$

$=x^2(x-2)+5(x-2)$

$=(x-2)(x^2+5)$

（別解）

　$x^3-2x^2+5x-10$

$=(x^3+5x)-(2x^2+10)$

$=x(x^2+5)-2(x^2+5)$

$=(x-2)(x^2+5)$

(3) $\underline{x^3+2x^2+2x+1}$ ◀── x^3+1^3 として，3乗の因数分解

$=\underline{(x^3+1)}+(2x^2+2x)$

$=(x+1)(x^2-x+1)+2x(x+1)$

$=(x+1)(x^2+x+1)$

$$\overset{\overbrace{\quad(x+1)(x^2-x+1)\quad}}{\Leftarrow x^3+2x^2+2x+1}$$
$$\underset{\underbrace{\quad 2x(x+1)\quad}}{}$$

(4) $\underline{x^3+3x^2-6x-8}$ ◀── x^3-2^3 として，3乗の因数分解

$=\underline{(x^3-8)}+(3x^2-6x)$

$=(x-2)(x^2+2x+4)+3x(x-2)$

$=(x-2)(x^2+5x+4)$

$=(x-2)(x+1)(x+4)$

$$\overset{\overbrace{\quad(x-2)(x^2+2x+4)\quad}}{\Leftarrow x^3+3x^2-6x-8}$$
$$\underset{\underbrace{\quad 3x(x-2)\quad}}{}$$

(5) $\underline{8x^3+12x^2+6x+1}$ ◀── $(2x)^3+1^3$ として，3乗の因数分解

$=\underline{(8x^3+1)}+(12x^2+6x)$

$=(2x+1)(4x^2-2x+1)+6x(2x+1)$

$=(2x+1)(4x^2+4x+1)$

$=(2x+1)(2x+1)^2$

$=(2x+1)^3$

（別解）

　$8x^3+12x^2+6x+1$

$=(2x)^3+3\cdot(2x)^2\cdot1+3\cdot2x\cdot1^2+1^3$

$=(2x+1)^3$　↑─ 公式が適用できる形にする

⇦乗法公式より

　$a^3+3a^2b+3ab^2+b^3=(a+b)^3$

(6) $\underline{8x^3-36x^2+54x-27}$ ◀── $(2x)^3-3^3$ として，3乗の因数分解

$=\underline{(8x^3-27)}-(36x^2-54x)$

$=(2x-3)(4x^2+6x+9)-18x(2x-3)$

$=(2x-3)(4x^2-12x+9)$

$=(2x-3)(2x-3)^2$

$=(2x-3)^3$

（別解）

　$8x^3-36x^2+54x-27$

$=(2x)^3-3\cdot(2x)^2\cdot3+3\cdot2x\cdot3^2-3^3$

$=(2x-3)^3$　↑─ 公式が適用できる形にする

⇦乗法公式より

　$a^3-3a^2b+3ab^2-b^3=(a-b)^3$

2節 実数

1 実数

本編 p.013

A

46 (1) $\dfrac{3}{4}=\mathbf{0.75}$　　(2) $\dfrac{1}{8}=\mathbf{0.125}$

(3) $\dfrac{7}{11}=\mathbf{0.\dot{6}\dot{3}}$　　(4) $\dfrac{5}{13}=\mathbf{0.\dot{3}8461\dot{5}}$

47 (1) $a=0.\dot{2}=0.22\cdots\cdots$ とおくと

右の計算より

$9a=2$

$$\begin{array}{rr} 10a= & 2.22\cdots \\ -)\quad a= & 0.22\cdots \\ \hline 9a= & 2 \end{array}$$

よって　$a=\dfrac{2}{9}$

ゆえに　$0.\dot{2}=\mathbf{\dfrac{2}{9}}$

(2) $a=0.\dot{5}\dot{7}=0.5757\cdots\cdots$ とおくと

右の計算より

$99a=57$

$$\begin{array}{rr} 100a= & 57.5757\cdots \\ -)\quad a= & 0.5757\cdots \\ \hline 99a= & 57 \end{array}$$

よって　$a=\dfrac{57}{99}=\dfrac{19}{33}$

ゆえに　$0.\dot{5}\dot{7}=\mathbf{\dfrac{19}{33}}$

(3) $a=1.\dot{4}5\dot{6}=1.456456\cdots\cdots$ とおくと

右の計算より

$999a=1455$

$$\begin{array}{rr} 1000a= & 1456.456\cdots \\ -)\quad a= & 1.456\cdots \\ \hline 999a= & 1455 \end{array}$$

よって

$a=\dfrac{1455}{999}=\dfrac{485}{333}$

ゆえに　$1.\dot{4}5\dot{6}=\mathbf{\dfrac{485}{333}}$

(4) $a=2.3\dot{1}\dot{8}=2.31818\cdots\cdots$ とおくと

$10a=23.\dot{1}\dot{8}=23.1818\cdots\cdots$

↑10 倍して，小数第 1 位から繰り返しが始まるようにする

右の計算より

$990a=2295$

$$\begin{array}{rr} 1000a= & 2318.18\cdots \\ -)\quad 10a= & 23.18\cdots \\ \hline 990a= & 2295 \end{array}$$

よって

$a=\dfrac{2295}{990}=\dfrac{51}{22}$

ゆえに　$2.3\dot{1}\dot{8}=\mathbf{\dfrac{51}{22}}$

48 $\mathbf{\dfrac{3}{8}}$，$\mathbf{\dfrac{4}{25}}$ ← 分母の素因数が 2 または 5 だけの分数を選ぶ

49

数の範囲＼四則演習	加法	減法	乗法	除法
偶　数	○	○	○	×
奇　数	×	×	○	×
正の有理数	○	×	○	○
無理数	×	×	×	×

〈偶数で範囲を越える例〉

$10\div2=5$（奇数）

〈奇数で範囲を越える例〉

$3+5=8$（偶数）

$5-3=2$（偶数）

$5\div3=\dfrac{5}{3}$（整数でない有理数）

〈正の有理数で範囲を越える例〉

$\dfrac{1}{3}-\dfrac{2}{3}=-\dfrac{1}{3}$（負の有理数）

〈無理数で範囲を越える例〉

$(1+\sqrt{2})+(1-\sqrt{2})=2$（有理数）

$(1+\sqrt{2})-(2+\sqrt{2})=-1$（有理数）

$\sqrt{2}\times\sqrt{2}=2$（有理数）

$\sqrt{2}\div\sqrt{2}=1$（有理数）

50 (1) $|-8|=-(-8)=\mathbf{8}$

(2) $|-5+2|=|-3|=-(-3)=\mathbf{3}$

(3) $|2\sqrt{2}-3|$ において

$2\sqrt{2}=\sqrt{8}$，$3=\sqrt{9}$

より $2\sqrt{2}-3<0$ であるから

$|2\sqrt{2}-3|=-(2\sqrt{2}-3)=\mathbf{3-2\sqrt{2}}$

B

51 (1) $|-4-1|=|-5|=\mathbf{5}$, $|-1-1|=|-2|=\mathbf{2}$

$|0-1|=|-1|=\mathbf{1}$, $|3-1|=|2|=\mathbf{2}$

(2) $|2\cdot(-4)+1|+|3-(-4)|$

$=|-8+1|+|3+4|=|-7|+|7|=7+7=\mathbf{14}$

$|2\cdot(-1)+1|+|3-(-1)|$

$=|-2+1|+|3+1|=|-1|+|4|=1+4=\mathbf{5}$

$|2\cdot 0+1|+|3-0|=|1|+|3|=1+3=\mathbf{4}$

$|2\cdot 3+1|+|3-3|=|6+1|+|0|$

$=|7|+|0|=7+0=\mathbf{7}$

2 根号を含む式の計算

本編 p.014～016

A

52 (1) $\pm\sqrt{7}$　(2) $\pm\sqrt{\frac{1}{9}}=\pm\frac{1}{3}$　(3) **5**

53 (1) $\sqrt{10^2}=|10|=\mathbf{10}$

(2) $\sqrt{(-10)^2}=|-10|=\mathbf{10}$

(3) $\sqrt{(2-\sqrt{3})^2}=|2-\sqrt{3}| \leftarrow 2-\sqrt{3}>0$

$=\mathbf{2-\sqrt{3}}$

(4) $\sqrt{(3-\sqrt{10})^2}=|3-\sqrt{10}| \leftarrow 3-\sqrt{10}<0$

$=\mathbf{\sqrt{10}-3}$

54 (1) $\sqrt{54}=\sqrt{3^2\times 6}=\mathbf{3\sqrt{6}}$

(2) $\sqrt{1200}=\sqrt{3\times 20^2}=\mathbf{20\sqrt{3}}$

(3) $\frac{\sqrt{54}}{\sqrt{3}}=\sqrt{\frac{54}{3}}=\sqrt{18}=\mathbf{3\sqrt{2}}$

(4) $\sqrt{\frac{45}{49}}=\sqrt{\frac{3^2\times 5}{7^2}}=\frac{\sqrt{3^2\times 5}}{\sqrt{7^2}}=\mathbf{\frac{3\sqrt{5}}{7}}$

55 (1) $\sqrt{48}+\sqrt{27}-3\sqrt{12}$

$=4\sqrt{3}+3\sqrt{3}-3\cdot 2\sqrt{3}=\mathbf{\sqrt{3}}$

(2) $\sqrt{3}(4\sqrt{2}-\sqrt{15})=4\sqrt{6}-\sqrt{3^2\times 5}$

$=\mathbf{4\sqrt{6}-3\sqrt{5}}$

(3) $\sqrt{10}\sqrt{18}\div\sqrt{15}=\sqrt{\frac{10\times 18}{15}}=\sqrt{12}=\mathbf{2\sqrt{3}}$

(4) $(\sqrt{3}+\sqrt{6})^2=3+2\sqrt{3^2\times 2}+6=\mathbf{9+6\sqrt{2}}$

(5) $(2\sqrt{5}-\sqrt{10})^2=20-4\sqrt{2\times 5^2}+10$

$=\mathbf{30-20\sqrt{2}}$

(6) $(\sqrt{7}-\sqrt{3})(\sqrt{7}+\sqrt{3})$

$=(\sqrt{7})^2-(\sqrt{3})^2=7-3=\mathbf{4}$

(7) $(5-2\sqrt{2})(4+5\sqrt{2})$

$=5\cdot 4+5\cdot 5\sqrt{2}-2\sqrt{2}\cdot 4-2\sqrt{2}\cdot 5\sqrt{2}$

$=20+25\sqrt{2}-8\sqrt{2}-10\times 2=\mathbf{17\sqrt{2}}$

(8) $(1+\sqrt{2})^2(1-\sqrt{2})^2=\{(1+\sqrt{2})(1-\sqrt{2})\}^2$

$=\{1^2-(\sqrt{2})^2\}^2=(1-2)^2=\mathbf{1}$

56 (1) $\frac{\sqrt{5}}{\sqrt{18}}=\frac{\sqrt{5}}{3\sqrt{2}}=\frac{\sqrt{5}\times\sqrt{2}}{3\sqrt{2}\times\sqrt{2}}=\mathbf{\frac{\sqrt{10}}{6}}$

(2) $\sqrt{\frac{3}{5}}=\frac{\sqrt{3}}{\sqrt{5}}=\frac{\sqrt{3}\times\sqrt{5}}{\sqrt{5}\times\sqrt{5}}=\mathbf{\frac{\sqrt{15}}{5}}$

(3) $\frac{3}{\sqrt{6}}=\frac{3\times\sqrt{6}}{\sqrt{6}\times\sqrt{6}}=\frac{3\sqrt{6}}{6}=\mathbf{\frac{\sqrt{6}}{2}}$

(4) $\frac{4}{\sqrt{50}}=\frac{4}{5\sqrt{2}}=\frac{4\times\sqrt{2}}{5\sqrt{2}\times\sqrt{2}}=\frac{4\sqrt{2}}{10}=\mathbf{\frac{2\sqrt{2}}{5}}$

57 (1) $\frac{1}{2+\sqrt{3}}=\frac{2-\sqrt{3}}{(2+\sqrt{3})(2-\sqrt{3})}=\mathbf{2-\sqrt{3}}$

(2) $\frac{1}{\sqrt{5}-\sqrt{3}}=\frac{\sqrt{5}+\sqrt{3}}{(\sqrt{5}-\sqrt{3})(\sqrt{5}+\sqrt{3})}$

$=\frac{\sqrt{5}+\sqrt{3}}{(\sqrt{5})^2-(\sqrt{3})^2}=\mathbf{\frac{\sqrt{5}+\sqrt{3}}{2}}$

(3) $\frac{6}{7-\sqrt{7}}=\frac{6(7+\sqrt{7})}{(7-\sqrt{7})(7+\sqrt{7})}=\frac{6(7+\sqrt{7})}{7^2-(\sqrt{7})^2}$

$=\frac{6(7+\sqrt{7})}{42}=\mathbf{\frac{7+\sqrt{7}}{7}}$

(4) $\frac{\sqrt{6}-\sqrt{3}}{\sqrt{6}+\sqrt{3}}=\frac{(\sqrt{6}-\sqrt{3})^2}{(\sqrt{6}+\sqrt{3})(\sqrt{6}-\sqrt{3})}$

$=\frac{6-2\sqrt{6\times 3}+3}{(\sqrt{6})^2-(\sqrt{3})^2}=\frac{9-6\sqrt{2}}{3}=\mathbf{3-2\sqrt{2}}$

(5) $\frac{1+\sqrt{2}}{1+2\sqrt{2}}=\frac{(1+\sqrt{2})(1-2\sqrt{2})}{(1+2\sqrt{2})(1-2\sqrt{2})}$

$=\frac{1-2\sqrt{2}+\sqrt{2}-4}{1-(2\sqrt{2})^2}$

$=\frac{-3-\sqrt{2}}{-7}=\mathbf{\frac{3+\sqrt{2}}{7}}$

(6) $\frac{5+2\sqrt{3}}{4-\sqrt{3}}=\frac{(5+2\sqrt{3})(4+\sqrt{3})}{(4-\sqrt{3})(4+\sqrt{3})}$

$=\frac{20+5\sqrt{3}+8\sqrt{3}+6}{4^2-(\sqrt{3})^2}$

$=\frac{26+13\sqrt{3}}{13}=\mathbf{2+\sqrt{3}}$

B

58 $x=\dfrac{\sqrt{3}+1}{\sqrt{3}-1}=\dfrac{(\sqrt{3}+1)^2}{(\sqrt{3}-1)(\sqrt{3}+1)}$

$=\dfrac{4+2\sqrt{3}}{3-1}=2+\sqrt{3}$

$y=\dfrac{\sqrt{3}-1}{\sqrt{3}+1}=\dfrac{(\sqrt{3}-1)^2}{(\sqrt{3}+1)(\sqrt{3}-1)}$

$=\dfrac{4-2\sqrt{3}}{3-1}=2-\sqrt{3}$

(1) $x+y=(2+\sqrt{3})+(2-\sqrt{3})=\mathbf{4}$

(2) $xy=(2+\sqrt{3})(2-\sqrt{3})=\mathbf{1}$

(3) $x^2+y^2=(x+y)^2-2xy=4^2-2\cdot1=\mathbf{14}$

(4) $x^3y+xy^3=xy(x^2+y^2)=1\cdot14=\mathbf{14}$

(5) $x^4+y^4=(x^2)^2+(y^2)^2$

$=(x^2+y^2)^2-2x^2y^2$ ← $x^2y^2=(xy)^2$

$=14^2-2\cdot1^2=\mathbf{194}$

59 (1) $\dfrac{1}{\sqrt{7}+\sqrt{3}}+\dfrac{1}{\sqrt{7}-\sqrt{3}}$

$=\dfrac{\sqrt{7}-\sqrt{3}}{(\sqrt{7}+\sqrt{3})(\sqrt{7}-\sqrt{3})}+\dfrac{\sqrt{7}+\sqrt{3}}{(\sqrt{7}-\sqrt{3})(\sqrt{7}+\sqrt{3})}$

$=\dfrac{\sqrt{7}-\sqrt{3}}{7-3}+\dfrac{\sqrt{7}+\sqrt{3}}{7-3}=\dfrac{2\sqrt{7}}{4}=\mathbf{\dfrac{\sqrt{7}}{2}}$

(2) $\dfrac{\sqrt{5}+\sqrt{3}}{\sqrt{5}-\sqrt{3}}+\dfrac{\sqrt{5}-\sqrt{3}}{\sqrt{5}+\sqrt{3}}$

$=\dfrac{(\sqrt{5}+\sqrt{3})^2}{(\sqrt{5}-\sqrt{3})(\sqrt{5}+\sqrt{3})}+\dfrac{(\sqrt{5}-\sqrt{3})^2}{(\sqrt{5}+\sqrt{3})(\sqrt{5}-\sqrt{3})}$

$=\dfrac{5+2\sqrt{15}+3}{5-3}+\dfrac{5-2\sqrt{15}+3}{5-3}=\dfrac{16}{2}=\mathbf{8}$

(3) $\dfrac{1}{1+2\sqrt{2}}-\dfrac{2}{3\sqrt{2}+2}$

$=\dfrac{1-2\sqrt{2}}{(1+2\sqrt{2})(1-2\sqrt{2})}-\dfrac{2(3\sqrt{2}-2)}{(3\sqrt{2}+2)(3\sqrt{2}-2)}$

$=\dfrac{1-2\sqrt{2}}{1-8}-\dfrac{2(3\sqrt{2}-2)}{18-4}$

$=\dfrac{2\sqrt{2}-1}{7}-\dfrac{3\sqrt{2}-2}{7}=\mathbf{\dfrac{1-\sqrt{2}}{7}}$

(4) $\dfrac{1}{4\sqrt{3}-3\sqrt{5}}-\dfrac{1}{3-2\sqrt{3}}$

$=\dfrac{4\sqrt{3}+3\sqrt{5}}{(4\sqrt{3}-3\sqrt{5})(4\sqrt{3}+3\sqrt{5})}-\dfrac{3+2\sqrt{3}}{(3-2\sqrt{3})(3+2\sqrt{3})}$

$=\dfrac{4\sqrt{3}+3\sqrt{5}}{48-45}-\dfrac{3+2\sqrt{3}}{9-12}$

$=\dfrac{4\sqrt{3}+3\sqrt{5}+3+2\sqrt{3}}{3}=\mathbf{1+2\sqrt{3}+\sqrt{5}}$

(5) $(\sqrt{2}+\sqrt{3}+\sqrt{6})(\sqrt{2}+\sqrt{3}-\sqrt{6})$

$=\{(\sqrt{2}+\sqrt{3})+\sqrt{6}\}\{(\sqrt{2}+\sqrt{3})-\sqrt{6}\}$

↓ $(A+B)(A-B)=A^2-B^2$ の利用

$=(\sqrt{2}+\sqrt{3})^2-(\sqrt{6})^2$

$=2+2\sqrt{6}+3-6=\mathbf{2\sqrt{6}-1}$

(6) $(1+\sqrt{3}+\sqrt{5})^2$

$(a+b+c)^2=a^2+b^2+c^2+2ab+2bc+2ca$ の利用

$=1^2+(\sqrt{3})^2+(\sqrt{5})^2+2\cdot1\cdot\sqrt{3}+2\cdot\sqrt{3}\cdot\sqrt{5}+2\cdot\sqrt{5}\cdot1$

$=1+3+5+2\sqrt{3}+2\sqrt{15}+2\sqrt{5}$

$=\mathbf{9+2\sqrt{3}+2\sqrt{5}+2\sqrt{15}}$

C

60 (1) $\dfrac{1}{1+\sqrt{2}+\sqrt{3}}$

$=\dfrac{1+\sqrt{2}-\sqrt{3}}{\{(1+\sqrt{2})+\sqrt{3}\}\{(1+\sqrt{2})-\sqrt{3}\}}$

$=\dfrac{1+\sqrt{2}-\sqrt{3}}{(1+\sqrt{2})^2-(\sqrt{3})^2}=\dfrac{1+\sqrt{2}-\sqrt{3}}{3+2\sqrt{2}-3}$

$=\dfrac{1+\sqrt{2}-\sqrt{3}}{2\sqrt{2}}=\dfrac{(1+\sqrt{2}-\sqrt{3})\times\sqrt{2}}{2\sqrt{2}\times\sqrt{2}}=\mathbf{\dfrac{2+\sqrt{2}-\sqrt{6}}{4}}$

㊧ p.32 節末 3

⇦ $1+(\sqrt{2}+\sqrt{3})$ として有理化すると

$\{1+(\sqrt{2}+\sqrt{3})\}\{1-(\sqrt{2}+\sqrt{3})\}$

$=1-(\sqrt{2}+\sqrt{3})^2$

$=1-(5+2\sqrt{6})=-4-2\sqrt{6}$

となり，計算が煩雑になる。

(2) $\dfrac{\sqrt{2}-\sqrt{7}}{\sqrt{2}+\sqrt{5}-\sqrt{7}}$

$=\dfrac{(\sqrt{2}-\sqrt{7})(\sqrt{2}+\sqrt{5}+\sqrt{7})}{\{(\sqrt{2}+\sqrt{5})-\sqrt{7}\}\{(\sqrt{2}+\sqrt{5})+\sqrt{7}\}}$

⇦ $(\sqrt{2}+\sqrt{5})-\sqrt{7}$として有理化

$=\dfrac{2+\sqrt{10}+\sqrt{14}-\sqrt{14}-\sqrt{35}-7}{(\sqrt{2}+\sqrt{5})^2-(\sqrt{7})^2}$

$=\dfrac{-5+\sqrt{10}-\sqrt{35}}{7+2\sqrt{10}-7}$

⇦ $(\sqrt{2}-\sqrt{7})\{(\sqrt{2}+\sqrt{7})+\sqrt{5}\}$
$=(\sqrt{2}-\sqrt{7})(\sqrt{2}+\sqrt{7})+(\sqrt{2}-\sqrt{7})\sqrt{5}$
$=-5+\sqrt{10}-\sqrt{35}$
としてもよい。

$=\dfrac{(-5+\sqrt{10}-\sqrt{35})\times\sqrt{10}}{2\sqrt{10}\times\sqrt{10}}$

$=\dfrac{-5\sqrt{10}+10-5\sqrt{14}}{20}=\boldsymbol{\dfrac{2-\sqrt{10}-\sqrt{14}}{4}}$

61 (1) $x^2-3x=\left(\dfrac{3+\sqrt{5}}{2}\right)^2-3\left(\dfrac{3+\sqrt{5}}{2}\right)$

$=\dfrac{9+6\sqrt{5}+5}{4}-\dfrac{9+3\sqrt{5}}{2}$

$=\dfrac{14+6\sqrt{5}-18-6\sqrt{5}}{4}=\boldsymbol{-1}$

(2) $x^3-3x^2+x=x(x^2-3x)+x$

$=x\cdot(-1)+x=\boldsymbol{0}$

⇦(1)の $x^2-3x=-1$ が利用できるように変形する。

(別解)

(1) $x=\dfrac{3+\sqrt{5}}{2}$ より $2x-3=\sqrt{5}$ の両辺を 2 乗して

$(2x-3)^2=(\sqrt{5})^2$　　$4x^2-12x+9=5$

$4x^2-12x=-4$　　よって　$x^2-3x=\boldsymbol{-1}$

⇦ $x^2-3x=-1$ から
$x^2-3x+1=0$ であり，
$x=\dfrac{3+\sqrt{5}}{2}$ はこの方程式の解の1つである。

62 (1) $\dfrac{1}{\sqrt{5}-2}=\dfrac{\sqrt{5}+2}{(\sqrt{5}-2)(\sqrt{5}+2)}=2+\sqrt{5}$

$2<\sqrt{5}<3$　であるから　$4<2+\sqrt{5}<5$

（各辺に 2 を加えて $2+\sqrt{5}$ にする）

よって　$a=\boldsymbol{4}$

(2) $a+b=2+\sqrt{5}$より　$b=(2+\sqrt{5})-4=\boldsymbol{\sqrt{5}-2}$

⇦ $2+\sqrt{5}=$(整数部分)+(小数部分)と考えると，$2+\sqrt{5}$ は 4 と 5 の間にある数であるから
整数部分は 4
小数部分は $(2+\sqrt{5})-4$
と表せる。

(3) $a^2+4ab+4b^2=(a+2b)^2$

$=\{4+2(\sqrt{5}-2)\}^2=(2\sqrt{5})^2=\boldsymbol{20}$

63 $A=\sqrt{x^2+2x+1}+\sqrt{x^2-6x+9}$ とおくと

$A=\sqrt{(x+1)^2}+\sqrt{(x-3)^2}$

$=|x+1|+|x-3|$

（$\sqrt{a^2}=|a|$）

(1) $x\geqq 3$ のとき

$|x+1|=x+1$，$|x-3|=x-3$

であるから

$A=(x+1)+(x-3)=\boldsymbol{2x-2}$

(2)　$-1 \leqq x < 3$ のとき

$|x+1|=x+1,\ |x-3|=-(x-3)$

であるから

$A=(x+1)-(x-3)=\mathbf{4}$

(3)　$x<-1$ のとき

$|x+1|=-(x+1),\ |x-3|=-(x-3)$

であるから

$A=-(x+1)-(x-3)=\mathbf{-2x+2}$

64 (1)　$x+\dfrac{1}{x}=2-\sqrt{3}+\dfrac{1}{2-\sqrt{3}}=2-\sqrt{3}+\dfrac{2+\sqrt{3}}{(2-\sqrt{3})(2+\sqrt{3})}$

$=2-\sqrt{3}+2+\sqrt{3}=\mathbf{4}$

㊞ p.31 練習 12

(2)　$x^2+\dfrac{1}{x^2}=\left(x+\dfrac{1}{x}\right)^2-2x\cdot\dfrac{1}{x}=4^2-2=\mathbf{14}$

⇦ $x^2+y^2=(x+y)^2-2xy$

の y を $\dfrac{1}{x}$ に置き換える。

$x^2+\dfrac{1}{x^2}=\left(x+\dfrac{1}{x}\right)^2-2x\cdot\dfrac{1}{x}$

(別解)

$\left(x+\dfrac{1}{x}\right)^2=x^2+2x\cdot\dfrac{1}{x}+\dfrac{1}{x^2}$　より　$4^2=x^2+2+\dfrac{1}{x^2}$

よって　$x^2+\dfrac{1}{x^2}=16-2=\mathbf{14}$

(3)　$x^4+\dfrac{1}{x^4}=(x^2)^2+\left(\dfrac{1}{x^2}\right)^2$

$=\left(x^2+\dfrac{1}{x^2}\right)^2-2x^2\cdot\dfrac{1}{x^2}=14^2-2=\mathbf{194}$

⇦ $x^4+y^4=(x^2+y^2)^2-2x^2y^2$

の y^2 を $\dfrac{1}{x^2}$ に置き換える。

発展 二重根号

本編 p.016

B

65 (1)　$\sqrt{7+2\sqrt{12}}$

$=\sqrt{(4+3)+2\sqrt{4\cdot3}}$

$=\sqrt{4}+\sqrt{3}$

$=\mathbf{2+\sqrt{3}}$

(2)　$\sqrt{9-2\sqrt{14}}$

$=\sqrt{(7+2)-2\sqrt{7\cdot2}}$

$=\mathbf{\sqrt{7}-\sqrt{2}}$

(3)　$\sqrt{12+2\sqrt{11}}$

$=\sqrt{(11+1)+2\sqrt{11\cdot1}}$

$=\mathbf{\sqrt{11}+1}$

(4)　$\sqrt{8-4\sqrt{3}}$

$=\sqrt{8-2\sqrt{12}}$　← $2\sqrt{○}$ の形にする

$=\sqrt{(6+2)-2\sqrt{6\cdot2}}$

$=\mathbf{\sqrt{6}-\sqrt{2}}$

(5)　$\sqrt{9+\sqrt{80}}$

$=\sqrt{9+2\sqrt{20}}$　← $2\sqrt{○}$ の形にする

$=\sqrt{(5+4)+2\sqrt{5\cdot4}}$

$=\sqrt{5}+\sqrt{4}=\mathbf{\sqrt{5}+2}$

(6)　$\sqrt{6+3\sqrt{3}}$

$=\sqrt{6+\sqrt{27}}$　← 3 を $\sqrt{}$ の中に

$=\sqrt{\dfrac{12+2\sqrt{27}}{2}}$　← $2\sqrt{○}$ の形にするために分母，分子に 2 を掛ける

$=\dfrac{\sqrt{(9+3)+2\sqrt{9\cdot3}}}{\sqrt{2}}$

$=\dfrac{\sqrt{9}+\sqrt{3}}{\sqrt{2}}=\dfrac{3+\sqrt{3}}{\sqrt{2}}$

$=\mathbf{\dfrac{3\sqrt{2}+\sqrt{6}}{2}}$

3節　1次不等式

1　1次不等式

本編 p.017〜019

A

66 (1)　$a-3<b-3$　　(2)　$0.3a<0.3b$

(3)　$-\frac{a}{3}>-\frac{b}{3}$　　(4)　$-\frac{2-a}{5}<-\frac{2-b}{5}$

67 (1)　$3x+2>8$

$3x>6$　　よって　$\boldsymbol{x>2}$

(2)　$-5x-1\leqq 9$

$-5x\leqq 10$　　負の数で割ると不等号の向きが変わる

よって　$\boldsymbol{x\geqq -2}$

(3)　$4x-7\leqq 2x+5$

$2x\leqq 12$　　よって　$\boldsymbol{x\leqq 6}$

(4)　$2(3x-1)\geqq 3x+10$

$6x-2\geqq 3x+10$

$3x\geqq 12$　　よって　$\boldsymbol{x\geqq 4}$

(5)　$x-4(2x-3)<-9$

$x-8x+12<-9$

$-7x<-21$　　よって　$\boldsymbol{x>3}$

(6)　$5(x-2)-2x\geqq -3(1-2x)+8$

$5x-10-2x\geqq -3+6x+8$

$-3x\geqq 15$　　よって　$\boldsymbol{x\leqq -5}$

68 (1)　$\frac{3x-1}{4}<\frac{x-2}{3}$　　両辺に 12 を掛ける

$9x-3<4x-8$

$5x<-5$　　よって　$\boldsymbol{x<-1}$

(2)　$\frac{x}{3}-\frac{1}{6}>\frac{1}{2}+\frac{x}{9}$　　両辺に 18 を掛ける

$6x-3>9+2x$

$4x>12$　　よって　$\boldsymbol{x>3}$

(3)　$0.7x-1.2\leqq 0.2x+0.3$　　両辺に 10 を掛ける

$7x-12\leqq 2x+3$

$5x\leqq 15$　　よって　$\boldsymbol{x\leqq 3}$

(4)　$\frac{3}{4}x-1.5>0.7+\frac{x}{5}$　　両辺に 20 を掛ける

$15x-30>14+4x$

$11x>44$　　よって　$\boldsymbol{x>4}$

B

69 (1)　$6(1-2x)>-5(x+8)$

$6-12x>-5x-40$

$-7x>-46$

よって　$x<\frac{46}{7}=6.5\cdots\cdots$

ゆえに，最大の自然数は **6**

(2)　$\frac{3}{4}x+\frac{2}{3}>x-\frac{1}{6}$

$9x+8>12x-2$

$-3x>-10$

よって　$x<\frac{10}{3}$

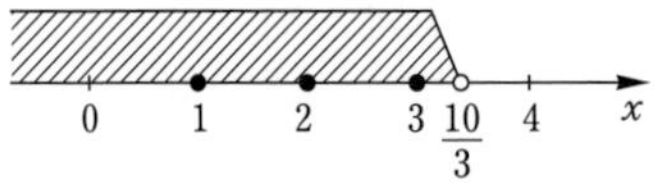

ゆえに，自然数の個数は 1，2，3 の **3 個**

(3)　$\sqrt{3}x+1<2x-1$ より $(\sqrt{3}-2)x<-2$

$\sqrt{3}-2<0$ であるから

$x>\frac{-2}{\sqrt{3}-2}=\frac{2(2+\sqrt{3})}{(2-\sqrt{3})(2+\sqrt{3})}=4+2\sqrt{3}$

ここで，$2\sqrt{3}=\sqrt{12}$，$3<\sqrt{12}<4$ より

$7<4+2\sqrt{3}<8$

よって，最小の整数は **8**

$1<\sqrt{3}<2$ より　$2<2\sqrt{3}<4$ とすると，$6<4+2\sqrt{3}<8$ となり，最小の整数が 7 である可能性が残る

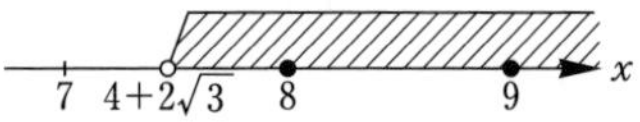

A

70 (1) $\begin{cases} 5x-3<2x+6 & \cdots\cdots ① \\ x+2<4x-1 & \cdots\cdots ② \end{cases}$

①より　$3x<9$

よって　$x<3$　……③

②より　$-3x<-3$

よって　$x>1$　……④

③と④の共通範囲であるから　$\boldsymbol{1<x<3}$

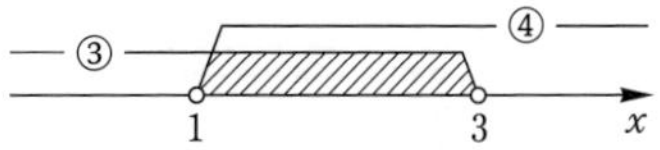

(2) $\begin{cases} 4x-1>2x+5 & \cdots\cdots ① \\ 7x-2>-x+6 & \cdots\cdots ② \end{cases}$

①より　$2x>6$

よって　$x>3$　……③

②より　$8x>8$

よって　$x>1$　……④

③と④の共通範囲であるから　$\boldsymbol{x>3}$

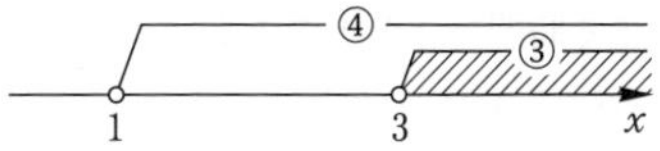

(3) $\begin{cases} 2(x+5)\leqq -x+4 & \cdots\cdots ① \\ 3(x-1)>2(2x-1)+3 & \cdots\cdots ② \end{cases}$

①より　$2x+10\leqq -x+4$

$3x\leqq -6$　　よって　$x\leqq -2$　……③

②より　$3x-3>4x-2+3$

$-x>4$　　よって　$x<-4$　……④

③と④の共通範囲であるから　$\boldsymbol{x<-4}$

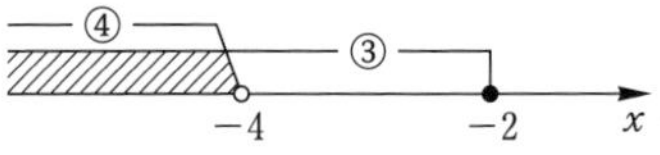

(4) $\begin{cases} 2+x\geqq \dfrac{1}{3}(x+7) & \cdots\cdots ① \\ 4x-5<\dfrac{x+1}{4} & \cdots\cdots ② \end{cases}$

①より　$6+3x\geqq x+7$

$2x\geqq 1$　　よって　$x\geqq \dfrac{1}{2}$　……③

②より　$16x-20<x+1$

$15x<21$　　よって　$x<\dfrac{7}{5}$　……④

③と④の共通範囲であるから

$$\boldsymbol{\frac{1}{2}\leqq x<\frac{7}{5}}$$

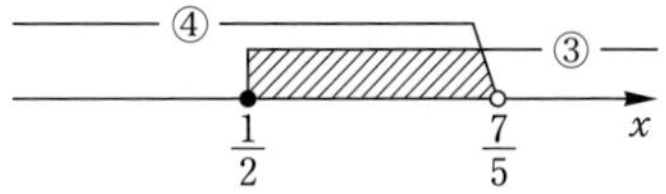

71 (1) $\begin{cases} x-4\leqq 3x & \cdots\cdots ① \\ 3x\leqq 2x+1 & \cdots\cdots ② \end{cases}$

①より　$-2x\leqq 4$

よって　$x\geqq -2$　……③

②より　$x\leqq 1$　……④

③と④の共通範囲であるから

$$\boldsymbol{-2\leqq x\leqq 1}$$

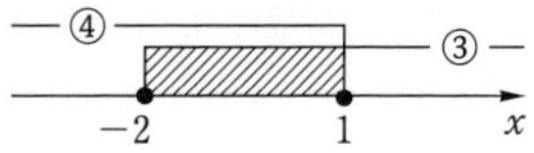

(2) $\begin{cases} \dfrac{x+2}{3}<\dfrac{2x+1}{4} & \cdots\cdots ① \\ \dfrac{2x+1}{4}<\dfrac{5x-3}{6} & \cdots\cdots ② \end{cases}$

①より　$4x+8<6x+3$

$2x>5$　　よって　$x>\dfrac{5}{2}$　……③

②より　$6x+3<10x-6$

$4x>9$　　よって　$x>\dfrac{9}{4}$　……④

③と④の共通範囲であるから　$\boldsymbol{x>\dfrac{5}{2}}$

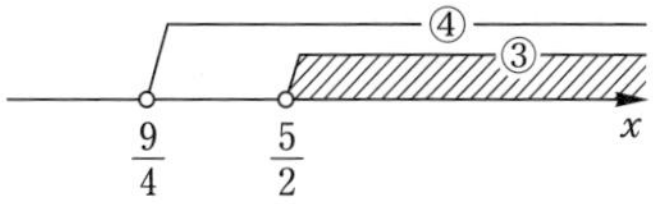

72 (1)　$-\frac{7}{3}<x<2$

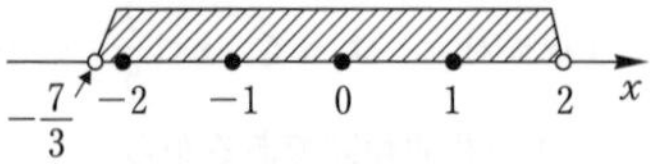

これを満たす整数は

−2, −1, 0, 1 の **4 個**

(2)　$0 \leqq 4x < x+11$

$0 \leqq 4x$ より　$x \geqq 0$　……①

$4x<x+11$ より　$x<\frac{11}{3}$　……②

①と②の共通範囲であるから

$$0 \leqq x < \frac{11}{3}$$

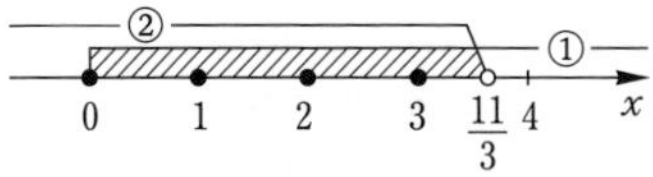

これを満たす整数は 0, 1, 2, 3 の **4 個**

(3)　$x-6<-2x<2x+5$

$x-6<-2x$ より

$3x<6$　　よって　$x<2$　……①

$-2x<2x+5$ より

$-4x<5$　　よって　$x>-\frac{5}{4}$　……②

①と②の共通範囲であるから

$$-\frac{5}{4}<x<2$$

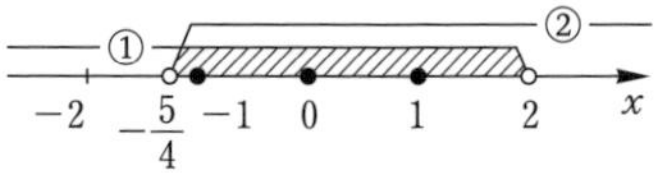

これを満たす整数は −1, 0, 1 の **3 個**

B

73 $6x-1 \geqq 3x+1$ より　　$3x \geqq 2$

よって　$x \geqq \frac{2}{3}$　……①

$2x \leqq a$ より　$x \leqq \frac{a}{2}$　……②

①と②の共通範囲に整数が 3 個あるようにすればよい。

よって，下の図より　$3 \leqq \frac{a}{2} < 4$

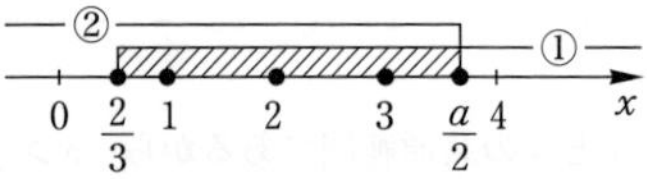

すなわち　$\boldsymbol{6 \leqq a < 8}$

74　入場する人数を x とすると，x 人の入場料は $600x$(円)

30 人の団体の入場料は

$30 \times (600-100)=15000$ (円)

よって　$600x>15000$

ゆえに　$x>25$

したがって **26 人から**

75　走る時間を x 分とすると，

走る距離は $180x$(m)

歩く距離は $4000-180x$(m)

かかる時間が 40 分以内であるから

$$\frac{4000-180x}{80}+x \leqq 40$$

$$4000-180x+80x \leqq 3200$$

$$-100x \leqq -800$$

よって　$x \geqq 8$

ゆえに **8 分以上**走ればよい。

C

76 (1) $3x-a>5x-8$

$-2x>a-8$ より　$x<\dfrac{8-a}{2}$

この解が $x<1$ であるから

$\dfrac{8-a}{2}=1$　　よって　$\boldsymbol{a=6}$

(2) $x=-1$ が $x<\dfrac{8-a}{2}$ を満たすから　$-1<\dfrac{8-a}{2}$

$-2<8-a$　　よって　$\boldsymbol{a<10}$

(3) 右の図より

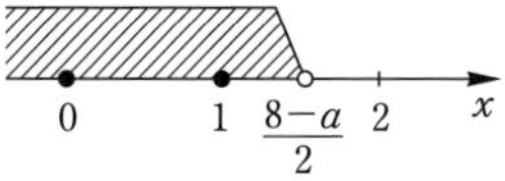

$1<\dfrac{8-a}{2}\leqq 2$

を満たせばよいから　$2<8-a\leqq 4$

$-6<-a\leqq -4$　　よって　$\boldsymbol{4\leqq a<6}$

77 $2x-5a\geqq -x+a$　より

$3x\geqq 6a$　　よって　$x\geqq 2a$　……①

$3x-1<2x+3a$ より　$x<3a+1$　……②

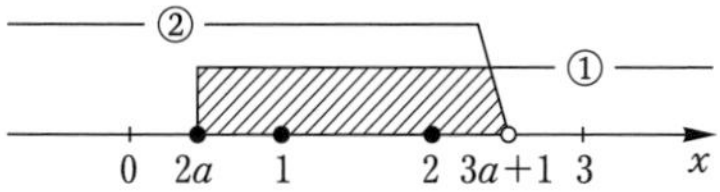

上の図より

$0<2a\leqq 1$　かつ　$2<3a+1\leqq 3$

を満たせばよい。

$0<2a\leqq 1$　　より　$0<a\leqq\dfrac{1}{2}$　……③

$2<3a+1\leqq 3$ より　$\dfrac{1}{3}<a\leqq\dfrac{2}{3}$　……④

③と④の共通範囲であるから　　$\boldsymbol{\dfrac{1}{3}<a\leqq\dfrac{1}{2}}$

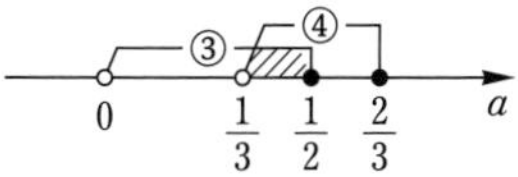

78 (1) $(a-1)x>2$

$a-1>0$，すなわち　**$a>1$ のとき**　　$\boldsymbol{x>\dfrac{2}{a-1}}$

$a-1=0$，すなわち　**$a=1$ のとき**

　$0\cdot x>2$ となるから **解はない**

$a-1<0$，すなわち　**$a<1$ のとき**　　$\boldsymbol{x<\dfrac{2}{a-1}}$

㊙ p.44 節末 5

⇦ $x<\dfrac{8-a}{2}\Longleftrightarrow x<1$

等しい

⇦ $x=-1$ が不等式の解だから
不等式に代入すれば成り立つ。

⇦ $\dfrac{8-a}{2}=2$ のとき
解は $x<2$ となり
$x=2$ を含まない。

㊙ p.39 練習 7

⇦①では
　$2a=0$ のとき　$x\geqq 0$
となり，$x=0$ を含んでしまう。
②では
　$3a+1=2$ のとき $x<2$
となり，$x=2$ を含まない。

⇦ $(a-1)$ の正，負によって，両辺を割ったあとの不等号の向きが変わる。

⇦ $0\cdot x>2$ の左辺は，どんな x の値が入っても 0 だから $0>2$ となり成り立たない。

(2) $ax-3a \geqq 2x-6$ より $(a-2)x \geqq 3(a-2)$

$a-2>0$, すなわち **$a>2$ のとき $x \geqq 3$**

$a-2=0$, すなわち **$a=2$ のとき**

$0 \cdot x \geqq 0$ となるから **すべての実数**

$a-2<0$, すなわち **$a<2$ のとき $x \leqq 3$**

⇦ $0 \cdot x \geqq 0$ の左辺は, どんな x の値が入っても 0 だから $0 \geqq 0$ となり成り立つ。

79 $ax+1<-x+3$ より $(a+1)x<2$

㊓p.45 章末A 3

⇦ $(a+1)x<2$ ←問題

(1) $x<1$ ←解

(2) $x>-1$ ←解

問題と解の不等号の向きから x の係数 $a+1$ の正, 負を判断する。

(1) $x<1$ の解をもつとき, 不等号の向きを考えて

$a+1>0$ すなわち $a>-1$ である。

このとき, $x<\dfrac{2}{a+1}$ であるから

$\dfrac{2}{a+1}=1$ より $2=a+1$

よって **$a=1$** ($a>-1$ を満たす。)

(2) $x>-1$ の解をもつとき, 不等号の向きを考えて

$a+1<0$ すなわち $a<-1$ である。

このとき, $x>\dfrac{2}{a+1}$ であるから

$\dfrac{2}{a+1}=-1$ より $2=-a-1$

よって **$a=-3$** ($a<-1$ を満たす。)

2 絶対値を含む方程式・不等式

本編 p.020

A

80 (1) $|x|=9$ より **$x=\pm 9$**

(2) $|x+5|=7$ より $x+5=\pm 7$

よって **$x=2, -12$**

(3) $|2x-1|=5$ より $2x-1=\pm 5$

よって **$x=3, -2$**

(4) $|x| \geqq 8$ より **$x \leqq -8, 8 \leqq x$**

(5) $|x-1| \leqq 2$ より $-2 \leqq x-1 \leqq 2$

各辺に 1 を加えて **$-1 \leqq x \leqq 3$**

(6) $|x+2|>6$ より

$x+2<-6, 6<x+2$

よって **$x<-8, 4<x$**

研究 絶対値と場合分け

本編 p.020

B

81 (1) $|x-1|=2x$

(i) $x-1 \geqq 0$ すなわち $x \geqq 1$ のとき

$x-1=2x$ よって $x=-1$

これは, $x \geqq 1$ を満たさない。

(ii) $x-1<0$ すなわち $x<1$ のとき

$-(x-1)=2x$ よって $x=\dfrac{1}{3}$

これは, $x<1$ を満たす。

(i), (ii)より **$x=\dfrac{1}{3}$**

(2) $|x+2|=-x$

(i) $x+2\geqq 0$ すなわち $x\geqq -2$ のとき

$x+2=-x$ よって $x=-1$

これは，$x\geqq -2$ を満たす。

(ii) $x+2<0$ すなわち $x<-2$ のとき

$-(x+2)=-x$ ←整理すると x が消える

この式は $-2=0$

となり成り立たない。

よって，解はない。

(i)，(ii)より **$x=-1$**

(3) $|2x-1|=x+2$

(i) $2x-1\geqq 0$ すなわち $x\geqq \frac{1}{2}$ のとき

$2x-1=x+2$ よって $x=3$

これは，$x\geqq \frac{1}{2}$ を満たす。

(ii) $2x-1<0$ すなわち $x<\frac{1}{2}$ のとき

$-(2x-1)=x+2$ $-3x=1$

よって $x=-\frac{1}{3}$

これは，$x<\frac{1}{2}$ を満たす。

(i)，(ii)より **$x=3,\ -\frac{1}{3}$**

(4) $|x-1|>2x$

(i) $x-1\geqq 0$ すなわち $x\geqq 1$ のとき

不等式は $x-1>2x$

よって $x<-1$

これと $x\geqq 1$ の共通範囲はない。

ゆえに 解はない

(ii) $x-1<0$ すなわち $x<1$ のとき

不等式は $-(x-1)>2x$

よって $x<\frac{1}{3}$

これと $x<1$ の共通範囲は

$x<\frac{1}{3}$

(i)，(ii)より **$x<\frac{1}{3}$**

(5) $|x+2|<-x$

(i) $x+2\geqq 0$ すなわち $x\geqq -2$ のとき

不等式は $x+2<-x$

よって $x<-1$

これと $x\geqq -2$ の共通範囲は

$-2\leqq x<-1$ ……①

(ii) $x+2<0$ すなわち $x<-2$ のとき

不等式は $-(x+2)<-x$ ←整理すると x が消える

この式は $-2<0$

となるから $x<-2$

であるすべての x で成り立つ。

よって $x<-2$ ……②

(i)，(ii)より **$x<-1$**

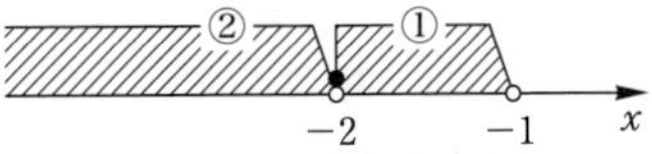

(6) $|2x-1|>x+2$

(i) $2x-1\geqq 0$ すなわち $x\geqq \frac{1}{2}$ のとき

不等式は $2x-1>x+2$

よって $x>3$

これと $x\geqq \frac{1}{2}$ の共通範囲は

$x>3$ ……①

(ii) $2x-1<0$ すなわち $x<\frac{1}{2}$ のとき

不等式は $-(2x-1)>x+2$

$-3x>1$ よって $x<-\frac{1}{3}$

これと $x<\frac{1}{2}$ の共通範囲は

$x<-\frac{1}{3}$ ……②

(i)，(ii)より **$x<-\frac{1}{3},\ 3<x$**

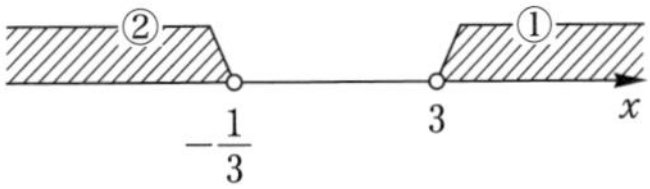

C

82 (1) $|x+1|+|x-4|=7$

(i) $x<-1$ のとき

$-(x+1)-(x-4)=7$ より $-2x=4$

よって $x=-2$

これは，$x<-1$ を満たす。

⇦ $x<-1$ のとき
$|x+1|=-(x+1)$
$|x-4|=-(x-4)$

(ii) $-1\leqq x<4$ のとき

$(x+1)-(x-4)=7$ より $5=7$ となり成り立たない。

よって，解はない。

⇦ $-1\leqq x<4$ のとき
$|x+1|=x+1$
$|x-4|=-(x-4)$

(iii) $4\leqq x$ のとき

$(x+1)+(x-4)=7$ より $2x=10$

よって $x=5$

これは，$4\leqq x$ を満たす。

⇦ $4\leqq x$ のとき
$|x+1|=x+1$
$|x-4|=x-4$

(i)，(ii)，(iii)より $\boldsymbol{x=-2,\ 5}$

(2) $|2x|+|x-3|=2x+1$

(i) $x<0$ のとき

$-2x-(x-3)=2x+1$ より $-5x=-2$

よって $x=\dfrac{2}{5}$

これは，$x<0$ を満たさないので不適。

⇦ $x<0$ のとき
$|2x|=-2x$
$|x-3|=-(x-3)$

(ii) $0\leqq x<3$ のとき

$2x-(x-3)=2x+1$ より $-x=-2$

よって $x=2$

これは，$0\leqq x<3$ を満たす。

⇦ $0\leqq x<3$ のとき
$|2x|=2x$
$|x-3|=-(x-3)$

(iii) $3\leqq x$ のとき

$2x+(x-3)=2x+1$

よって $x=4$

これは，$3\leqq x$ を満たす。

⇦ $3\leqq x$ のとき
$|2x|=2x$
$|x-3|=x-3$

(i)，(ii)，(iii)より $\boldsymbol{x=2,\ 4}$

(3) $|x+2|+|x-1|>5$

(i) $x<-2$ のとき

$-(x+2)-(x-1)>5$ より $-2x>6$

よって $x<-3$

これと $x<-2$ の共通範囲は $x<-3$

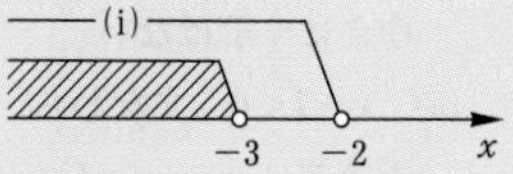

⇦ $x<-3$ は $x<-2$ の条件の下で求めた解なので，共通範囲を調べる。

(ii) $-2\leqq x<1$ のとき

$x+2-(x-1)>5$ より

$3>5$ となり成り立たない。

⇦ $-2\leqq x<1$ の範囲に解はないということ。

教 p.46 章末B 13

(iii) $1 \leqq x$ のとき

$(x+2)+(x-1)>5$ より $2x>4$

よって $x>2$

これと $1 \leqq x$ の共通範囲は $x>2$

(i), (ii), (iii)より $\boldsymbol{x<-3,\ 2<x}$

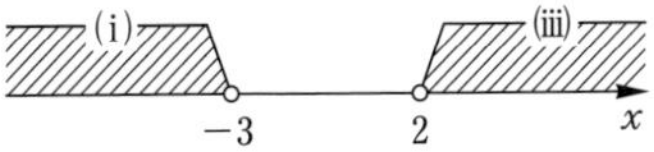

(4) $|x+3|+2|x-2|<x+5$

(i) $x<-3$ のとき

$-(x+3)-2(x-2)<x+5$ より $-4x<4$

よって $x>-1$

これと $x<-3$ の共通範囲はない。

(ii) $-3 \leqq x<2$ のとき

$(x+3)-2(x-2)<x+5$ より $-2x<-2$

よって $x>1$

これと $-3 \leqq x<2$ の共通範囲は $1<x<2$

(iii) $2 \leqq x$ のとき

$(x+3)+2(x-2)<x+5$ より $2x<6$

よって $x<3$

これと $2 \leqq x$ の共通範囲は $2 \leqq x<3$

(i), (ii), (iii)より $\boldsymbol{1<x<3}$

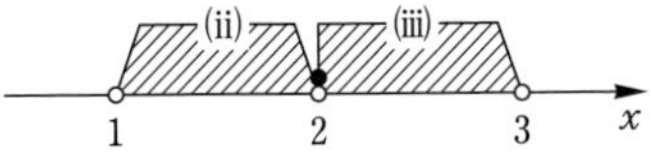

⇦ $x>2$ は $x \geqq 1$ の条件の下で求めた解なので，共通範囲を調べる。

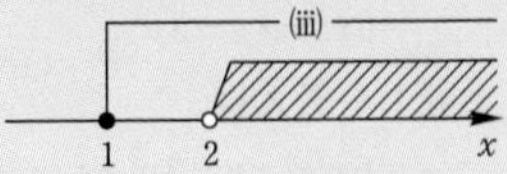

⇦

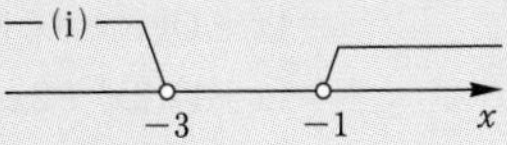

⇦

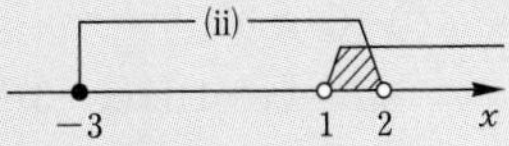

⇦

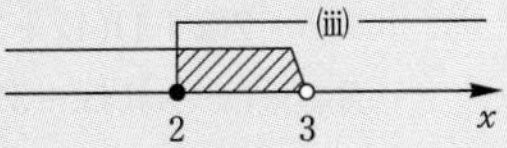

《章末問題》

本編 p.021～022

83　ある整式を A とすると

$A-(-x^2+2xy+y^2)=7x^2-xy-4y^2$

$A=7x^2-xy-4y^2+(-x^2+2xy+y^2)$

$=6x^2+xy-3y^2$

正しい答えは

$6x^2+xy-3y^2+(-x^2+2xy+y^2)$

$=\boldsymbol{5x^2+3xy-2y^2}$

84　$A+B=x(x+1)(x-3)$　……①

$A-B=(x+1)(x+2)(x+3)$　……②　とすると

①+②より

$2A=(x+1)\{x(x-3)+(x+2)(x+3)\}$

$=(x+1)(x^2-3x+x^2+5x+6)$

$=(x+1)(2x^2+2x+6)$

$=2(x+1)(x^2+x+3)$

$A=(x+1)(x^2+x+3)$

⇦ $(x+1)$ が共通因数になっているからくくり出す。

①−②より

$2B=(x+1)\{x(x-3)-(x+2)(x+3)\}$

$=(x+1)\{x^2-3x-(x^2+5x+6)\}$

$=(x+1)(-8x-6)$

$=-2(x+1)(4x+3)$

$B=-(x+1)(4x+3)$

よって，$\boldsymbol{A=(x+1)(x^2+x+3)}$，$\boldsymbol{B=-(x+1)(4x+3)}$

85 (1)　$(x+1)^2(x+2)+(x+1)(x+2)-(x+1)(x+2)^2$

$=(x+1)(x+2)\{(x+1)+1-(x+2)\}=\boldsymbol{0}$

⇦ $(x+1)(x+2)$ が共通因数だからくくり出す。

(2)　$(x+1)^2(3x-1)-(x+1)(x+2)(2x-1)$

$=(x+1)\{(x+1)(3x-1)-(x+2)(2x-1)\}$

$=(x+1)\{(3x^2+2x-1)-(2x^2+3x-2)\}$

$=(x+1)(x^2-x+1)=\boldsymbol{x^3+1}$

⇦ $(x+1)$ が共通因数だからくくり出す。

86 (1)　$xyz-xy-yz-zx+x+y+z-1$

$=(xy-x-y+1)z-(xy-x-y+1)$

$=(xy-x-y+1)(z-1)$

$=\{(x-1)y-(x-1)\}(z-1)$

$=\boldsymbol{(x-1)(y-1)(z-1)}$

⇦ x，y，z について，どれも1次式だから，どれか一つの文字で整理する。

(2)　$a^2b-ab^2+abd-ac+bc-cd$

$=(ab-c)d+\underline{a^2b-ab^2-ac+bc}$

　次数の低い c で整理

$=(ab-c)d+ab(a-b)-(a-b)c$

$=(ab-c)d+(a-b)(ab-c)$

$=\boldsymbol{(ab-c)(a-b+d)}$

⇦一番次数の低い文字の1つ d で整理する。

⇦ d の係数 $(ab-c)$ が共通因数となって出てくる。

(3) $(a+b+c)^3-a^3-b^3-c^3$

$=\{(a+b+c)^3-a^3\}-(b^3+c^3)$

$=\underline{\{(a+b+c)-a\}}\{(a+b+c)^2+(a+b+c)a+a^2\}$

$\qquad -\underline{(b+c)}(b^2-bc+c^2)$

$=\underline{(b+c)}\{(a^2+b^2+c^2+2ab+2bc+2ca+a^2+ab+ca+a^2)$

$\qquad -(b^2-bc+c^2)\}$

$=(b+c)(3a^2+3ab+3bc+3ca)$

$=3(b+c)\{a^2+(b+c)a+bc\}$

$=3(b+c)(a+b)(a+c)$

$\boldsymbol{=3(a+b)(b+c)(c+a)}$

⇦ 2 つに分けて，3 乗の因数分解をする。

⇦ $(b+c)$ が共通因数となって出てくる。

87 (1) $\begin{cases} 3x>\sqrt{7}x+2 & \cdots\cdots ① \\ |x-6|<1 & \cdots\cdots ② \end{cases}$ とすると

①より $(3-\sqrt{7})x>2$

$3-\sqrt{7}>0$ より

$x>\dfrac{2}{3-\sqrt{7}}=\dfrac{2(3+\sqrt{7})}{(3-\sqrt{7})(3+\sqrt{7})}$

$=\dfrac{2(3+\sqrt{7})}{2}=3+\sqrt{7}$

よって　$x>3+\sqrt{7}$　……③

②より $-1<x-6<1$

よって　$5<x<7$　……④

③と④の共通範囲であるから

$\boldsymbol{3+\sqrt{7}<x<7}$

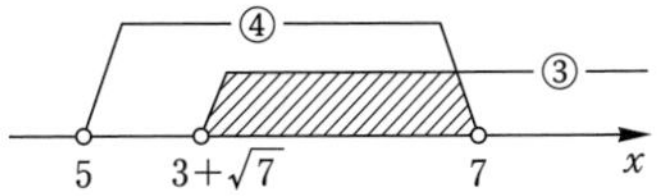

㊫ p.38 練習 4
p.42 練習 11

⇦ x の係数である $(3-\sqrt{7})$ の正，負を確認する。

⇦ $r>0$ のとき
$|A|<r \Leftrightarrow -r<A<r$

⇦ $2<\sqrt{7}<3$ より
$5<3+\sqrt{7}<6$

(2) $\begin{cases} \dfrac{3}{4}x-\dfrac{2}{3}<\dfrac{5}{6}x+\dfrac{1}{2} & \cdots\cdots ① \\ |x+5|>2 & \cdots\cdots ② \end{cases}$ とすると

①より $9x-8<10x+6$

$-x<14$

よって　$x>-14$　……③

②より $x+5<-2,\ 2<x+5$

よって　$x<-7,\ -3<x$　……④

③と④の共通範囲であるから

$\boldsymbol{-14<x<-7,\ -3<x}$

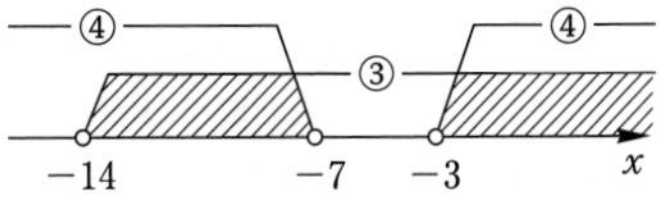

⇦①の両辺に 12 を掛けて分母を払う。

⇦ $r>0$ のとき
$|A|>r \Leftrightarrow A<-r,\ r<A$

88 長いすの数を x 脚とすると

8 人ずつかけると 10 人座れないから生徒の数は

$8x+10$（人）

7 人ずつかけると 4 脚不足するから生徒の数は

$7(x+3)+1$ 以上 $7(x+4)$ 以下である。

よって，次の不等式が成り立つ。

$$7(x+3)+1 \leqq 8x+10 \leqq 7(x+4)$$

$$7x+22 \leqq 8x+10 \leqq 7x+28$$

$7x+22 \leqq 8x+10$ より $x \geqq 12$

$8x+10 \leqq 7x+28$ より $x \leqq 18$

これより $12 \leqq x \leqq 18$

よって，長いすの数は **12 脚以上 18 脚以下**である。

㊙ p.40 練習 8

⇦不足した 4 脚を補ったとき 4 脚のうち 3 脚には 7 人座っているが，最後の 1 脚に座っている人数は 1 人から 7 人までの可能性がある。

89 (1) $a^2+b^2=(a+b)^2-2ab$ であるから

$11=3^2-2ab$

$2ab=-2$ よって $\boldsymbol{ab=-1}$

(2) $(a-b)^2=a^2-2ab+b^2$

$=(a+b)^2-4ab$

$=3^2-4\cdot(-1)=13$

よって $\boldsymbol{a-b=\pm\sqrt{13}}$

(3) $a^3-b^3=(a-b)(a^2+ab+b^2)$

$=\pm\sqrt{13}(11-1)$

よって $\boldsymbol{a^3-b^3=\pm 10\sqrt{13}}$

(別解)

(2) $(a-b)^2=(a^2+b^2)-2ab$

$=11-2\times(-1)=13$

よって $\boldsymbol{a-b=\pm\sqrt{13}}$

㊙ p.22 演習 3
p.31 練習 12

⇦ $(a-b)^2$ を $a+b$，ab で表すことを考える。

90 (1) $-2<x\leqq 4$ の各辺に 3 を掛けて

$\boldsymbol{-6<3x\leqq 12}$ ……①

(2) $-1\leqq y<3$ の各辺に 2 を掛けて

$-2\leqq 2y<6$

上の式と $-2<x\leqq 4$ の各辺を加えて

$\boldsymbol{-4<x+2y<10}$

(3) $-1\leqq y<3$ の各辺に -2 を掛けて

$2\geqq -2y>-6$ より

$-6<-2y\leqq 2$ ……②

①と②の各辺を加えて

$\boldsymbol{-12<3x-2y\leqq 14}$

次のように各辺を引く計算は誤り

$$\begin{array}{rl} & -6< \;\; 3x \;\; \leqq 12 \\ -) & -2\leqq \;\; 2y \;\; <6 \\ \hline & -4<3x-2y<6 \end{array}$$

㊙ p.44 節末 3

⇦各辺に正の数 3 を掛けても不等号の向きは同じである。

$$\begin{array}{rl} & -2< \;\; x \;\; \leqq 4 \\ +) & -2\leqq \;\; 2y \;\; <6 \\ \hline & -4<x+2y<10 \end{array}$$ ← 各辺を加える

左辺も右辺も一方にしか等号がないから = はつかない。

$$\begin{array}{rll} & -6< \;\; 3x \;\; \leqq 12 & \cdots\cdots① \\ +) & -6< \;\; -2y \;\; \leqq 2 & \cdots\cdots② \\ \hline & -12<3x-2y\leqq 14 & \leftarrow ①+② \end{array}$$

91 (1) $(a+b)(b+c)(c+a)+abc$

$=(b+c)\{(a+b)(a+c)\}+abc$

$=(b+c)\{a^2+(b+c)a+bc\}+abc$

$=(b+c)a^2+\{(b+c)^2+bc\}a+bc(b+c)$

$$\begin{array}{ccccc} 1 & \times & b+c \cdots\cdots & & (b+c)^2 \\ b+c & & bc \ \cdots\cdots & & bc \\ \hline & & & & (b+c)^2+bc \end{array}$$

$=\{a+(b+c)\}\{(b+c)a+bc\}$

$=\boldsymbol{(a+b+c)(ab+bc+ca)}$

⇦ a，b，c どの文字についても２次式なので，どれか一つの文字で整理する。

⇦ a についての２次式として整理

(2) $a+b+c=3$ の両辺を２乗して

$(a+b+c)^2=9$

$a^2+b^2+c^2+2ab+2bc+2ca=9$

$a^2+b^2+c^2=5$ を代入して

$5+2(ab+bc+ca)=9$

これより　$ab+bc+ca=2$

よって，(1)の因数分解から

$(a+b)(b+c)(c+a)+abc$

$=(a+b+c)(ab+bc+ca)=3\times2=\mathbf{6}$

⇦ $ab+bc+ca$ の値を求めるために，次の展開公式を利用する。
$(a+b+c)^2$
$=a^2+b^2+c^2+2ab+2bc+2ca$

92 (1) $7x+4>5x-2$　より　$2x>-6$

よって　$x>-3$　……①

$ax-2a>a^2$　より　$ax>a(a+2)$

$a>0$ のとき　$x>a+2$　……②

このとき，①と②の共通範囲が $x>4$　となるためには

$a+2=4$　より　$a=2$（$a>0$ を満たす。）

$a=0$ のとき　$0\cdot x>0$ となり，解はない。よって不適。

$a<0$ のとき　$x<a+2$　……③

このとき，①と③の共通範囲が $x>4$　となることはないので，不適。

よって　$\boldsymbol{a=2}$

⇦
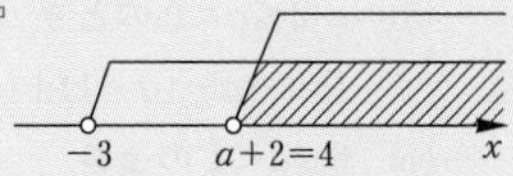

(2) $a>0$ のとき，①と②の共通範囲が

$-3<x<1$　となることはないので，不適。

$a<0$ のとき，①と③の共通範囲が

$-3<x<1$　となるためには

$a+2=1$　より　$a=-1$（$a<0$ を満たす。）

よって　$\boldsymbol{a=-1}$

⇦(1)より，$a=0$ のときは，連立不等式に解がない。

⇦
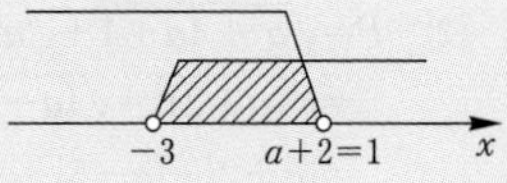

93 $|x-3|\geqq 0$ より，$a<0$ のとき解はない。よって $a\geqq 0$

$|x-3|\leqq a$ より $-a\leqq x-3\leqq a$

よって，$3-a\leqq x\leqq 3+a$

整数 5 個を含むのは

右の図より

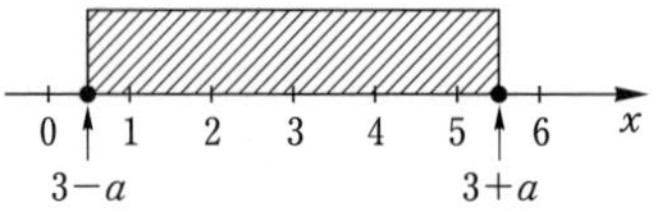

$0<3-a\leqq 1$ かつ

$5\leqq 3+a<6$

であればよい。

よって $\boldsymbol{2\leqq a<3}$

⇦ $3-a$ と $3+a$ は数直線上において，3 に関して対称の位置にある。

94 $P=|a+2|+|a|+|a-2|$

㊔ p.42 演習 1

(1) $a<-2$ のとき

$P=-(a+2)-a-(a-2)=\boldsymbol{-3a}$

(2) $-2\leqq a<0$ のとき

$P=(a+2)-a-(a-2)=\boldsymbol{-a+4}$

(3) $0\leqq a<2$ のとき

$P=(a+2)+a-(a-2)=\boldsymbol{a+4}$

(4) $2\leqq a$ のとき

$P=(a+2)+a+(a-2)=\boldsymbol{3a}$

⇦ $|a+2|=\begin{cases} a+2 & (a\geqq -2 \text{ のとき}) \\ -(a+2) & (a<-2 \text{ のとき}) \end{cases}$

$|a|=\begin{cases} a & (a\geqq 0 \text{ のとき}) \\ -a & (a<0 \text{ のとき}) \end{cases}$

$|a-2|=\begin{cases} a-2 & (a\geqq 2 \text{ のとき}) \\ -(a-2) & (a<2 \text{ のとき}) \end{cases}$

95 (1) $P=|a|+|a-1|+|a+2|$

㊔ p.46 章末B 10

(i) $a<-2$ のとき

$P=-a-(a-1)-(a+2)=-3a-1$

(ii) $-2\leqq a<0$ のとき

$P=-a-(a-1)+(a+2)=-a+3$

(iii) $0\leqq a<1$ のとき

$P=a-(a-1)+(a+2)=a+3$

(iv) $1\leqq a$ のとき

$P=a+(a-1)+(a+2)=3a+1$

(i)〜(iv)より

$$P=\begin{cases} \boldsymbol{-3a-1} & \boldsymbol{(a<-2)} \\ \boldsymbol{-a+3} & \boldsymbol{(-2\leqq a<0)} \\ \boldsymbol{a+3} & \boldsymbol{(0\leqq a<1)} \\ \boldsymbol{3a+1} & \boldsymbol{(1\leqq a)} \end{cases}$$

⇦場合分けの分岐点

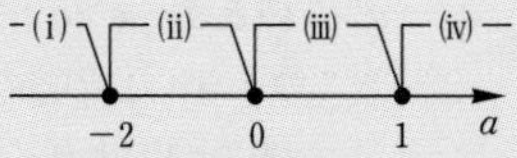

$|a+2|$, $|a|$, $|a-1|$,
それぞれが 0 となる値が場合分けの分岐点となる。

(2) $P=\sqrt{a^2+4a+4}+\sqrt{a^2-10a+25}$

$=\sqrt{(a+2)^2}+\sqrt{(a-5)^2}$

$=|a+2|+|a-5|$

⇦ $\sqrt{x^2}=|x|$ であるから
$\sqrt{(a+2)^2}=a+2, \sqrt{(a-5)^2}=a-5$
とするのは誤り。

(i) $a<-2$ のとき

$P=-(a+2)-(a-5)=-2a+3$

(ii) $-2\leqq a<5$ のとき

$P=(a+2)-(a-5)=7$

⇦場合分けの分岐点

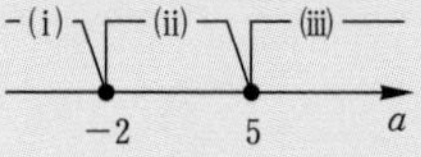

(iii) $5 \leqq a$ のとき

$$P=(a+2)+(a-5)=2a-3$$

(i), (ii), (iii)より

$$P=\begin{cases} \boldsymbol{-2a+3} & \boldsymbol{(a<-2)} \\ \boldsymbol{7} & \boldsymbol{(-2 \leqq a<5)} \\ \boldsymbol{2a-3} & \boldsymbol{(5 \leqq a)} \end{cases}$$

96 (1) $(x-y)^3+(y-z)^3+(z-x)^3$

$$=(x^3-3x^2y+3xy^2-y^3)+(y^3-3y^2z+3yz^2-z^3)+(z^3-3z^2x+3zx^2-x^3)$$

$$=-3\{(y-z)x^2-(y^2-z^2)x+yz(y-z)\}$$

$$=-3(y-z)\{x^2-(y+z)x+yz\}$$

$$=-3(y-z)(x-y)(x-z)$$

$$\boldsymbol{=3(x-y)(y-z)(z-x)}$$

(2) $x^4+y^4+z^4-2x^2y^2-2y^2z^2-2z^2x^2$

$$=x^4-2(y^2+z^2)x^2+(y^4-2y^2z^2+z^4)$$

$$=x^4-2(y^2+z^2)x^2+(y^2-z^2)^2$$

$$=(x^2)^2-2(y^2+z^2)x^2+(y+z)^2(y-z)^2$$

$1 \quad -(y+z)^2 \rightarrow -(y^2+2yz+z^2)$

$1 \quad -(y-z)^2 \rightarrow -(y^2-2yz+z^2)$

$\qquad\qquad -2y^2-2z^2$

$$=\{x^2-(y+z)^2\}\{x^2-(y-z)^2\}$$

$$\boldsymbol{=(x+y+z)(x-y-z)(x+y-z)(x-y+z)}$$

(3) $x^3+y^3+z^3-3xyz$

$$=(x+y)^3-3xy(x+y)+z^3-3xyz$$

$$=(x+y)^3+z^3-3xy(x+y)-3xyz$$

$$=(x+y+z)\{(x+y)^2-(x+y)z+z^2\}-3xy(x+y+z)$$

$$=(x+y+z)\{(x+y)^2-(x+y)z+z^2-3xy\}$$

$$=(x+y+z)(x^2+2xy+y^2-xz-yz+z^2-3xy)$$

$$\boldsymbol{=(x+y+z)(x^2+y^2+z^2-xy-yz-zx)}$$

(別解)

(1) $\underline{(x-y)^3}+\underline{(y-z)^3}+(z-x)^3$

$A^3+B^3=(A+B)(A^2-AB+B^2)$

$$=\underline{\{(x-y)+(y-z)\}\{(x-y)^2-(x-y)(y-z)+(y-z)^2\}}+(z-x)^3$$

$$=(x-z)\{(x-y)^2-(x-y)(y-z)+(y-z)^2-(x-z)^2\}$$

$$=(x-z)\{x^2-2xy+y^2-(xy-xz-y^2+yz)+y^2-2yz+z^2-(x^2-2xz+z^2)\}$$

$$=(x-z)(3y^2-3xy-3yz+3xz)$$

$$=3(x-z)\{y^2-(x+z)y+xz\}$$

$$=3(x-z)(y-x)(y-z)$$

$$\boldsymbol{=3(x-y)(y-z)(z-x)}$$

⇦ x, y, z はどれも 4 次だから一つの文字で整理する。

⇦ $(y^2-z^2)^2=\{(y+z)(y-z)\}^2=(y+z)^2(y-z)^2$

⇦ $x^4=(x^2)^2$ とみて，たすき掛けをする。

⇦ $x^3+y^3=(x+y)^3-3xy(x+y)$

⇦ $(x+y)^3$ と z^3 で組み合わせて因数分解する。

⇦ $x-y=A$, $y-z=B$ として，A^3+B^3 の因数分解公式に代入する。

⇦ $(z-x)^3=-(x-z)^3$ となる。

⇦ $y-x=-(x-y)$, $x-z=-(z-x)$ だから，x, y, z の順に形をよくする。

97 (1) P の整数部分が 2 であるから

$$2 \leqq P < 3$$

すなわち　$2 \leqq \dfrac{6}{\sqrt{a}-4} < 3$

このとき，P は正の数であるから　$\sqrt{a}-4>0$

よって　$2<\sqrt{a}-4 \leqq 3$

$6<\sqrt{a} \leqq 7$　より　$36<a \leqq 49$

これを満たす自然数 a は

$a=37,\ 38,\ 39,\ \cdots\cdots,\ 47,\ 48,\ 49$

の **13 個**

⇦ $2 \leqq \dfrac{6}{\sqrt{a}-4}$ より　$\sqrt{a}-4 \leqq 3$

$\dfrac{6}{\sqrt{a}-4}<3$ より　$2<\sqrt{a}-4$

(2) P が最大となるとき，P の整数部分は最大となる。

P が最大となるのは，$\sqrt{a}-4$ が最小の正の数となるときで，

このとき $\sqrt{a}>4$ より　$a>16$

$a=17$ のとき

$$P=\frac{6}{\sqrt{17}-4}=\frac{6(\sqrt{17}+4)}{(\sqrt{17}-4)(\sqrt{17}+4)}$$
$$=6\sqrt{17}+24=\sqrt{612}+24$$

$24^2=576$，$25^2=625$ であるから　$24<\sqrt{612}<25$

よって　$48<\sqrt{612}+24<49$

すなわち　$48<\dfrac{6}{\sqrt{17}-4}<49$

⇦ $48<P<49$

であるから，整数部分は 48

次に，$a=18$ のとき

⇦ $a=17$ のときと $a=18$ のときで整数部分が一致する可能性があるため，$a=18$ のときに P の整数部分が 48 でないことを確かめる。

$$P=\frac{6}{\sqrt{18}-4}=\frac{6(\sqrt{18}+4)}{(\sqrt{18}-4)(\sqrt{18}+4)}$$
$$=3\sqrt{18}+12=\sqrt{162}+12$$

$12^2=144$，$13^2=169$ であるから　$12<\sqrt{162}<13$

よって　$24<\sqrt{162}+12<25$

すなわち　$24<\dfrac{6}{\sqrt{18}-4}<25$

であるから，整数部分は 24

$a \geqq 18$ のとき　$P \leqq 25$ であるから，

P の整数部分が最大となる a の値は $\boldsymbol{a=17}$ で，

このときの整数部分は **48**

1節 集合と論証

1 集合と要素

本編 p.023～025

A

98 (1) A の要素は 1, 2, 3, 4, 6, 8, 12, 24 であるので

$3\in A,\ 5\notin A,\ 9\notin A$

(2) B は有理数の集合であるから

$-2\in B,\ \dfrac{1}{3}\in B,\ \sqrt{3}\notin B$

(3) C は素数の集合であるから

$1\notin C,\ 2\in C,\ 5\in C,\ 6\notin C$

99 (1) $\{1,\ 2,\ 3,\ 4,\ 5,\ 6,\ 7,\ 8,\ 9,\ 10\}$

(2) $\{1,\ 2,\ 3,\ 4,\ 6,\ 8,\ 12,\ 24\}$

(3) $\{-2,\ 2\}$

(4) $\{12,\ 15,\ 18\}$

(5) $\{2,\ 5,\ 8,\ 11,\ 14,\ \cdots\cdots\}$

100 (1) $\{x\,|\,x$ は 12 の正の約数$\}$

(2) $\{5n\,|\,n=1,\ 2,\ 3,\ \cdots\cdots\}$ ← $\{x\,|\,x$ は 5 の正の倍数$\}$ でもよい

101 (1) $A=\{1,\ 4,\ 10\}$

$B=\{1,\ 2,\ 4,\ 5,\ 10,\ 20\}$

であるから, $A\subset B$

(2) A, B ともに $\{3,\ 7\}$ であるから　$A=B$

(3) 長方形は平行四辺形であるが, 長方形以外の平行四辺形が存在する。

よって, $B\subset A$

102 (1) $\varnothing,\ \{a\},\ \{b\},\ \{a,\ b\}$

(2) $\varnothing,\ \{a\},\ \{b\},\ \{c\},\ \{a,\ b\},$

$\{b,\ c\},\ \{a,\ c\},\ \{a,\ b,\ c\}$

103 (1) $A\cap B=\{3,\ 5\}$

$A\cup B=\{1,\ 2,\ 3,\ 4,\ 5,\ 7,\ 9\}$

(2) $A\cap B=\varnothing$

$A\cup B=\{2,\ 3,\ 4,\ 5,\ 7,\ 8,\ 9,\ 10\}$

(3) $A=\{3,\ 6,\ 9\}$, $B=\{1,\ 3,\ 5,\ 7,\ 9\}$ であるから

$A\cap B=\{3,\ 9\}$

$A\cup B=\{1,\ 3,\ 5,\ 6,\ 7,\ 9\}$

104 $A\cap B\cap C=\{7\}$

$A\cup B\cup C=\{1,\ 2,\ 3,\ 4,\ 5,\ 6,\ 7\}$

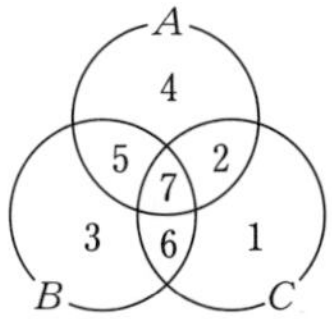

105 $U=\{1,\ 2,\ 3,\ 4,\ 5,\ 6,\ 7,\ 8,\ 9,\ 10\}$

$A=\{1,\ 3,\ 5,\ 6,\ 10\}$

$B=\{1,\ 2,\ 6,\ 7,\ 9\}$ であるから, 次のようになる。

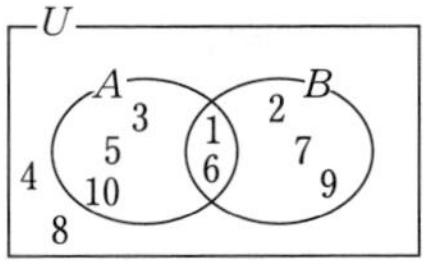

(1) $\overline{A}=\{2,\ 4,\ 7,\ 8,\ 9\}$

(2) $\overline{B}=\{3,\ 4,\ 5,\ 8,\ 10\}$

(3) $\overline{A}\cap\overline{B}=\{4,\ 8\}$

(4) $\overline{A}\cup\overline{B}=\{2,\ 3,\ 4,\ 5,\ 7,\ 8,\ 9,\ 10\}$

(5) $\overline{A}\cap B=\{2,\ 7,\ 9\}$

(6) $A\cup\overline{B}=\{1,\ 3,\ 4,\ 5,\ 6,\ 8,\ 10\}$

(7) $A\cap B=\{1,\ 6\}$ であるから

$\overline{A\cap B}=\{2,\ 3,\ 4,\ 5,\ 7,\ 8,\ 9,\ 10\}$

(8) $A\cup B=\{1,\ 2,\ 3,\ 5,\ 6,\ 7,\ 9,\ 10\}$

であるから　$\overline{A\cup B}=\{4,\ 8\}$

(3)と(8), (4)と(7)の答えから
ド・モルガンの法則が確認できる。

B

106 $A=\{1, 2, 3, 4, 5, 6, 7, 8, 9\}$ である。

(1) $B=\{x^2 | x\in A\}$

$=\mathbf{\{1, 4, 9, 16, 25, 36, 49, 64, 81\}}$

(2) $1^2=1\in A$, $2^2=4\in A$, $3^2=9\in A$

であるから　$C=\mathbf{\{1, 2, 3\}}$

107 $U=\{1, 2, 3, 4, 5, 6, 7, 8, 9, 10\}$

より，次の図のようになる。

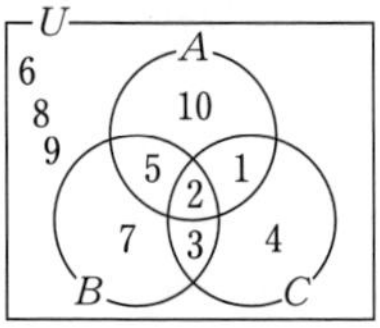

(1) $\overline{A}=\{3, 4, 6, 7, 8, 9\}$

$\overline{C}=\{5, 6, 7, 8, 9, 10\}$ より

$\overline{A}\cap B\cap\overline{C}=\mathbf{\{7\}}$

(2) $\overline{B}=\{1, 4, 6, 8, 9, 10\}$ より

$\overline{A}\cup\overline{B}\cup\overline{C}=\mathbf{\{1, 3, 4, 5, 6, 7, 8, 9, 10\}}$

(別解)

$\overline{A}\cup\overline{B}\cup\overline{C}=(\overline{A}\cup\overline{B})\cup\overline{C}$

$=(\overline{A\cap B})\cup\overline{C}$

ここで集合 $D=A\cap B$ とすると，ド・モルガンの法則より　$\overline{D}\cup\overline{C}=\overline{D\cap C}$

したがって　$(\overline{A\cap B})\cup\overline{C}=\overline{A\cap B\cap C}$

以上から $\overline{A}\cup\overline{B}\cup\overline{C}=\overline{A\cap B\cap C}$ がいえる

$A\cap B\cap C=\{2\}$ から

$\overline{A\cap B\cap C}=\mathbf{\{1, 3, 4, 5, 6, 7, 8, 9, 10\}}$

(3) $A\cup B=\{1, 2, 3, 5, 7, 10\}$ より

$(A\cup B)\cap\overline{B}=\mathbf{\{1, 10\}}$

$(A\cup B)\cap\overline{B}=(A\cap\overline{B})\cup(B\cap\overline{B})$, $B\cap\overline{B}=\varnothing$

より　$(A\cup B)\cap\overline{B}=A\cap\overline{B}$

C

108 　$U=\{1, 2, 3, 4, 5, 6, 7, 8, 9\}$

$\overline{A\cap B}=\{1, 2, 4, 6, 8\}$ より，$A\cap B=\{3, 5, 7, 9\}$

また，$\overline{A}\cap B=\{2, 6\}$，$A\cap\overline{B}=\{4, 8\}$ であるから，

次の図のようになる。

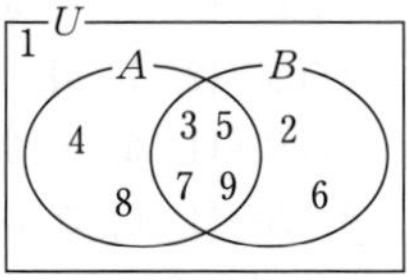

(1) $A=\mathbf{\{3, 4, 5, 7, 8, 9\}}$

(2) $B=\mathbf{\{2, 3, 5, 6, 7, 9\}}$

(3) $A\cup B=\mathbf{\{2, 3, 4, 5, 6, 7, 8, 9\}}$

109 　$A\cap B=\{2, 4\}$,

$A\cup B=\{1, 2, 3, 4\}$

であるから，

$(A\cap\overline{B})\cup(\overline{A}\cap B)=\{1, 3\}$

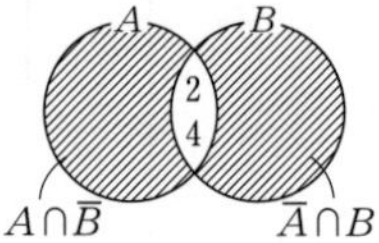

よって　$A\cap\overline{B}=\varnothing$ または $\{1\}$ または $\{3\}$ または $\{1, 3\}$

ゆえに　$A=\mathbf{\{2, 4\}}$ または $\mathbf{\{1, 2, 4\}}$ または

$\mathbf{\{2, 3, 4\}}$ または $\mathbf{\{1, 2, 3, 4\}}$

㊎p.66 節末 1

⇦集合 $C=A\cap B$ とすると $C=\overline{\overline{C}}$ から，$A\cap B=\overline{\overline{A\cap B}}$

⇦$A\cap\overline{B}$ または $\overline{A}\cap B$ に 1 と 3 が属すればよい。

⇦図より $A=(A\cap B)\cup(A\cap\overline{B})$ であることがわかる。

110 (1) $A \cap B=\{5, 16\}$ となるとき，5 と 16 はともに A に属するから，$a+3$ と $4a+2b$ のいずれかが 5，もう一方が 16 となる。
ここで，a，b は自然数であるので $4a+2b$ は偶数である。
よって　$4a+2b=16$，$a+3=5$
ゆえに　$\boldsymbol{a=2}$，$\boldsymbol{b=4}$
このとき，$A=\{3, 5, 16\}$，$B=\{5, 8, 16, 31\}$ で，条件を満たす。

(2) $A \subset B$ より，3 は B に属するから，
$b+1$，$4a$，$2a+3b$，$8b-1$ のいずれかが 3 である。
ここで，a，b は自然数であるので，
$4a \geqq 4$，$2a+3b \geqq 5$，$8b-1 \geqq 7$ である。
よって，$b+1=3$ であるから　$\boldsymbol{b=2}$
このとき，$A=\{3, a+3, 4a+4\}$，$B=\{3, 4a, 2a+6, 15\}$ であり，$4a+4$ も B に属する。
ここで，$4a+4>4a$ であり，$4a+4$ は偶数であるから，
$4a+4=2a+6$
したがって　$\boldsymbol{a=1}$
このとき，$A=\{3, 4, 8\}$，$B=\{3, 4, 8, 15\}$ で，条件を満たす。

㊬p.67 章末A 1

⇦5 と 16 が B にも属さなければ，条件を満たさない。

⇦B のどの要素が 3 であるかできるだけ限定する。

⇦偶数である $4a+4$ に注目する。

⇦B のどの要素が $4a+4$ と一致するか，できるだけ限定する。

⇦条件 $A \subset B$ を満たすか必ず確認する。

2 命題と条件

本編 p.026～028

A

111 (1) 命題「$5 \geqq 0$」は**真**である。

(2) $x+y=0$ ならば $x=-y$ であるから，命題「$x+y=0$ ならば $x^2=y^2$」は**真**である。

(3) $x^2=x$ ならば $x(x-1)=0$ より $x=0, 1$ であるから，命題「$x^2=x$ ならば $x=1$」は**偽**である。

(4) 平行四辺形は 2 組の対辺が平行であるから，命題「平行四辺形は台形」は**真**である。

台形の定義は「少なくとも 1 組の対辺が互いに平行な四角形」である

112 $A=\{x \mid -3<x<-2\}$，$B=\{x \mid x<0\}$ とすると，$A \subset B$ であるから，命題①は真である。
また，$B \subset A$ でないから，命題②は偽である。

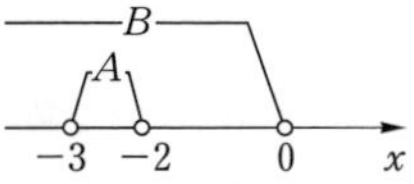

$C=\{x \mid 2<x<5\}$，$D=\{x \mid x>3\}$ とすると，$C \subset D$ でないから，命題③は偽である。

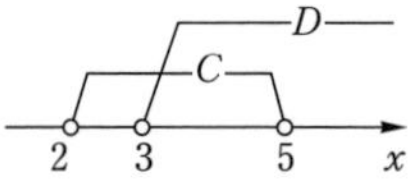

$E=\{x \mid |x|<4\}=\{x \mid -4<x<4\}$，$F=\{x \mid x<4\}$ とすると，$E \subset F$ であるから，命題④は真である。

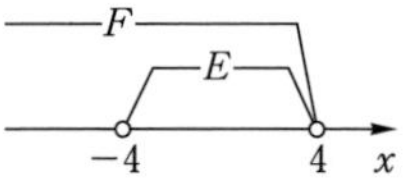

以上より，真である命題は①，④

113 (1) 命題「$x<-3 \Longrightarrow x<-5$」は**偽**である。

反例は $\boldsymbol{x=-4}$ ← $-5 \leqq x<-3$ を満たす実数をあげる

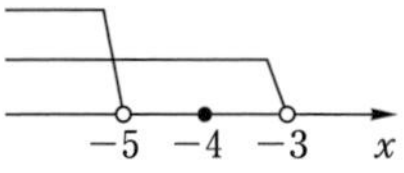

(2) $A=\{x \mid 1<x<4\}$，$B=\{x \mid 0<x<5\}$ とすると，$A \subset B$ より
命題「$1<x<4 \Longrightarrow 0<x<5$」は**真**である。

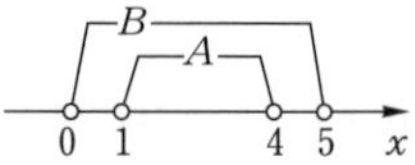

(3) $x^2+2x-15=0$ ならば $(x+5)(x-3)=0$ より $x=-5, 3$ であるから，
命題「$x^2+2x-15=0 \Longrightarrow x=3$」は**偽**である。
反例は $\boldsymbol{x=-5}$

(4) 命題「$|x|<|y| \Longrightarrow x<y$」は**偽**である。
反例は $\boldsymbol{x=1,\ y=-2}$ ← $|x|<|y|$ かつ $y<0$ である例をあげる

(5) 命題「$xy>0 \Longrightarrow x+y>0$」は**偽**である。
反例は $\boldsymbol{x=y=-1}$ ← x，y がともに負である例をあげる

(6) 命題「n が奇数 $\Longrightarrow 2n+1$ は素数」は**偽**である。反例は $\boldsymbol{n=7}$ ← $n=13, 17, 19$ などでもよい

114 (1) $x^2=3x$ を解くと，$x(x-3)=0$ より
$x=0, 3$　よって，
「$x^2=3x \Longrightarrow x=3$」は偽（反例 $x=0$），
「$x=3 \Longrightarrow x^2=3x$」は真である。
よって，$x^2=3x$ は，$x=3$ であるための**必要**条件である。

(2) $A=\{x \mid x<-2\}$，$B=\{x \mid x<-4\}$ とすると，$A \supset B$ であるから，
「$x<-2 \Longrightarrow x<-4$」は偽，
「$x<-4 \Longrightarrow x<-2$」は真である。

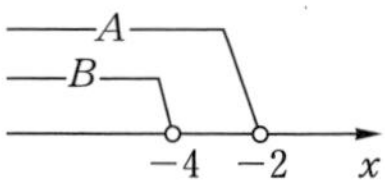

よって，$x<-2$ は，$x<-4$ であるための**必要**条件である。

(3) 「正方形ならば長方形」は真，
「長方形ならば正方形」は偽である。
よって，正方形であることは，長方形であるための**十分**条件である。

(4) 「n が 12 の倍数 $\Longrightarrow$ n が 2 かつ 3 の倍数」は $12=2^2\times3$ であるから真，
「n が 2 かつ 3 の倍数 $\Longrightarrow$ n が 12 の倍数」は偽（反例 $n=6$）である。
よって，n が 12 の倍数であることは，n が 2 かつ 3 の倍数であるための**十分**条件である。

115 (1) $A=\{x|x>4\}$，$B=\{x|x>3\}$ とすると，
$A\subset B$ であるから，「$x>4\Longrightarrow x>3$」は真，
「$x>3\Longrightarrow x>4$」は偽である。

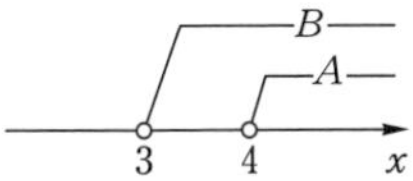

よって，$x>4$ は，$x>3$ であるための**十分条件であるが必要条件ではない。**

(2) 「$xy=2\Longrightarrow x=1$ かつ $y=2$」は偽
（反例 $x=-1$，$y=-2$）
「$x=1$ かつ $y=2\Longrightarrow xy=2$」は真である。
よって，$xy=2$ は，「$x=1$ かつ $y=2$」であるための**必要条件であるが十分条件ではない。**

(3) $x^2-4x+3=0$ を解くと
$(x-1)(x-3)=0$ より $x=1$，3
よって，「$x=1$ または $x=3$」であることは，$x^2-4x+3=0$ であるための**必要十分条件である。**

(4) 「n が奇数 $\Longrightarrow$ n が素数」は偽
（反例 $n=9$）
「n が素数 $\Longrightarrow$ n が奇数」は偽
（反例 $n=2$）である。
よって，n が奇数であることは，n が素数であるための
必要条件でも十分条件でもない。

(5) 「△ABC≡△DEF $\Longrightarrow$ △ABC∽△DEF」は真
「△ABC∽△DEF $\Longrightarrow$ △ABC≡△DEF」は偽である。よって，△ABC≡△DEF であることは，△ABC∽△DEF であるための**十分条件であるが必要条件ではない。**

116 (1) 「$x^2+3x-10=0$」の否定は，
「$\boldsymbol{x^2+3x-10\neq0}$」

(2) 「$x\leqq-4$」の否定は，「$\boldsymbol{x>-4}$」

(3) 「n は 3 で割り切れる」の否定は，
「**n は 3 で割り切れない**」
「n を 3 で割った余りは 1 または 2」，
「n は 3 の倍数ではない」などでもよい

117 (1) 「$x=0$ かつ $y=0$」の否定は，
「**$x\neq0$ または $y\neq0$**」

(2) 「$x<-2$ または $3<x$」の否定は，
「$\boldsymbol{-2\leqq x\leqq3}$」

(3) 「$0<x\leqq3$」の否定は，「**$x\leqq0$ または $3<x$**」

(4) 「n は 3 の倍数または 4 の倍数」の否定は，
「**n は 3 の倍数でも 4 の倍数でもない**」

(5) 「x，y はともに正である」の否定は，
「**x，y の少なくとも一方は 0 以下である**」

2
1節 集合と論証

B

118 (1) $a>b$，$c>d$ の 2 つの不等式の辺々を加えると $a+c>b+d$ を得るから，
「$a>b$ かつ $c>d\Longrightarrow a+c>b+d$」は真
「$a+c>b+d\Longrightarrow a>b$ かつ $c>d$」は偽
（反例 $a=1$，$b=2$，$c=5$，$d=2$）である。
よって，「$a>b$ かつ $c>d$」は，
$a+c>b+d$ であるための
十分条件であるが必要条件ではない。

(2) 「∠A$=90^\circ$ $\Longrightarrow$ 四角形 ABCD が長方形」は偽（反例∠A＝∠B$=90^\circ$，∠C$=60^\circ$，∠D$=120^\circ$）
「四角形 ABCD が長方形 $\Longrightarrow$ ∠A$=90^\circ$」は真である。
よって，∠A$=90^\circ$ は，四角形 ABCD が長方形であるための
必要条件であるが十分条件ではない。

(3) $ab<0$ のとき，a，b は一方が正，他方が負であるので，
「$ab<0 \Longrightarrow a$，b の少なくとも一方が負」は真
「a，b の少なくとも一方が負 $\Longrightarrow ab<0$」は偽（反例 $a=-1$，$b=-1$）である。
よって，$ab<0$ は a，b の少なくとも一方が負であるための
十分条件であるが必要条件ではない。

(4) $A=\{x \mid |x|<3\}=\{x \mid -3<x<3\}$，
$B=\{x \mid -3<x<3\}$
であるから，$A=B$
よって，$|x|<3$ は，$-3<x<3$ であるための**必要十分条件である。**

(5) 「n が奇数 $\Longrightarrow 2n+1$ が 3 の倍数」は偽（反例 $n=3$）
「$2n+1$ が 3 の倍数 $\Longrightarrow n$ が奇数」は偽（反例 $n=4$）である。
よって，n が奇数であることは，$2n+1$ が 3 の倍数であるための
必要条件でも十分条件でもない。

119 $|x|+|y| \neq 0$ のとき，x，y がともに 0 であれば $|x|+|y|=0$ となるので，x，y の少なくとも一方は 0 ではない。
よって，命題「$p \Longrightarrow q$」は真。
また，x，y の少なくとも一方は 0 ではないとき，$|x|+|y| \neq 0$ である。よって命題「$q \Longrightarrow p$」も真。

2 つの命題「$p \Longrightarrow q$」，「$q \Longrightarrow p$」がともに真であるといえればよい

したがって，2 つの条件 p，q は同値である。

終

C

120 $P=\{x \mid x<a\}$，$Q=\{x \mid -3<x<1\}$ とする。
$x<a$ が $-3<x<1$ であるための必要条件になるには，
命題「$-3<x<1 \Longrightarrow x<a$」が真，
すなわち $Q \subset P$ が成り立てばよい。
したがって，次の図より，$Q \subset P$ となる a の値の範囲は

$\boldsymbol{a \geqq 1}$

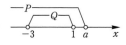

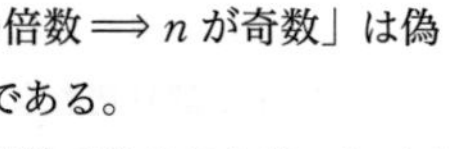

⇦ $a=1$ のときも $Q \subset P$ となる。

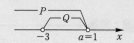

121 $P=\{x \mid |2x+1| \leqq 3\}$，$Q=\{x \mid |x|<a\}$ とする。

$|2x+1| \leqq 3$ より　$-3 \leqq 2x+1 \leqq 3$

　　　　　　　　　　$-4 \leqq 2x \leqq 2$

よって　　　　　　$-2 \leqq x \leqq 1$

また，$a>0$ より　$|x|<a \iff -a<x<a$ であるから，

$P=\{x \mid -2 \leqq x \leqq 1\}$，$Q=\{x \mid -a<x<a\}$ である。

⇦まずは条件 p，q を簡単にする。（教 p.41，42 参照）

(1)　p が q であるための十分条件になるには，命題「$p \Longrightarrow q$」が真，つまり $P \subset Q$ が成り立てばよい。

したがって，次の図より，$P \subset Q$ となる a の値の範囲は

　$a>2$

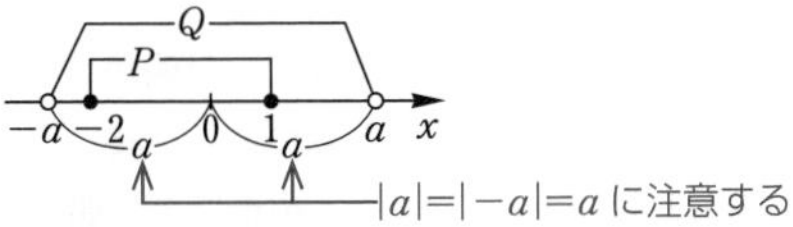

⇦$a=2$ のときは $P \subset Q$ とならない。（反例 $x=-2$）

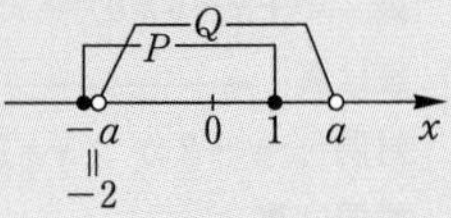

(2)　p が q であるための必要条件になるには，命題「$q \Longrightarrow p$」が真，つまり $Q \subset P$ が成り立てばよい。

したがって，次の図より，$Q \subset P$ となる a の値の範囲は

　$0<a \leqq 1$

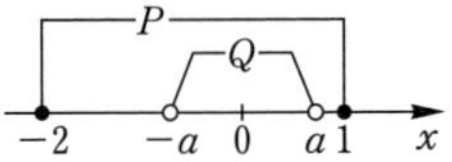

⇦$a=1$ のときも $Q \subset P$ となる。

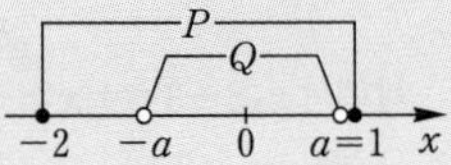

3 逆・裏・対偶

本編 p.029〜030

A

122 (1) $x^2+x-6=0$

$\iff (x+3)(x-2)=0$

$\iff x=-3$ または $x=2$

である。

「$x^2+x-6=0 \Longrightarrow x=-3$ または $x=2$」

について

逆「$\boldsymbol{x=-3}$ **または** $\boldsymbol{x=2 \Longrightarrow x^2+x-6=0}$」,

逆は**真**。

裏「$\boldsymbol{x^2+x-6 \neq 0 \Longrightarrow x \neq -3}$ **かつ** $\boldsymbol{x \neq 2}$」,

裏は**真**。 ← 逆と裏は互いに対偶

対偶「$\boldsymbol{x \neq -3}$ **かつ** $\boldsymbol{x \neq 2 \Longrightarrow x^2+x-6 \neq 0}$」,

対偶は**真**。

(2) 「$x<-2 \Longrightarrow x<-3$」について

逆「$\boldsymbol{x<-3 \Longrightarrow x<-2}$」, 逆は**真**。

裏「$\boldsymbol{x \geqq -2 \Longrightarrow x \geqq -3}$」, 裏は**真**。

逆と裏は互いに対偶

対偶「$\boldsymbol{x \geqq -3 \Longrightarrow x \geqq -2}$」, 対偶は**偽**。

(反例 $x=-2.5$)

(3) 「$xy=0 \Longrightarrow x+y=0$」について

逆「$\boldsymbol{x+y=0 \Longrightarrow xy=0}$」, 逆は**偽**。

(反例 $x=1$, $y=-1$)

裏「$\boldsymbol{xy \neq 0 \Longrightarrow x+y \neq 0}$」, 裏は**偽**。

(反例 $x=1$, $y=-1$)

対偶「$\boldsymbol{x+y \neq 0 \Longrightarrow xy \neq 0}$」, 対偶は**偽**。

(反例 $x=1$, $y=0$)

(4) 「n が 3 の倍数ならば, n は 6 の倍数である。」について

逆「**n が 6 の倍数ならば, n は 3 の倍数である。**」, 逆は**真**。

裏「**n が 3 の倍数でないならば, n は 6 の倍数ではない。**」, 逆と裏は互いに対偶であるから, 裏は**真**。

対偶「**n が 6 の倍数でないならば, n は 3 の倍数ではない。**」, 対偶は**偽**。

(反例 $n=3$)

123 (1) この命題の対偶「n が 3 の倍数ならば, n^2 は 3 の倍数である」が真であることを証明すればよい。

3 の倍数 n は, ある整数 k を用いて $n=3k$ と表せるから,

$$n^2=(3k)^2=3(3k^2)$$

ここで, $3k^2$ は整数であるから, n^2 は 3 の倍数である。

よって, 対偶が真であるから, もとの命題も真である。終

(2) この命題の対偶「n が奇数ならば, n^2-1 は偶数である」が真であることを示す。

奇数 n は, ある整数 k を用いて $n=2k+1$ と表せるから,

$$n^2-1=(2k+1)^2-1=4k^2+4k$$
$$=2(2k^2+2k)$$

ここで, $2k^2+2k$ は整数であるから,

n^2-1 は偶数である。

よって, 対偶が真であるから, もとの命題も真である。終

124 (1) この命題の対偶「$x=2$ かつ $y=2$ ならば, $xy=4$」は真であるから, もとの命題も真である。終

(2) この命題の対偶「$x \leqq 3$ かつ $y \leqq 2$ ならば, $2x+3y \leqq 12$」が真であることを示す。

$x \leqq 3$ かつ $y \leqq 2$ より $2x \leqq 6$ かつ $3y \leqq 6$

不等式を辺々加えると

$$2x+3y \leqq 12$$

よって, 対偶が真であるから, もとの命題も真である。終

125 (1) $\sqrt{3}+2$ が無理数でないと仮定すると
$\sqrt{3}+2$ は有理数である。
$\sqrt{3}+2=r$ (r は有理数) とおくと
$\sqrt{3}=r-2$ ……①
r が有理数ならば，①の右辺 $r-2$ も有理数であるから，等式①は $\sqrt{3}$ が無理数であることに矛盾する。
よって，$\sqrt{3}+2$ は無理数である。終

(2) $\sqrt{12}$ が有理数であると仮定する。
$\sqrt{12}=r$ (r は有理数) とおくと
$2\sqrt{3}=r$
$\sqrt{3}=\dfrac{r}{2}$ ……②
r が有理数ならば，②の右辺 $\dfrac{r}{2}$ も有理数であるから，等式②は $\sqrt{3}$ が無理数であることに矛盾する。
よって，$\sqrt{12}$ は無理数である。終

B

126 $\sqrt{5}$ が無理数でないと仮定すると，$\sqrt{5}$ は有理数であるから，1以外に公約数をもたない2つの自然数 m，n を用いて
$\sqrt{5}=\dfrac{m}{n}$ と表すことができる。
この両辺を平方して整理すると
$5n^2=m^2$ ……①
であるから，m^2 は5の倍数である。よって，m も5の倍数である。
ゆえに，ある自然数 k を用いて，
$m=5k$ ……②
と表すことができる。
②を①に代入して
$5n^2=25k^2$ すなわち $n^2=5k^2$
となり，n^2 は5の倍数であるから n も5の倍数となる。
以上のことから，m，n はいずれも5の倍数となり，1以外に公約数をもたないことに矛盾する。
したがって，$\sqrt{5}$ は無理数である。終

127 $q\neq 0$ と仮定すると，$p+q\sqrt{5}=0$ より
$\sqrt{5}=-\dfrac{p}{q}$ ……①
p，q は有理数であるから，①の右辺 $-\dfrac{p}{q}$ も有理数である。これは $\sqrt{5}$ が無理数であることに矛盾する。よって，$q=0$
次に，$p+q\sqrt{5}=0$ に $q=0$ を代入すると
$p+0\cdot\sqrt{5}=0$ すなわち $p=0$
ゆえに，p，q が有理数のとき
$p+q\sqrt{5}=0$ ならば，$p=q=0$ 終

128 (1) 「$x^2=y^2 \Longrightarrow x=y$」について
もとの命題は偽。(反例 $x=-1$，$y=1$)
逆「$\boldsymbol{x=y \Longrightarrow x^2=y^2}$」，逆は**真**。
裏「$\boldsymbol{x^2\neq y^2 \Longrightarrow x\neq y}$」，逆と裏は互いに対偶であるから，裏は**真**。
対偶「$\boldsymbol{x\neq y \Longrightarrow x^2\neq y^2}$」，対偶は**偽**。
(反例 $x=1$，$y=-1$)

(2) 「$x\geqq 1$ かつ $y\geqq 2 \Longrightarrow x+y\geqq 3$」について
もとの命題は真。
逆「$\boldsymbol{x+y\geqq 3 \Longrightarrow x\geqq 1}$ **かつ** $\boldsymbol{y\geqq 2}$」，逆は**偽**。
(反例 $x=0$，$y=4$)
裏「$\boldsymbol{x<1}$ **または** $\boldsymbol{y<2 \Longrightarrow x+y<3}$」，
裏は**偽**。(反例 $x=0$，$y=4$)
対偶「$\boldsymbol{x+y<3 \Longrightarrow x<1}$ **または** $\boldsymbol{y<2}$」，
もとの命題が真であるから，対偶は**真**。

(3) 「$xy=0 \Longrightarrow x$，y の少なくとも一方は0である」について「x，y の少なくとも一方は0である $\Longleftrightarrow x=0$ または $y=0$」であるから，もとの命題は真。
逆「$\boldsymbol{x}$，$\boldsymbol{y}$ **の少なくとも一方は0である** $\boldsymbol{\Longrightarrow xy=0}$」，逆は**真**。
裏「$\boldsymbol{xy\neq 0 \Longrightarrow x}$，$\boldsymbol{y}$ **はともに0でない**」，
逆と裏は互いに対偶であるから，裏は**真**。
対偶「$\boldsymbol{x}$，$\boldsymbol{y}$ **はともに0でない** $\boldsymbol{\Longrightarrow xy\neq 0}$」，
もとの命題が真であるから，対偶は**真**。

(4) 「ab が奇数 $\Longrightarrow a$, b の少なくとも一方は奇数」について「a, b の少なくとも一方は奇数 $\Longleftrightarrow a$ が奇数または b が奇数」であるから，もとの命題は真。

逆「**a, b の少なくとも一方は奇数 $\Longrightarrow ab$ が奇数**」，逆は**偽**。

(反例 $a=1$, $b=2$)

裏「**ab が偶数 $\Longrightarrow a$, b はともに偶数**」，逆と裏は互いに対偶であるから，裏は**偽**。

(反例 $a=1$, $b=2$)

対偶「**a, b はともに偶数 $\Longrightarrow ab$ が偶数**」，対偶は**真**。

C

129 $\sqrt{3}+\sqrt{6}$ が有理数であると仮定する。

$\sqrt{3}+\sqrt{6}=r$ (r は有理数) とおくと，両辺を 2 乗して

$$3+6\sqrt{2}+6=r^2$$

$$\sqrt{2}=\frac{r^2-9}{6} \quad \cdots\cdots ①$$

r が有理数ならば，①の右辺 $\dfrac{r^2-9}{6}$ も有理数であるから，

等式①は $\sqrt{2}$ が無理数であることに矛盾する。

よって，$\sqrt{3}+\sqrt{6}$ は無理数である。終

⇦命題「$\sqrt{3}+\sqrt{6}$ が無理数である」が成り立たないと仮定する。

⇦「$\sqrt{2}$ が無理数であること」との矛盾を示したいので，$\sqrt{2}=$(有理数) となる式を導く。

発展 「すべて」と「ある」の否定

本編 p.030

B

130 (1) 「すべての実数 x について，$x^2>0$ である」の否定は，

「**ある実数 x について，$x^2 \leqq 0$ である**」

$x=0$ のとき $x^2 \leqq 0$ であるから，← $x^2=0$ を含む

もとの命題は**偽**，否定は**真**。

(2) 「ある素数 n について，n は偶数である」の否定は，

「**すべての素数 n について，n は奇数である**」

$n=2$ のとき n は偶数であるから，

もとの命題は**真**，否定は**偽**。

131 (1) 「ある x について $xy=0 \Longrightarrow y=0$」について，もとの命題は偽。

(反例 $x=0$, $y=1$)

また，「$y=0 \Longrightarrow$ ある x について $xy=0$」は真である。

よって，「ある x について $xy=0$」は「$y=0$」であるための**③必要条件であるが十分条件ではない。**

(2) 「すべての正の数 a について $a+x \geqq 0 \Longrightarrow x \geqq 0$」について，この命題の対偶「$x<0 \Longrightarrow$ ある正の数 a について，$a+x<0$」は真だから，もとの命題も真。

↑ $a=-\dfrac{x}{2}>0$ とすると，$a+x=\dfrac{x}{2}<0$

また，「$x \geqq 0 \Longrightarrow$ すべての正の数 a について $a+x \geqq 0$」も真である。

よって，「すべての正の数 a について $a+x \geqq 0$」は「$x \geqq 0$」であるための

①必要十分条件である。

本編 p.031

《章末問題》

132 条件 p について $-3<3x<15$ すなわち　$-1<x<5$

条件 q について $-6\leqq 2x\leqq 10$ すなわち　$-3\leqq x\leqq 5$

条件 r について $x>3$,

条件 s について $x<-3$, $3<x$

また，集合 $P=\{x|-1<x<5\}$, $Q=\{x|-3\leqq x\leqq 5\}$

$R=\{x|x>3\}$, $S=\{x|x<-3,\ 3<x\}$ とする。

(1)　$P\subset Q$ かつ $P\neq Q$ であるので，命題「$p \Longrightarrow q$」は真，「$q \Longrightarrow p$」は偽である。

よって，p は q であるための②**十分条件であるが必要条件ではない。**

⇦ 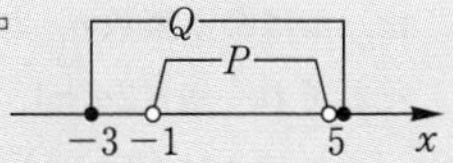

(2)　$S\supset R$ かつ $S\neq R$ であるので，命題「$s \Longrightarrow r$」は偽，「$r \Longrightarrow s$」は真である。

よって，s は r であるための③**必要条件であるが十分条件ではない。**

⇦ 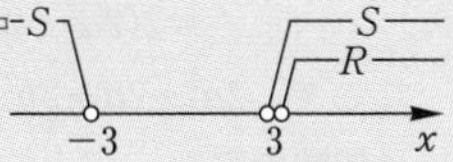

(3)　$P\cap R=\{x|3<x<5\}$ より，$P\cap R\subset Q$ かつ $P\cap R\neq Q$ である。

よって，命題「p かつ $r \Longrightarrow q$」は真，「$q \Longrightarrow p$ かつ r」は偽である。

ゆえに，「p かつ r」は q であるための②**十分条件であるが必要条件ではない。**

⇦ 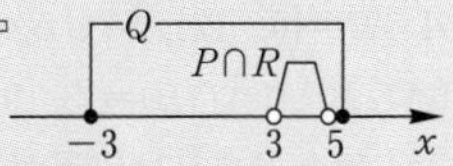

(4)　$\overline{Q}=\{x|x<-3,\ 5<x\}$ より，$S\supset\overline{Q}$ かつ $S\neq\overline{Q}$ である。

よって，命題「$s \Longrightarrow \overline{q}$」は偽，「$\overline{q} \Longrightarrow s$」は真である。

ゆえに，s は $\overline{q}$ であるための③**必要条件であるが十分条件ではない。**

⇦ 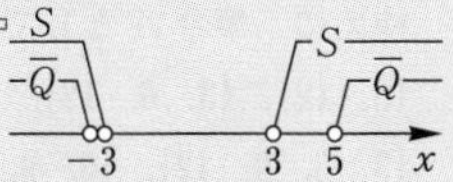

(5)　$Q\cap\overline{R}=\{x|-3\leqq x\leqq 3\}$, $\overline{S}=\{x|-3\leqq x\leqq 3\}$ より，$Q\cap\overline{R}=\overline{S}$ である。

よって，「q かつ $\overline{r}$」は $\overline{s}$ であるための

①**必要十分条件である。**

⇦ 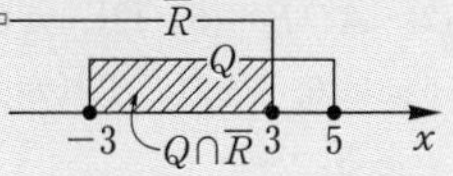

⇦「q かつ $\overline{r}$」と $\overline{s}$ は互いに同値

133 (1)　もとの命題「$l^2+m^2=n^2$ ならば整数 l, m, n の少なくとも 1 つは偶数である」において，結論の否定「整数 l, m, n はすべて奇数である」を仮定する。

⇦背理法(㊙ p.63)を用いる。

このとき，l, m はある整数 a, b を用いて，それぞれ $l=2a+1$, $m=2b+1$ と表せるから，

$$l^2+m^2=(2a+1)^2+(2b+1)^2$$
$$=(4a^2+4a+1)+(4b^2+4b+1)$$
$$=2(2a^2+2a+2b^2+2b+1)$$

ここで，$2a^2+2a+2b^2+2b+1$ は整数であるから，l^2+m^2 は偶数である。

一方，n は奇数なので，n^2 は奇数である。

このとき，等式 $l^2+m^2=n^2$ において，左辺は偶数だが，

右辺は奇数となり，矛盾する。

よって，整数 l，m，n の少なくとも 1 つは偶数である。 終

(2) この命題の対偶「mn が奇数ならば，m^2+n^2 は偶数」を示せばよい。

⇦「mn は奇数である」と仮定し，背理法で示してもよい。

mn が奇数のとき，整数 m，n はともに奇数であるから，

m，n はある整数 a，b を用いて，

それぞれ　$m=2a+1$，$n=2b+1$ と表せるから，

$$m^2+n^2=(2a+1)^2+(2b+1)^2$$
$$=(4a^2+4a+1)+(4b^2+4b+1)$$
$$=2(2a^2+2a+2b^2+2b+1)$$

ここで，$2a^2+2a+2b^2+2b+1$ は整数であるから，m^2+n^2 は偶数である。

よって，対偶が真であるから，もとの命題も真である。終

134 $A\cap B=\{6,\ 12\}$，$A\cup B=\{3,\ 6,\ 9,\ 12,\ 15\}$ であるから，

$(A\cap\overline{B})\cup(\overline{A}\cap B)=\{3,\ 9,\ 15\}$

⇦
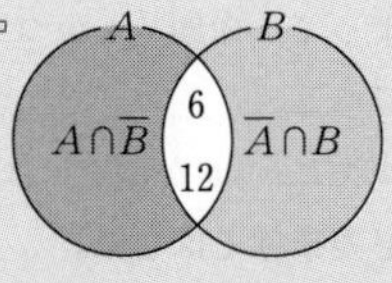

(1) 集合 $A\cap\overline{B}$ は以下が考えられる

$\varnothing$，$\{3\}$，$\{9\}$，$\{15\}$，$\{3,\ 9\}$，$\{9,\ 15\}$，$\{3,\ 15\}$，
$\{3,\ 9,\ 15\}$

ゆえに，集合 A として考えられるものは

{6, 12}，{3, 6, 12}，{6, 9, 12}，{6, 12, 15}，
{3, 6, 9, 12}，{6, 9, 12, 15}，{3, 6, 12, 15}，
{3, 6, 9, 12, 15}

(2) $A\cap B=\{6,\ 12\}$，$A\cup B=\{3,\ 6,\ 9,\ 12,\ 15\}$ であるから，

x は 6，12 のいずれか，y は 3，6，9，12，15 のいずれかである。

(ア) $x+y$ は $x=12$，$y=15$ のとき，最大値 $x+y=27$ をとる。

よって，すべての x，y について $x+y<k$ が成り立つ最小の自然数 k は　$\boldsymbol{k=28}$

⇦すべての x，y について $x+y<k$ が成り立つには，$x+y$ の値が最大となる場合を考えればよい。

(イ) x の最大値は $x=12$，y の最小値は $y=3$ であり，

このとき $xy=36$ である。

よって，すべての x と，ある y について，$xy<k$ となる最小の自然数 k は　$\boldsymbol{k=37}$

⇦ある y について $xy<k$ となればよいので，y は最小値を考えればよい。

1節 2次関数とそのグラフ

1 関数とグラフ

本編 p.032〜033

A

135 (1) $xy=10$ より $\boldsymbol{y=\dfrac{10}{x}}$ $(x>0)$

(2) $\boldsymbol{y}=\dfrac{1}{3}\cdot\pi x^2\cdot 5=\boldsymbol{\dfrac{5}{3}\pi x^2}$ $(x>0)$

円錐の体積 V
$V=\dfrac{1}{3}\pi\times(\text{半径})^2\times(\text{高さ})$

136 (1) $f(-3)=-2\cdot(-3)+3=\mathbf{9}$

$f(1)=-2\cdot1+3=\mathbf{1}$

$f(0)=-2\cdot0+3=\mathbf{3}$

$f(a+1)=-2\cdot(a+1)+3$
$\quad=\boldsymbol{-2a+1}$

$f(1-a)=-2\cdot(1-a)+3$
$\quad=\boldsymbol{2a+1}$

(2) $f(-3)=3\cdot(-3)^2-6\cdot(-3)+1=\mathbf{46}$

$f(1)=3\cdot1^2-6\cdot1+1=\mathbf{-2}$

$f(0)=3\cdot0^2-6\cdot0+1=\mathbf{1}$

$f(a+1)=3(a+1)^2-6(a+1)+1$
$\quad=3(a^2+2a+1)-6(a+1)+1$
$\quad=\boldsymbol{3a^2-2}$

$f(1-a)=3(1-a)^2-6(1-a)+1$
$\quad=3(1-2a+a^2)-6(1-a)+1$
$\quad=\boldsymbol{3a^2-2}$

137 (1) A：**第 2 象限**　(2) B：**第 1 象限**

(3) C：**第 4 象限**　(4) D：**第 3 象限**

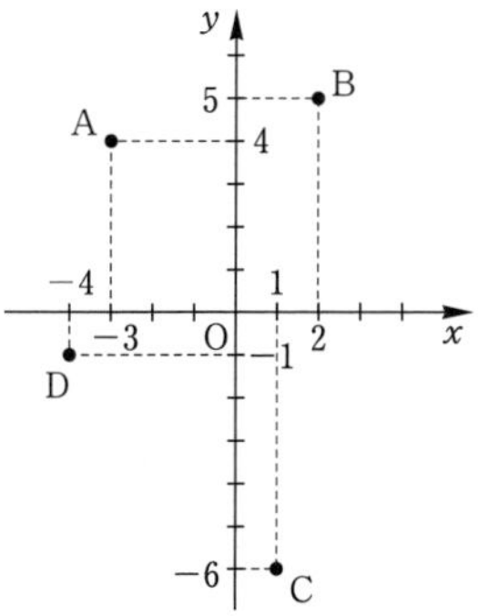

138 (1)

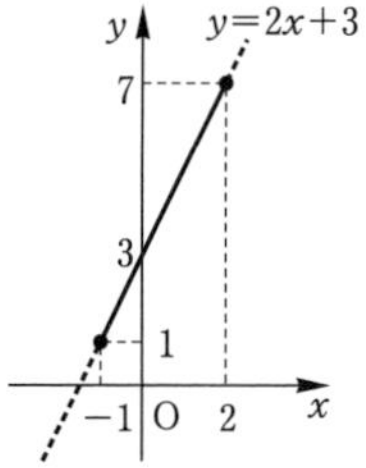

値域は $\boldsymbol{1\leqq y\leqq 7}$

(2)

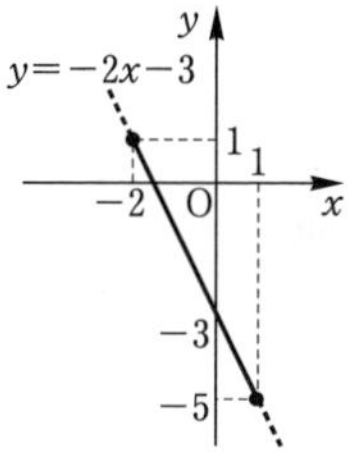

値域は $\boldsymbol{-5\leqq y\leqq 1}$

(3)

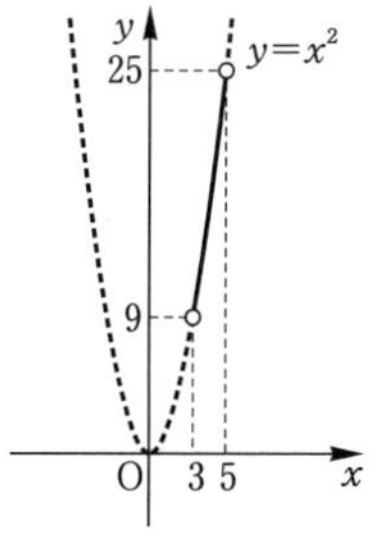

値域は $\boldsymbol{9<y<25}$

(4)

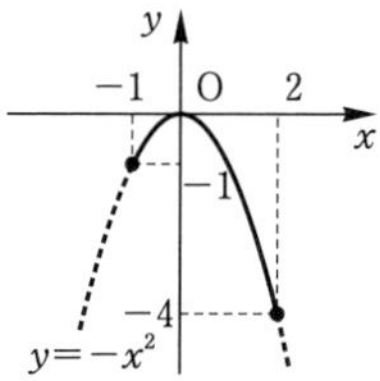

値域は $\boldsymbol{-4\leqq y\leqq 0}$

139 (1)　$x=3$ のとき

最大値 **7**

$x=-1$ のとき

最小値 **−5**

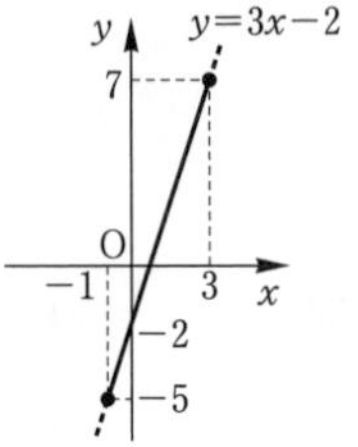

(2)　$x=-2$ のとき

最大値 **2**

$x=2$ のとき

最小値 **0**

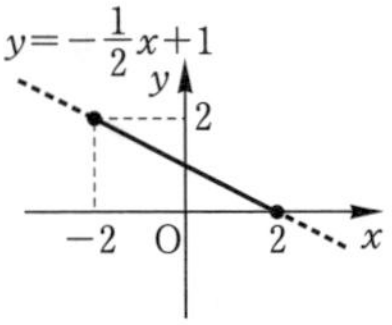

(3)　$x=-2$ のとき

最大値 **2**

$x=0$ のとき

最小値 **0**

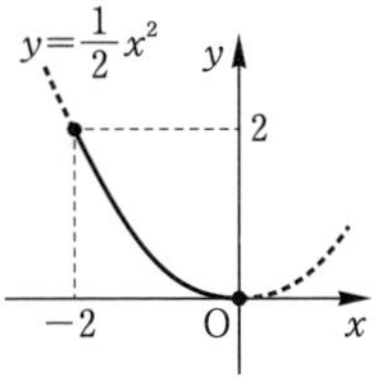

(4)　$x=0$ のとき

最大値 **0**

$x=2$ のとき

最小値 **−8**

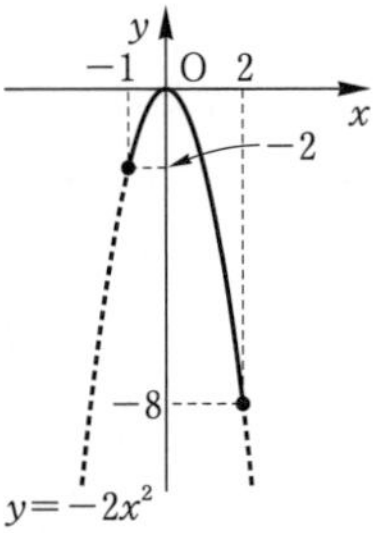

140 (1)　$a>0$ のとき，1 次関数 $y=ax+b$ のグラフは右上がりの直線であるから，

$-1 \leqq x \leqq 3$ において

$x=3$ のとき

最大値　$3a+b$

$x=-1$ のとき

最小値　$-a+b$

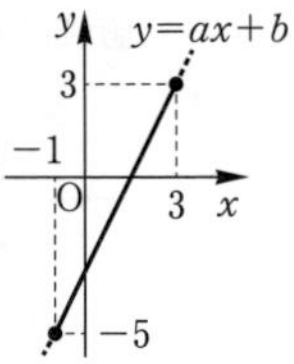

最大値が 3，最小値が −5 であるから

$3a+b=3$　……①

$-a+b=-5$　……②

①，②を解いて　$\boldsymbol{a=2}$，$\boldsymbol{b=-3}$

（これは $a>0$ を満たす）

(2)　$a<0$ のとき，1 次関数 $y=ax+b$ のグラフは右下がりの直線であるから，

$-2 \leqq x \leqq 5$ において

$x=-2$ のとき

最大値　$-2a+b$

$x=5$ のとき

最小値　$5a+b$

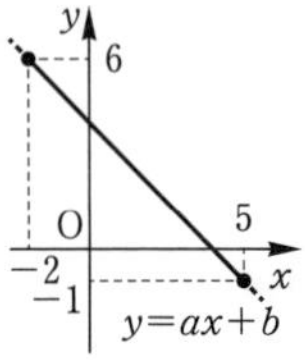

最大値が 6，最小値が −1 であるから

$-2a+b=6$　……①

$5a+b=-1$　……②

①，②を解いて　$\boldsymbol{a=-1}$，$\boldsymbol{b=4}$

（これは $a<0$ を満たす）

141 (1)　値域は

$-8<y \leqq 7$

よって

$x=1$ のとき

最大値 **7**

最小値は**ない**

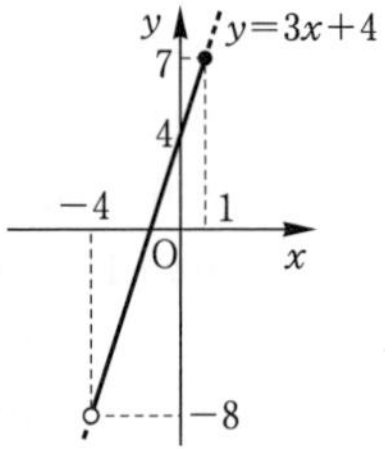

(2)　値域は

$y \leqq 0$

よって

$x=0$ のとき

最大値 **0**

最小値は**ない**

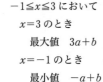

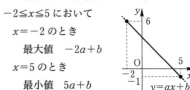

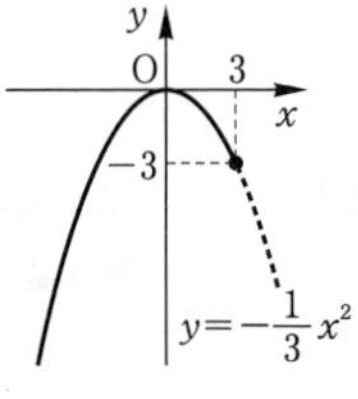

B

142 1 次関数 $y=2x+a$ は x の係数が正なので，グラフは右上がりの直線であるから

$-1 \leqq x \leqq 1$ において，

$x=1$　のとき最大値 $2+a$

$x=-1$ のとき最小値 $-2+a$

最大値が b，最小値が 2 であるから

$2+a=b$　……①

$-2+a=2$　……②

①，②を解いて　$\boldsymbol{a=4}$，$\boldsymbol{b=6}$

C

143 (1)(i)　$a>0$ のとき，関数 $y=ax+b$ のグラフは右上がりの直線となるから

$x=4$ のとき　最大値 $4a+b$

$x=-1$ のとき　最小値 $-a+b$

$-11 \leqq y \leqq 4$ より

$4a+b=4,\ -a+b=-11$

この連立方程式を解いて　$a=3,\ b=-8$

これは $a>0$ を満たす。

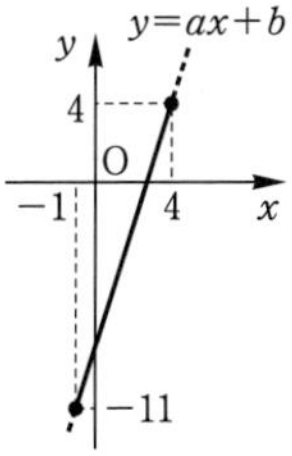

(ii)　$a<0$ のとき，関数 $y=ax+b$ のグラフは右下がりの直線となるから

$x=-1$ のとき　最大値 $-a+b$

$x=4$ のとき　最小値 $4a+b$

$-11 \leqq y \leqq 4$ より

$-a+b=4,\ 4a+b=-11$

この連立方程式を解いて　$a=-3,\ b=1$

これは $a<0$ を満たす。

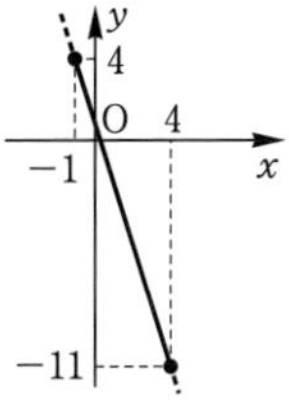

(iii)　$a=0$ のとき，つねに $y=b$ となるので適さない。

(i)，(ii)，(iii)より

$a=3,\ b=-8$　または　$a=-3,\ b=1$

(2)(i)　$a>0$ のとき，関数 $y=ax+b$ のグラフは右上がりの直線となる。

定義域が $2<x \leqq 3$ であるから，関数 $y=ax+b$　$(2<x \leqq 3)$ は最小値をとらないので不適である。

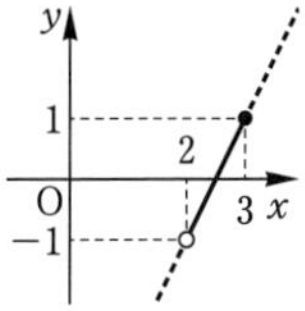

(ii)　$a<0$ のとき，関数 $y=ax+b$ のグラフは右下がりの直線となる。

この関数について，

$x=2$ のとき　$y=1$

$x=3$ のとき　$y=-1$

であればよいから

$2a+b=1,\ 3a+b=-1$

この連立方程式を解いて　$a=-2,\ b=5$

これは $a<0$ を満たす。

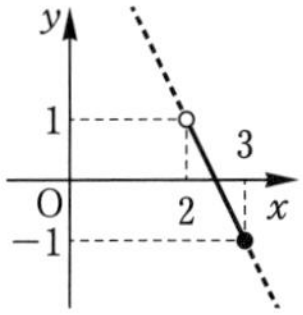

(iii)　$a=0$ のとき，つねに $y=b$ となるので適さない。

(i)，(ii)，(iii)より　**$a=-2,\ b=5$**

関数 $y=ax+b$ のグラフ

a が正の場合（$a>0$）
右上がりの直線
a が負の場合（$a<0$）
右下がりの直線

⇦最小値が -1 とならないので適さない。

⇦関数 $y=ax+b$ $(2<x \leqq 3)$ の値域が $-1 \leqq y<1$ なので，定義域に含まれる $x=3$ と値域に含まれる $y=-1$ が対応し，定義域に含まれない $x=2$ と値域に含まれない $y=1$ が対応する。

144 (i)　$a>0$ のとき，関数 $y=ax-1$ のグラフは右上がりの直線になるから

$x=1$ のとき　最大値 $a-1$

$x=b$ のとき　最小値 $ab-1$

$b \leqq y \leqq 1$ より　$a-1=1$　……①

$ab-1=b$　……②

①，②を解いて　$a=2$，$b=1$　　これは $b<1$ を満たさない。

⇦(i)のとき

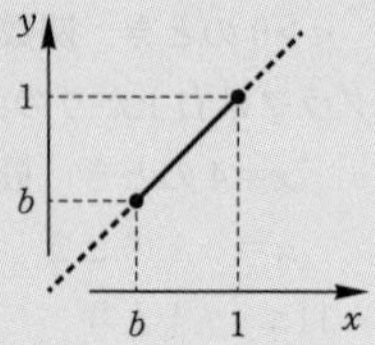

(ii)　$a<0$ のとき，関数 $y=ax-1$ のグラフは右下がりの直線になるから

$x=b$ のとき　最大値 $ab-1$

$x=1$ のとき　最小値 $a-1$

$b \leqq y \leqq 1$ より　$ab-1=1$　……①

$a-1=b$　……②

②を①に代入して

$a(a-1)-1=1$

$a^2-a-2=0$

$(a-2)(a+1)=0$

$a<0$ であるから　$a=-1$

このとき　$b=-2$　　これは $b<1$ を満たす。

(i)，(ii)より　$\boldsymbol{a=-1,\ b=-2}$

⇦(ii)のとき

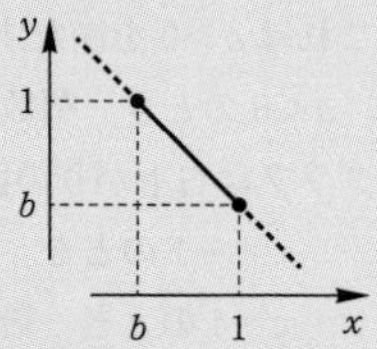

2　2次関数のグラフ

本編 p.034〜036

A

145

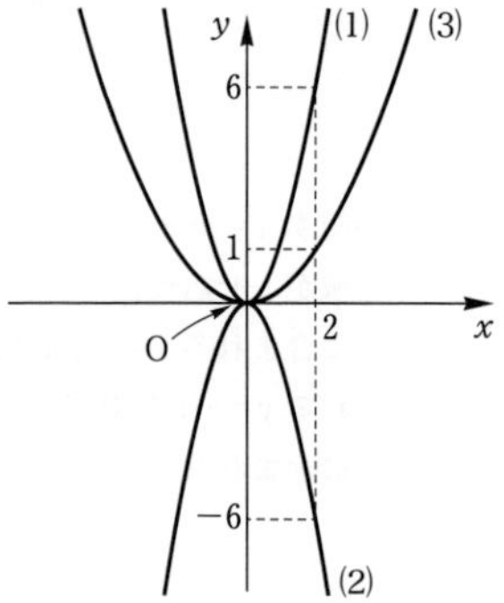

146 (1)　$(0+2,\ 0-5)$ すなわち　$\boldsymbol{(2,\ -5)}$

(2)　$(1+2,\ 2-5)$ すなわち　$\boldsymbol{(3,\ -3)}$

(3)　$(-3+2,\ -1-5)$

すなわち　$\boldsymbol{(-1,\ -6)}$

(4)　$(-2+2,\ 5-5)$ すなわち　$\boldsymbol{(0,\ 0)}$

147 (1)　頂点は**点 (0，−1)**

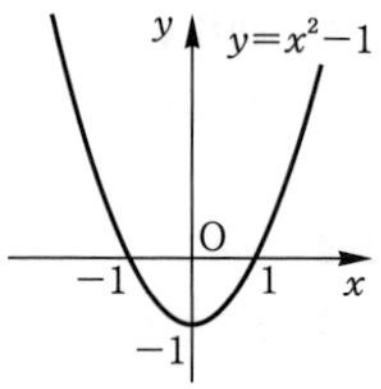

(2)　頂点は**点 (0，5)**

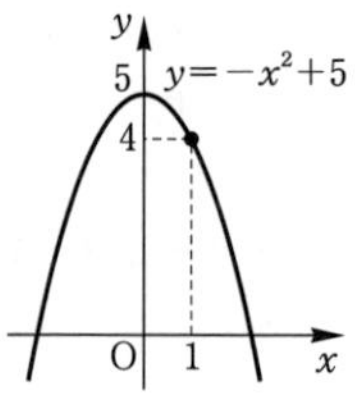

(3) 頂点は**点 (0, −4)**

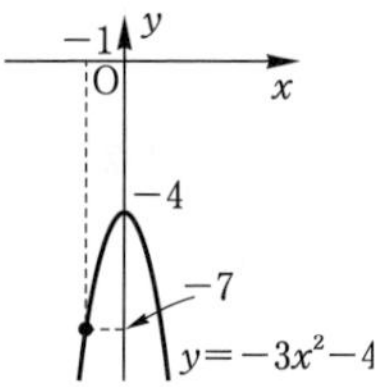

148 (1) 軸は**直線 $x=-3$**, 頂点は**点 (−3, 0)**

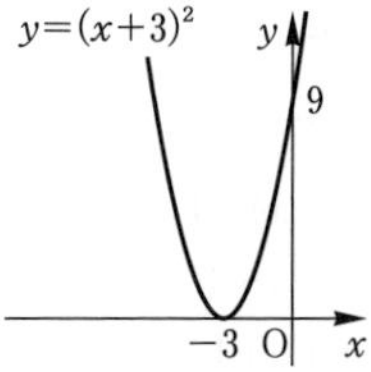

(2) 軸は**直線 $x=4$**, 頂点は**点 (4, 0)**

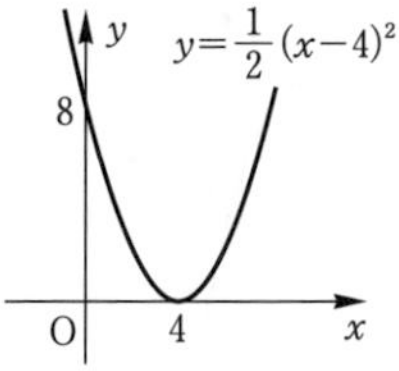

(3) 軸は**直線 $x=-2$**, 頂点は**点 (−2, 0)**

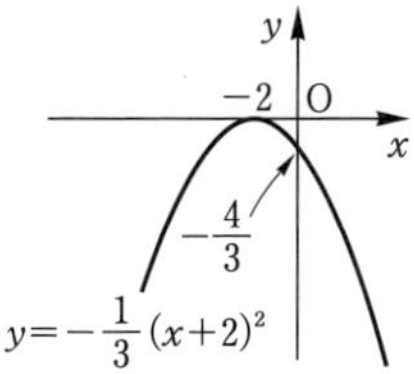

149 (1) 軸は**直線 $x=-2$**, 頂点は**点 (−2, −4)**

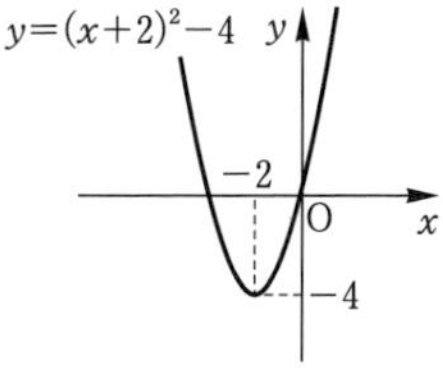

(2) 軸は**直線 $x=-3$**,

頂点は**点 (−3, 1)**

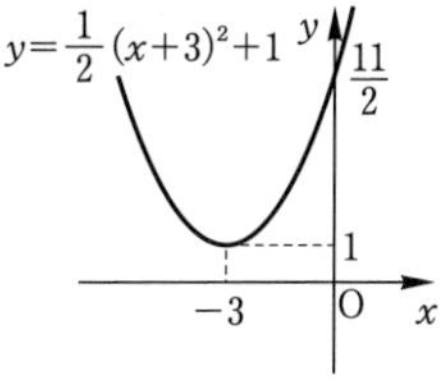

(3) 軸は**直線 $x=1$**, 頂点は**点 (1, 8)**

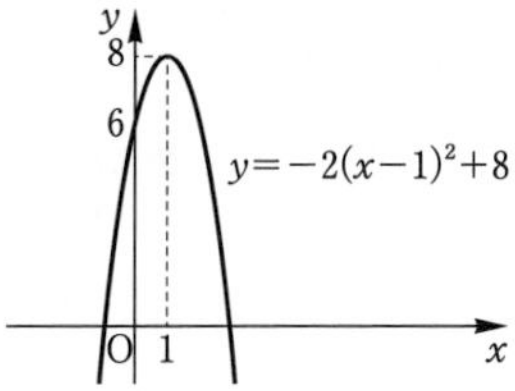

150 (1) $y=-x^2$ のグラフを

x 軸方向に 3, y 軸方向に −4 だけ

平行移動すると,

頂点は原点から点 (3, −4) に移る。

よって, 求める 2 次関数は

$$\boldsymbol{y=-(x-3)^2-4}$$

(2) $y=-x^2$ のグラフを

x 軸方向に −5, y 軸方向に 1 だけ

平行移動すると,

頂点は原点から点 (−5, 1) に移る。

よって, 求める 2 次関数は

$$\boldsymbol{y=-(x+5)^2+1}$$

151 (1) $y=x^2-2x$

$=x^2-2\cdot x+1^2-1^2$ ← 2 の半分 1 の 2 乗を加えて引く

$=\boldsymbol{(x-1)^2-1}$

(2) $y=2x^2-12x$

$=2(x^2-6x)$ ← x^2 の係数 2 でくくる

$=2(x^2-2\cdot3\cdot x+3^2-3^2)$ ← 6 の半分 3 の 2 乗を加えて引く

$=2\{(x-3)^2-9\}$

$=\boldsymbol{2(x-3)^2-18}$

(3) $y=-\frac{1}{2}x^2+x-2$

$=-\frac{1}{2}(x^2-2x)-2$ ← x^2 の係数 $-\frac{1}{2}$ でくくる

$=-\frac{1}{2}(x^2-2x+1^2-1^2)-2$ ← 2 の半分 1 の 2 乗を加えて引く

$=-\frac{1}{2}\{(x-1)^2-1\}-2$

$=-\frac{1}{2}(x-1)^2+\frac{1}{2}-2$

$=\boldsymbol{-\frac{1}{2}(x-1)^2-\frac{3}{2}}$

(4) $y=-x^2-3x$

$=-(x^2+3x)$ ← x^2 の係数 -1 でくくる

$=-\left\{x^2+2\cdot\frac{3}{2}x+\left(\frac{3}{2}\right)^2-\left(\frac{3}{2}\right)^2\right\}$ ← 3 の半分 $\frac{3}{2}$ の 2 乗を加えて引く

$=-\left\{\left(x+\frac{3}{2}\right)^2-\left(\frac{3}{2}\right)^2\right\}$

$=\boldsymbol{-\left(x+\frac{3}{2}\right)^2+\frac{9}{4}}$

(5) $y=x^2-x+\frac{3}{4}$

$=x^2-2\cdot\frac{1}{2}\cdot x+\left(\frac{1}{2}\right)^2-\left(\frac{1}{2}\right)^2+\frac{3}{4}$ ← 1 の半分 $\frac{1}{2}$ の 2 乗を加えて引く

$=\boldsymbol{\left(x-\frac{1}{2}\right)^2+\frac{1}{2}}$

(6) $y=-2x^2+3x+2$

$=-2\left(x^2-\frac{3}{2}x\right)+2$ ← x^2 の係数 -2 でくくる

$=-2\left\{x^2-2\cdot\frac{3}{4}\cdot x+\left(\frac{3}{4}\right)^2-\left(\frac{3}{4}\right)^2\right\}+2$ ← $\frac{3}{2}$ の半分 $\frac{3}{4}$ の 2 乗を加えて引く

$=-2\left\{\left(x-\frac{3}{4}\right)^2-\left(\frac{3}{4}\right)^2\right\}+2$

$=-2\left(x-\frac{3}{4}\right)^2+\frac{9}{8}+2$

$=\boldsymbol{-2\left(x-\frac{3}{4}\right)^2+\frac{25}{8}}$

152 (1) $y=x^2+4x+2$

$=x^2+2\cdot2x+2^2-2^2+2$

$=(x+2)^2-2$

軸は直線 $x=-2$，頂点は点 $(-2,\ -2)$

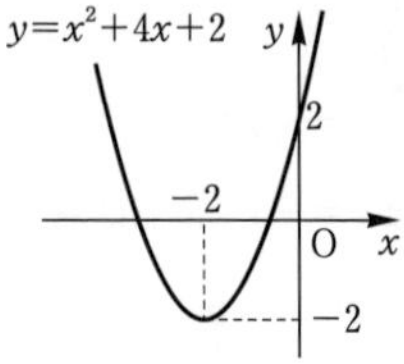

(2) $y=-2x^2-4x-1$

$=-2(x^2+2x)-1$

$=-2(x^2+2x+1^2-1^2)-1$

$=-2(x+1)^2+1$

軸は直線 $x=-1$，頂点は点 $(-1,\ 1)$

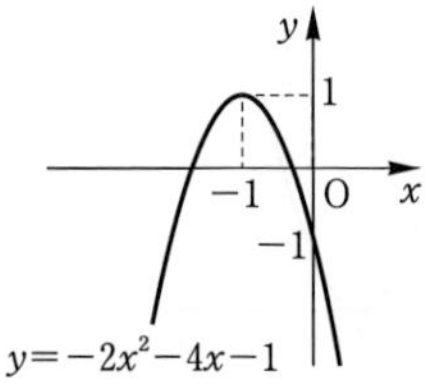

(3) $y=\frac{1}{2}x^2+2x+2$

$=\frac{1}{2}(x^2+2\cdot2x+2^2-2^2)+2$

$=\frac{1}{2}(x+2)^2-2+2$

$=\frac{1}{2}(x+2)^2$

軸は直線 $x=-2$，頂点は点 $(-2,\ 0)$

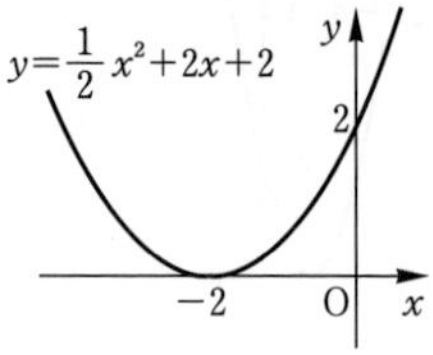

(4) $y=-3x^2+2x+1$

$=-3\left(x^2-\frac{2}{3}x\right)+1$

$=-3\left\{x^2-2\cdot\frac{1}{3}x+\left(\frac{1}{3}\right)^2-\left(\frac{1}{3}\right)^2\right\}+1$

$=-3\left(x-\frac{1}{3}\right)^2+\frac{1}{3}+1$

$=-3\left(x-\frac{1}{3}\right)^2+\frac{4}{3}$

軸は**直線 $\boldsymbol{x=\frac{1}{3}}$**，頂点は**点 $\boldsymbol{\left(\frac{1}{3},\ \frac{4}{3}\right)}$**

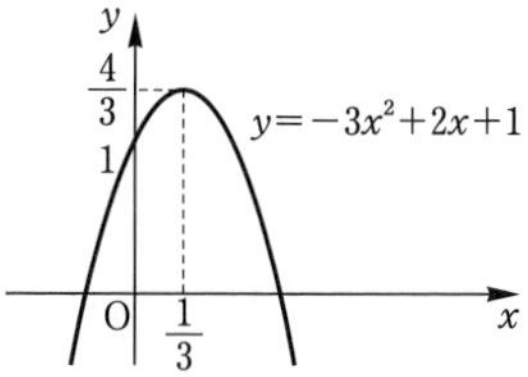

(5) $y=\frac{1}{2}x^2-x+2$

$=\frac{1}{2}(x^2-2x)+2$

$=\frac{1}{2}(x^2-2x+1^2-1^2)+2$

$=\frac{1}{2}(x-1)^2-\frac{1}{2}+2$

$=\frac{1}{2}(x-1)^2+\frac{3}{2}$

軸は**直線 $\boldsymbol{x=1}$**，頂点は**点 $\boldsymbol{\left(1,\ \frac{3}{2}\right)}$**

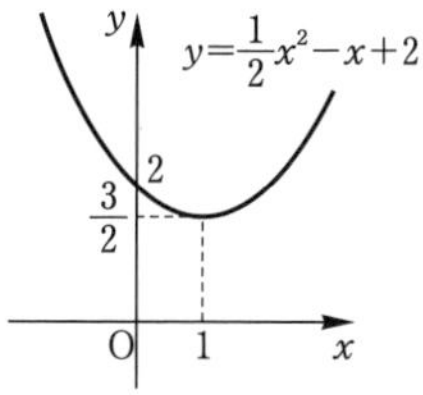

(6) $y=\frac{1}{3}x^2-x-\frac{4}{3}$

$=\frac{1}{3}(x^2-3x)-\frac{4}{3}$

$=\frac{1}{3}\left\{x^2-2\cdot\frac{3}{2}x+\left(\frac{3}{2}\right)^2-\left(\frac{3}{2}\right)^2\right\}-\frac{4}{3}$

$=\frac{1}{3}\left(x-\frac{3}{2}\right)^2-\frac{3}{4}-\frac{4}{3}$

$=\frac{1}{3}\left(x-\frac{3}{2}\right)^2-\frac{25}{12}$

軸は**直線 $\boldsymbol{x=\frac{3}{2}}$**，

頂点は**点 $\boldsymbol{\left(\frac{3}{2},\ -\frac{25}{12}\right)}$**

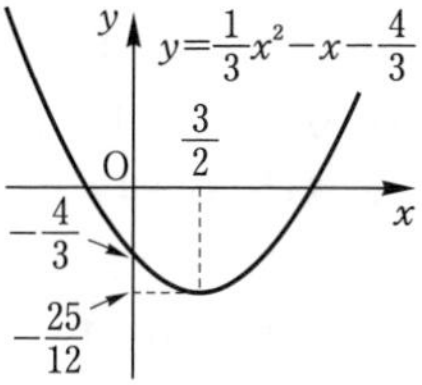

153 (1) $y=(x-1)^2+2$ ……①

$y=(x+1)^2-3$ ……②

とする。

放物線①の頂点は点 $(1,\ 2)$，

放物線②の頂点は点 $(-1,\ -3)$ である。

放物線①を x 軸方向に p，y 軸方向に q だけ平行移動したとき，放物線②に重なるとすると

$1+p=-1,\ 2+q=-3$

ゆえに　$p=-2,\ q=-5$

したがって，放物線 $y=(x-1)^2+2$ を **$\boldsymbol{x}$ 軸方向に -2，$\boldsymbol{y}$ 軸方向に -5 だけ平行移動**すればよい。

(2) $y=-2x^2+1$ ……①

$y=\underline{-2x^2+12x-19}$ ……②

とする。　↑ $-2(x^2-6x+3^2-3^2)-19$

②は $y=-2(x-3)^2-1$ と変形できるから，

放物線①の頂点は点 $(0,\ 1)$，

放物線②の頂点は点 $(3,\ -1)$ である。

放物線①を x 軸方向に p, y 軸方向に q だけ平行移動したとき，放物線②に重なるとすると

$$0+p=3,\ 1+q=-1$$

ゆえに　$p=3,\ q=-2$

したがって，放物線 $y=-2x^2+1$ を **x 軸方向に 3，y 軸方向に -2 だけ平行移動**すればよい。

154 x 軸方向に 1，y 軸方向に -3 だけ平行移動した曲線の方程式を求めるには，x を $x-1$，y を $y-(-3)$ すなわち $y+3$ に置き換えればよい。

(1)　$y+3=-(x-1)^2$

整理して　$\boldsymbol{y=-x^2+2x-4}$

(2)　$y+3=2(x-1)^2-4(x-1)+1$

整理して　$\boldsymbol{y=2x^2-8x+4}$

(3)　$y+3=-3(x-1)^2-9(x-1)-2$

整理して　$\boldsymbol{y=-3x^2-3x+1}$

(別解)　頂点の移動を考えてもよい。

(2)　$y=2x^2-4x+1=2(x-1)^2-1$

より，この放物線の頂点は点 $(1,\ -1)$

この点を x 軸方向に 1，y 軸方向に -3 だけ平行移動した点は点 $(2,\ -4)$

よって，求める放物線の方程式は

$$\boldsymbol{y=2(x-2)^2-4}$$

(3)　$y=-3x^2-9x-2$

$$=-3\left(x+\frac{3}{2}\right)^2+\frac{19}{4}$$

より，この放物線の頂点は

点 $\left(-\dfrac{3}{2},\ \dfrac{19}{4}\right)$

この点を x 軸方向に 1，y 軸方向に -3 だけ平行移動した点は点 $\left(-\dfrac{1}{2},\ \dfrac{7}{4}\right)$

よって，求める放物線の方程式は

$$\boldsymbol{y=-3\left(x+\frac{1}{2}\right)^2+\frac{7}{4}}$$

B

155 (1)　$\boldsymbol{y=-2(x-1)^2-2}$

展開すると $y=-2x^2+4x-4$

(2)　$\boldsymbol{y=-2(x+3)^2+1}$

展開すると $y=-2x^2-12x-17$

(3)　$\boldsymbol{y=-2(x+2)^2-5}$

展開すると $y=-2x^2-8x-13$

156 (1)　$y=x^2+6x+p=(x+3)^2-9+p$

より，頂点の座標は $\boldsymbol{(-3,\ p-9)}$

(2)　$y=x^2-2px+5=(x-p)^2-p^2+5$

より，頂点の座標は $\boldsymbol{(p,\ -p^2+5)}$

(3)　$y=-2x^2+px+p^2$

$$=-2\left(x^2-\frac{p}{2}x\right)+p^2$$

$$=-2\left(x-\frac{p}{4}\right)^2+\frac{1}{8}p^2+p^2$$

$$=-2\left(x-\frac{p}{4}\right)^2+\frac{9}{8}p^2$$

より，頂点の座標は $\boldsymbol{\left(\frac{1}{4}p,\ \frac{9}{8}p^2\right)}$

(4)　$y=-\dfrac{1}{2}x^2-px$

$$=-\frac{1}{2}(x^2+2px)$$

$$=-\frac{1}{2}(x+p)^2+\frac{1}{2}p^2$$

頂点の座標は $\boldsymbol{\left(-p,\ \frac{1}{2}p^2\right)}$

157　$y=x^2+4x-a=(x+2)^2-4-a$

より，この放物線の頂点の座標は

$(-2,\ -a-4)$

$y=-2x^2+2bx+3a+b^2$

$$=-2(x^2-bx)+3a+b^2$$

$$=-2\left(x-\frac{1}{2}b\right)^2+\frac{1}{2}b^2+3a+b^2$$

$$=-2\left(x-\frac{1}{2}b\right)^2+3a+\frac{3}{2}b^2$$

より，この放物線の頂点の座標は

$\left(\frac{1}{2}b,\ 3a+\frac{3}{2}b^2\right)$

この 2 つの頂点が一致するとき

$$-2=\frac{1}{2}b,\ -a-4=3a+\frac{3}{2}b^2$$

これを解いて　$\boldsymbol{a=-7,\ b=-4}$

このとき，共通の頂点の座標は $\boldsymbol{(-2,\ 3)}$

C

158　$y=x^2+ax+b$　……①

$y=x^2-4x+5$　……②とする。

放物線②を x 軸方向に 1，y 軸方向に -3 だけ平行移動すると

$y+3=(x-1)^2-4(x-1)+5$

整理して　$y=x^2-6x+7$

これが放物線①と一致すればよいから

$\boldsymbol{a=-6,\ b=7}$

⇦移動後の放物線をもとの放物線に移す移動を考える。

159 $y=x^2-2ax+a^2-3a+6$

$=(x-a)^2-3a+6$　より，頂点は点 $(a,\ -3a+6)$

この頂点が第 1 象限にあればよいので，

$a>0$　かつ　$-3a+6>0$

すなわち　$a>0$　かつ　$a<2$

よって　$\boldsymbol{0<a<2}$

⇦点 $(s,\ t)$ が第 1 象限にある

$\iff$　$s>0$ かつ $t>0$

160 $y=x^2-4ax+4a^2-2a+6$

$=(x-2a)^2-2a+6$　より，頂点は点 $(2a,\ -2a+6)$

(1)　頂点が x 軸上にあるとき，

$-2a+6=0$ より　$\boldsymbol{a=3}$

(2)　頂点の x 座標と y 座標が等しいとき，

$2a=-2a+6$ より　$\boldsymbol{a=\frac{3}{2}}$

⇦頂点が x 軸上にあるとき，y 座標は 0 となる。

研究　グラフの対称移動

本編 p.037

A

161 放物線 $y=x^2-6x+10$ を

x 軸に関して対称移動すると

$-y=x^2-6x+10$　←y を $-y$ に置き換える

よって　$\boldsymbol{y=-x^2+6x-10}$

y 軸に関して対称移動すると

$y=(-x)^2-6(-x)+10$　←x を $-x$ に置き換える

よって　$\boldsymbol{y=x^2+6x+10}$

原点に関して対称移動すると

$-y=(-x)^2-6(-x)+10$　←x を $-x$ に　y を $-y$ に置き換える

よって　$\boldsymbol{y=-x^2-6x-10}$

B

162 $y=ax^2+bx+c$ ……①

$y=-x^2+6x-8$ ……②とする。

(1) ②のグラフを x 軸に関して対称に移動すると

$-y=-x^2+6x-8$ ← y を $-y$ に置き換える

よって　$y=x^2-6x+8$

これが①と一致すればよいから

$a=1$, $b=-6$, $c=8$

(2) ②のグラフを y 軸に関して対称に移動すると

$y=-(-x)^2+6(-x)-8$ ← x を $-x$ に置き換える

よって　$y=-x^2-6x-8$

これが①と一致すればよいから

$a=-1$, $b=-6$, $c=-8$

(3) ②を原点に関して対称に移動すると

$-y=-(-x)^2+6(-x)-8$ ← x を $-x$ に y を $-y$ に置き換える

よって　$y=x^2+6x+8$

これが①と一致すればよいから

$a=1$, $b=6$, $c=8$

C

163 放物線 $y=x^2-2x+3$ を x 軸に関して対称移動すると,

(教)p.85 節末5

$-y=x^2-2x+3$ より　$y=-x^2+2x-3$ ……①

さらに放物線①を x 軸方向に p, y 軸方向に q だけ平行移動すると

$y-q=-(x-p)^2+2(x-p)-3$ より

$y=-x^2+(2p+2)x-p^2-2p-3+q$ ……②

放物線②が放物線 $y=-x^2$ と重なるので,

⇦②の式と $y=-x^2$ で各項の係数が一致すればよい。

$2p+2=0$, $-p^2-2p-3+q=0$

これを解いて　**$p=-1$, $q=2$**

(別解)

①より　$y=-(x-1)^2-2$　であるから, 放物線①の頂点の座標は $(1,\ -2)$

この頂点を x 軸方向に p, y 軸方向に q だけ平行移動した点 $(1+p,\ -2+q)$ が, 放物線 $y=-x^2$ の頂点 $(0,\ 0)$ と一致するから

$1+p=0$, $-2+q=0$

これを解いて　**$p=-1$, $q=2$**

164 放物線 $y=-x^2+2x+6$ を x 軸方向に 1, y 軸方向に -2 だけ平行移動すると

⇦移動後の放物線をもとの放物線に移す移動を考える。

$y+2=-(x-1)^2+2(x-1)+6$

よって　$y=-x^2+4x+1$

この放物線を y 軸に関して対称移動したものがもとの放物線である。

ゆえに　$y=-(-x)^2+4(-x)+1$ より

$y=-x^2-4x+1$

2節　2次関数の値の変化

1　2次関数の最大・最小

本編 p.038～041

A

165 (1)　$y=2x^2+5$ において，

$x=0$ のとき　最小値 **5**

最大値は**ない**。

(2)　$y=3(x+3)^2$ において，

$x=-3$ のとき　最小値 **0**

最大値は**ない**。

(3)　$y=(x-2)^2+1$ において，

$x=2$ のとき　最小値 **1**

最大値は**ない**。

(4)　$y=-\frac{1}{2}(x-3)^2-1$ において，

$x=3$ のとき　最大値 $\mathbf{-1}$

最小値は**ない**。

166 (1)　$y=x^2-6x+4$

を変形すると

$y=(x-3)^2-5$

よって

$x=3$ のとき

最小値 $\mathbf{-5}$

最大値は**ない**。

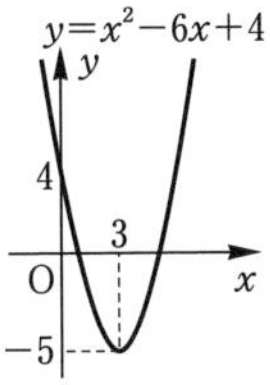

(2)　$y=2x^2-8x+4$

を変形すると

$y=2(x-2)^2-4$

よって

$x=2$ のとき

最小値 $\mathbf{-4}$

最大値は**ない**。

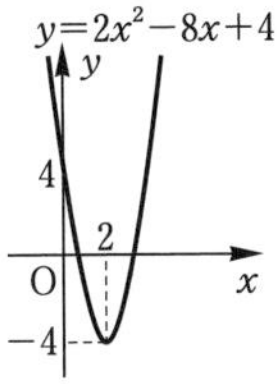

(3)　$y=3x^2+12x+6$

を変形すると

$y=3(x+2)^2-6$

よって

$x=-2$ のとき

最小値 $\mathbf{-6}$

最大値は**ない**。

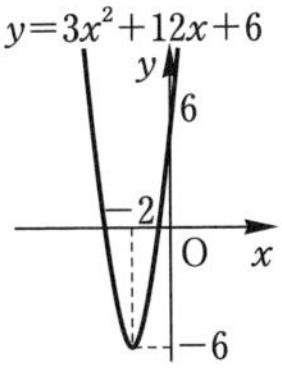

(4)　$y=-x^2+x$

を変形すると

$$y=-\left(x-\frac{1}{2}\right)^2+\frac{1}{4}$$

よって

$x=\frac{1}{2}$ のとき

最大値 $\mathbf{\frac{1}{4}}$

最小値は**ない**。

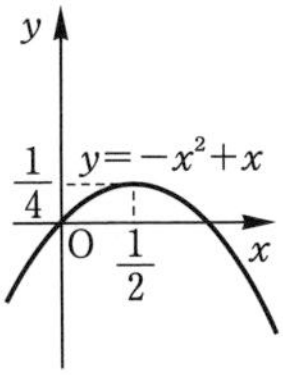

(5)　$y=-2x^2-3x+1$

を変形すると

$$y=-2\left(x+\frac{3}{4}\right)^2+\frac{17}{8}$$

よって

$x=-\frac{3}{4}$ のとき

最大値 $\mathbf{\frac{17}{8}}$

最小値は**ない**。

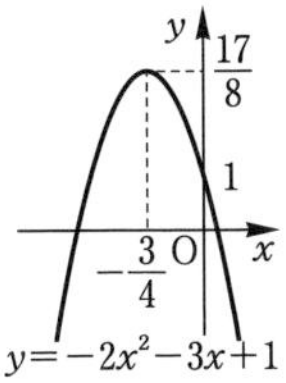

167 (1)　$0\leqq x\leqq 3$ の範囲でグラフをかくと，右の図のようになる。

よって

$x=3$ のとき

最大値 **7**

$x=0$ のとき　最小値 $\mathbf{-2}$

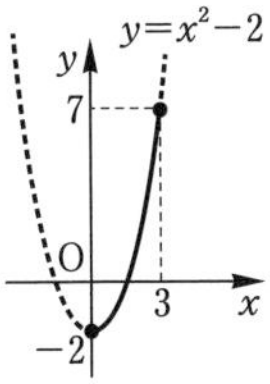

(2)　$y=-x^2-4x$ を変形すると

$y=-(x+2)^2+4$

$-1\leqq x\leqq 1$ の範囲でグラフをかくと，右の図のようになる。

よって

$x=-1$ のとき

最大値 **3**

$x=1$ のとき　最小値 $\mathbf{-5}$

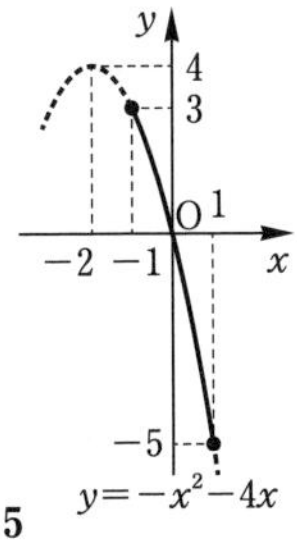

(3) $y=3x^2-6x+1$ を変形すると

$y=3(x-1)^2-2$

$-1 \leqq x \leqq 2$ の範囲でグラフをかくと，右の図のようになる。

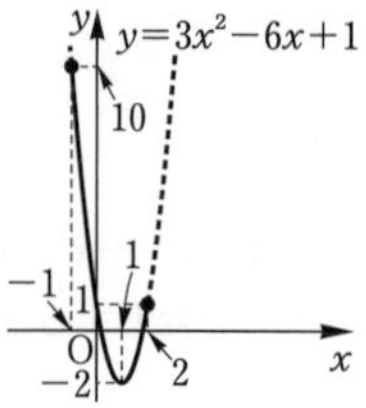

よって

$x=-1$ のとき　**最大値 10**

$x=1$ のとき　**最小値 −2**

(4) $y=x^2-x+1$ を変形すると

$y=\left(x-\frac{1}{2}\right)^2+\frac{3}{4}$

$0 \leqq x \leqq 3$ の範囲でグラフをかくと，右の図のようになる。

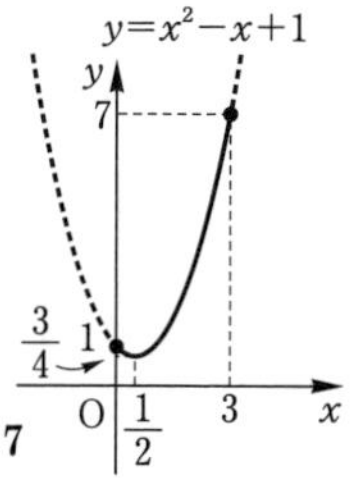

よって

$x=3$ のとき　**最大値 7**

$x=\frac{1}{2}$ のとき　**最小値 $\frac{3}{4}$**

168 $y=x^2-4x+a$ を変形すると

$y=(x-2)^2+a-4$

$1 \leqq x \leqq 4$ の範囲でグラフをかくと，右の図のようになる。

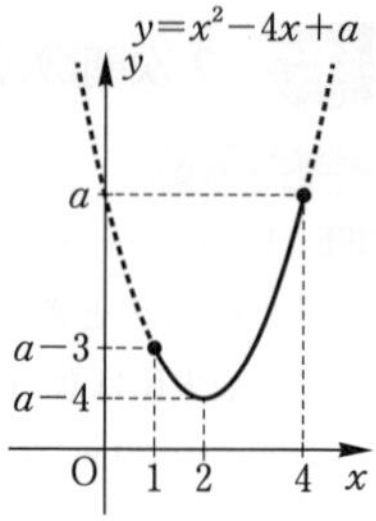

軸が直線 $x=2$ であるから，$x=4$ のとき最大値をとる。

$x=4$ のとき

$y=4^2-4\cdot4+a=a$

最大値が 5 であるから　$\boldsymbol{a=5}$

このとき，$x=2$ で**最小値 1**

B

169 $y=x^2+2x-2$ を変形すると

$y=(x+1)^2-3$

(1) $-2<x \leqq 0$ の範囲でグラフをかくと，右の図のようになる。

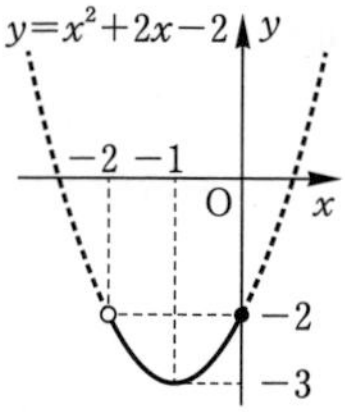

よって

$x=0$ のとき

最大値 −2

$x=-1$ のとき　**最小値 −3**

(2) $0<x<3$ の範囲でグラフをかくと，右の図のようになる。

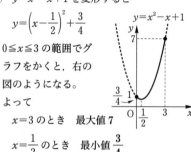

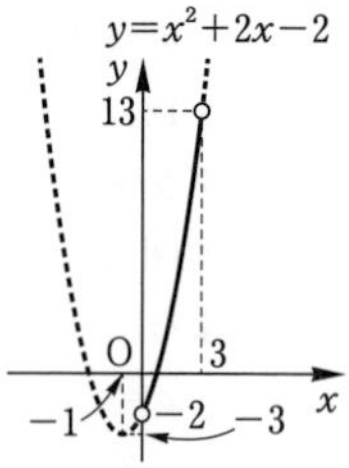

よって，

最大値も最小値も**ない**。

170 $y=x^2-4x+m$ を変形すると

$y=(x-2)^2+m-4$

よって，この関数は

$x=2$ のとき　最小値 $m-4$

をとる。

$y=-x^2+2mx-6$ を変形すると

$y=-(x-m)^2+m^2-6$

よって，この関数は

$x=m$ のとき　最大値 m^2-6

をとる。

ゆえに　$m-4=m^2-6$

$m^2-m-2=0$

$(m+1)(m-2)=0$

よって　$\boldsymbol{m=-1,\ 2}$

171 $y=x^2-4x-3m$ を変形すると

$y=(x-2)^2-3m-4$

$0\leqq x\leqq 3$ の範囲でグラフをかくと，右の図のようになる。

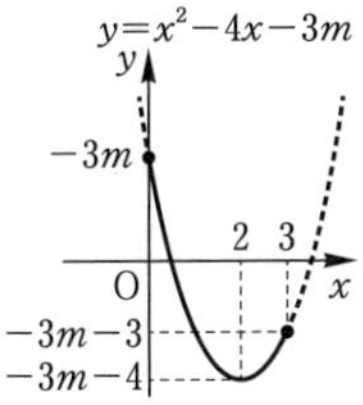

軸が直線 $x=2$ であるから，

$x=2$ のとき

最小値 $-3m-4$ をとる。

よって　$-3m-4<0$

すなわち　$\boldsymbol{m>-\frac{4}{3}}$

172 (1)　$a>0$ であるから，グラフは下に凸である。

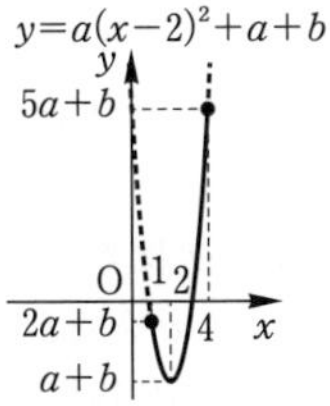

軸は直線 $x=2$ であるから，

$1\leqq x\leqq 4$ において

$x=4$ のとき　最大値 $5a+b$

$x=2$ のとき　最小値 $a+b$

をとる。よって

$5a+b=8$，$a+b=-4$

これを解いて　$\boldsymbol{a=3}$，$\boldsymbol{b=-7}$

これは $a>0$ を満たす。

(2)　$y=ax^2-6ax+b$ を変形すると

$y=a(x^2-6x)+b$

$=a(x-3)^2-9a+b$

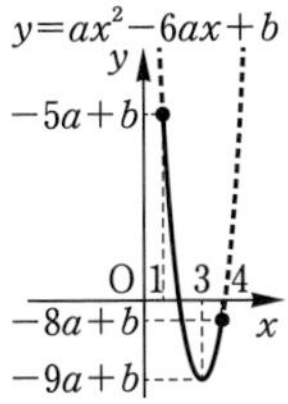

$a>0$ であるから，

グラフは下に凸である。

軸は直線 $x=3$ であるから，$1\leqq x\leqq 4$ において

$x=1$ のとき　最大値 $-5a+b$

$x=3$ のとき　最小値 $-9a+b$

をとる。よって

$-5a+b=8$，$-9a+b=-4$

これを解いて　$\boldsymbol{a=3}$，$\boldsymbol{b=23}$

これは $a>0$ を満たす。

173 $y=(x-2)^2-3$ と変形できる。

(ア)　$0<a<2$ のとき

グラフは右の図のようになるので，$x=a$ で y は最小値をとる。

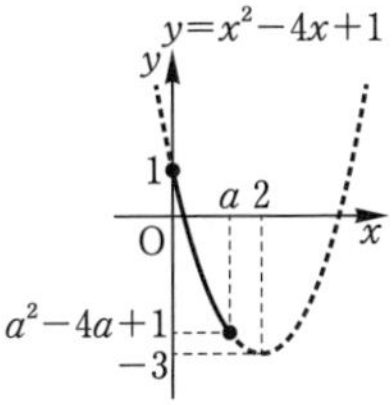

よって

$x=a$ で

最小値 $\boldsymbol{a^2-4a+1}$

(イ)　$2\leqq a$ のとき

グラフは右の図のようになるので，$x=2$ で y は最小値をとる。

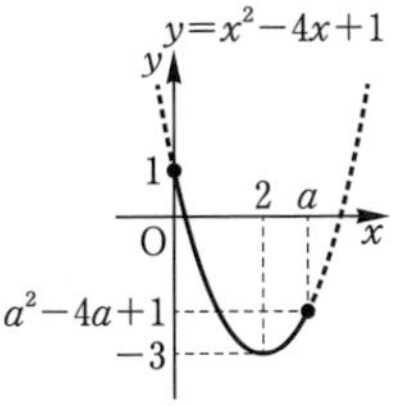

よって

$x=2$ で最小値 $\boldsymbol{-3}$

(ウ)　$0<a<4$ のとき

グラフは右の図のようになるので，$x=0$ で y は最大値をとる。

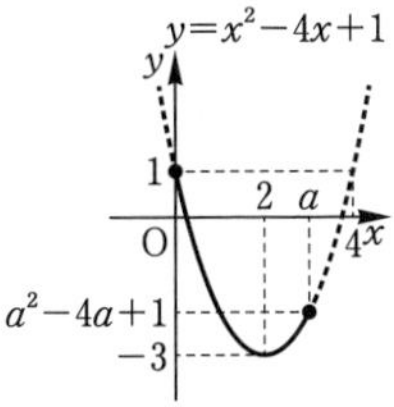

よって

$x=0$ で最大値 **1**

(エ)　$a=4$ のとき

グラフは右の図のようになるので，$x=0$，4 で y は最大値をとる。

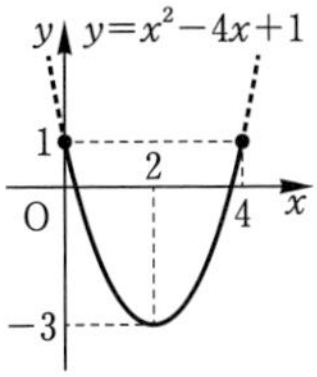

よって

$x=0$，4 で最大値 **1**

(オ)　$4<a$ のとき

グラフは右の図のようになる。図から，$x=a$ で y は最大値をとる。

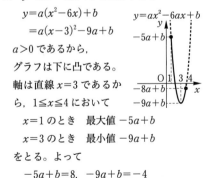

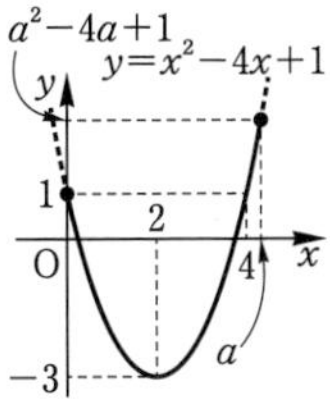

よって

$x=a$ で最大値 $\boldsymbol{a^2-4a+1}$

174 (1) $y=-(x-2)^2+1$ と変形できる。

(i) $0<a<2$ のとき

グラフは右の図のようになるので，$x=a$ で y は最大値をとる。

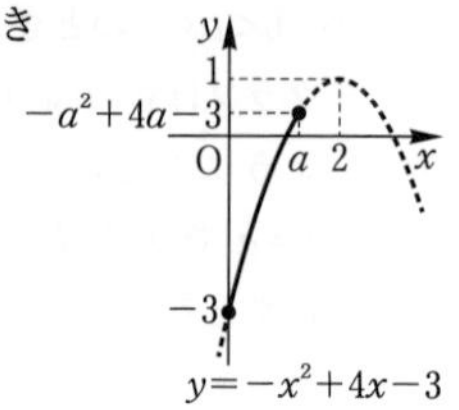

よって

$x=a$ で最大値 $-a^2+4a-3$

(ii) $2\leqq a$ のとき

グラフは右の図のようになるので，$x=2$ で y は最大値をとる。

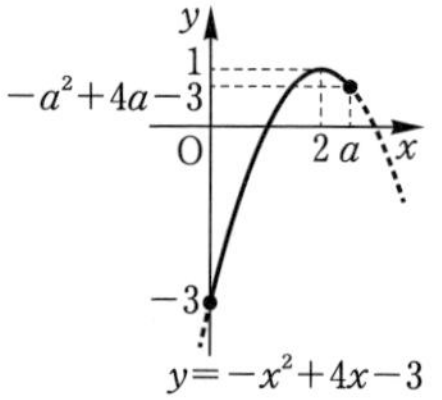

よって

$x=2$ で最大値 1

(i)，(ii)より

$0<a<2$ のとき

$x=a$ で最大値 $\boldsymbol{-a^2+4a-3}$

$2\leqq a$ のとき

$x=2$ で最大値 **1**

(2) (i) $0<a<4$ のとき

グラフは右の図のようになるので，$x=0$ で y は最小値をとる。

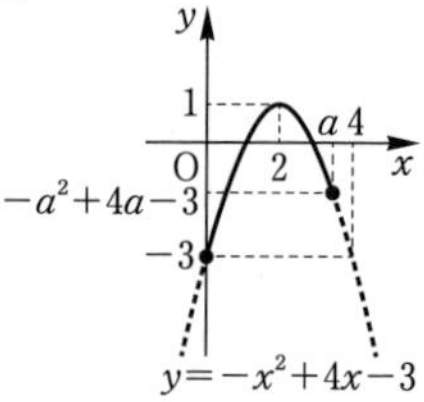

よって

$x=0$ で最小値 -3

(ii) $a=4$ のとき

グラフは右の図のようになるので，$x=0$，4 で y は最小値をとる。

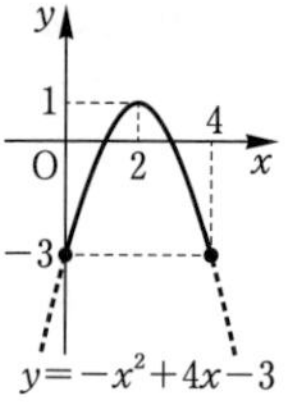

よって

$x=0$，4 で最小値 -3

(iii) $4<a$ のとき

グラフは右の図のようになるので，$x=a$ で y は最小値をとる。

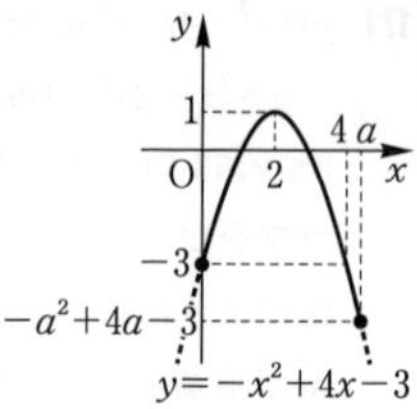

よって

$x=a$ で最小値 $-a^2+4a-3$

(i)，(ii)，(iii)より

$0<a<4$ のとき

$x=0$ で最小値 **-3**

$a=4$ のとき

$x=0$，4 で最小値 **-3**

$4<a$ のとき

$x=a$ で最小値 $\boldsymbol{-a^2+4a-3}$

175 2 次関数 $y=(x-a)^2+2$ のグラフは，直線 $x=a$ を軸とし，点 $(a,\ 2)$ を頂点とする下に凸の放物線である。

(1) $0\leqq a\leqq 1$ のとき

グラフは右の図のようになるので，$x=4$ で y は最大値をとる。

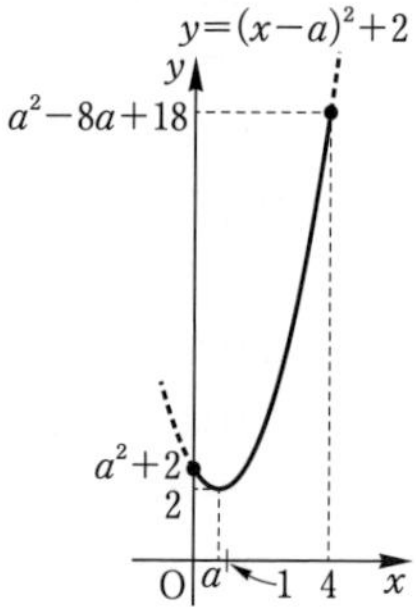

$x=4$ のとき

$y=(4-a)^2+2$

$=a^2-8a+18$ より

$x=4$ で最大値 $\boldsymbol{a^2-8a+18}$

(2) $a=5$ のとき，

グラフは右の図のようになるので，$x=0$ で y は最大値をとる。

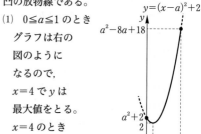

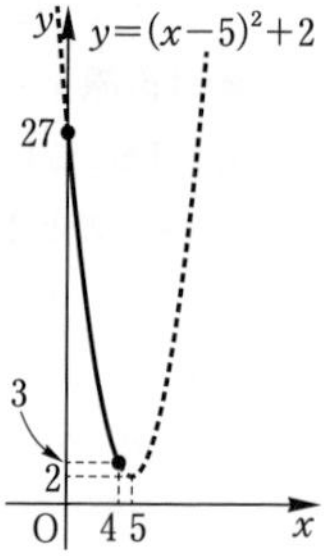

よって

$x=0$ で

最大値 **27**

176 2 次関数 $y=-x^2+2ax+1$ のグラフは,

$$
\begin{aligned}
y&=-x^2+2ax+1\\
&=-(x^2-2ax)+1\\
&=-(x-a)^2+a^2+1
\end{aligned}
$$

より, 直線 $x=a$ を軸とし, 点 $(a,\ a^2+1)$ を頂点とする, 上に凸の放物線である。

(1)(i) $a<0$ のとき

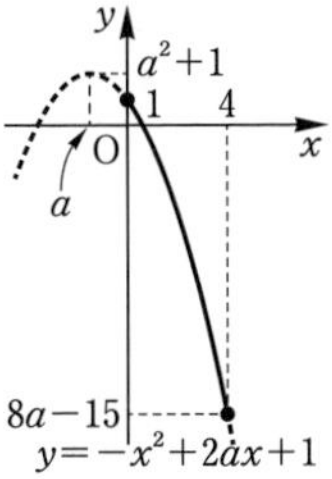

グラフは右の図のようになるので, $x=0$ で y は最大値をとる。

よって

$x=0$ で最大値 1

(ii) $0 \leqq a \leqq 4$ のとき

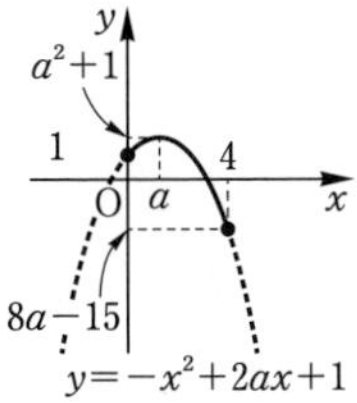

グラフは右の図のようになるので, $x=a$ で y は最大値をとる。

よって

$x=a$ で最大値 a^2+1

(iii) $4<a$ のとき

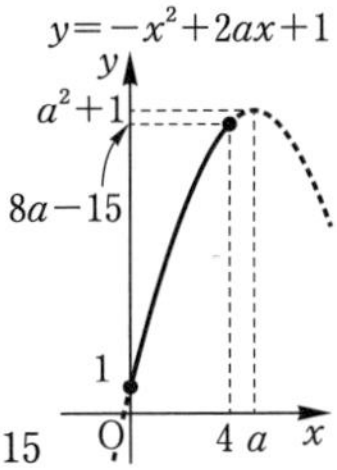

グラフは右の図のようになるので, $x=4$ で y は最大値をとる。

よって

$x=4$ で最大値 $8a-15$

(i), (ii), (iii)より

$a<0$ のとき

$x=0$ で最大値 **1**

$0 \leqq a \leqq 4$ のとき

$x=a$ で最大値 $\boldsymbol{a^2+1}$

$4<a$ のとき

$x=4$ で最大値 $\boldsymbol{8a-15}$

(2)(i) $a<2$ のとき

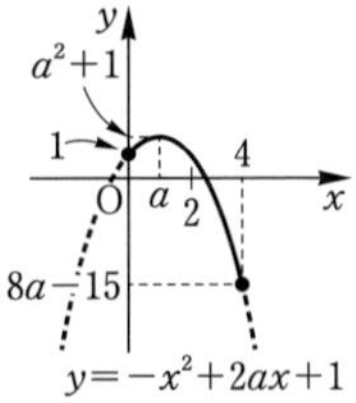

グラフは右の図のようになるので, $x=4$ で y は最小値をとる。

よって

$x=4$ で最小値 $8a-15$

(ii) $a=2$ のとき

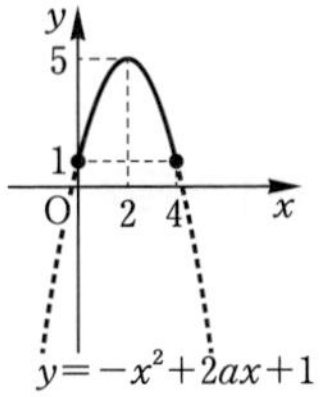

グラフは右の図のようになるので, $x=0,\ 4$ で y は最小値をとる。

よって

$x=0,\ 4$ で最小値 1

(iii) $2<a$ のとき

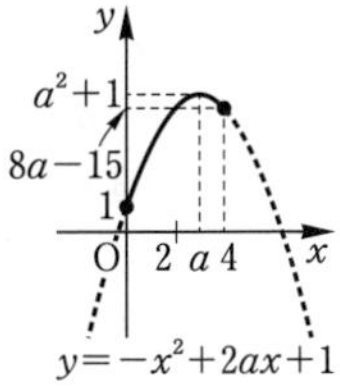

グラフは右の図のようになるので, $x=0$ で y は最小値をとる。

よって

$x=0$ で最小値 1

(i), (ii), (iii)より

$a<2$ のとき

$x=4$ で最小値 $\boldsymbol{8a-15}$

$a=2$ のとき

$x=0,\ 4$ で最小値 **1**

$2<a$ のとき

$x=0$ で最小値 **1**

177 長方形の面積を y とする。$x>0$ として $BD=x$ とおくと，$\triangle BDG$，$\triangle CEF$ は合同な直角二等辺三角形であるから

$BD=DG=EF=EC=x$

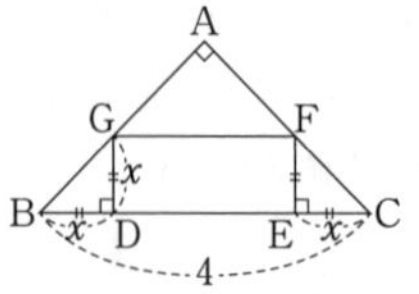

よって　$DE=4-2x$

ただし，$x>0$，$\underset{DE>0}{\underline{4-2x>0}}$ より　$0<x<2$

面積 y は

$y=x(4-2x)$

$=-2x^2+4x$

$=-2(x-1)^2+2$

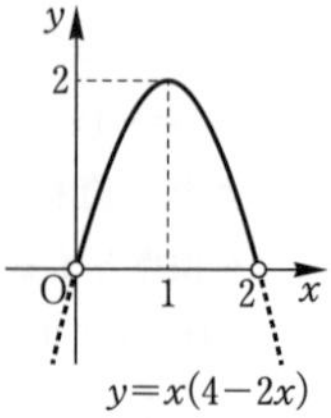

ゆえに，グラフから $x=1$ のとき y の最大値は 2

したがって，求める面積の最大値は 2

C

178 $f(x)=(x-1)^2+1$ より，関数 $f(x)$ のグラフは下に凸の放物線であり，軸が直線 $x=1$，頂点が点 $(1,\ 1)$ である。

また，$x=a$，$a+1$ のときの関数の値はそれぞれ

$f(a)=a^2-2a+2$

$f(a+1)=(a+1)^2-2(a+1)+2=a^2+1$

(1) (i)　$a+1<1$

すなわち　$a<0$ のとき

グラフは右の図のようになるので，$x=a+1$ で y は最小値をとる。

よって

$x=a+1$ で最小値 a^2+1

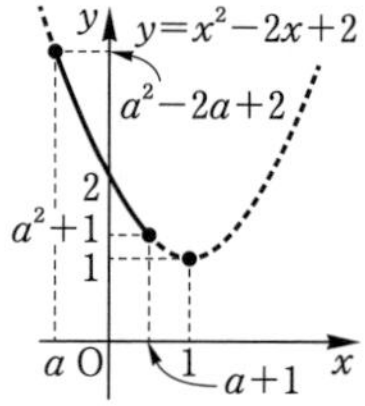

⇦(i)　定義域の右端が軸より左

(ii)　$a\leqq 1\leqq a+1$

すなわち　$0\leqq a\leqq 1$ のとき

グラフは右の図のようになるので，$x=1$ で y は最小値をとる。

よって

$x=1$ で最小値 1

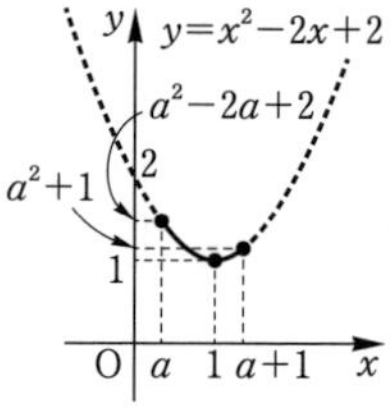

⇦(ii)　定義域が軸を含む

(iii)　$1<a$ のとき

グラフは右の図のようになるので，$x=a$ で y は最小値をとる。

よって

$x=a$ で最小値 a^2-2a+2

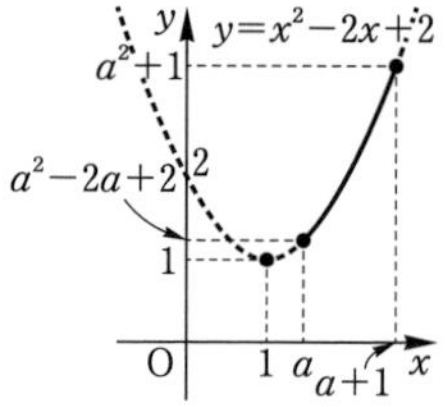

⇦(iii)　定義域の左端が軸より右

(i)，(ii)，(iii)より

$\boldsymbol{a<0}$　　のとき　$x=a+1$ で最小値 $\boldsymbol{a^2+1}$

$\boldsymbol{0\leqq a\leqq 1}$ のとき　$x=1$　　で最小値 **1**

$\boldsymbol{1<a}$　　のとき　$x=a$　　で最小値 $\boldsymbol{a^2-2a+2}$

(2) 定義域の中央の値は $x=a+\dfrac{1}{2}$ である。

(i) $a+\dfrac{1}{2}<1$

⇦(i) 定義域の中央が軸より左

すなわち　$a<\dfrac{1}{2}$ のとき

グラフは右の図のようになるので，$x=a$ で y は最大値をとる。

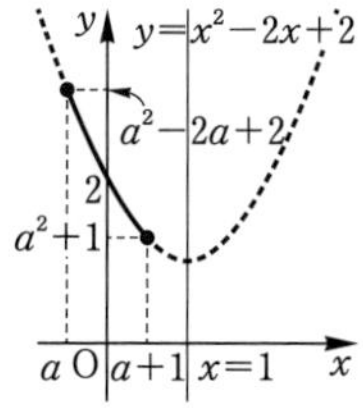

よって

$x=a$ で最大値 a^2-2a+2

(ii) $a+\dfrac{1}{2}=1$

⇦(ii) 定義域の中央が軸と一致

すなわち　$a=\dfrac{1}{2}$ のとき

グラフは右の図のようになるので，$x=\dfrac{1}{2},\ \dfrac{3}{2}$ で y は最大値をとる。よって

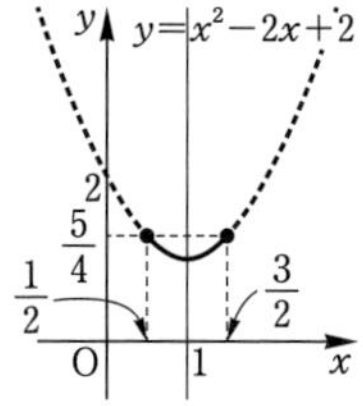

$x=\dfrac{1}{2},\ \dfrac{3}{2}$ で最大値 $\dfrac{5}{4}$

(iii) $a+\dfrac{1}{2}>1$

⇦(iii) 定義域の中央が軸より右

すなわち　$a>\dfrac{1}{2}$ のとき

グラフは右の図のようになるので，$x=a+1$ で y は最大値をとる。よって

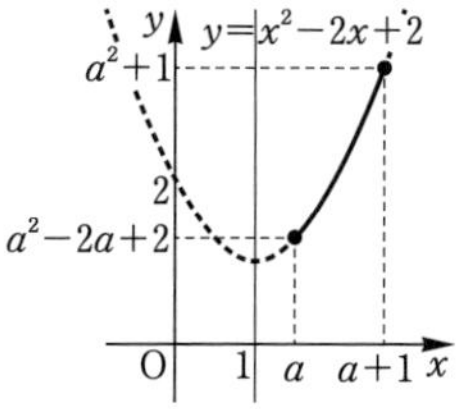

$x=a+1$ で最大値 a^2+1

(i)，(ii)，(iii)より

$a<\dfrac{1}{2}$ のとき　$x=a$　で最大値 a^2-2a+2

$a=\dfrac{1}{2}$ のとき　$x=\dfrac{1}{2},\ \dfrac{3}{2}$ で最大値 $\dfrac{5}{4}$

$a>\dfrac{1}{2}$ のとき　$x=a+1$　で最大値 a^2+1

179　$y=-x^2-2x+4=-(x+1)^2+5$

より，この関数のグラフは上に凸の放物線であり，軸が直線 $x=-1$，頂点が点 $(-1,\ 5)$ である。

$f(x)=-x^2-2x+4$ とおくと，

$f(a-1)=-(a-1)^2-2(a-1)+4=-a^2+5$

$f(a+1)=-(a+1)^2-2(a+1)+4=-a^2-4a+1$

また，定義域の中央の値は $x=\dfrac{(a-1)+(a+1)}{2}=a$

(i)　$a+1<-1$

すなわち **$a<-2$ のとき**

$x=a+1$ で最大値をとり

$x=a-1$ で最小値をとる。

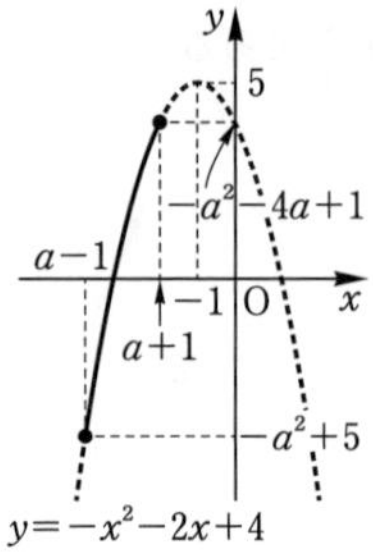

よって

$x=a+1$ で最大値 $\boldsymbol{-a^2-4a+1}$

$x=a-1$ で最小値 $\boldsymbol{-a^2+5}$

⇦(i)　定義域の右端が軸より左，かつ，定義域の中央が軸より左

(ii)　$a-1\leqq-1\leqq a+1$ かつ $a<-1$

すなわち **$-2\leqq a<-1$ のとき**

$x=-1$　で最大値をとり

$x=a-1$ で最小値をとる。

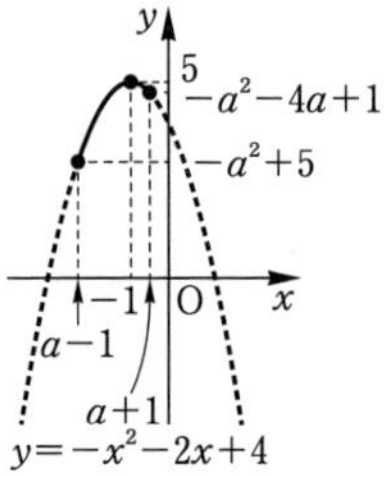

よって

$x=-1$　で最大値 **5**

$x=a-1$ で最小値 $\boldsymbol{-a^2+5}$

⇦(ii)　定義域が軸を含む，かつ，定義域の中央が軸より左

$a-1<-1\leqq a+1$ を解くと

$\begin{cases} a-1<-1 \\ -1\leqq a+1 \end{cases}$ より $\begin{cases} a<0 \\ a\geqq-2 \end{cases}$

であるから $-2\leqq a<0$

(iii)　**$a=-1$ のとき**

$x=-1$　　で最大値をとり

$x=-2,\ 0$ で最小値をとる。

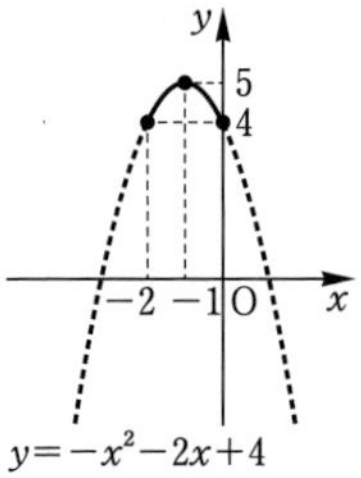

よって

$x=-1$　　で最大値 **5**

$x=-2,\ 0$ で最小値 **4**

⇦(iii)　定義域の中央が軸と一致

(iv)　$a-1\leqq-1\leqq a+1$ かつ $a>-1$

すなわち **$-1<a\leqq0$ のとき**

$x=-1$ で最大値をとり

$x=a+1$ で最小値をとる。

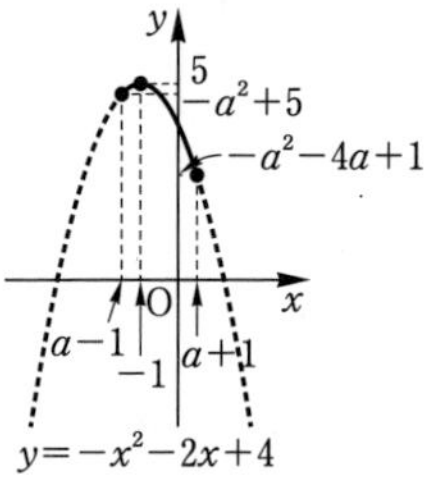

よって

$x=-1$　で最大値 **5**

$x=a+1$ で最小値 $\boldsymbol{-a^2-4a+1}$

⇦(iv)　定義域が軸を含む，かつ，定義域の中央が軸より右

(v)　$-1<a-1$

すなわち **$0<a$ のとき**

$x=a-1$ で最大値をとり

$x=a+1$ で最小値をとる。

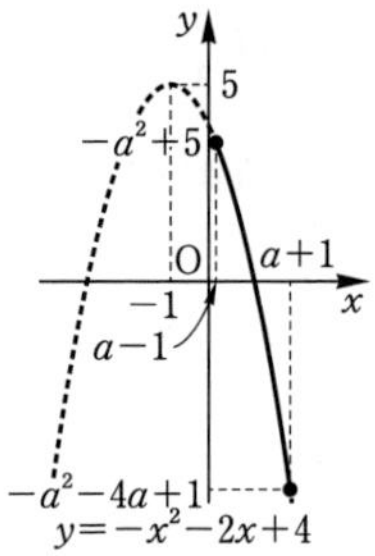

よって

$x=a-1$ で最大値 $\boldsymbol{-a^2+5}$

$x=a+1$ で最小値 $\boldsymbol{-a^2-4a+1}$

⇦(v)　定義域の左端が軸より右，かつ，定義域の中央が軸より右

180 $2x+y=1$ より　$y=1-2x$

よって

$$xy=x(1-2x)=-2x^2+x=-2\left(x^2-\frac{1}{2}x\right)$$

$$=-2\left(x-\frac{1}{4}\right)^2+\frac{1}{8}$$

ゆえに，xy は $x=\frac{1}{4}$ のとき最大値 $\frac{1}{8}$ をとる。

このとき　$y=1-2\cdot\frac{1}{4}=\frac{1}{2}$

したがって　$x=\frac{1}{4}$，$y=\frac{1}{2}$ のとき最大値 $\boldsymbol{\frac{1}{8}}$

⇦条件式 $2x+y=1$ を用いて，xy を x だけの式で表す。

181 $x+y=1$ より　$y=1-x$

$y\geqq 0$ より　$1-x\geqq 0$ であるから　$x\leqq 1$

$x\geqq 0$ より　$0\leqq x\leqq 1$　……①

$z=xy=x(1-x)=-x^2+x$

$$=-\left(x-\frac{1}{2}\right)^2+\frac{1}{4}$$

右の図より，①の範囲において，$z=xy$ は

$x=\frac{1}{2}$ のとき最大値 $\frac{1}{4}$ をとり

$x=0$，1 のとき最小値 0 をとる。

よって

$x=\frac{1}{2}$，$y=\frac{1}{2}$ のとき最大値 $\boldsymbol{\frac{1}{4}}$

$x=0$，$y=1$ または $x=1$，$y=0$ のとき最小値 **0**

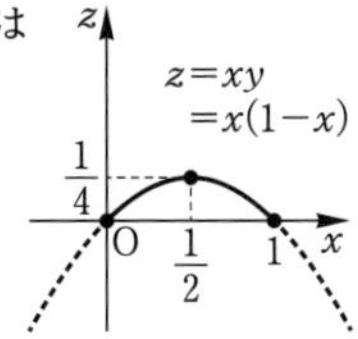

⇦条件式 $x+y=1$ を用いて，xy を x だけの式で表す。

182 $y\geqq -1$，$x+y=1$ より

$y=1-x\geqq -1$ であるから　$x\leqq 2$

$x\geqq 0$ より　$0\leqq x\leqq 2$　……①

$$z=x^2+2y^2=x^2+2(1-x)^2$$

$$=3x^2-4x+2$$

$$=3\left(x-\frac{2}{3}\right)^2+\frac{2}{3}$$

右の図より，①の範囲において，$z=x^2+2y^2$ は

$x=2$ のとき最大値 6 をとり

$x=\frac{2}{3}$ のとき最小値 $\frac{2}{3}$ をとる。

よって

$x=2$，$y=-1$ のとき最大値 **6**

$x=\frac{2}{3}$，$y=\frac{1}{3}$ のとき最小値 $\boldsymbol{\frac{2}{3}}$

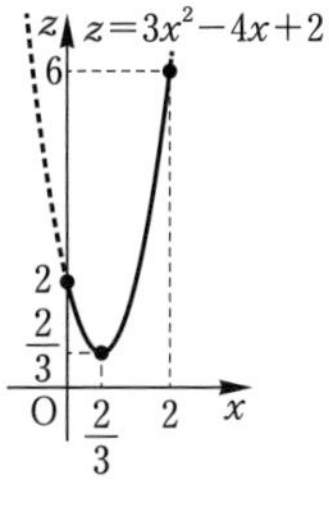

⇦条件式 $x+y=1$ を用いて，x^2+2y^2 を x だけの式で表す。

183 (1) $y=x^2-2kx+k=(x-k)^2-k^2+k$

より，この 2 次関数のグラフは下に凸の放物線であり，頂点は点 $(k,\ -k^2+k)$ である。

よって，y は $x=k$ のとき，最小値 $\boldsymbol{m=-k^2+k}$ をとる。

(2) $m=-k^2+k=-(k^2-k)$

$=-\left\{\left(k-\dfrac{1}{2}\right)^2-\dfrac{1}{4}\right\}$

$=-\left(k-\dfrac{1}{2}\right)^2+\dfrac{1}{4}$

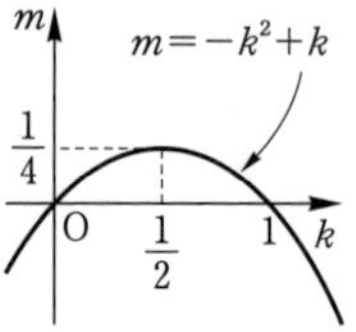

ゆえに，m は $\boldsymbol{k=\dfrac{1}{2}}$ のとき最大値 $\boldsymbol{\dfrac{1}{4}}$ をとる。

2　2 次関数の決定

本編 p.042〜043

A

184 (1) 頂点が点 (1, 3) であるから，

求める 2 次関数は

$y=a(x-1)^2+3$　とおける。

グラフが点 (−1, 7) を通るから

$7=a(-1-1)^2+3$

これを解くと　$a=1$

よって　$\boldsymbol{y=(x-1)^2+3}$

展開すると $y=x^2-2x+4$

(2) 頂点が点 (−1, 0) であるから，

求める 2 次関数は

$y=a(x+1)^2$　とおける。

グラフが点 (1, 2) を通るから

$2=a(1+1)^2$

これを解くと　$a=\dfrac{1}{2}$

よって　$\boldsymbol{y=\dfrac{1}{2}(x+1)^2}$

展開すると $y=\dfrac{1}{2}x^2+x+\dfrac{1}{2}$

(3) 軸が直線 $x=3$ であるから，求める 2 次関数は

$y=a(x-3)^2+q$　とおける。

グラフが点 (1, 1) を通るから

$1=a(1-3)^2+q$

すなわち　$4a+q=1$　……①

点 (2, −5) を通るから

$-5=a(2-3)^2+q$

すなわち　$a+q=-5$　……②

①，②を解いて　$a=2,\ q=-7$

よって　$\boldsymbol{y=2(x-3)^2-7}$

展開すると $y=2x^2-12x+11$

185 (1) $\begin{cases} a+b+c=6 & \cdots\cdots① \\ 4a+2b+c=11 & \cdots\cdots② \\ 9a+3b+c=18 & \cdots\cdots③ \end{cases}$　とする。

②−①より　$3a+b=5$　……④

③−②より　$5a+b=7$　……⑤

④，⑤を解いて　$a=1,\ b=2$

これらを①に代入して

$1+2+c=6$　すなわち　$c=3$

よって　$\boldsymbol{a=1,\ b=2,\ c=3}$

(2) $\begin{cases} a+b+c=2 & \cdots\cdots① \\ a-b+c=10 & \cdots\cdots② \\ 16a+4b+c=5 & \cdots\cdots③ \end{cases}$ とする。

①−②より　$2b=-8$

すなわち　$b=-4$

これを①，③に代入して

$\begin{cases} a+c=6 \\ 16a+c=21 \end{cases}$

これを解いて　$a=1$，$c=5$

よって　$\boldsymbol{a=1}$，$\boldsymbol{b=-4}$，$\boldsymbol{c=5}$

(3) $\begin{cases} x+y=3 & \cdots\cdots① \\ 2x-3y-z=4 & \cdots\cdots② \\ 3x+2y+5z=-7 & \cdots\cdots③ \end{cases}$ とする。

②×5+③より　$13x-13y=13$

すなわち　$x-y=1$　……④

①，④を解いて　$x=2$，$y=1$

これらを②に代入して

$4-3-z=4$　すなわち　$z=-3$

よって　$\boldsymbol{x=2}$，$\boldsymbol{y=1}$，$\boldsymbol{z=-3}$

186 (1)　求める2次関数を$y=ax^2+bx+c$とおく。

このグラフが3点(0, 0)，(1, 3)，(2, 2)を通るから

$\begin{cases} c=0 & \cdots\cdots① \\ a+b+c=3 & \cdots\cdots② \\ 4a+2b+c=2 & \cdots\cdots③ \end{cases}$

②，③に①を代入して

$\begin{cases} a+b=3 & \cdots\cdots④ \\ 4a+2b=2 & \cdots\cdots⑤ \end{cases}$

④，⑤を解いて　$a=-2$，$b=5$

よって，求める2次関数は

$\boldsymbol{y=-2x^2+5x}$

(2)　求める2次関数を$y=ax^2+bx+c$とおく。

このグラフが3点(1, 3)，(−1, −1)，(2, 8)を通るから

$\begin{cases} a+b+c=3 & \cdots\cdots① \\ a-b+c=-1 & \cdots\cdots② \\ 4a+2b+c=8 & \cdots\cdots③ \end{cases}$

①−②より　$2b=4$

すなわち　$b=2$

これを①，③に代入して

$\begin{cases} a+c=1 & \cdots\cdots④ \\ 4a+c=4 & \cdots\cdots⑤ \end{cases}$

④，⑤を解いて　$a=1$，$c=0$

よって，求める2次関数は

$\boldsymbol{y=x^2+2x}$

(3)　求める2次関数を$y=ax^2+bx+c$とおく。

このグラフが3点(−1, −2)，(2, 1)，(3, −2)を通るから

$\begin{cases} a-b+c=-2 & \cdots\cdots① \\ 4a+2b+c=1 & \cdots\cdots② \\ 9a+3b+c=-2 & \cdots\cdots③ \end{cases}$

②−①より　$3a+3b=3$

すなわち　$a+b=1$　……④

③−②より　$5a+b=-3$　……⑤

④，⑤を解いて　$a=-1$，$b=2$

これらを①に代入して

$-1-2+c=-2$

すなわち　$c=1$

よって，求める2次関数は

$\boldsymbol{y=-x^2+2x+1}$

B

187 (1) 放物線 $y=ax^2+bx+3$ が2点 $(1,\ 6)$, $(2,\ 5)$ を通るから

$$\begin{cases} a+b+3=6 \\ 4a+2b+3=5 \end{cases}$$

すなわち $\begin{cases} a+b=3 \\ 2a+b=1 \end{cases}$

これを解いて $\boldsymbol{a=-2,\ b=5}$

(2) $y=x^2-2ax+b=(x-a)^2-a^2+b$ より，頂点の座標は $(a,\ -a^2+b)$ であるから

$$\begin{cases} a=3 \\ -a^2+b=-1 \end{cases}$$

これを解いて $\boldsymbol{a=3,\ b=8}$

(別解)

頂点が点 $(3,\ -1)$ であるから，2次関数は

$y=(x-3)^2-1$ と表せる。

展開して $y=x^2-6x+8$

$y=x^2-2ax+b$ と各項の係数を比較して

$-2a=-6,\ b=8$

すなわち $\boldsymbol{a=3,\ b=8}$

(3) $y=x^2+ax+b=\left(x+\dfrac{a}{2}\right)^2-\dfrac{a^2}{4}+b$

より，軸は直線 $x=-\dfrac{a}{2}$ であるから

$-\dfrac{a}{2}=-2$ すなわち $a=4$

また，点 $(2,\ -3)$ を通ることから

$4+2a+b=-3$

$a=4$ を代入して $b=-15$

よって $\boldsymbol{a=4,\ b=-15}$

(別解)

軸が直線 $x=-2$ であるから，2次関数は

$y=(x+2)^2+q$ と表せる。

このグラフが点 $(2,\ -3)$ を通るから

$-3=(2+2)^2+q$

よって $q=-19$

したがって，条件を満たす2次関数は

$y=(x+2)^2-19=x^2+4x-15$

$y=x^2+ax+b$ と各項の係数を比較して

$\boldsymbol{a=4,\ b=-15}$

188 (1) グラフが下に凸の放物線で，頂点が点 $(2,\ 1)$ であるから，求める2次関数は

$y=a(x-2)^2+1 \quad (a>0)$

とおける。

グラフが点 $(0,\ 3)$ を通るから

$4a+1=3$ よって $a=\dfrac{1}{2}$

これは $a>0$ を満たす。

ゆえに，求める2次関数は

$$\boldsymbol{y=\frac{1}{2}(x-2)^2+1}$$

展開すると $y=\dfrac{1}{2}x^2-2x+3$

(2) グラフが上に凸の放物線で，頂点が点 $(-3,\ 0)$ であるから，求める2次関数は

$y=a(x+3)^2 \quad (a<0)$

とおける。

グラフが点 $(0,\ -3)$ を通るから

$9a=-3$ よって $a=-\dfrac{1}{3}$

これは $a<0$ を満たす。

よって，求める2次関数は

$$\boldsymbol{y=-\frac{1}{3}(x+3)^2}$$

展開すると $y=-\dfrac{1}{3}x^2-2x-3$

(3) グラフが下に凸の放物線で，頂点の x 座標は $\dfrac{1+4}{2}=\dfrac{5}{2}$, y 座標は -1 であるから，

求める2次関数は

$y=a\left(x-\dfrac{5}{2}\right)^2-1 \quad (a>0)$

とおける。

グラフが点 $(1,\ 0)$ を通るから

$\dfrac{9}{4}a-1=0$ よって $a=\dfrac{4}{9}$

これは $a>0$ を満たす。

よって，求める2次関数は

$$\boldsymbol{y=\frac{4}{9}\left(x-\frac{5}{2}\right)^2-1}$$

展開すると $y=\dfrac{4}{9}x^2-\dfrac{20}{9}x+\dfrac{16}{9}$

C

189 (1) x^2 の係数は1で，頂点が点(1, 2)となるから，求める2次関数は

$$\boldsymbol{y=(x-1)^2+2}$$

展開すると $y=x^2-2x+3$

⇦平行移動しても x^2 の係数は変わらない。

(2) $y=2x^2-2x=2(x^2-x)$

$$=2\left(x-\frac{1}{2}\right)^2-\frac{1}{2}$$

より，頂点は点 $\left(\frac{1}{2},\ -\frac{1}{2}\right)$

x^2 の係数は -1 であるから，求める2次関数は

$$\boldsymbol{y=-\left(x-\frac{1}{2}\right)^2-\frac{1}{2}}$$

展開すると $y=-x^2+x-\frac{3}{4}$

(3) x^2 の係数は1で，グラフの頂点の x 座標と y 座標が等しいことから，求める2次関数は

$$y=(x-p)^2+p$$

とおける。

⇦頂点の座標を $(p,\ p)$ とおいた。

このグラフが点 $(-2,\ 10)$ を通るから

$$(-2-p)^2+p=10$$
$$p^2+5p-6=0$$
$$(p+6)(p-1)=0$$

よって　$p=-6,\ 1$

ゆえに，求める2次関数は

$$\boldsymbol{y=(x+6)^2-6,\ y=(x-1)^2+1}$$

展開すると $y=x^2+12x+30,\ y=x^2-2x+2$

(4) 求める2次関数の x^2 の係数は2であることから，$y=2x^2+bx+c$ とおける。

このグラフが2点 $(1,\ -1)$，$(-2,\ 2)$ を通るから

$$\begin{cases}2+b+c=-1\\8-2b+c=2\end{cases}$$

すなわち　$\begin{cases}b+c=-3\\-2b+c=-6\end{cases}$

これを解いて　$b=1,\ c=-4$

よって，求める2次関数は

$$\boldsymbol{y=2x^2+x-4}$$

190 頂点が直線 $y=4x-3$ 上にあることから，頂点の座標は $(p,\ 4p-3)$ とおけるから，方程式は

$y=2(x-p)^2+4p-3$ ……① と表せる。

このグラフが点 $(1,\ 1)$ を通るから，①に $x=1$，$y=1$ を代入して

$1=2(1-p)^2+4p-3$

整理して $p^2=1$

すなわち $p=\pm1$

$p=1$ のとき

$y=2(x-1)^2+1$

$=2x^2-4x+3$

$p=-1$ のとき

$y=2(x+1)^2-7$

$=2x^2+4x-5$

それぞれ $y=2x^2+ax+b$ と各項の係数を比較して

$\boldsymbol{a=-4,\ b=3}$ または $\boldsymbol{a=4,\ b=-5}$

⇦頂点の x 座標を p とおくと，その y 座標は $4p-3$

⇦頂点は点 $(p,\ 4p-3)$
$p=1$ のとき $(1,\ 1)$
$p=-1$ のとき $(-1,\ -7)$

191 放物線が x 軸に接することから，方程式は

$y=a(x-p)^2$ と表せる。

点 $(1,\ 1)$ を通るから $1=a(1-p)^2$ ……①

点 $(5,\ 9)$ を通るから $9=a(5-p)^2$ ……②

①×$(5-p)^2$ より $(5-p)^2=\underline{a(5-p)^2}(1-p)^2$

②を代入して $(5-p)^2=\underline{9}(1-p)^2$

整理して $p^2-p-2=0$

$(p-2)(p+1)=0$

よって $p=-1,\ 2$

$p=-1$ のとき，①より $1=a\cdot2^2$ ゆえに $a=\dfrac{1}{4}$

このときの放物線の方程式は

$y=\dfrac{1}{4}(x+1)^2=\dfrac{1}{4}x^2+\dfrac{1}{2}x+\dfrac{1}{4}$

$p=2$ のとき，①より $1=a\cdot(-1)^2$ ゆえに $a=1$

このときの放物線の方程式は

$y=(x-2)^2=x^2-4x+4$

x 軸との接点の x 座標から

(1)の方程式は $\boldsymbol{y=x^2-4x+4}$

(2)の方程式は $\boldsymbol{y=\dfrac{1}{4}x^2+\dfrac{1}{2}x+\dfrac{1}{4}}$

⇦ a を消去する。

⇦ x 軸との接点の x 座標は p なので，(1)は $p=2$ のとき，(2)は $p=-1$ のとき。

3節　2次方程式と2次不等式

1　2次方程式と判別式

本編 p.044〜045

A

192 (1)　$(x-5)(x+1)=0$ より

$\boldsymbol{x=5,\ -1}$

(2)　$2x^2-4x=0$ より

$2x(x-2)=0$

よって　$\boldsymbol{x=0,\ 2}$

(3)　$x^2-6x+9=0$ より

$(x-3)^2=0$

よって　$\boldsymbol{x=3}$

(4)　$6x^2+7x-3=0$ より

$(3x-1)(2x+3)=0$

$\boldsymbol{x=\frac{1}{3},\ -\frac{3}{2}}$

193 (1)　$x=\dfrac{-1\pm\sqrt{1^2-4\cdot1\cdot(-3)}}{2\cdot1}$

$=\boldsymbol{\dfrac{-1\pm\sqrt{13}}{2}}$

(2)　$b'=2$ より

$x=\dfrac{-2\pm\sqrt{2^2-1\cdot(-1)}}{1}$

$=\boldsymbol{-2\pm\sqrt{5}}$

(3)　$b'=2$ より

$x=\dfrac{-2\pm\sqrt{2^2-2\cdot1}}{2}$

$=\boldsymbol{\dfrac{-2\pm\sqrt{2}}{2}}$

(4)　両辺に -1 を掛けて

$4x^2-16x+7=0$

$b'=-8$ より

$x=\dfrac{-(-8)\pm\sqrt{(-8)^2-4\cdot7}}{4}$

$=\dfrac{8\pm\sqrt{36}}{4}$　←　$\dfrac{8-6}{4},\ \dfrac{8+6}{4}$

$=\boldsymbol{\dfrac{1}{2},\ \dfrac{7}{2}}$

(別解)

$4x^2-16x+7=0$ より

$(2x-1)(2x-7)=0$

よって　$x=\dfrac{1}{2},\ \dfrac{7}{2}$

2	-1 →	-2
2	-7 →	-14
4	7	-16

194 それぞれ与えられた2次方程式の判別式を D とする。

(1)　$D=2^2-4\cdot1\cdot(-5)=24>0$　←　$\dfrac{D}{4}=1^2-1\cdot(-5)=6>0$

よって，実数解の個数は **2 個**。

(2)　$D=(-1)^2-4\cdot1\cdot3=-11<0$

よって，実数解の個数は **0 個**。

(3)　$D=(-1)^2-4\cdot\dfrac{1}{4}\cdot1=0$

よって，実数解の個数は **1 個**。

(4)　$D=(-6)^2-4\cdot3\cdot5=-24<0$　←　$\dfrac{D}{4}=(-3)^2-3\cdot5=-6<0$

よって，実数解の個数は **0 個**。

195 2次方程式 $x^2+6x+m-1=0$ の判別式を D とすると

$D=6^2-4\cdot1\cdot(m-1)$

$=40-4m=4(10-m)$　←　$\dfrac{D}{4}=3^2-1\cdot(m-1)=10-m$

実数解をもつための必要十分条件は，$D\geqq0$ である。よって

$10-m\geqq0$

これを解いて

$\boldsymbol{m\leqq10}$

196 $2x^2+2mx+3m-4=0$ ……①

の判別式を D とすると

$D=(2m)^2-4\cdot2\cdot(3m-4)$

$=4m^2-24m+32$

$=4(m^2-6m+8)$ ←

$\frac{D}{4}=m^2-2\cdot(3m-4)$

$=m^2-6m+8$

重解をもつための必要十分条件は，

$D=0$ である。

$m^2-6m+8=0$ から

$(m-2)(m-4)=0$

よって $m=2,\ 4$

$m=2$ のとき，①に代入すると

$2x^2+4x+2=0$

$2(x+1)^2=0$

ゆえに $x=-1$

$m=4$ のとき，①に代入すると

$2x^2+8x+8=0$

$2(x+2)^2=0$

ゆえに $x=-2$

したがって

$m=2$ のとき　重解は $x=-1$

$m=4$ のとき　重解は $x=-2$

B

197 (1) $2x^2-\sqrt{2}x-2=0$

解の公式から

$x=\frac{-(-\sqrt{2})\pm\sqrt{(-\sqrt{2})^2-4\cdot2\cdot(-2)}}{2\cdot2}$

$=\frac{\sqrt{2}\pm3\sqrt{2}}{4}$

よって

$x=\sqrt{2},\ -\frac{\sqrt{2}}{2}$

(別解)

$2x^2-\sqrt{2}x-2=0$ の左辺を

$2=\sqrt{2}\cdot\sqrt{2}$ を利用して因数分解 すると

$(x-\sqrt{2})(2x+\sqrt{2})=0$

1	$-\sqrt{2}$ →	$-2\sqrt{2}$
2	$\sqrt{2}$ →	$\sqrt{2}$
2	-2	$-\sqrt{2}$

よって

$x=\sqrt{2},\ -\frac{\sqrt{2}}{2}$

(2) $\frac{1}{4}x^2+\frac{1}{6}x-\frac{2}{3}=0$

両辺に 12 を掛けて

$3x^2+2x-8=0$

$(x+2)(3x-4)=0$

1	2 →	6
3	-4 →	-4
3	-8	2

よって

$x=-2,\ \frac{4}{3}$

(3) $3(x+1)^2-4(x+1)-4=0$

$x+1=t$ とおくと

$3t^2-4t-4=0$

$(t-2)(3t+2)=0$

1	-2 →	-6
3	2 →	2
3	-4	-4

$t=2,\ -\frac{2}{3}$

$x=t-1$ より **$x=1,\ -\frac{5}{3}$**

(4) $x^2+(\sqrt{2}+1)x+\sqrt{2}=0$

$x^2+(\sqrt{2}+1)x+\sqrt{2}\cdot1=0$

$(x+\sqrt{2})(x+1)=0$

よって **$x=-\sqrt{2},\ -1$**

解の公式を用いると

$x=\frac{-\sqrt{2}-1\pm\sqrt{3-2\sqrt{2}}}{2}$

となり，二重根号が出てくる

$\sqrt{3-2\sqrt{2}}=\sqrt{2}-1$

として二重根号をはずして

計算してもよい

198 $x^2+x+m+1=0$ の判別式を D とする。

$D=1^2-4\cdot1\cdot(m+1)=-4m-3$

(1) 異なる 2 つの実数解をもつための必要十分条件は $D>0$

よって $-4m-3>0$

これを解いて **$m<-\frac{3}{4}$**

(2) 重解をもつための必要十分条件は $D=0$

よって　$-4m-3=0$

これを解いて　$\boldsymbol{m=-\frac{3}{4}}$

$m=-\frac{3}{4}$ のとき

$x^2+x+\frac{1}{4}=0$

$4x^2+4x+1=0$ ←両辺に 4 を掛ける

$(2x+1)^2=0$

ゆえに，重解は　$\boldsymbol{x=-\frac{1}{2}}$

(3) 実数解をもたないための必要十分条件は

$D<0$

よって　$-4m-3<0$

これを解いて，$\boldsymbol{m>-\frac{3}{4}}$

C

199 $2mx^2-(2m+1)x+1=0$　……①とする。

(1)(i)　$m=0$ のとき，

①は 1 次方程式

$-x+1=0$

となるから，実数解 $x=1$ をもつ。

(ii)　$m\neq 0$ のとき，①は 2 次方程式であるから，判別式を D とおくと

$D=\{-(2m+1)\}^2-4\cdot 2m\cdot 1$

$=4m^2-4m+1$

$=(2m-1)^2\geqq 0$

より，つねに実数解をもつ。

(i)，(ii)より，①はすべての実数 m について実数解をもつ。終

⇦判別式が使えるのは 2 次方程式のときだけであることに注意する。

(2)(i)　$m=0$ のとき

(1)より，ただ 1 つの実数解 $x=1$ をもつ。

(ii)　$m\neq 0$ のとき，

2 次方程式①がただ 1 つの実数解をもつための必要十分条件は，$D=0$ である。

$D=(2m-1)^2=0$

すなわち　$m=\frac{1}{2}$

このとき，①は　$x^2-2x+1=0$

$(x-1)^2=0$　よって　$x=1$　(重解)

(i)，(ii)より

$\boldsymbol{m=0,\ \frac{1}{2}}$ のとき，実数解は $\boldsymbol{x=1}$

⇦2 次方程式がただ 1 つの実数解をもつ
$\iff$　判別式 $D=0$

200 共通な解を α とすると

$$\begin{cases}\alpha^2+3\alpha+2m=0 & \cdots\cdots① \\ \alpha^2+4\alpha+3m=0 & \cdots\cdots②\end{cases}$$

②−①より　$\alpha+m=0$ ←── α^2 を消去

すなわち　$m=-\alpha$　……③

③を①に代入して　$\alpha^2+\alpha=0$ ← m を消去

$\alpha(\alpha+1)=0$

よって　$\alpha=0$ または $\alpha=-1$

このとき，③から m の値は

$\alpha=0$ のとき　$m=0$

$\alpha=-1$ のとき　$m=1$

ゆえに

$m=0$ のとき　共通な解は $x=0$

$m=1$ のとき　共通な解は $x=-1$

⇦共通な解を $x=\alpha$ とし，それぞれの方程式に代入する。

2　2次関数のグラフと2次方程式

本編 p.046〜047

A

201 (1)　$y=0$ として　$x^2-6x-7=0$

$(x-7)(x+1)=0$

これを解いて　$x=7,\ -1$

よって，x 軸との共有点の座標は

$(7,\ 0)$，$(-1,\ 0)$

(2)　$y=0$ として　$2x^2-3x-4=0$

これを解いて

$$x=\frac{-(-3)\pm\sqrt{(-3)^2-4\cdot2\cdot(-4)}}{2\cdot2}$$

$$=\frac{3\pm\sqrt{41}}{4}$$

よって，x 軸との共有点の座標は

$\left(\frac{3+\sqrt{41}}{4},\ 0\right)$，$\left(\frac{3-\sqrt{41}}{4},\ 0\right)$

(3)　$y=0$ として　$-x^2+8x-16=0$

すなわち　$x^2-8x+16=0$

$(x-4)^2=0$

これを解いて　$x=4$

よって，x 軸との共有点の座標は

$(4,\ 0)$

(4)　$y=0$ として　$-4(x-1)^2+1=0$

$(x-1)^2=\frac{1}{4}$　　$x-1=\pm\frac{1}{2}$

よって　$x=\frac{3}{2},\ \frac{1}{2}$

ゆえに，x 軸との共有点の座標は

$\left(\frac{3}{2},\ 0\right)$，$\left(\frac{1}{2},\ 0\right)$

202 (1)　$y=0$ として　$x^2-2x+3=0$

この2次方程式の判別式を D とすると

$D=(-2)^2-4\cdot1\cdot3=-8<0$ ←

$\frac{D}{4}=(-1)^2-1\cdot3=-2<0$

であるから，実数解をもたない。よって，関数 $y=x^2-2x+3$ のグラフは x 軸と共有点をもたない。 終

(2) $y=0$ として　$-x^2+x-2=0$

この2次方程式の判別式を D とすると

$D=1^2-4\cdot(-1)\cdot(-2)=-7<0$

であるから，実数解をもたない。よって，関数 $y=-x^2+x-2$ のグラフは x 軸と共有点をもたない。 終

203 (1) 2次方程式 $x^2-3x-5=0$ の判別式を D とすると

$D=(-3)^2-4\cdot1\cdot(-5)=29>0$

よって，x 軸との共有点の個数は **2個**

(2) 2次方程式 $3x^2-x-1=0$ の判別式を D とすると

$D=(-1)^2-4\cdot3\cdot(-1)=13>0$

よって，x 軸との共有点の個数は **2個**

(3) 2次方程式 $\frac{1}{3}x^2+2x+3=0$ の判別式を D とすると

$D=2^2-4\cdot\frac{1}{3}\cdot3=0$ ← $\frac{D}{4}=1^2-\frac{1}{3}\cdot3=0$

よって，x 軸との共有点の個数は **1個**

(4) 2次方程式 $-2x^2+5x-10=0$ の判別式を D とすると

$D=5^2-4\cdot(-2)\cdot(-10)=-55<0$

よって，x 軸との共有点の個数は **0個**

204 (1) 2次方程式 $x^2-4x+m=0$ の判別式を D とすると

$D=(-4)^2-4\cdot1\cdot m=16-4m$ ← $\frac{D}{4}=(-2)^2-1\cdot m=4-m$

グラフが x 軸と接するのは $D=0$ のときであるから

$16-4m=0$

これを解いて　$\boldsymbol{m=4}$

また，このとき

$y=x^2-4x+4=(x-2)^2$

であるから，接点の座標は　$\boldsymbol{(2,\ 0)}$

(2) 2次方程式 $-3x^2+2x+m=0$ の判別式を D とすると

$D=2^2-4\cdot(-3)\cdot m=4+12m$ ← $\frac{D}{4}=1^2-(-3)\cdot m=1+3m$

グラフが x 軸と接するのは $D=0$ のときであるから

$4+12m=0$

これを解いて　$\boldsymbol{m=-\frac{1}{3}}$

また，このとき

$y=-3x^2+2x-\frac{1}{3}$

$=-\frac{1}{3}(3x-1)^2$ ← $-3\left(x-\frac{1}{3}\right)^2$ でもよい

であるから，接点の座標は　$\boldsymbol{\left(\frac{1}{3},\ 0\right)}$

205 (1) 2次方程式 $x^2-6x-3m=0$ の判別式を D とすると

$D=(-6)^2-4\cdot1\cdot(-3m)$

$=12m+36=12(m+3)$ ← $\frac{D}{4}=(-3)^2-1\cdot(-3m)=3(m+3)$

したがって，グラフと x 軸の共有点の個数は

$D>0$　すなわち　← $12(m+3)>0$

$m>-3$ のとき2個

$D=0$　すなわち　← $12(m+3)=0$

$m=-3$ のとき1個

$D<0$　すなわち　← $12(m+3)<0$

$m<-3$ のとき0個

(2) 2次方程式 $-2x^2+3x-m=0$ の判別式を D とすると

$D=3^2-4\cdot(-2)\cdot(-m)=9-8m$

したがって，グラフと x 軸との共有点の個数は

$D>0$ すなわち $\boldsymbol{m<\frac{9}{8}}$ のとき **2個**
　↑ $9-8m>0$

$D=0$ すなわち $\boldsymbol{m=\frac{9}{8}}$ のとき **1個**
　↑ $9-8m=0$

$D<0$ すなわち $\boldsymbol{m>\frac{9}{8}}$ のとき **0個**
　↑ $9-8m<0$

206 x 軸との共有点の x 座標が $x=-1,\ 2$ であることから，求める2次関数は

$y=a(x+1)(x-2)$

とおける。点 $(1,\ 4)$ を通るから

$a(1+1)(1-2)=4$

すなわち　$a=-2$

よって，求める2次関数は

$\boldsymbol{y}=-2(x+1)(x-2)$

$\quad=\boldsymbol{-2x^2+2x+4}$

(別解)

求める2次関数を $y=ax^2+bx+c\ (a\neq 0)$ とおくと，このグラフが

点 $(-1,\ 0)$ を通るから　$a-b+c=0$ ……①

点 $(2,\ 0)$ を通るから　$4a+2b+c=0$ ……②

点 $(1,\ 4)$ を通るから　$a+b+c=4$ ……③

③−①より　$2b=4$

よって　$b=2$

これを①，②に代入して整理すると

$a+c=2$ ……④

$4a+c=-4$ ……⑤

④，⑤を解いて

$a=-2,\ c=4$

ゆえに　$\boldsymbol{y=-2x^2+2x+4}$

B

207 (1) 2次方程式 $x^2-3x-4=0$ を解くと

$(x+1)(x-4)=0$ より

$x=-1,\ 4$

よって，求める線分の長さは

$4-(-1)=\boldsymbol{5}$

(2) 2次方程式 $-x^2-x+4=0$ を解くと

$x^2+x-4=0$ より

$$x=\frac{-1\pm\sqrt{1^2-4\cdot1\cdot(-4)}}{2\cdot1}$$

$$=\frac{-1\pm\sqrt{17}}{2}$$

よって，求める線分の長さは

$$\frac{-1+\sqrt{17}}{2}-\frac{-1-\sqrt{17}}{2}=\boldsymbol{\sqrt{17}}$$

(3) 2次方程式 $x^2+4x+2=0$ を解くと

$x=-2\pm\sqrt{2^2-1\cdot2}=-2\pm\sqrt{2}$

よって，求める線分の長さは

$(-2+\sqrt{2})-(-2-\sqrt{2})=\boldsymbol{2\sqrt{2}}$

208 2次方程式 $x^2+3x+m=0$ の判別式を D とすると

$D=3^2-4\cdot1\cdot m=9-4m$

(1) グラフが x 軸と異なる2点で交わるのは $D>0$ のときであるから

$9-4m>0$

よって　$\boldsymbol{m<\frac{9}{4}}$

(2) グラフが x 軸と共有点をもたないのは $D<0$ のときであるから

$9-4m<0$

よって　$\boldsymbol{m>\frac{9}{4}}$

(3) グラフが x 軸と共有点をもつのは $D\geqq 0$ のときであるから

$9-4m\geqq 0$

よって　$\boldsymbol{m\leqq\frac{9}{4}}$

発展 放物線と直線

本編 p.047

B

209 $y=x^2-5x+7$ ……① とする。

(1) $y=-x+4$ を①に代入して

整理すると　$x^2-4x+3=0$

$(x-1)(x-3)=0$ より　$x=1,\ 3$

$x=1$ のとき　$y=-1+4=3$

$x=3$ のとき　$y=-3+4=1$

よって，共有点の座標は

(1, 3), (3, 1)

(2) $y=x-2$ を①に代入して

整理すると　$x^2-6x+9=0$

$(x-3)^2=0$ より　$x=3$　←重解なので接点

$x=3$ のとき　$y=3-2=1$

よって，共有点の座標は　**(3, 1)**

(3) $y=-2x+7$ を①に代入して

整理すると　$x^2-3x=0$

$x(x-3)=0$ より　$x=0,\ 3$

$x=0$ のとき　$y=7$

$x=3$ のとき　$y=-6+7=1$

よって，共有点の座標は

(0, 7), (3, 1)

(4) $y=2x-2$ を①に代入して

整理すると　$x^2-7x+9=0$

これを解いて

$$x=\frac{-(-7)\pm\sqrt{(-7)^2-4\cdot1\cdot9}}{2\cdot1}$$

$$=\frac{7\pm\sqrt{13}}{2}$$

$x=\dfrac{7+\sqrt{13}}{2}$ のとき

$$y=2\cdot\frac{7+\sqrt{13}}{2}-2=5+\sqrt{13}$$

$x=\dfrac{7-\sqrt{13}}{2}$ のとき

$$y=2\cdot\frac{7-\sqrt{13}}{2}-2=5-\sqrt{13}$$

よって，共有点の座標は

$$\left(\frac{7+\sqrt{13}}{2},\ 5+\sqrt{13}\right),\ \left(\frac{7-\sqrt{13}}{2},\ 5-\sqrt{13}\right)$$

210 放物線 $y=x^2-5x+7$ と直線 $y=-x+m$ の共有点の個数は，2 次方程式

$$x^2-5x+7=-x+m \quad \cdots\cdots①$$

の実数解の個数に等しい。

①を整理して

$$x^2-4x+7-m=0 \quad \cdots\cdots②$$

2 次方程式②の判別式を D とすると

$D=(-4)^2-4\cdot1\cdot(7-m)$

$=4m-12=4(m-3)$

← $\dfrac{D}{4}=(-2)^2-1\cdot(7-m)=m-3$

したがって，共有点の個数は

$D>0$　すなわち　← $4(m-3)>0$

$m>3$ のとき 2 個

$D=0$　すなわち　← $4(m-3)=0$

$m=3$ のとき 1 個

$D<0$　すなわち　← $4(m-3)<0$

$m<3$ のとき 0 個

211 $y=x^2-2x+m$ ……① とする。

(1) $y=2x$ ……② を①に代入して

整理すると　$x^2-4x+m=0$ ……③

2 次方程式③の判別式を D とすると

$D=(-4)^2-4\cdot1\cdot m$

$=16-4m=4(4-m)$

← $\dfrac{D}{4}=(-2)^2-1\cdot m=4-m$

放物線①と直線②が接するのは $D=0$ のときであるから

$4-m=0$　よって　$\boldsymbol{m=4}$

(2) $y=-3x+2$ ……④ を①に代入して

整理すると　$x^2+x+m-2=0$ ……⑤

2 次方程式⑤の判別式を D とすると

$D=1^2-4\cdot1\cdot(m-2)=9-4m$

放物線①と直線④が共有点をもつのは $D\geqq0$ のときであるから

$9-4m\geqq0$　よって　$\boldsymbol{m\leqq\dfrac{9}{4}}$

3　2次関数のグラフと2次不等式

本編 p.048～054

A

212 (1)　$y=4x+3$

とおくと，x 軸との共有点の x 座標は

$4x+3=0$

より　$x=-\dfrac{3}{4}$

よってグラフから，

$y \geqq 0$ を満たす x の範囲は　$\boldsymbol{x \geqq -\dfrac{3}{4}}$

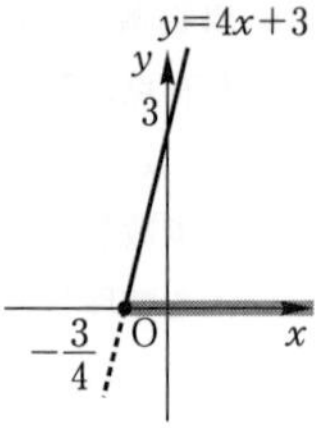

(2)　$y=-x+1$ とおくと，

x 軸との共有点の x 座標は $-x+1=0$

より　$x=1$

よってグラフから，

$y>0$ を満たす x の範囲は　$\boldsymbol{x<1}$

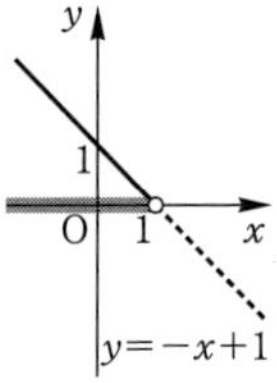

(3)　$y=2x-4$ と おくと，

x 軸との 共有点の x 座標 は $2x-4=0$

より　$x=2$

よってグラフから，

$y \leqq 0$ を満たす x の範囲は　$\boldsymbol{x \leqq 2}$

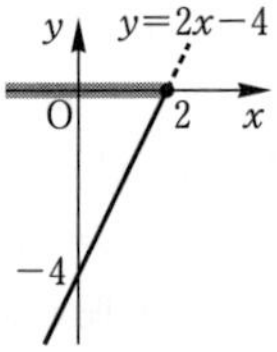

213 (1)　$x^2-3x-10=0$

を解くと

$(x+2)(x-5)=0$ より

$x=-2,\ 5$

よって，求める解は

$\boldsymbol{x<-2,\ 5<x}$

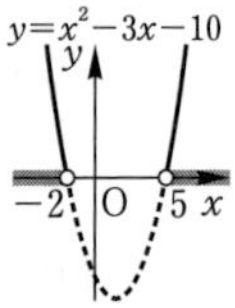

(2)　$2x^2-x=0$

を解くと

$x(2x-1)=0$ より

$x=0,\ \dfrac{1}{2}$

よって，求める解は

$\boldsymbol{0<x<\dfrac{1}{2}}$

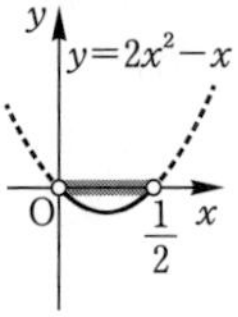

(3)　$2x^2-5x+2=0$

を解くと

$(2x-1)(x-2)=0$ より

$x=\dfrac{1}{2},\ 2$

よって，求める解は

$\boldsymbol{x \leqq \dfrac{1}{2},\ 2 \leqq x}$

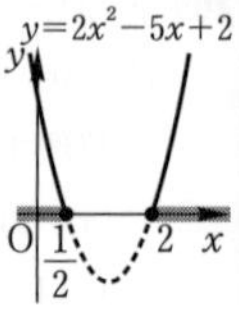

(4)　$x^2-16=0$ を解くと

$(x+4)(x-4)=0$ より

$x=-4,\ 4$

よって，求める解は

$\boldsymbol{-4 \leqq x \leqq 4}$

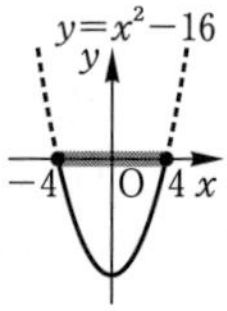

(5)　$2x^2-3x+1=0$

を解くと

$(2x-1)(x-1)=0$ より

$x=\dfrac{1}{2},\ 1$

よって，求める解は

$\boldsymbol{\dfrac{1}{2}<x<1}$

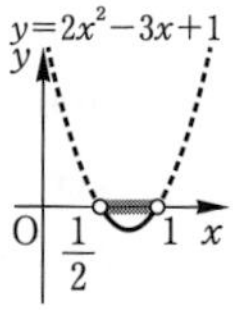

(6)　$6x^2-7x-3=0$

を解くと

$(3x+1)(2x-3)=0$

より　$x=-\dfrac{1}{3},\ \dfrac{3}{2}$

よって，求める解は

$\boldsymbol{x \leqq -\dfrac{1}{3},\ \dfrac{3}{2} \leqq x}$

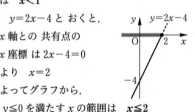

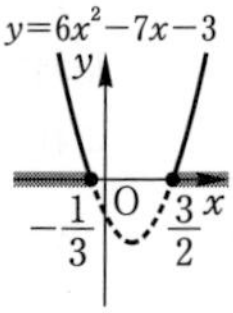

214 (1)　$\boldsymbol{x \leqq -7,\ 2 \leqq x}$

(2)　$\left(x+\dfrac{1}{2}\right)\left(x+\dfrac{2}{3}\right)<0$ であるから

$\boldsymbol{-\dfrac{2}{3}<x<-\dfrac{1}{2}}$

(3)　$\boldsymbol{x<-2,\ 0<x}$

215 (1) $x^2-x-3=0$ を解くと　$x=\dfrac{1\pm\sqrt{13}}{2}$

よって，求める解は

$\boldsymbol{\dfrac{1-\sqrt{13}}{2}<x<\dfrac{1+\sqrt{13}}{2}}$

(2) $x^2-4x+1=0$ を解くと　$x=2\pm\sqrt{3}$

よって，求める解は

$\boldsymbol{x\leqq 2-\sqrt{3},\ 2+\sqrt{3}\leqq x}$

(3) $x^2-6=0$ を解くと　$x=\pm\sqrt{6}$

よって，求める解は

$\boldsymbol{x\leqq -\sqrt{6},\ \sqrt{6}\leqq x}$

(4) $2x^2-4x-1=0$ を解くと　$x=\dfrac{2\pm\sqrt{6}}{2}$

よって，求める解は

$\boldsymbol{x<\dfrac{2-\sqrt{6}}{2},\ \dfrac{2+\sqrt{6}}{2}<x}$

(5) $x^2-3x-3=0$ を解くと　$x=\dfrac{3\pm\sqrt{21}}{2}$

よって，求める解は

$\boldsymbol{\dfrac{3-\sqrt{21}}{2}\leqq x\leqq\dfrac{3+\sqrt{21}}{2}}$

216 (1) $-x^2+x+12>0$ の両辺に -1 を掛けると　$x^2-x-12<0$

$x^2-x-12=0$ を解くと

$(x+3)(x-4)=0$ より　$x=-3,\ 4$

よって，求める解は　$\boldsymbol{-3<x<4}$

(別解)

$x^2-x-12<0$ より　$(x+3)(x-4)<0$

よって　$\boldsymbol{-3<x<4}$

(2) $-2x^2-x+6\leqq 0$ の両辺に -1 を掛けると　$2x^2+x-6\geqq 0$

$2x^2+x-6=0$ を解くと

$(x+2)(2x-3)=0$ より　$x=-2,\ \dfrac{3}{2}$

よって，求める解は　$\boldsymbol{x\leqq -2,\ \dfrac{3}{2}\leqq x}$

(3) 整理して　$x^2+4x\leqq 0$

$x^2+4x=0$ を解くと

$x(x+4)=0$ より　$x=-4,\ 0$

よって，求める解は　$\boldsymbol{-4\leqq x\leqq 0}$

217 (1) $x^2-8x+16$

$=(x-4)^2\geqq 0$

であるから　**解はない**

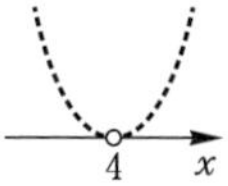

(2) $25x^2-40x+16$

$=(5x-4)^2\geqq 0$

であるから　**すべての実数**

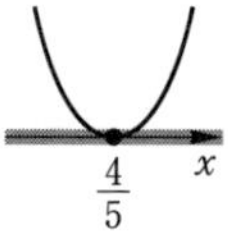

(3) 整理して　$x^2+4x+4>0$

ここで

$x^2+4x+4=(x+2)^2\geqq 0$

であるから　**−2 以外のすべての実数**

↑—— $x=-2$ のとき $(x+2)^2=0$

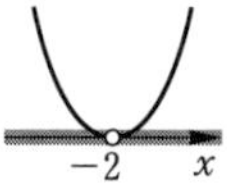

(4) 整理して　$4x^2-12x+9\leqq 0$

ここで

$4x^2-12x+9$

$=(2x-3)^2\geqq 0$

であるから　$\boldsymbol{x=\dfrac{3}{2}}$

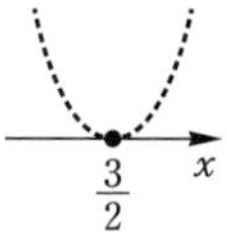

218 (1) x^2+4x+5

$=(x+2)^2+1>0$

であるから　**すべての実数**

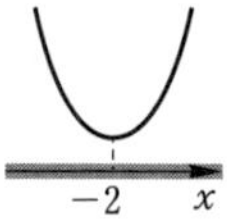

(別解)

$x^2+4x+5=0$ の判別式を

D とすると

$\dfrac{D}{4}=2^2-1\cdot 5=-1<0$

よって，$y=x^2+4x+5$ のグラフは x 軸と共有点をもたない。

ゆえに　**すべての実数**

(2) $3x^2-7x+5$

$=3\left(x-\dfrac{7}{6}\right)^2+\dfrac{11}{12}>0$

であるから　**すべての実数**

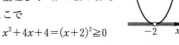

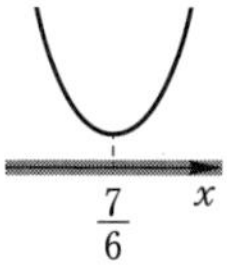

(別解)

$3x^2-7x+5=0$ の判別式を D とすると

$D=(-7)^2-4\cdot 3\cdot 5=-11<0$

よって，$y=3x^2-7x+5$ のグラフは x 軸と共有点をもたない。

ゆえに　**すべての実数**

(3)　両辺に -1 を掛けると

$2x^2-5x+4<0$

ここで

$2x^2-5x+4$

$=2\left(x-\frac{5}{4}\right)^2+\frac{7}{8}>0$

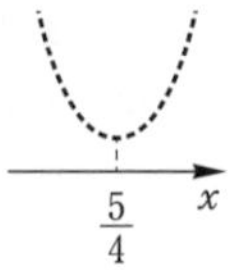

であるから　**解はない**

(別解)

$2x^2-5x+4=0$ の判別式を D とすると

$D=(-5)^2-4\cdot2\cdot4=-7<0$

よって，$y=2x^2-5x+4$ のグラフは x 軸と共有点をもたない。

ゆえに　**解はない**

(4)　整理して　$2x^2-3x+2\leqq0$

ここで

$2x^2-3x+2$

$=2\left(x-\frac{3}{4}\right)^2+\frac{7}{8}>0$

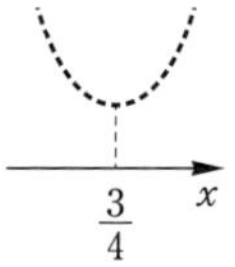

であるから　**解はない**

(別解)

$2x^2-3x+2=0$ の判別式を D とすると

$D=(-3)^2-4\cdot2\cdot2=-7<0$

よって，$y=2x^2-3x+2$ のグラフは x 軸と共有点をもたない。

ゆえに　**解はない**

219 (1)　$2x^2+4x=0$ を解くと

$2x(x+2)=0$ より　$x=-2,\ 0$

よって，求める解は　$\boldsymbol{x<-2,\ 0<x}$

(別解)

$2x(x+2)>0$ より　$\boldsymbol{x<-2,\ 0<x}$

(2)　整理して　$6x^2+x-2<0$

$6x^2+x-2=0$ を解くと

$(3x+2)(2x-1)=0$ より　$x=-\frac{2}{3},\ \frac{1}{2}$

よって，求める解は　$\boldsymbol{-\frac{2}{3}<x<\frac{1}{2}}$

(別解)

$(3x+2)(2x-1)<0$ より　$\boldsymbol{-\frac{2}{3}<x<\frac{1}{2}}$

(3)　整理して　$2x^2-4x-3\leqq0$

$2x^2-4x-3=0$ を解くと

$x=\frac{2\pm\sqrt{10}}{2}$

よって，求める解は

$\boldsymbol{\frac{2-\sqrt{10}}{2}\leqq x\leqq\frac{2+\sqrt{10}}{2}}$

(4)　整理して　$x^2-3x+3\leqq0$

ここで

x^2-3x+3

$=\left(x-\frac{3}{2}\right)^2+\frac{3}{4}>0$

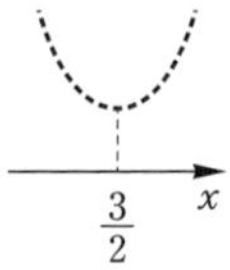

であるから　**解はない**

(別解)

$x^2-3x+3=0$ の判別式を D とすると

$D=(-3)^2-4\cdot1\cdot3=-3<0$

よって，$y=x^2-3x+3$ のグラフは x 軸と共有点をもたない。

ゆえに　**解はない**

(5)　整理して　$x^2+2\sqrt{5}x+5>0$

ここで

$x^2+2\sqrt{5}x+5$

$=(x+\sqrt{5})^2\geqq0$

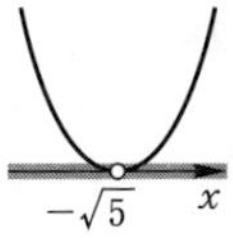

よって

$-\sqrt{5}$ 以外のすべての実数

(別解)

$x^2+2\sqrt{5}x+5=0$ の判別式を D とすると

$D=(2\sqrt{5})^2-4\cdot1\cdot5=0$

よって，$y=x^2+2\sqrt{5}x+5$ のグラフは x 軸と接する。

接点の x 座標は　$x=\frac{-2\sqrt{5}}{2\cdot1}=-\sqrt{5}$

であるから　**$-\sqrt{5}$ 以外のすべての実数**

(6)　両辺に -1 を掛けると

$3x^2-4x+5>0$

ここで

$3x^2-4x+5=3\left(x-\frac{2}{3}\right)^2+\frac{11}{3}>0$

よって，求める解は**すべての実数**

（別解）

$3x^2-4x+5=0$ の判別式を D とすると

$$\frac{D}{4}=(-2)^2-3\cdot5=-11<0$$

よって，$y=3x^2-4x+5$ のグラフは x 軸と共有点をもたない。

ゆえに　**すべての実数**

220 (1) $\begin{cases} x+1\geqq 3x-7 & \cdots\cdots① \\ x^2<2x+15 & \cdots\cdots② \end{cases}$ とする。

①を解くと　$-2x\geqq-8$

より　　$x\leqq4$　……③

②について　$x^2-2x-15<0$

$(x+3)(x-5)<0$

よって　$-3<x<5$　……④

③，④の共通範囲を求めて

$\boldsymbol{-3<x\leqq4}$

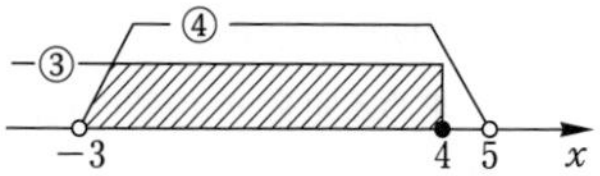

(2) $\begin{cases} 2x+7>x+5 & \cdots\cdots① \\ 2x^2-7x+3>0 & \cdots\cdots② \end{cases}$ とする。

①を解くと　$x>-2$　……③

②について　$(2x-1)(x-3)>0$

よって，$x<\dfrac{1}{2}$，$3<x$　……④

③，④の共通範囲を求めて

$\boldsymbol{-2<x<\dfrac{1}{2}}$，$\boldsymbol{3<x}$

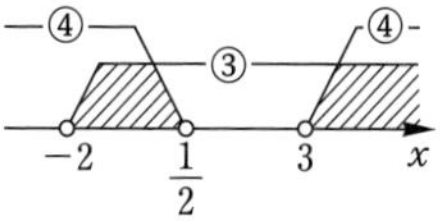

(3) $\begin{cases} x^2-6x+5\leqq0 & \cdots\cdots① \\ x^2-7x+12\geqq0 & \cdots\cdots② \end{cases}$ とする。

①を解くと　$(x-1)(x-5)\leqq0$

より　　$1\leqq x\leqq5$　……③

②を解くと　$(x-3)(x-4)\geqq0$

より　　$x\leqq3$，$4\leqq x$　……④

③，④の共通範囲を求めて

$\boldsymbol{1\leqq x\leqq3}$，$\boldsymbol{4\leqq x\leqq5}$

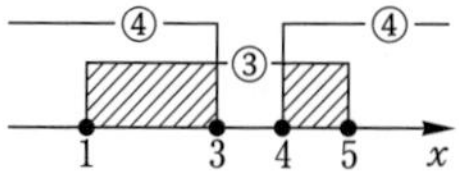

(4) $\begin{cases} 2-x<x^2 & \cdots\cdots① \\ x^2+2\leqq x+5 & \cdots\cdots② \end{cases}$ とする。

①を整理して　$x^2+x-2>0$

$(x+2)(x-1)>0$

よって　$x<-2$，$1<x$　……③

②を整理して　$x^2-x-3\leqq0$

$x^2-x-3=0$ とすると，解は　$x=\dfrac{1\pm\sqrt{13}}{2}$

よって，②の解は

$\dfrac{1-\sqrt{13}}{2}\leqq x\leqq\dfrac{1+\sqrt{13}}{2}$　……④

③，④の共通範囲を求めて

$\boldsymbol{1<x\leqq\dfrac{1+\sqrt{13}}{2}}$

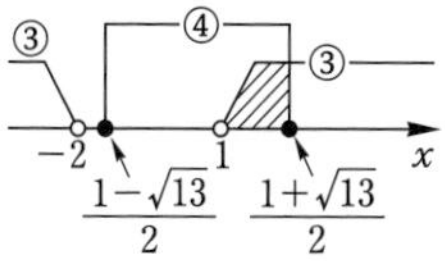

221 (1)　与えられた不等式は，次の連立不等式を表している。

$\begin{cases} -8<x^2-6x & \cdots\cdots① \\ x^2-6x<16 & \cdots\cdots② \end{cases}$

①を整理して　$x^2-6x+8>0$

$(x-2)(x-4)>0$

よって　$x<2$，$4<x$　……③

②を整理して　$x^2-6x-16<0$

$(x+2)(x-8)<0$

よって　$-2<x<8$　……④

③，④の共通範囲を求めて

$\boldsymbol{-2<x<2}$，$\boldsymbol{4<x<8}$

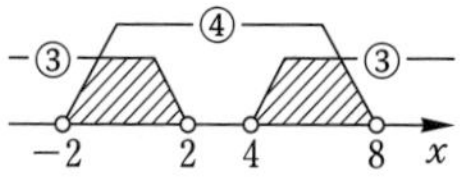

(2)　与えられた不等式は，次の連立不等式を表している。

$\begin{cases} 3x^2 < x^2 + 4 & \cdots\cdots ① \\ x^2 + 4 \leqq 4x + 1 & \cdots\cdots ② \end{cases}$

①を整理して　$x^2 - 2 < 0$

$(x+\sqrt{2})(x-\sqrt{2}) < 0$

よって　$-\sqrt{2} < x < \sqrt{2}$　……③

②を整理して　$x^2 - 4x + 3 \leqq 0$

$(x-1)(x-3) \leqq 0$

よって　$1 \leqq x \leqq 3$　……④

③，④の共通範囲を求めて

$\boldsymbol{1 \leqq x < \sqrt{2}}$

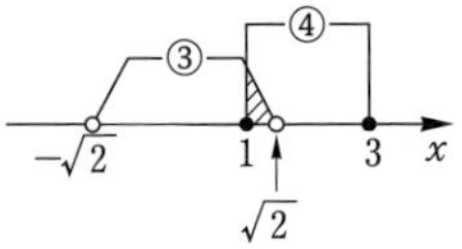

222 (1)　$x^2 + 2mx + m + 2 = 0$ の判別式を D とすると

$D = (2m)^2 - 4\cdot1\cdot(m+2)$

$= 4m^2 - 4m - 8$

$= 4(m^2 - m - 2)$

$\frac{D}{4} = m^2 - 1\cdot(m+2)$
$= m^2 - m - 2$

実数解をもつための必要十分条件は $D \geqq 0$ であるから

$m^2 - m - 2 \geqq 0$　　$(m+1)(m-2) \geqq 0$

よって，求める m の値の範囲は

$\boldsymbol{m \leqq -1,\ 2 \leqq m}$

(2)　$4x^2 - (3m+2)x + 2m = 0$ の判別式を D とすると

$D = \{-(3m+2)\}^2 - 4\cdot4\cdot2m = 9m^2 - 20m + 4$

異なる 2 つの実数解をもつための必要十分条件は $D > 0$ であるから

$9m^2 - 20m + 4 > 0$

$(9m-2)(m-2) > 0$

よって，求める定数 m の値の範囲は

$\boldsymbol{m < \frac{2}{9},\ 2 < m}$

B

223 (1)　$y = x^2 - 2mx + 4m$　……①　とする。

2 次方程式 $x^2 - 2mx + 4m = 0$ の判別式を D とおくと

$D = (-2m)^2 - 4\cdot1\cdot4m$

$= 4m^2 - 16m$

$= 4(m^2 - 4m)$

$\frac{D}{4} = (-m)^2 - 1\cdot4m$
$= m^2 - 4m$

①のグラフが x 軸と共有点をもつための必要十分条件は $D \geqq 0$ であるから

$m^2 - 4m \geqq 0$　　$m(m-4) \geqq 0$

よって，求める m の値の範囲は

$\boldsymbol{m \leqq 0,\ 4 \leqq m}$

(2)　$y = x^2 + mx - m + 3$　……①　とする。

2 次方程式 $x^2 + mx - m + 3 = 0$ の判別式を D とおくと

$D = m^2 - 4\cdot1\cdot(-m+3) = m^2 + 4m - 12$

①のグラフが x 軸と共有点をもたないための必要十分条件は $D < 0$ であるから

$m^2 + 4m - 12 < 0$

$(m+6)(m-2) < 0$

よって，求める定数 m の値の範囲は

$\boldsymbol{-6 < m < 2}$

224 (1)　$x^2 - mx + 9 > 0$　……①　とする。

$x^2 - mx + 9 = 0$ の判別式を D とおくと

$D = (-m)^2 - 4\cdot1\cdot9$

$= m^2 - 36$

$= (m+6)(m-6)$

不等式①がすべての実数 x に対して成り立つための必要十分条件は，x^2 の係数が正であるから　$D < 0$

$(m+6)(m-6) < 0$ より　$\boldsymbol{-6 < m < 6}$

(2)　$-3x^2 + mx + m \leqq 0$　より

$3x^2 - mx - m \geqq 0$　……①

$3x^2 - mx - m = 0$ の判別式を D とおくと

$D = (-m)^2 - 4\cdot3\cdot(-m)$

$= m^2 + 12m = m(m+12)$

不等式①がすべての実数 x に対して成り立つための必要十分条件は x^2 の係数が正より $D \leqq 0$ であるから

$m(m+12) \leqq 0$ より　$\boldsymbol{-12 \leqq m \leqq 0}$

225 $x^2-2mx+m=0$　……①　とする。

また，$f(x)=x^2-2mx+m$ とおくと

$f(x)=(x-m)^2-m^2+m$

より，$y=f(x)$ のグラフの軸は直線 $x=m$ である。

ここで，①が異なる2つの正の解をもつためには，$y=f(x)$ のグラフが x 軸の正の部分と異なる2点で交わればよいから，次の(i)，(ii)，(iii)が同時に成り立てばよい。

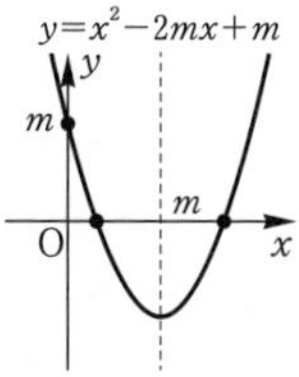

(i)　①の判別式を D とすると

$D=(-2m)^2-4\cdot1\cdot m$

$=4m^2-4m$　　$\frac{D}{4}=m^2-1\cdot m=m^2-m$

$=4m(m-1)$

グラフが x 軸と異なる2点で交わるから，$D>0$ である。

よって　$m<0,\ 1<m$　……②

(ii)　軸 $x=m$ が y 軸より右側にあるから

$m>0$　……③

(iii)　$x=0$ のときの y 座標 $f(0)$ が正であるから　$f(0)>0$

よって　$f(0)=m>0$　……④

ゆえに，②，③，④を同時に満たす m の値の範囲を求めて　$\boldsymbol{m>1}$

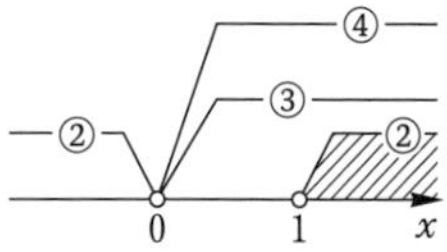

226 (1)　$(2x-1)(x-3) \leqq 0$ より　$\frac{1}{2} \leqq x \leqq 3$

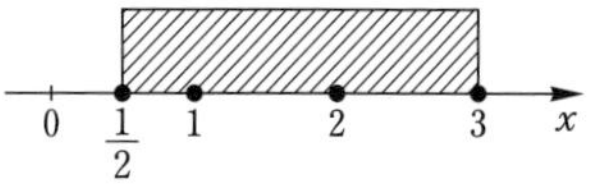

これを満たす整数 x の値は

$\boldsymbol{x=1,\ 2,\ 3}$

(2)　整理して　$6x^2+x-15<0$

$(3x+5)(2x-3)<0$ より

$-\frac{5}{3}<x<\frac{3}{2}$

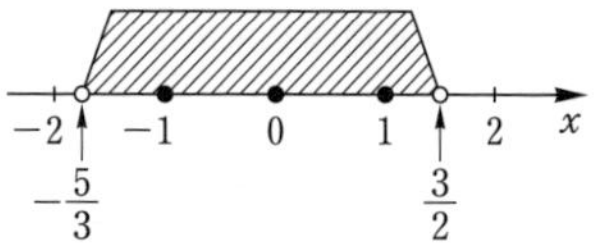

これを満たす整数 x の値は

$\boldsymbol{x=-1,\ 0,\ 1}$

(3)　$x^2-4\sqrt{2}x+6<0$ の左辺を因数分解して

$(x-\sqrt{2})(x-3\sqrt{2})<0$ より

$\sqrt{2}<x<3\sqrt{2}$　←$\sqrt{16}<\sqrt{18}<\sqrt{25}$ より $4<3\sqrt{2}<5$

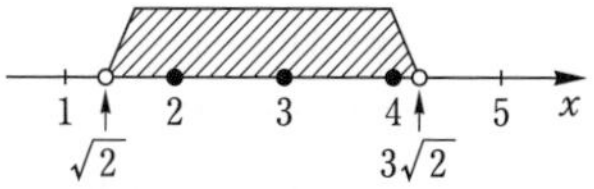

これを満たす整数 x の値は

$\boldsymbol{x=2,\ 3,\ 4}$

(4)　$4x^2-4x-17=0$ の解は

$$x=\frac{-(-2)\pm\sqrt{(-2)^2-4\cdot(-17)}}{4}$$

$$=\frac{2\pm6\sqrt{2}}{4}=\frac{1\pm3\sqrt{2}}{2}$$

よって，不等式の解は

$\frac{1-3\sqrt{2}}{2}<x<\frac{1+3\sqrt{2}}{2}$

$\sqrt{16}<\sqrt{18}<\sqrt{25}$　より $4<3\sqrt{2}<5$

であることから

$-2<\frac{1-3\sqrt{2}}{2}<-\frac{3}{2},\ \frac{5}{2}<\frac{1+3\sqrt{2}}{2}<3$

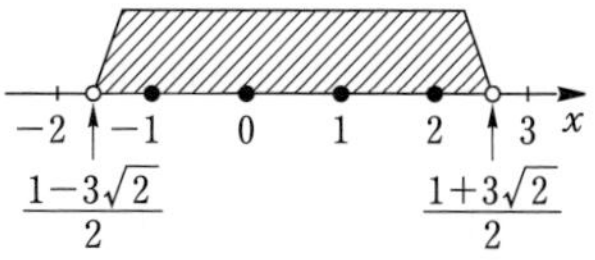

ゆえに，求める整数 x の値は

$\boldsymbol{x=-1,\ 0,\ 1,\ 2}$

227 (1) $\begin{cases} 2x-1>x+1 & \cdots\cdots ① \\ x^2-x-12 \leqq 0 & \cdots\cdots ② \end{cases}$

とする。

①を解くと　$x>2$　……③

②を解くと　$(x+3)(x-4) \leqq 0$

より　$-3 \leqq x \leqq 4$　……④

③，④の共通範囲を求めて

$2<x \leqq 4$

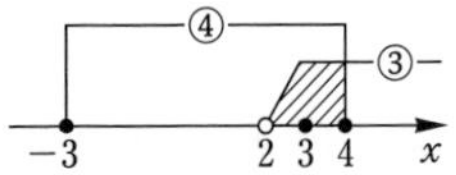

これを満たす整数 x の値は

$x=3,\ 4$

(2) $\begin{cases} x^2+3x-4<0 & \cdots\cdots ① \\ 3x^2+5x-2 \geqq 0 & \cdots\cdots ② \end{cases}$

とする。

①を解くと　$(x+4)(x-1)<0$

より　$-4<x<1$　……③

②を解くと　$(x+2)(3x-1) \geqq 0$

より　$x \leqq -2,\ \dfrac{1}{3} \leqq x$　……④

③，④の共通範囲を求めて

$-4<x \leqq -2,\ \dfrac{1}{3} \leqq x<1$

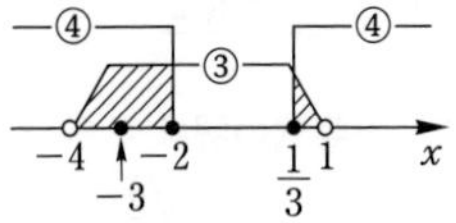

これを満たす整数 x の値は

$x=-3,\ -2$

(3) $\begin{cases} x^2-3x-4 \leqq 0 & \cdots\cdots ① \\ x^2-2x-1>0 & \cdots\cdots ② \end{cases}$

とする。

①を解くと　$(x+1)(x-4) \leqq 0$

より　$-1 \leqq x \leqq 4$　……③

$x^2-2x-1=0$ とすると，解は

$x=1 \pm \sqrt{2}$

であるから，②の解は

$x<1-\sqrt{2},\ 1+\sqrt{2}<x$　……④

③，④の共通範囲を求めて

$-1 \leqq x<1-\sqrt{2},\ 1+\sqrt{2}<x \leqq 4$

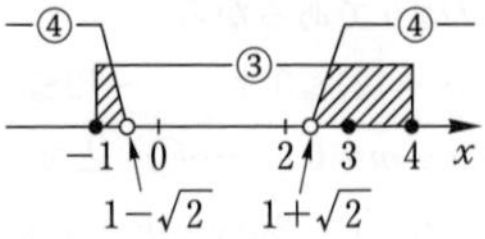

これを満たす整数 x の値は

$x=-1,\ 3,\ 4$

228 (1) $x^2-mx+1=0$ の判別式を D とおくと

$D=(-m)^2-4 \cdot 1 \cdot 1=m^2-4$

$=(m-2)(m+2)$

したがって，実数解の個数は

$D>0$ すなわち

$m<-2,\ 2<m$ のとき 2 個

$D=0$ すなわち

$m=-2,\ 2$ のとき 1 個

$D<0$ すなわち

$-2<m<2$ のとき 0 個

(2) $x^2+2mx-m+2=0$ の判別式を D とおくと

$D=(2m)^2-4 \cdot 1 \cdot (-m+2)$

$=4m^2+4m-8$

$=4(m+2)(m-1)$

$\dfrac{D}{4}=m^2-1 \cdot (-m+2)$

$=m^2+m-2$

したがって，実数解の個数は

$D>0$ すなわち

$m<-2,\ 1<m$ のとき 2 個

$D=0$ すなわち

$m=-2,\ 1$ のとき 1 個

$D<0$ すなわち

$-2<m<1$ のとき 0 個

C

229 $mx^2-4x+m+3\geqq 0$ ……Ⓐ とする。

Ⓐは2次不等式であることから $m\neq 0$ である。

よって，$mx^2-4x+m+3=0$ の判別式を D とおくと

$D=(-4)^2-4m(m+3)$ ← $\dfrac{D}{4}=(-2)^2-m\cdot(m+3)$

$=-4(m^2+3m-4)$　　　$=-m^2-3m+4$

$=-4(m+4)(m-1)$

(1) Ⓐの解がすべての実数であるための必要十分条件は，

x^2 の係数が正　かつ　$D\leqq 0$

であるから

$m>0$ ……①

かつ　$-(m+4)(m-1)\leqq 0$ ……②

②について，$(m+4)(m-1)\geqq 0$　より

$m\leqq -4$，$1\leqq m$ ……③

①，③の共通範囲を求めて

$1\leqq m$

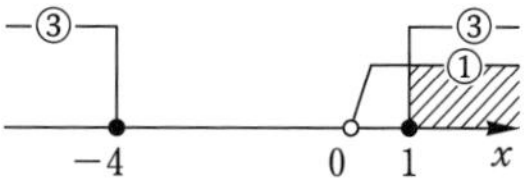

(2) Ⓐが解をもたないための必要十分条件は，

x^2 の係数が負　かつ　$D<0$

であるから

$m<0$ ……①

かつ　$-(m+4)(m-1)<0$ ……②

②について，$(m+4)(m-1)>0$　より

$m<-4$，$1<m$ ……③

共通範囲を求めて

$m<-4$

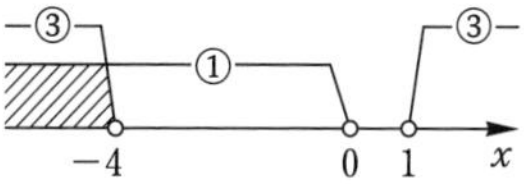

230 (1) $(x-a)(x-1)=0$ を解くと

$x=a$，1

(i) **$a<1$** のとき　解は **$a<x<1$**

(ii) **$a=1$** のとき

不等式は $(x-1)^2<0$ となるから，**解はない**

(iii) **$1<a$** のとき　解は **$1<x<a$**

(2) 左辺を因数分解して　$(x-a)(x-2)\leqq 0$

$(x-a)(x-2)=0$ を解くと　$x=a$，2

(i) **$a<2$** のとき　解は **$a\leqq x\leqq 2$**

(ii) **$a=2$** のとき

不等式は　$(x-2)^2\leqq 0$

となるから，解は **$x=2$**

(iii) **$2<a$** のとき　解は **$2\leqq x\leqq a$**

㊖p.122 章末B 8 (1)

⇦ 2次不等式①の解がすべての実数のとき，$y=mx^2-4x+m+3$ のグラフが x 軸より上側（x 軸を含む）にある。

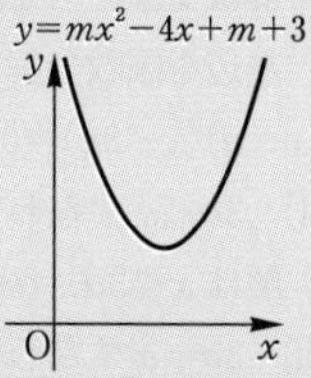

⇦ 2次不等式①が解をもたないとき，$y=mx^2-4x+m+3$ のグラフが x 軸より下側（x 軸を含まない）にある。

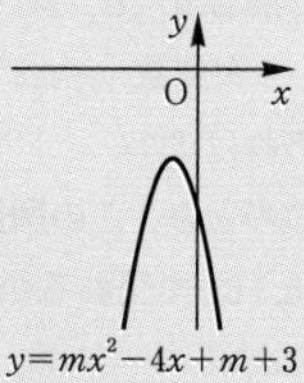

㊖p.122 章末B 9 (1)

⇦ a と1の大小によって，(i)～(iii)のように場合分けをして考える。

⇦すべての実数 x について $(x-1)^2\geqq 0$

⇦ a と2の大小によって，(i)～(iii)のように場合分けをして考える。

⇦ $(x-2)^2\geqq 0$ かつ $(x-2)^2\leqq 0$ $\iff$ $(x-2)^2=0$

(3) 左辺を因数分解して　$(x+2a)(x-1)\geqq 0$

$(x+2a)(x-1)=0$ の解は $x=-2a,\ 1$

(i)　$-2a<1$ すなわち　$\boldsymbol{a>-\frac{1}{2}}$ のとき

解は $\boldsymbol{x\leqq -2a,\ 1\leqq x}$

(ii)　$-2a=1$ すなわち　$\boldsymbol{a=-\frac{1}{2}}$ のとき

不等式は $(x-1)^2\geqq 0$ となるから,

解はすべての実数

(iii)　$-2a>1$ すなわち　$\boldsymbol{a<-\frac{1}{2}}$ のとき

解は $\boldsymbol{x\leqq 1,\ -2a\leqq x}$

⇦ $-2a$ と 1 の大小によって，(i)～(iii)のように場合分けをして考える。

(4) 左辺を因数分解して　$(x-a)(x-3a)>0$

$(x-a)(x-3a)=0$ の解は $x=a,\ 3a$

(i)　$3a<a$ すなわち　$\boldsymbol{a<0}$ のとき

解は $\boldsymbol{x<3a,\ a<x}$

(ii)　$3a=a$ すなわち　$\boldsymbol{a=0}$ のとき

不等式は $x^2>0$ となるから,

解は $\boldsymbol{x=0}$ **以外のすべての実数**

(iii)　$a<3a$ すなわち　$\boldsymbol{a>0}$ のとき

解は $\boldsymbol{x<a,\ 3a<x}$

⇦ a と $3a$ の大小によって，(i)～(iii)のように場合分けをして考える。

231 (1)　2 次関数 $y=ax^2-6x+b$ が，$x<1,\ 5<x$ において $y>0$ であればよい。

このとき，この関数のグラフが下に凸で，x 軸と 2 点 (1, 0), (5, 0) で交わるから

$a>0$ ……①

$a-6+b=0$ ……②

$25a-30+b=0$ ……③

②, ③を連立して解くと　$\boldsymbol{a=1,\ b=5}$

（これは①を満たす。）

(別解)

$x<1,\ 5<x$ を解とする 2 次不等式の 1 つは

$(x-1)(x-5)>0$　すなわち　$x^2-6x+5>0$

これと $ax^2-6x+b>0$ が一致すればよいから

$\boldsymbol{a=1,\ b=5}$

⇦左辺の各項の係数を比較する。

(2) 2次関数 $y=ax^2-6x+b$ が，$-2<x<-1$ において $y>0$ であればよい。

このとき，この関数のグラフが上に凸で，x 軸と2点 $(-2, 0)$，$(-1,\ 0)$ で交わるから

$a<0$ ……①

$4a+12+b=0$ ……②

$a+6+b=0$ ……③

②，③を連立して解くと　$\boldsymbol{a=-2,\ b=-4}$

（これは①を満たす。）

(別解)

$-2<x<-1$ を解とする2次不等式の1つは

$(x+2)(x+1)<0$　すなわち　$x^2+3x+2<0$

両辺に -2 をかけて　$-2x^2-6x-4>0$

⇦ x の係数を -6 にそろえる。

これと $ax^2-6x+b>0$ が一致すればよいから，

$\boldsymbol{a=-2,\ b=-4}$

232 ①，②の判別式をそれぞれ D_1，D_2 とすると

$D_1=(2a)^2-4\cdot1\cdot4a=4a(a-4)$ ⟵ $\dfrac{D_1}{4}=a^2-1\cdot4a$ $=a(a-4)$

$D_2=a^2-4(-2a^2+4)=9a^2-16$

$=(3a+4)(3a-4)$

(1) ①，②がともに異なる2つの実数解をもつための必要十分条件は，$D_1>0$ かつ $D_2>0$ であるから

$a(a-4)>0$ ……③　かつ　$(3a+4)(3a-4)>0$ ……④

③について，$a(a-4)>0$ より　$a<0,\ 4<a$

④について，$(3a+4)(3a-4)>0$ より　$a<-\dfrac{4}{3},\ \dfrac{4}{3}<a$

共通範囲を求めて

⇦ 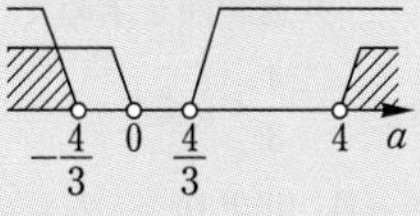

$\boldsymbol{a<-\dfrac{4}{3},\ 4<a}$

(2) ①，②がともに実数解をもたないための必要十分条件は，$D_1<0$ かつ $D_2<0$ であるから

$a(a-4)<0$ ……③ かつ $(3a+4)(3a-4)<0$ ……④

③について，$a(a-4)<0$ より　$0<a<4$

④について，$(3a+4)(3a-4)<0$ より　$-\dfrac{4}{3}<a<\dfrac{4}{3}$

共通範囲を求めて

⇦ 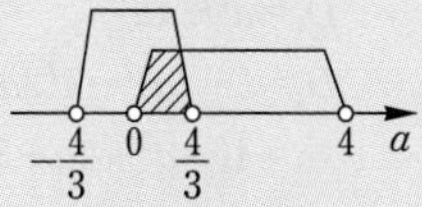

$\boldsymbol{0<a<\dfrac{4}{3}}$

(3) ①，②の少なくとも一方が実数解をもつための必要十分条件は，$D_1 \geqq 0$ または $D_2 \geqq 0$ であるから

$a(a-4) \geqq 0$ ……③ または $(3a+4)(3a-4) \geqq 0$ ……④

③について，$a(a-4) \geqq 0$ より　$a \leqq 0,\ 4 \leqq a$

④について，$(3a+4)(3a-4) \geqq 0$ より　$a \leqq -\dfrac{4}{3},\ \dfrac{4}{3} \leqq a$

2 つの範囲を合わせて

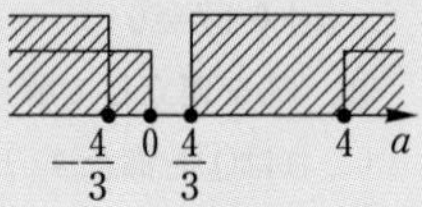

$\boldsymbol{a \leqq 0,\ \dfrac{4}{3} \leqq a}$

(4) ①，②のいずれか一方だけが異なる 2 つの実数解をもつための必要十分条件は

(i) $D_1>0$ かつ $D_2 \leqq 0$　または　(ii) $D_1 \leqq 0$ かつ $D_2>0$

である。

(i) $D_1>0$ かつ $D_2 \leqq 0$ のとき

$a(a-4)>0$ ……③ かつ $(3a+4)(3a-4) \leqq 0$ ……④

③について，$a(a-4)>0$ より　$a<0,\ 4<a$

④について，$(3a+4)(3a-4) \leqq 0$ より　$-\dfrac{4}{3} \leqq a \leqq \dfrac{4}{3}$

共通範囲を求めて

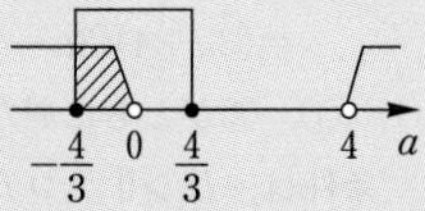

$-\dfrac{4}{3} \leqq a<0$

(ii) $D_1 \leqq 0$ かつ $D_2>0$ のとき

$a(a-4) \leqq 0$ ……⑤ かつ $(3a+4)(3a-4)>0$ ……⑥

⑤について，$a(a-4) \leqq 0$ より　$0 \leqq a \leqq 4$

⑥について，$(3a+4)(3a-4)>0$ より　$a<-\dfrac{4}{3},\ \dfrac{4}{3}<a$

共通範囲を求めて

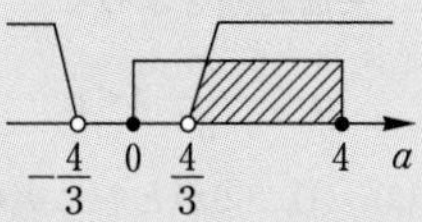

$\dfrac{4}{3}<a \leqq 4$

(i)，(ii)より

$\boldsymbol{-\dfrac{4}{3} \leqq a<0,\ \dfrac{4}{3}<a \leqq 4}$

233 $x^2+ax+a=0$ ……①

$x^2-2ax+2a^2-2a-3=0$ ……②　とする。

①，②の判別式をそれぞれ D_1，D_2 とすると

$D_1=a^2-4a$

$D_2=(-2a)^2-4(2a^2-2a-3)$ ← $\dfrac{D_2}{4}=(-a)^2-1\cdot(2a^2-2a-3)$

$=4(-a^2+2a+3)$　　　$=-a^2+2a+3$

2つの2次関数のグラフがいずれも x 軸と共有点をもたないための必要十分条件は　$D_1<0$ かつ $D_2<0$

であるから

$a^2-4a<0$ ……③ かつ $-a^2+2a+3<0$ ……④

③について，$a(a-4)<0$ より　$0<a<4$

④について，$(a+1)(a-3)>0$ より　$a<-1,\ 3<a$

共通範囲を求めて

⇦ 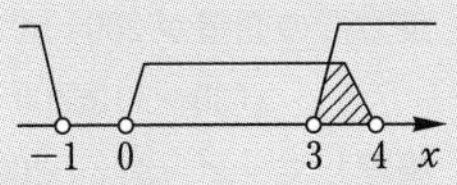

$3<a<4$

234 $f(x)=x^2-2(a+1)x+a+7$ とおき，$f(x)=0$ の判別式を D とすると

㊙ p.118 練習 24

$D=\{-2(a+1)\}^2-4(a+7)$ ← $\dfrac{D}{4}=\{-(a+1)\}^2-1\cdot(a+7)$

$=4(a^2+a-6)$　　　　$=a^2+a-6$

$=4(a+3)(a-2)$

また，放物線 $y=f(x)$ の軸は直線 $x=a+1$ である。

⇦ $f(x)=\{x-(a+1)\}^2-a^2-a+6$

(1) $y=f(x)$ のグラフが x 軸の $x>1$ の部分と異なる2点で交わるためには，次の(i)，(ii)，(iii)が同時に成り立てばよい。

(i) $y=f(x)$ のグラフが x 軸と異なる2点で交わるから

$D>0$

よって　$(a+3)(a-2)>0$

すなわち

$a<-3,\ 2<a$ ……①

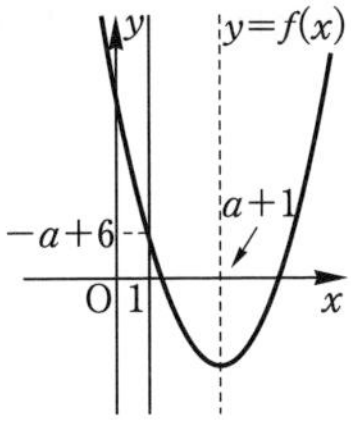

(ii) 軸 $x=a+1$ が直線 $x=1$ よりも右側にあるから

$a+1>1$

よって　$a>0$ ……②

(iii) $x=1$ のときの y 座標 $f(1)$ が正であるから

$f(1)=-a+6>0$

よって　$a<6$ ……③

ゆえに，①，②，③を同時に満たす a の値の範囲を求めて

⇦ 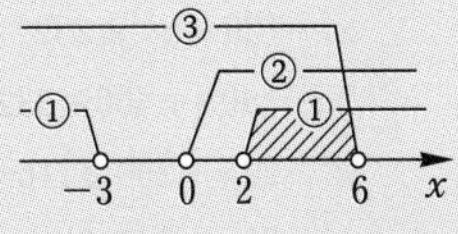

$2<a<6$

(2) $y=f(x)$ のグラフが x 軸の $x<1$ の部分と $x>1$ の部分のそれぞれと交わるためには，$x=1$ のときの y 座標 $f(1)$ が負であればよい。

$f(1)=-a+6<0$

よって　**$a>6$**

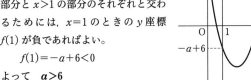

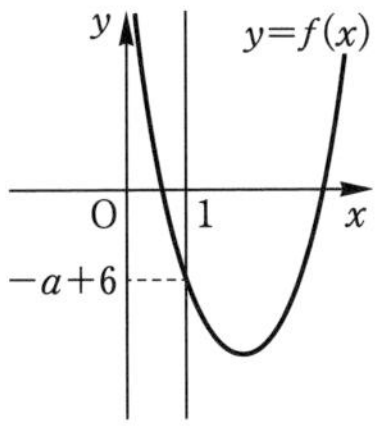

235 周の長さが 60 cm であることから，長方形の縦の長さを x cm とおくと，横の長さは $(30-x)$ cm である。

⇦周の長さ
$=$(横の長さ＋縦の長さ)$\times 2$

辺の長さは正であるから

$x>0$，$30-x>0$

よって　$0<x<30$　……①

長方形の面積が 200 cm^2 以上であるとき

$x(30-x)\geqq 200$

整理して　$x^2-30x+200\leqq 0$

$(x-10)(x-20)\leqq 0$

ゆえに　$10\leqq x\leqq 20$　……②

①，②の共通範囲は　$10\leqq x\leqq 20$

したがって，縦の長さのとり得る値の範囲は

10 cm 以上 20 cm 以下

236 道路の幅を x m とおくと

㊖p.121 章末A 3

$0<x<8$　……①

である。

道路の面積が土地全体の面積の 4 割以下であるとき

⇦

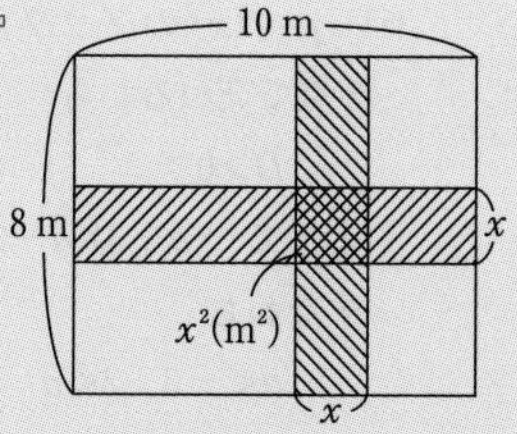

$8x+10x-x^2\leqq 8\times 10\times 0.4$

整理して　$x^2-18x+32\geqq 0$

$(x-2)(x-16)\geqq 0$

すなわち　$x\leqq 2$，$16\leqq x$　……②

①，②の共通範囲を求めて　$0<x\leqq 2$

よって，道路の幅を **2 m 以下**にすればよい。

237 短い方の針金を $4x$ cm とすると，長い方の針金は $80-4x=4(20-x)$ (cm)　と表される。

$0<4x<40$ より　$0<x<10$　……①

それぞれの針金を折り曲げて正方形を 2 つ作り，その面積の和が 232 cm^2 以上なので

$x^2+(20-x)^2\geqq 232$

$2x^2-40x+400\geqq 232$

$x^2-20x+200\geqq 116$

$x^2-20x+84\geqq 0$

$(x-14)(x-6)\geqq 0$

$x\leqq 6$，$14\leqq x$　……②

①，②の共通範囲は　$0<x\leqq 6$

よって　$0<4x\leqq 24$

であるから，短い方の針金の長さの範囲は

0 cm より長く，24 cm 以下とすればよい。

238 (1)　$x^2-5ax+6a^2<0$ より

$(x-2a)(x-3a)<0$　……①

(i)　$2a<3a$　すなわち　$\boldsymbol{a>0}$ のとき

①の解は　$\boldsymbol{2a<x<3a}$

(ii)　$2a=3a$　すなわち　$\boldsymbol{a=0}$ のとき

①は $x^2<0$ となるから　**解はない**

(iii)　$2a>3a$　すなわち　$\boldsymbol{a<0}$ のとき

①の解は　$\boldsymbol{3a<x<2a}$

(2)　$x^2-9x+20<0$ を解くと

$(x-5)(x-4)<0$ より　$4<x<5$　……②

条件を満たすには，②が①の解に含まれればよい。

(i)　$a>0$ のとき

②が $2a<x<3a$ に含まれる条件は

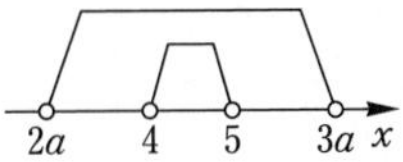

$2a\leqq4$ かつ $5\leqq3a$

これより　$\dfrac{5}{3}\leqq a\leqq2$

これは $a>0$ を満たす。

(ii)　$a=0$ のとき

①の解はないから，条件を満たさない。

(iii)　$a<0$ のとき

$2a<0$ より，②が $3a<x<2a$ に含まれることはない。

(i), (ii), (iii)から，求める定数 a の値の範囲は

$\boldsymbol{\dfrac{5}{3}\leqq a\leqq2}$

研究 絶対値を含む関数のグラフ

本編 p.055

A

239 (1)(i)　$x-2\geqq 0$

すなわち $x\geqq 2$ のとき

$y=|x-2|=x-2$

(ii)　$x-2<0$

すなわち $x<2$ のとき

$y=|x-2|=-x+2$

(i), (ii)より，グラフは右の図の実線部分である。

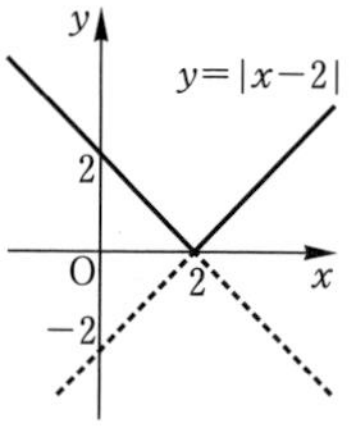

(2)　$y=|x^2-3x-4|=|(x-4)(x+1)|$

(i)　$(x-4)(x+1)\geqq 0$

すなわち $x\leqq -1$，$4\leqq x$ のとき

$$y=x^2-3x-4=\left(x-\frac{3}{2}\right)^2-\frac{25}{4}$$

(ii)　$(x-4)(x+1)<0$

すなわち $-1<x<4$ のとき

$$y=-(x^2-3x-4)$$
$$=-\left(x-\frac{3}{2}\right)^2+\frac{25}{4}$$

(i), (ii)より，グラフは右の図の実線部分である。

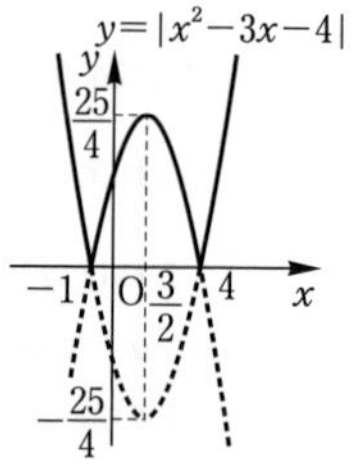

B

240 (1)(i)　$x\geqq 0$ のとき

$y=|x|=x$

(ii)　$x<0$ のとき

$y=|x|=-x$

(i), (ii)より，グラフは次の図の実線部分である。

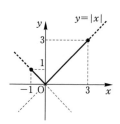

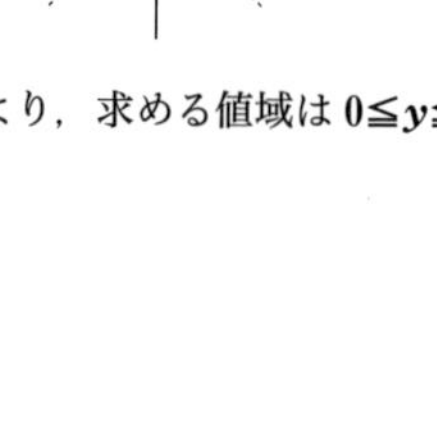

グラフより，求める値域は $\boldsymbol{0\leqq y\leqq 3}$

(2)(i)　$x-1\geqq 0$ すなわち　$x\geqq 1$ のとき

$y=|x-1|+1=x-1+1=x$

(ii)　$x-1<0$ すなわち　$x<1$ のとき

$y=|x-1|+1$

$=-x+1+1=-x+2$

(i), (ii)より，グラフは次の図の実線部分である。

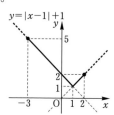

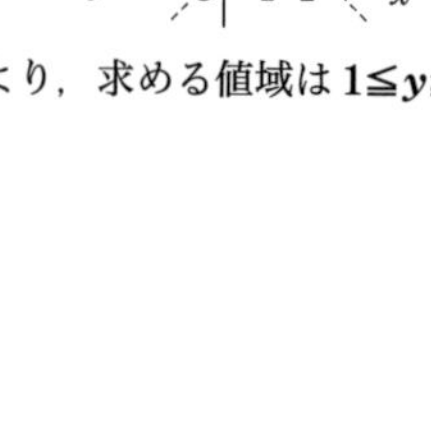

グラフより，求める値域は $\boldsymbol{1\leqq y\leqq 5}$

C

241 (1) $y=|x+3|-|x-1|$

(i) $x<-3$ のとき

$y=-(x+3)-\{-(x-1)\}$

$=-(x+3)+(x-1)=-4$

(ii) $-3\leqq x<1$ のとき

$y=(x+3)-\{-(x-1)\}$

$=(x+3)+(x-1)$

$=2x+2$

(iii) $1\leqq x$ のとき

$y=(x+3)-(x-1)$

$=4$

(i), (ii), (iii)より，グラフは右の図の実線部分である。

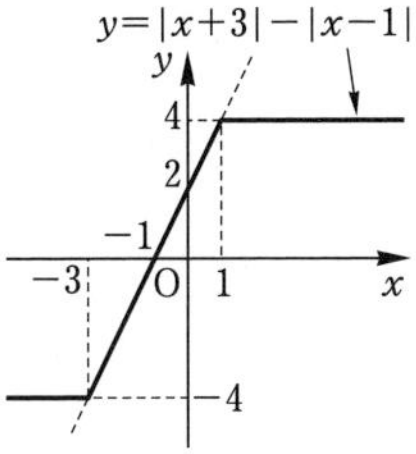

⇦ $|x+3|=\begin{cases} x+3 & (x\geqq -3) \\ -(x+3) & (x<-3) \end{cases}$

$|x-1|=\begin{cases} x-1 & (x\geqq 1) \\ -(x-1) & (x<1) \end{cases}$

(2) $y=x^2-4|x|-5$

(i) $x\geqq 0$ のとき

$y=x^2-4x-5$

$=(x-2)^2-9$

(ii) $x<0$ のとき

$y=x^2+4x-5$

$=(x+2)^2-9$

(i), (ii)より，グラフは右の図の実線部分である。

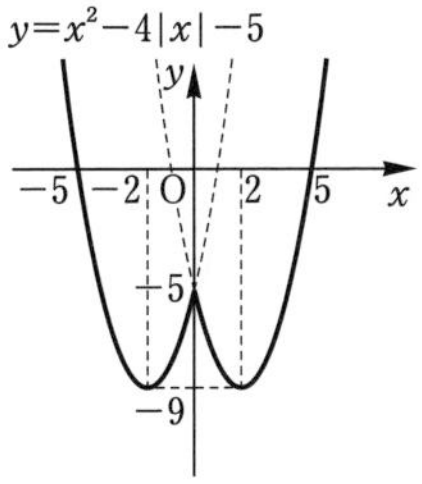

⇦ $|x|=\begin{cases} x & (x\geqq 0) \\ -x & (x<0) \end{cases}$

(3) $y=|x-1|(x+2)$

(i) $x\geqq 1$ のとき

$y=(x-1)(x+2)$

$=x^2+x-2$

$=\left(x+\frac{1}{2}\right)^2-\frac{9}{4}$

(ii) $x<1$ のとき

$y=-(x-1)(x+2)$

$=-(x^2+x-2)$

$=-\left(x+\frac{1}{2}\right)^2+\frac{9}{4}$

(i), (ii)より，グラフは右の図の実線部分である。

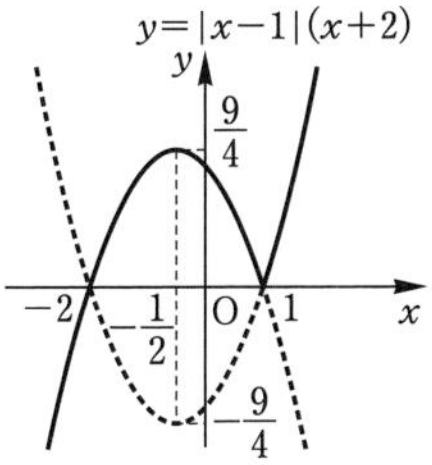

⇦ $|x-1|=\begin{cases} x-1 & (x\geqq 1) \\ -(x-1) & (x<1) \end{cases}$

《章末問題》

本編 p.056〜057

242 $y=2x^2+4x-3$ より　$y=2(x+1)^2-5$

㊕p.85 節末 4

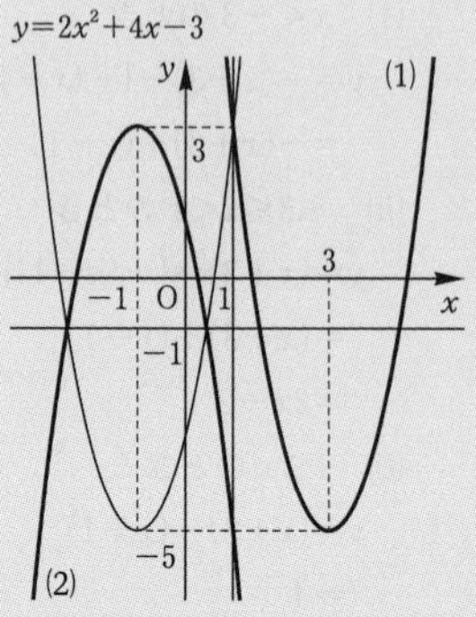

(1) 頂点 $(-1,\ -5)$ を直線 $x=1$ に関して対称移動すると，移動後の頂点は $(3,\ -5)$ となる。

また，この放物線を直線 $x=1$ に関して対称移動しても，下に凸の放物線である。

よって　$\boldsymbol{y=2(x-3)^2-5}$　←展開すると $y=2x^2-12x+13$

(2) 頂点 $(-1,\ -5)$ を直線 $y=-1$ に関して対称移動すると，移動後の頂点は $(-1,\ 3)$ となる。

また，この放物線を直線 $y=-1$ に関して対称移動すると，上に凸の放物線となる。

よって　$\boldsymbol{y=-2(x+1)^2+3}$　←展開すると $y=-2x^2-4x+1$

243 (1) $f(a)=k(a-b)$

$f(b)=(b-a)(b-c)$

$f(c)=k(c-b)$

ここで，$a<b<c$，$k>0$ であることから

$\boldsymbol{f(a)<0,\ f(b)<0,\ f(c)>0}$

⇦ $a<b$ より　$a-b<0$
　　　　　　$b-a>0$
　$b<c$ より　$b-c<0$
　　　　　　$c-b>0$

(2) (1)より　$f(a)<0$

x^2 の係数は正であり，$f(a)<0$ より，$y=f(x)$ のグラフは x 軸の $x<a$ の部分と $x>a$ の部分とそれぞれ交わるから，x 軸と異なる 2 点で交わる。終

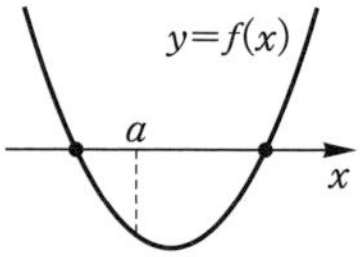

(3) (1)より　$f(b)<0$，$f(c)>0$

よって，$y=f(x)$ のグラフは x 軸の $x<a$ の部分と $b<x<c$ の部分のそれぞれと交わる。

よって，$\alpha<\beta$ より

$\boldsymbol{\alpha<a<b<\beta<c}$

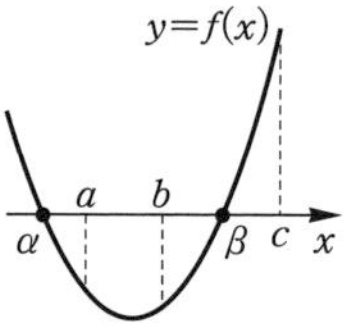

244 1 個につき x 円値上げしたときの，売り上げ金額を y 円とおく。

売り上げ個数は正であるから

$7000-100x>0$

よって　$0<x<70$

このとき

$y=(60+x)(7000-100x)$

$=-100x^2+1000x+420000$

$=-100(x^2-10x)+420000$

$=-100\{(x-5)^2-25\}+420000$

$=-100(x-5)^2+422500$

⇦品物 1 個の値段を x 円 $(x\geqq60)$ とすると，$x-60$(円) 値上げすることになるので，売り上げ個数は，

$7000-100(x-60)$
$=13000-100x$ (個)

となることから求めてもよい。

ゆえに，$0<x<70$ の範囲で

$x=5$ のとき　y の最大値は 422500

したがって，**1 個 65 円**で売ったとき，売り上げ金額は最大となり，**422500 円**となる。

245 (1)　$f(x)=x^2-2x+1=(x-1)^2$

より，$y=f(x)$ のグラフの頂点は点 $(1,\ 0)$ であるから，

$-2\leqq x\leqq 2$ において

$x=1$ のとき　**最小値 0**

(2)　$g(x)=-2x^2-4x+a$

$=-2(x+1)^2+a+2$

より，$y=g(x)$ のグラフの頂点は点 $(-1,\ a+2)$ であるから，

$-2\leqq x\leqq 2$ において

$x=-1$ のとき　**最大値 $a+2$**

(3)　$f(x)>g(x)$ のとき

$x^2-2x+1>-2x^2-4x+a$

整理して　$3x^2+2x+1-a>0$　……①

$y=3x^2+2x+1-a$

$=3\left(x+\frac{1}{3}\right)^2+\frac{2}{3}-a$

とおくと，$-2\leqq x\leqq 2$ を満たすすべての x で①が成り立つ a の値の範囲は

$\frac{2}{3}-a>0$

すなわち　$\boldsymbol{a<\frac{2}{3}}$

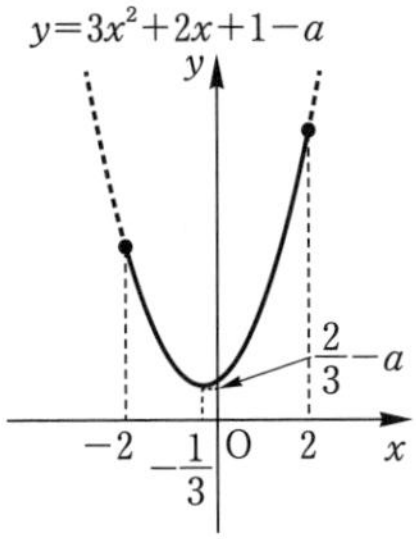

(別解)

$y=3x^2+2x+1-a=3\left(x+\frac{1}{3}\right)^2+\frac{2}{3}-a$

より，このグラフの軸 $x=-\frac{1}{3}$ は $-2\leqq x\leqq 2$ に含まれるから，

$-2\leqq x\leqq 2$ を満たすすべての x で①が成り立つには，

2 次方程式　$3x^2+2x+1-a=0$　……②

が実数解をもたなければよい。

このとき，②の判別式を D とすると　$D<0$

$\frac{D}{4}=1^2-3\cdot(1-a)=3a-2$

より　$3a-2<0$

すなわち　$\boldsymbol{a<\frac{2}{3}}$

(4)　すべての x_1, x_2 に対して $f(x_1)>g(x_2)$ が成り立つためには，$-2\leqq x\leqq 2$ において

$(f(x)$ の最小値$)>(g(x)$ の最大値$)$

が成り立てばよい。

⇦ x_1，x_2 は異なる値でもよいことに注意する。

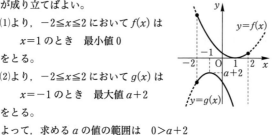

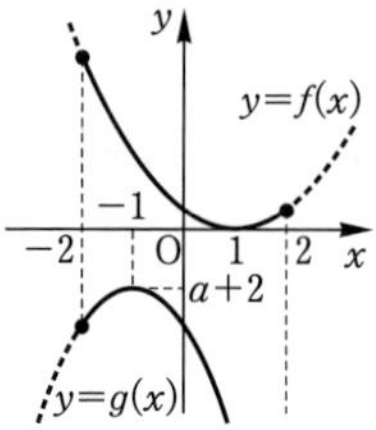

(1)より，$-2\leqq x\leqq 2$ において $f(x)$ は

$x=1$ のとき　最小値 0

をとる。

(2)より，$-2\leqq x\leqq 2$ において $g(x)$ は

$x=-1$ のとき　最大値 $a+2$

をとる。

よって，求める a の値の範囲は　$0>a+2$

すなわち　$\boldsymbol{a<-2}$

246 $x^2+2mx+m^2-1=0$　……①

の1つの解が -1 なので，$x=-1$ を①に代入して

⇦ $x=-1$ が①の解なので，$x=-1$ を①に代入すると等式が成り立つ。

$1-2m+m^2-1=0$

$m^2-2m=0$

$m(m-2)=0$ より　$m=0,\ 2$

(i)　$m=0$ のとき

①は　$x^2-1=0$

$(x+1)(x-1)=0$ より　$x=\pm 1$

(ii)　$m=2$ のとき

①は　$x^2+4x+3=0$

$(x+1)(x+3)=0$ より　$x=-1,\ -3$

(i)，(ii)より，

$\boldsymbol{m=0}$ のとき，他の解は　$\boldsymbol{x=1}$

$\boldsymbol{m=2}$ のとき，他の解は　$\boldsymbol{x=-3}$

247 (1)　$a(x-1)+x+1=0$ より

$(a+1)x=a-1$　……①

⇦①の左辺，x の係数 $a+1$ が 0 かどうかで場合分けをする。

(i)　$a\neq -1$ のとき，両辺を $a+1$ で割って

$$x=\frac{a-1}{a+1}$$

(ii)　$a=-1$ のとき，①の左辺は 0，右辺は -2 となるので解はない

⇦ $0\cdot x=-2$ を満たす x の値は存在しない。

よって，(i)，(ii)より求める解は

$\boldsymbol{a\neq -1}$ のとき　$\boldsymbol{x=\dfrac{a-1}{a+1}}$

$\boldsymbol{a=-1}$ のとき　**解はない**

(2) $ax^2-(2a+1)x+2=0$ ……①

(i) $a \neq 0$ のとき，①の左辺を因数分解して

$$(x-2)(ax-1)=0$$

これを解いて $x=2,\ \dfrac{1}{a}$

(ii) $a=0$ のとき，①は $-x+2=0$ となる。

これを解いて $x=2$

よって，(i)，(ii)より求める解は

$\boldsymbol{a \neq 0}$ **のとき** $\boldsymbol{x=2,\ \dfrac{1}{a}}$

$\boldsymbol{a=0}$ **のとき** $\boldsymbol{x=2}$

248 (1) $f(x)=x^2-2ax+3a+4$ とおくと，

$$f(x)=(x-a)^2-a^2+3a+4$$

より，$y=f(x)$ のグラフは頂点が点 $(a,\ -a^2+3a+4)$，軸が直線 $x=a$，下に凸の放物線である。

⇦ $y=f(x)$ のグラフが下に凸の放物線なので，軸と定義域の位置関係に注目して場合分けをする。

(i) $\boldsymbol{a<0}$ **のとき**

$f(x)$ は $0 \leqq x \leqq 4$ において，

$x=0$ で最小値 $f(0)=\boldsymbol{3a+4}$

をとる。

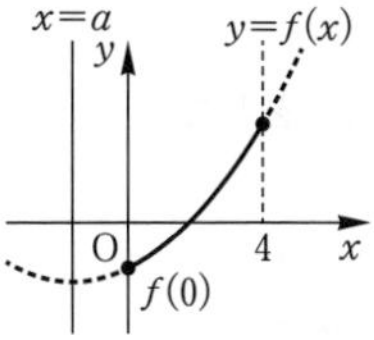

(ii) $\boldsymbol{0 \leqq a \leqq 4}$ **のとき**

$f(x)$ は $0 \leqq x \leqq 4$ において，

$x=a$ で最小値

$f(a)=\boldsymbol{-a^2+3a+4}$

をとる。

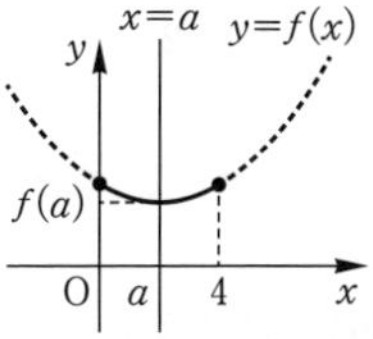

(iii) $\boldsymbol{4<a}$ **のとき**

$f(x)$ は $0 \leqq x \leqq 4$ において，

$x=4$ で最小値 $f(4)=\boldsymbol{20-5a}$

をとる。

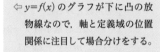

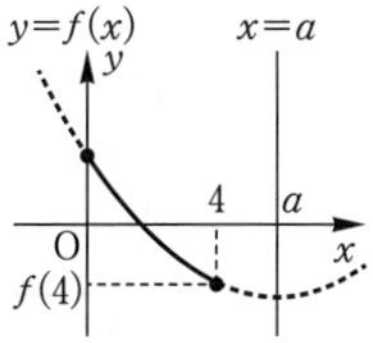

(2) $0 \leqq x \leqq 4$ においてつねに $f(x)>0$ が成り立つためには，$0 \leqq x \leqq 4$ における $f(x)$ の最小値が正であればよい。

(i) $a<0$ のとき

$3a+4>0$ すなわち $a>-\dfrac{4}{3}$

$a<0$ との共通範囲を求めて $-\dfrac{4}{3}<a<0$

(ii)　$0 \leqq a \leqq 4$ のとき

$-a^2+3a+4>0$

$a^2-3a-4<0$

$(a+1)(a-4)<0$

よって　$-1<a<4$

$0 \leqq a \leqq 4$ との共通範囲を求めて　$0 \leqq a<4$

(iii)　$4<a$ のとき

$20-5a>0$　すなわち　$a<4$

$4<a$ との共通範囲はないので　解はない

(i), (ii), (iii)より,

求める定数 a の値の範囲は

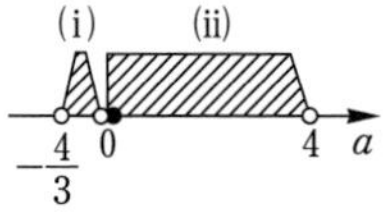

$$-\frac{4}{3}<a<4$$

249 (1)　$z=x^2-4xy+5y^2-2y-1$

$=(x-2y)^2+y^2-2y-1$

⇦ y を定数とみて平方完成

y を定数とみると，z は

$x=2y$ のとき最小値 y^2-2y-1　をとる。

よって　$\boldsymbol{m=y^2-2y-1}$

(2)　$m=y^2-2y-1=(y-1)^2-2$ より

m は $y=1$ のとき最小値 **−2**　をとる。

(3)　(1), (2)から，$z=(x-2y)^2+(y-1)^2-2$

よって，z は $x=2y$, $y=1$

すなわち $\boldsymbol{x=2}$, $\boldsymbol{y=1}$ のとき，最小値 **−2**　をとる。

250 $f(x)=x^2+ax+3$ とおく。

$y=f(x)$ のグラフは，下に凸の放物線である。

$f(0)=3>0$ であるから，2 次方程式 $f(x)=0$ の 1 つの解が 0 と 1 の間にあり，もう一つの解が 3 と 5 の間にあるための条件は，

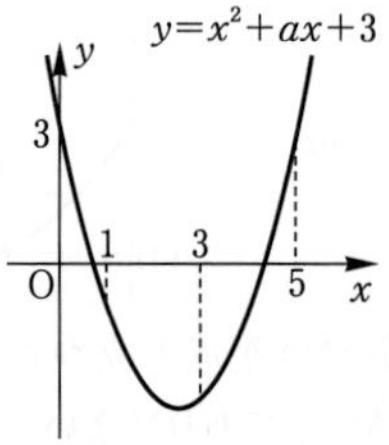

⇦ 2 次関数 $y=f(x)$ において，$f(p)$ と $f(q)$ の符号が異なるとき，p と q の間に $f(x)=0$ となる x の値 α が存在する。

$f(1)<0$, $f(3)<0$, $f(5)>0$

が同時に成り立つことである。

よって

$a+4<0$, $3a+12<0$, $5a+28>0$

すなわち　$a<-4$, $a<-4$, $a>-\dfrac{28}{5}$

これらの共通範囲は　$\boldsymbol{-\dfrac{28}{5}<a<-4}$

251 (1) $x^2-4x=x(x-4)$ より

(i) $\underline{x^2-4x \geqq 0}$ すなわち ← $x(x-4) \geqq 0$

$x \leqq 0$, $4 \leqq x$ のとき

$y=x^2-4x$

$=(x-2)^2-4$

(ii) $\underline{x^2-4x<0}$ すなわち ← $x(x-4)<0$

$0<x<4$ のとき

$y=-x^2+4x$

$=-(x-2)^2+4$

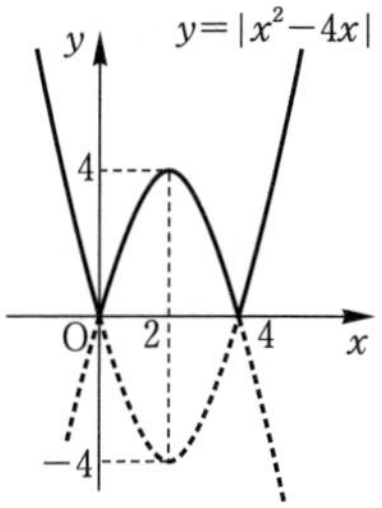

よって，$y=|x^2-4x|$ のグラフは，上の図の実線部分。

(2) 方程式 $|x^2-4x|=m$ の実数解の個数は，

2つのグラフ $y=|x^2-4x|$ ……①，$y=m$ ……②

の共有点の個数に等しい。

直線②は x 軸に平行な直線であるから，(1)のグラフより，2つのグラフ①，②の共有点の個数，すなわち与えられた方程式の実数解の個数は次のようになる。

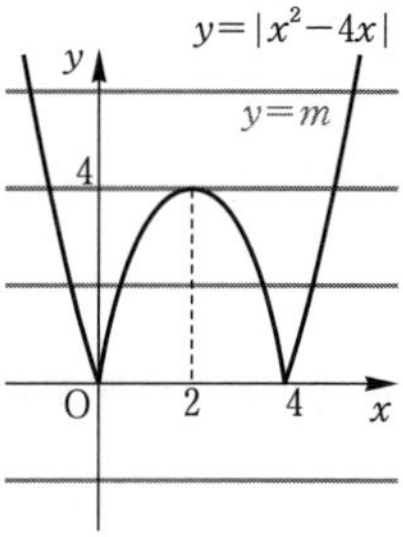

$m>4$，$m=0$ のとき 2 個

$m=4$ のとき 3 個

$0<m<4$ のとき 4 個

$m<0$ のとき 0 個

252 (1) ②の左辺を因数分解して

㊕p.122 章末B 9

$(x-a)(x+1)<0$

これから

(i) **$a<-1$ のとき　$a<x<-1$**

(ii) **$a=-1$ のとき**

不等式②は $(x+1)^2<0$ となるから　**解はない**

(iii) **$a>-1$ のとき　$-1<x<a$**

(2) ①を解くと　$(x+3)(x-1)>0$

より　$x<-3$, $1<x$

①, ②の共通範囲に含まれる整数 x が 2 だけであるためには，

②の解に $x=2$ を含むことが必要条件となる。

よって，題意を満たすのは $a>-1$ の場合で，求める a の値の範囲は

$2<a \leqq 3$

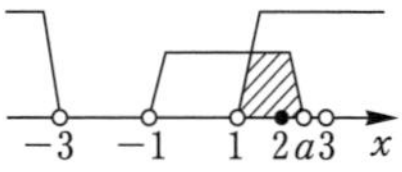

⇦ $a=2$ のとき，共通範囲は

$1<x<2$

となり，$x=2$ を含まない。

3 章末問題

(3)　①，②を同時に満たす整数 x が1つだけであるのは，その値が $x=2$ または $x=-4$ となるときである。

(i)　①，②を同時に満たす整数 x の値が $x=2$ だけのとき，(2)より　$2<a\leqq 3$

(ii)　①，②を同時に満たす整数 x の値が $x=-4$ だけのとき，②の解に $x=-4$ を含むことが必要条件となる。よって，題意を満たすのは $a<-1$ の場合で

求める a の値の範囲は

$-5\leqq a<-4$

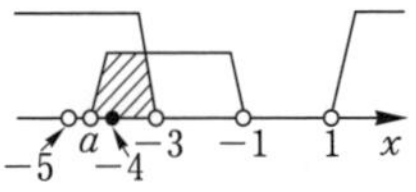

(i)，(ii)より，求める a の値の範囲は

$-5\leqq a<-4$，$2<a\leqq 3$

253 (1)　$f(x)=ax^2+bx+c=a\left(x+\dfrac{b}{2a}\right)^2-\dfrac{b^2}{4a}+c$

である。与えられたグラフは下に凸なので　$a>0$

軸 $x=-\dfrac{b}{2a}$ が y 軸より右側にあるから

$-\dfrac{b}{2a}>0$ より　$b<0$

$f(0)=c$ で，グラフと y 軸との交点の y 座標が正なので $c>0$

よって　**$a>0$，$b<0$，$c>0$**

(2)　平行移動によって凸の向きは変わらないから，a の正負は変わらない。また，このグラフを x 軸方向に平行移動すると，次のことが起こる可能性が考えられる。

①　軸が y 軸よりも左側になる

②　y 軸との交点の y 座標が負になる

①のときは b が正に，②のときは c が負になる。

よって，正負が変わる可能性があるのは **b，c**

(3)　このグラフを y 軸方向に平行移動すると，凸の向きと軸の位置は変わらないから，a，b の正負は変わらない。一方，y 軸との交点の y 座標は負になる可能性がある。よって，正負が変わる可能性があるのは **c**

254 (指摘)

太郎さんが「$t=x^2-2x$」とおいたときに，t の変域に着目していないため，$y=-4$ となる実数 x が存在しない。

(解答)

$t=x^2-2x$ とおくと，与式は

$y=t^2+4t$

と表せる。

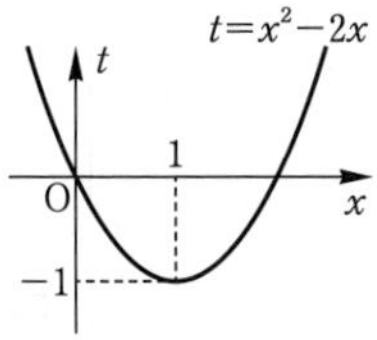

このとき，$t=(x-1)^2-1$ より

$t \geqq -1$ ……①

$y=(t+2)^2-4$ と変形できるから，

①の範囲において，y は

$t=-1$ のとき最小値 -3

をとる。よって，y のとりうる値の範囲は

$\boldsymbol{y \geqq -3}$

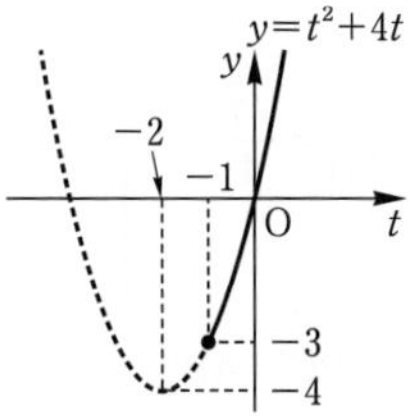

⇦文字をおきかえたときは，おきかえた文字の変域を必ず確認する。

1節 三角比

1 三角比

本編 p.058〜061

A

255 (1) $\sin A=\frac{BC}{AB}=\frac{1}{\sqrt{10}}$, $\cos A=\frac{AC}{AB}=\frac{3}{\sqrt{10}}$,

$\tan A=\frac{BC}{AC}=\frac{1}{3}$

(2) $\sin A=\frac{BC}{AB}=\frac{\sqrt{11}}{6}$, $\cos A=\frac{AC}{AB}=\frac{5}{6}$,

$\tan A=\frac{BC}{AC}=\frac{\sqrt{11}}{5}$

(3) $\sin A=\frac{BC}{AB}=\frac{3}{4}$, $\cos A=\frac{AC}{AB}=\frac{\sqrt{7}}{4}$,

$\tan A=\frac{BC}{AC}=\frac{3}{\sqrt{7}}$

256 (1) 三平方の定理より ←$AC^2+BC^2=AB^2$

$AC^2=AB^2-BC^2=(\sqrt{29})^2-2^2=25$

$AC>0$ より　$AC=\sqrt{25}=5$

よって　$\sin A=\frac{BC}{AB}=\frac{2}{\sqrt{29}}$

$\cos A=\frac{AC}{AB}=\frac{5}{\sqrt{29}}$, $\tan A=\frac{BC}{AC}=\frac{2}{5}$

(2) 三平方の定理より

$AB^2=AC^2+BC^2=(\sqrt{5})^2+2^2=9$

$AB>0$ より　$AB=\sqrt{9}=3$

よって　$\sin A=\frac{BC}{AB}=\frac{2}{3}$,

$\cos A=\frac{AC}{AB}=\frac{\sqrt{5}}{3}$, $\tan A=\frac{BC}{AC}=\frac{2}{\sqrt{5}}$

(3) 頂点Cから辺ABに垂線CHを引く。

△ABCは二等辺三角形

であるから　AH=BH

Hは線分ABの中点

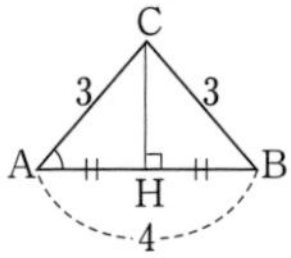

よって　AH=2

△ACHにおいて，三平方の定理より

$CH^2=AC^2-AH^2$ ←$AH^2+CH^2=AC^2$

$=3^2-2^2=5$

$CH>0$ より　$CH=\sqrt{5}$

よって　$\sin A=\frac{CH}{AC}=\frac{\sqrt{5}}{3}$,

$\cos A=\frac{AH}{AC}=\frac{2}{3}$, $\tan A=\frac{CH}{AH}=\frac{\sqrt{5}}{2}$

257 (1) $\frac{x}{8}=\sin 30°$ より

$x=8\sin 30°=8\times\frac{1}{2}=4$

$\frac{y}{8}=\cos 30°$ より

$y=8\cos 30°=8\times\frac{\sqrt{3}}{2}=4\sqrt{3}$

(2) $\frac{x}{4}=\sin 45°$ より

$x=4\sin 45°=4\times\frac{1}{\sqrt{2}}=2\sqrt{2}$

$\frac{y}{4}=\cos 45°$ より

$y=4\cos 45°=4\times\frac{1}{\sqrt{2}}=2\sqrt{2}$

(3) $\frac{x}{2}=\tan 60°$ より

$x=2\tan 60°=2\sqrt{3}$

$\frac{2}{y}=\cos 60°$ より

$y=\frac{2}{\cos 60°}=2\div\frac{1}{2}=4$

258 (1) $\sin 21°=\mathbf{0.3584}$

(2) $\cos 77°=\mathbf{0.2250}$

(3) $\tan 42°=\mathbf{0.9004}$

259 (1) $\sin A=0.8829$ より　$A=62°$

(2) $\cos A=0.7771$ より　$A=39°$

(3) $\tan A=1.3270$ より　$A=53°$

260 (1) 図から　$\sin A=\dfrac{3}{8}=0.375$

よって，三角比の表から　$\boldsymbol{A\fallingdotseq 22^\circ}$

(2) 図から　$\cos A=\dfrac{7}{9}=0.7777\cdots$

よって，三角比の表から　$\boldsymbol{A\fallingdotseq 39^\circ}$

(3) 図から　$\tan A=\dfrac{8}{5}=1.6$

よって，三角比の表から　$\boldsymbol{A\fallingdotseq 58^\circ}$

261 鉛直方向に x m 上がり，水平方向に y m 進んだとすると，下の図より

$x=100\sin 7^\circ=100\times 0.1219\fallingdotseq 12.2$

$y=100\cos 7^\circ=100\times 0.9925\fallingdotseq 99.3$

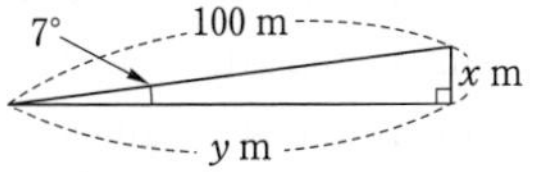

よって，鉛直方向に **12.2 m**，

水平方向に **99.3 m**

262 右の図のように木の上端を P，根元を R，人の目の位置を A，足元を B，A を通り BR に平行な直線と PR との交点を Q とすると

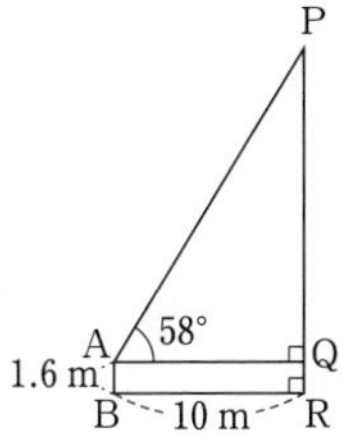

$\mathrm{AQ}=\mathrm{BR}=10\,(\mathrm{m})$

$\triangle\mathrm{APQ}$ において，$\angle\mathrm{PAQ}=58^\circ$ より

$\mathrm{PQ}=\mathrm{AQ}\tan 58^\circ=10\times 1.6003\fallingdotseq 16.0\,(\mathrm{m})$

よって，求める木の高さ PR は

$\mathrm{PR}=\mathrm{PQ}+\mathrm{QR}=16.0+1.6=\boldsymbol{17.6\,(\mathrm{m})}$

263 (1) $\sin^2 A+\cos^2 A=1$ から

$\cos^2 A=1-\sin^2 A=1-\left(\dfrac{3}{5}\right)^2=\dfrac{16}{25}$

$\cos A>0$ より　$\cos A=\sqrt{\dfrac{16}{25}}=\boldsymbol{\dfrac{4}{5}}$

また　$\tan A=\dfrac{\sin A}{\cos A}=\dfrac{3}{5}\div\dfrac{4}{5}=\boldsymbol{\dfrac{3}{4}}$

(2) $\sin^2 A+\cos^2 A=1$ から

$\sin^2 A=1-\cos^2 A=1-\left(\dfrac{\sqrt{11}}{6}\right)^2=\dfrac{25}{36}$

$\sin A>0$ より　$\sin A=\sqrt{\dfrac{25}{36}}=\boldsymbol{\dfrac{5}{6}}$

また　$\tan A=\dfrac{\sin A}{\cos A}=\dfrac{5}{6}\div\dfrac{\sqrt{11}}{6}=\boldsymbol{\dfrac{5}{\sqrt{11}}}$

(3) $1+\tan^2 A=\dfrac{1}{\cos^2 A}$ から

$\dfrac{1}{\cos^2 A}=1+2^2=5$

すなわち　$\cos^2 A=\dfrac{1}{5}$

$\cos A>0$ より　$\cos A=\sqrt{\dfrac{1}{5}}=\boldsymbol{\dfrac{1}{\sqrt{5}}}$

また　$\sin A=\tan A\cos A$ ← $\tan A=\dfrac{\sin A}{\cos A}$

$=2\times\dfrac{1}{\sqrt{5}}=\boldsymbol{\dfrac{2}{\sqrt{5}}}$

264 (1) $\sin 83^\circ=\sin(90^\circ-7^\circ)$

$=\boldsymbol{\cos 7^\circ}$ ← $\sin(90^\circ-A)=\cos A$

(2) $\cos 51^\circ=\cos(90^\circ-39^\circ)$

$=\boldsymbol{\sin 39^\circ}$ ← $\cos(90^\circ-A)=\sin A$

(3) $\tan 72^\circ=\tan(90^\circ-18^\circ)$

$=\boldsymbol{\dfrac{1}{\tan 18^\circ}}$ ← $\tan(90^\circ-A)=\dfrac{1}{\tan A}$

265 (1) $\sin 20^\circ\cos 70^\circ+\sin 70^\circ\cos 20^\circ$

$=\sin 20^\circ\cos(90^\circ-20^\circ)$

$+\sin(90^\circ-20^\circ)\cos 20^\circ$

$=\sin 20^\circ\sin 20^\circ+\cos 20^\circ\cos 20^\circ$

$=\sin^2 20^\circ+\cos^2 20^\circ=\boldsymbol{1}$

(2) $\tan 20^\circ\tan 70^\circ$

$=\tan 20^\circ\tan(90^\circ-20^\circ)$

$=\tan 20^\circ\cdot\dfrac{1}{\tan 20^\circ}=\boldsymbol{1}$

B

266 (1) △ABC において

$\underline{AC=BC\sin\theta}$ ← $\frac{AC}{BC}=\sin\theta$

$=\boldsymbol{a\sin\theta}$

(2) △ABC において

$\underline{AB=BC\cos\theta}$ ← $\frac{AB}{BC}=\cos\theta$

$=\boldsymbol{a\cos\theta}$

(3) △ABD において

$\underline{AD=AB\sin\theta}$ ← $\frac{AD}{AB}=\sin\theta$

$=a\cos\theta\cdot\sin\theta=\boldsymbol{a\sin\theta\cos\theta}$

(4) △ACD において　$\frac{CD}{AC}=\cos\angle ACD$

$\underline{CD=AC\cos\angle ACD}$ ←

$=a\sin\theta\cdot\cos(90°-\theta)$

$=a\sin\theta\cdot\sin\theta=\boldsymbol{a\sin^2\theta}$

(5) △ABD において

$\underline{BD=AB\cos\theta}$ ← $\frac{BD}{AB}=\cos\theta$

$=a\cos\theta\cdot\cos\theta=\boldsymbol{a\cos^2\theta}$

267 下の図のように校舎の屋上を A，高さを AB，鉄塔の上端を P，下端を Q，A を通り BQ に平行な直線と PQ との交点を R とする。

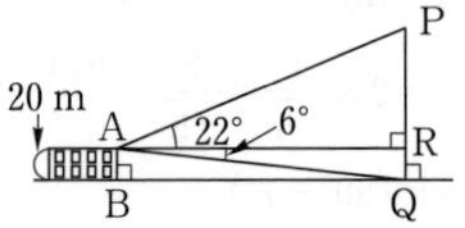

←PR と QR に分けて考える

△ABQ において，∠RAQ=6° より

$\angle BAQ=90°-6°=84°$

したがって

$BQ=AB\tan 84°=20\times 9.5144$

$=190.288\fallingdotseq 190.3\,(\mathrm{m})$

これと∠PAR=22° より

$PQ=PR+RQ=AR\tan 22°+20$

$=190.3\times 0.4040+20=96.8812$

$\fallingdotseq 96.9\,(\mathrm{m})$

よって，求める校舎から鉄塔までの水平距離は **190.3 m**，鉄塔の高さは **96.9 m**

268 (1) $\sin^2 25°+\sin^2 65°$

$=\sin^2 25°+\sin^2(90°-25°)$

$=\sin^2 25°+\cos^2 25°=\boldsymbol{1}$

(2) $(\sin 10°+\cos 10°)^2+(\sin 80°-\cos 80°)^2$

$=(\sin 10°+\cos 10°)^2$

$\quad+\{\sin(90°-10°)-\cos(90°-10°)\}^2$

$=(\sin 10°+\cos 10°)^2+(\cos 10°-\sin 10°)^2$

$=\sin^2 10°+2\sin 10°\cos 10°+\cos^2 10°$

$\quad+\cos^2 10°-2\sin 10°\cos 10°+\sin^2 10°$

$=2(\sin^2 10°+\cos^2 10°)=\boldsymbol{2}$

269 (1) $(2\sin A+\cos A)^2+(\sin A-2\cos A)^2$

$=4\sin^2 A+4\sin A\cos A+\cos^2 A$

$\quad+\sin^2 A-4\sin A\cos A+4\cos^2 A$

$=5(\sin^2 A+\cos^2 A)=\boldsymbol{5}$

(2) $\sin^2 A+\sin^2 A\tan^2 A-\tan^2 A$

$=\sin^2 A+\tan^2 A(\sin^2 A-1)$

$=\sin^2 A-\tan^2 A\underline{(1-\sin^2 A)}$

↓ $\sin^2 A+\cos^2 A=1$

$=\sin^2 A-\underline{\tan^2 A}\cos^2 A$

$=\sin^2 A-\frac{\sin^2 A}{\cos^2 A}\cdot\cos^2 A$ ← $\tan A=\frac{\sin A}{\cos A}$

$=\sin^2 A-\sin^2 A=\boldsymbol{0}$

(3) $\frac{1}{\tan^2(90°-A)}-\frac{1}{\cos^2 A}$　$\tan(90°-A)=\frac{1}{\tan A}$

$=\tan^2 A-(1+\tan^2 A)$ ← $\frac{1}{\cos^2 A}=1+\tan^2 A$

$=\boldsymbol{-1}$

270 (1) $1+\tan^2 A=\frac{1}{\cos^2 A}$ より

$\cos^2 A=\frac{1}{\tan^2 A+1}=\boldsymbol{\frac{1}{a^2+1}}$

(2) $\underline{\sin^2 A=\tan^2 A\cdot\cos^2 A}$ ←

$=a^2\cdot\frac{1}{a^2+1}$　$\tan A=\frac{\sin A}{\cos A}$ より

$\sin A=\tan A\cdot\cos A$

$=\boldsymbol{\frac{a^2}{a^2+1}}$

(3) $\frac{1}{1+\sin A}+\frac{1}{1-\sin A}$

$=\frac{(1-\sin A)+(1+\sin A)}{(1+\sin A)(1-\sin A)}$

$=\frac{2}{1-\sin^2 A}=\frac{2}{\underline{\cos^2 A}}=\underline{2\cdot(a^2+1)}$

$=\boldsymbol{2a^2+2}$

(1)より $\cos^2 A=\frac{1}{a^2+1}$

C

271 AC=x とすると，BC=AC より

DC=$x-4$ である。

ここで，△ADC において

∠ADC=60°，∠C=90° より

$AC=DC\tan 60°$

$x=(x-4)\cdot\sqrt{3}$

整理して　$(\sqrt{3}-1)x=4\sqrt{3}$

$$x=\frac{4\sqrt{3}}{\sqrt{3}-1}=2\sqrt{3}(\sqrt{3}+1)=6+2\sqrt{3}$$

よって　AC=**6+2√3**

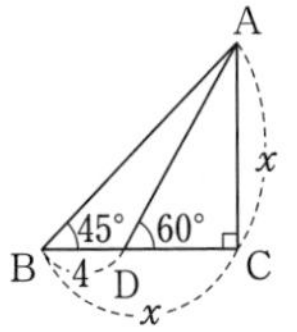

教 p.143 節末 1

⇦ △ADC において

DC：AC=1：$\sqrt{3}$　より

AC=$\sqrt{3}$DC=$\sqrt{3}(x-4)$

としてもよい。

（参考）

DC=x とすると，BC=$x+4$

これと，BC=AC=$\sqrt{3}x$

すなわち　$x+4=\sqrt{3}x$

から $\sqrt{3}x$ を求めてもよい。

272 PQ=x(m)とする。

△APQ において，∠APQ=60° より

$AQ=x\tan 60°=\sqrt{3}x$　（図 1）

△BPQ において，∠BPQ=45° より

$BQ=x\tan 45°=x$　（図 2）

よって，△ABQ において三平方の定理から

$AQ^2+BQ^2=AB^2$

が成り立つから

$(\sqrt{3}x)^2+x^2=32^2$　→　$4x^2=32^2=32\cdot32$

整理して　$x^2=16^2$　←　$x^2=8\cdot32=16\cdot16$

$x>0$ より　$x=16$

よって，求めるビルの高さは **16 m**

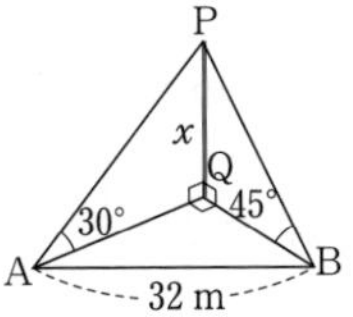

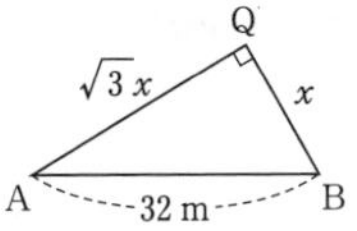

教 p.143 節末 2

図1

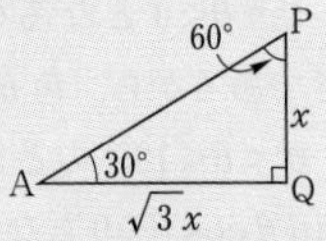

図2

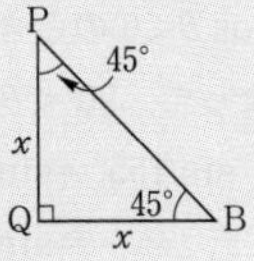

273 (1)　$A+B+C=180°$ より $B+C=180°-A$

よって　$\dfrac{B+C}{2}=\dfrac{180°-A}{2}=90°-\dfrac{A}{2}$ であるから

$$\sin\frac{B+C}{2}=\sin\left(90°-\frac{A}{2}\right)$$

$$=\cos\frac{A}{2}$$ 終

教 p.143 節末 3

(2)　$\tan\dfrac{B+C}{2}=\tan\dfrac{180°-A}{2}$

$$=\tan\left(90°-\frac{A}{2}\right)=\frac{1}{\tan\frac{A}{2}}$$

⇦ $B+C=180°-A$

よって

$$\tan\frac{A}{2}\cdot\tan\frac{B+C}{2}=\tan\frac{A}{2}\cdot\frac{1}{\tan\frac{A}{2}}=1$$ 終

2 三角比の拡張

本編 p.062〜065

A

274

θ	$0°$	$90°$	$120°$	$135°$	$150°$	$180°$
$\sin\theta$	$\mathbf{0}$	$\mathbf{1}$	$\mathbf{\dfrac{\sqrt{3}}{2}}$	$\mathbf{\dfrac{1}{\sqrt{2}}}$	$\mathbf{\dfrac{1}{2}}$	$\mathbf{0}$
$\cos\theta$	$\mathbf{1}$	$\mathbf{0}$	$\mathbf{-\dfrac{1}{2}}$	$\mathbf{-\dfrac{1}{\sqrt{2}}}$	$\mathbf{-\dfrac{\sqrt{3}}{2}}$	$\mathbf{-1}$
$\tan\theta$	$\mathbf{0}$	／	$\mathbf{-\sqrt{3}}$	$\mathbf{-1}$	$\mathbf{-\dfrac{1}{\sqrt{3}}}$	$\mathbf{0}$

275 (1)　$\cos\theta>0$ となるのは $0°<\theta<90°$ のときであるから，角 θ は**鋭角**

(2)　$\tan\theta<0$ となるのは $90°<\theta<180°$ のときであるから，角 θ は**鈍角**

(3)　$0°<\theta<180°$ のとき $\sin\theta>0$ であるから，
$\sin\theta\cos\theta<0$ となるのは
$\cos\theta<0$ のときである。
よって，$90°<\theta<180°$ より，角 θ は**鈍角**

276 (1)　$\sin 155°=\sin(180°-25°)$
$=\mathbf{\sin 25°=0.4226}$

(2)　$\cos 136°=\cos(180°-44°)$
$=\mathbf{-\cos 44°=-0.7193}$

(3)　$\tan 148°=\tan(180°-32°)$
$=\mathbf{-\tan 32°=-0.6249}$

277 (1)　単位円の半円周上で，y 座標が $\dfrac{1}{\sqrt{2}}$ となる点は，次の図のような 2 点 P, P′ である。
よって，求める角 θ は　$\boldsymbol{\theta=45°,\ 135°}$

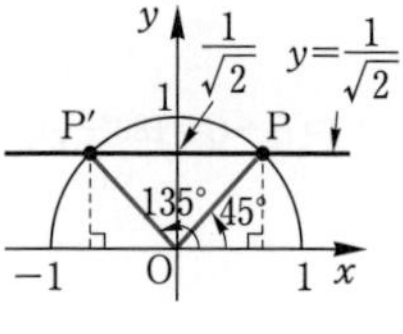

(2)　単位円の半円周上で，x 座標が $-\dfrac{\sqrt{3}}{2}$ となる点は，次の図のような点 P である。
よって，求める角 θ は　$\boldsymbol{\theta=150°}$

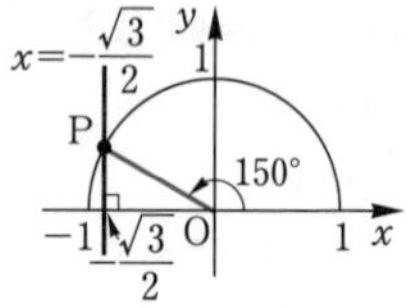

(3)　単位円の半円周上で，y 座標が 0 となる点は，次の図のような 2 点 P，P′ である。
よって，求める角 θ は　$\boldsymbol{\theta=0°,\ 180°}$

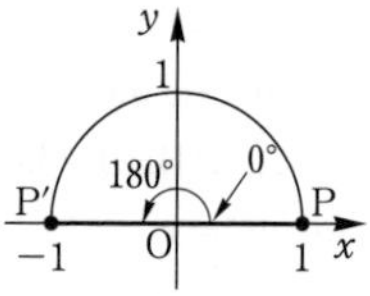

(4)　単位円の半円周上で，x 座標が -1 となる点は，次の図のような点 P である。
よって，求める角 θ は　$\boldsymbol{\theta=180°}$

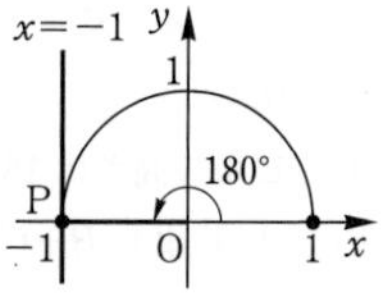

278 A(1, 0) とする。

(1)　次の図のように，直線 $x=1$ 上に点 T(1, 1) をとる。

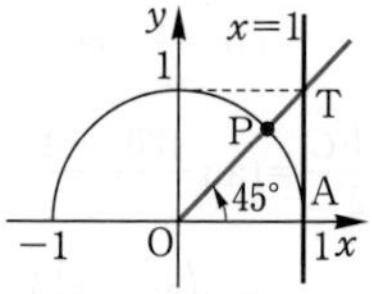

直線 OT と単位円の半円周との交点を P とすると　$\theta=\angle\mathrm{AOP}=\angle\mathrm{AOT}$
よって，$\boldsymbol{\theta=45°}$

(2) 次の図のように，直線 $x=1$ 上に

点 $T\left(1,\ -\dfrac{1}{\sqrt{3}}\right)$ をとる。

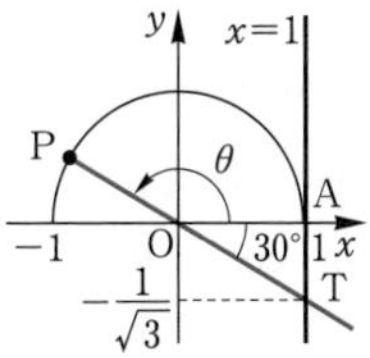

直線 OT と単位円の半円周との交点を P とすると，$\theta=\angle AOP$

よって，$\angle AOT=30^\circ$ から

$$\theta=180^\circ-30^\circ=\mathbf{150^\circ}$$

(3) $\sqrt{3}\tan\theta=3$ より

$$\tan\theta=\frac{3}{\sqrt{3}}=\sqrt{3}$$

次の図のように，直線 $x=1$ 上に

点 $T(1,\ \sqrt{3})$ をとる。

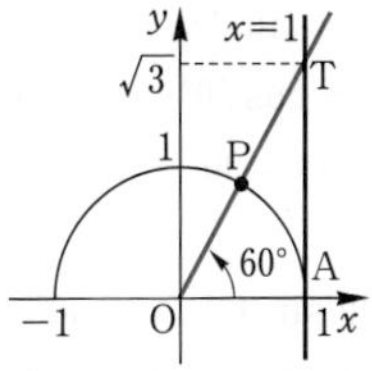

直線 OT と単位円の半円周との交点を P とすると，$\theta=\angle AOP=\angle AOT$

よって，$\boldsymbol{\theta=60^\circ}$

279 (1) $\sqrt{3}x+y=0$ より $y=-\sqrt{3}x$

直線 $y=-\sqrt{3}x$ と x 軸の正の向きとのなす角を θ とすると

$\tan\theta=-\sqrt{3}$ であるから　$\boldsymbol{\theta=120^\circ}$

(2) 直線 $y=\dfrac{1}{2}x$ と x 軸の正の向きとのなす角を θ とすると

$\tan\theta=\dfrac{1}{2}=0.5$ であるから，

巻末の三角比の表より　$\boldsymbol{\theta\fallingdotseq 27^\circ}$

$\tan 27^\circ=0.5095$

280 $m=\tan 135^\circ=\mathbf{-1}$

281 (1) $\sin^2\theta+\cos^2\theta=1$ から

$$\cos^2\theta=1-\sin^2\theta=1-\left(\frac{2}{5}\right)^2=\frac{21}{25}$$

$\sin\theta=\dfrac{2}{5}$ から

$0^\circ<\theta<90^\circ$ または $90^\circ<\theta<180^\circ$

$0^\circ<\theta<90^\circ$ のとき，$\cos\theta>0$ より

$$\cos\theta=\sqrt{\frac{21}{25}}=\boldsymbol{\frac{\sqrt{21}}{5}}$$

$$\tan\theta=\frac{\sin\theta}{\cos\theta}=\frac{2}{5}\div\frac{\sqrt{21}}{5}=\boldsymbol{\frac{2}{\sqrt{21}}}$$

$90^\circ<\theta<180^\circ$ のとき，$\cos\theta<0$ より

$$\cos\theta=-\sqrt{\frac{21}{25}}=\boldsymbol{-\frac{\sqrt{21}}{5}}$$

$$\tan\theta=\frac{\sin\theta}{\cos\theta}=\frac{2}{5}\div\left(-\frac{\sqrt{21}}{5}\right)=\boldsymbol{-\frac{2}{\sqrt{21}}}$$

(2) $\sin^2\theta+\cos^2\theta=1$ から

$$\sin^2\theta=1-\cos^2\theta=1-\left(\frac{3}{4}\right)^2=\frac{7}{16}$$

$0^\circ\leqq\theta\leqq180^\circ$ のとき，$\sin\theta\geqq0$ より

$$\sin\theta=\sqrt{\frac{7}{16}}=\boldsymbol{\frac{\sqrt{7}}{4}}$$

$$\tan\theta=\frac{\sin\theta}{\cos\theta}=\frac{\sqrt{7}}{4}\div\frac{3}{4}=\boldsymbol{\frac{\sqrt{7}}{3}}$$

$\cos\theta>0$ より $0^\circ<\theta<90^\circ$ であるから，$\sin\theta>0$，$\tan\theta>0$

(3) $\sin^2\theta+\cos^2\theta=1$ から

$$\sin^2\theta=1-\cos^2\theta=1-\left(-\frac{1}{\sqrt{17}}\right)^2=\frac{16}{17}$$

$0^\circ\leqq\theta\leqq180^\circ$ のとき，$\sin\theta\geqq0$ より

$$\sin\theta=\sqrt{\frac{16}{17}}=\boldsymbol{\frac{4}{\sqrt{17}}}$$

$$\tan\theta=\frac{\sin\theta}{\cos\theta}=\frac{4}{\sqrt{17}}\div\left(-\frac{1}{\sqrt{17}}\right)=\mathbf{-4}$$

$\cos\theta<0$ より $90^\circ<\theta<180^\circ$ であるから，$\sin\theta>0$，$\tan\theta<0$

282 (1) $1+\tan^2\theta=\dfrac{1}{\cos^2\theta}$ から

$$\frac{1}{\cos^2\theta}=1+\left(\frac{3}{4}\right)^2=\frac{25}{16}$$

すなわち　$\cos^2\theta=\dfrac{16}{25}$

$\tan\theta>0$ より　$0^\circ<\theta<90^\circ$

であるから　$\cos\theta>0$

よって　$\cos\theta=\sqrt{\dfrac{16}{25}}=\boldsymbol{\dfrac{4}{5}}$

また，$\tan\theta=\dfrac{\sin\theta}{\cos\theta}$ より

$$\sin\theta=\tan\theta\cos\theta$$
$$=\frac{3}{4}\times\frac{4}{5}=\boldsymbol{\frac{3}{5}}$$

(2) $1+\tan^2\theta=\dfrac{1}{\cos^2\theta}$ から

$$\frac{1}{\cos^2\theta}=1+(-2)^2=5$$

すなわち　$\cos^2\theta=\dfrac{1}{5}$

$\tan\theta<0$ より　$90^\circ<\theta<180^\circ$

であるから　$\cos\theta<0$

よって　$\cos\theta=-\sqrt{\dfrac{1}{5}}=\boldsymbol{-\dfrac{1}{\sqrt{5}}}$

また，$\tan\theta=\dfrac{\sin\theta}{\cos\theta}$ より

$$\sin\theta=\tan\theta\cos\theta$$
$$=-2\times\left(-\frac{1}{\sqrt{5}}\right)=\boldsymbol{\frac{2}{\sqrt{5}}}$$

B

283 (1) $0^\circ\leqq\theta\leqq150^\circ$ の範囲で考えると，

$\sin\theta$ は，

$\theta=90^\circ$ のとき 1

$\theta=0^\circ$ のとき 0

となるので，$\boldsymbol{0\leqq\sin\theta\leqq1}$

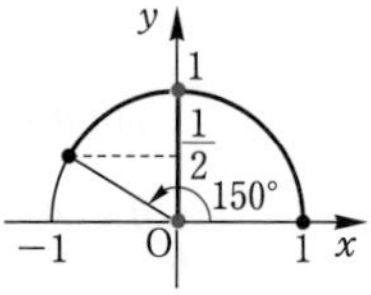

(2) $60^\circ<\theta<180^\circ$ の範囲で考えると，

$\cos\theta$ は，

$\theta=60^\circ$ のとき $\dfrac{1}{2}$

$\theta=180^\circ$ のとき -1

となるので，

$$\boldsymbol{-1<\cos\theta<\frac{1}{2}}$$

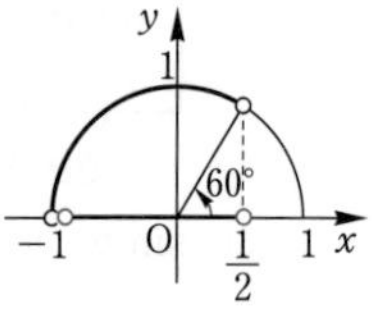

(3) $135^\circ<\theta\leqq180^\circ$ の範囲で考えると，

$\tan\theta$ は，

$\theta=180^\circ$ のとき 0

$\theta=135^\circ$ のとき -1

となるので，

$$\boldsymbol{-1<\tan\theta\leqq0}$$

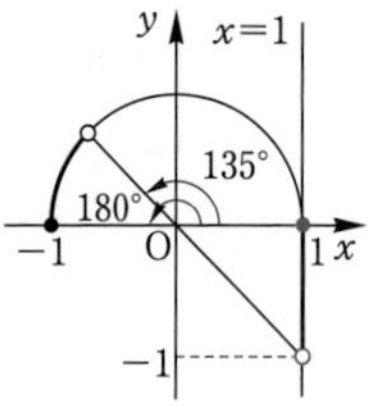

284 (1) $\sin 140^\circ\cos 130^\circ+\sin 130^\circ\cos 140^\circ$

$=\sin(180^\circ-40^\circ)\cos(180^\circ-50^\circ)$
$\quad+\sin(180^\circ-50^\circ)\cos(180^\circ-40^\circ)$

$=\sin 40^\circ(-\cos 50^\circ)+\sin 50^\circ(-\cos 40^\circ)$

$=-\sin 40^\circ\cos(90^\circ-40^\circ)$
$\quad-\sin(90^\circ-40^\circ)\cos 40^\circ$

$=-\sin 40^\circ\sin 40^\circ-\cos 40^\circ\cos 40^\circ$

$=-(\underline{\sin^2 40^\circ+\cos^2 40^\circ})=\boldsymbol{-1}$

↑ $\sin^2 A+\cos^2 A=1$

(2) $\sin 125^\circ+\cos 145^\circ+\tan 20^\circ+\tan 160^\circ$

$=\sin(180^\circ-55^\circ)+\cos(180^\circ-35^\circ)$
$\quad+\tan 20^\circ+\tan(180^\circ-20^\circ)$

$=\sin 55^\circ-\cos 35^\circ+\tan 20^\circ-\tan 20^\circ$

$=\sin(90^\circ-35^\circ)-\cos 35^\circ$

$=\cos 35^\circ-\cos 35^\circ=\boldsymbol{0}$

(3) $\cos 70^\circ=\cos(90^\circ-20^\circ)$
$\quad=\sin 20^\circ$

$\sin 110^\circ=\sin(180^\circ-70^\circ)$
$\quad=\sin 70^\circ=\sin(90^\circ-20^\circ)$
$\quad=\cos 20^\circ$

$\sin 160^\circ=\sin(180^\circ-20^\circ)$
$\quad=\sin 20^\circ$

であるから

$(\cos 20^\circ-\cos 70^\circ)^2$

$\qquad+(\sin 110^\circ+\sin 160^\circ)^2$

$=(\cos 20^\circ-\sin 20^\circ)^2+(\cos 20^\circ+\sin 20^\circ)^2$

$=\cos^2 20^\circ-2\sin 20^\circ\cos 20^\circ+\sin^2 20^\circ$

$\qquad+\cos^2 20^\circ+2\sin 20^\circ\cos 20^\circ+\sin^2 20^\circ$

$=2(\sin^2 20^\circ+\cos^2 20^\circ)=\mathbf{2}$

285 (1)　$2\sin\theta-\sqrt{3}=0$ より

$\sin\theta=\dfrac{\sqrt{3}}{2}$

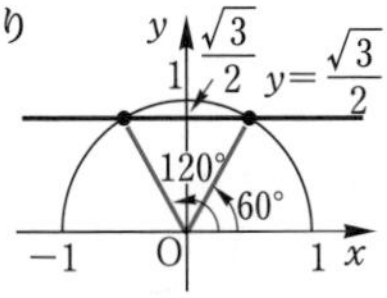

よって，右の図より

$\boldsymbol{\theta=60^\circ,\ 120^\circ}$

(2)　$2\cos\theta-1=0$ より

$\cos\theta=\dfrac{1}{2}$

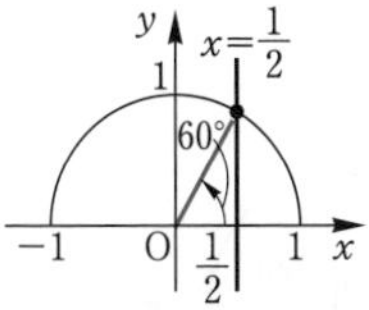

よって，右の図より

$\boldsymbol{\theta=60^\circ}$

286 (1)　2 直線 $y=x$，$y=\dfrac{1}{\sqrt{3}}x$ と x 軸の正の向きとのなす角をそれぞれ α，β とすると

$\tan\alpha=1$，$\tan\beta=\dfrac{1}{\sqrt{3}}$

であることから　$\alpha=45^\circ$，$\beta=30^\circ$

よって，求める角は　$45^\circ-30^\circ=\mathbf{15^\circ}$

(2)　2 直線の方程式をそれぞれ変形して

$y=x+1$，$y=-\dfrac{1}{\sqrt{3}}x+\dfrac{2}{\sqrt{3}}$

この 2 直線をともに原点を通るように平行移動すると

$y=x$，$y=-\dfrac{1}{\sqrt{3}}x$　……①

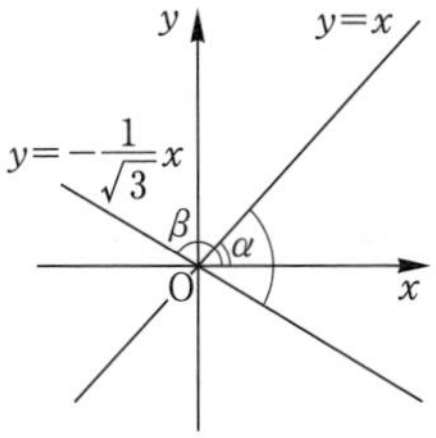

ここで，①の 2 直線と x 軸の正の向きとのなす角をそれぞれ α，β とすると

$\tan\alpha=1$，$\tan\beta=-\dfrac{1}{\sqrt{3}}$

であることから　$\alpha=45^\circ$，$\beta=150^\circ$

$\beta-\alpha=150^\circ-45^\circ=105^\circ$

これから，求める角は

$180^\circ-105^\circ=\mathbf{75^\circ}$

C

287 $\sin 110^\circ=\sin(180^\circ-70^\circ)$

$=\sin 70^\circ$

$=\sin(90^\circ-20^\circ)=\cos 20^\circ$ より

⇦ sin 110° を cos で表し，3 つの cos の値(単位円上の点の x 座標)の大小を比較する。

$\cos 40^\circ=a$，$\cos 70^\circ=b$，$\sin 110^\circ=c$

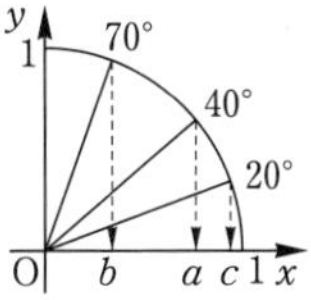

とおくと，右の図の単位円から 3 点の x 座標を比較すると　$b<a<c$

よって，小さい順に並べると

cos 70°，cos 40°，sin 110°

cos θ の値は θ が 0° → 180° と変化するとき 1 → −1 と変化(減少)する。

288 (1)　$\sin\theta(2\sin\theta-1)=0$ より

⇦ $A\cdot B=0 \Longleftrightarrow A=0$ または $B=0$

$\sin\theta=0$　または　$2\sin\theta-1=0$

$\sin\theta=0$ のとき

右の図より

$\theta=0^\circ$，180°

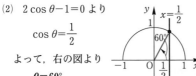

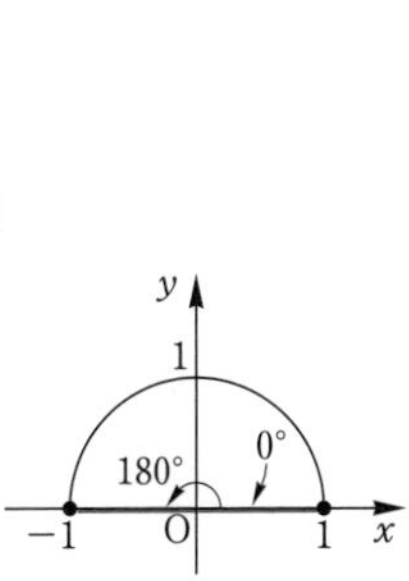

$2\sin\theta-1=0$ すなわち

$\sin\theta=\dfrac{1}{2}$ のとき

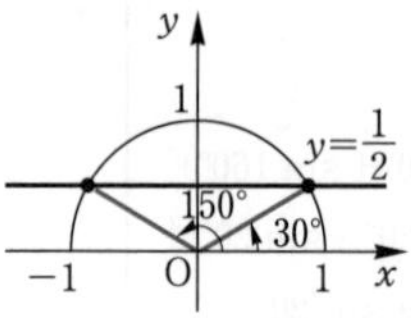

右の図から $\theta=30°,\ 150°$

よって，求める角 θ は

$\boldsymbol{\theta=0°,\ 30°,\ 150°,\ 180°}$

⇦求める解はそれぞれの解の和集合

ふつう小さい順に答える。

(2) $(\cos\theta+1)(2\cos\theta+1)=0$ より

$\cos\theta+1=0$ または $2\cos\theta+1=0$

$\cos\theta+1=0$ すなわち

$\cos\theta=-1$ のとき

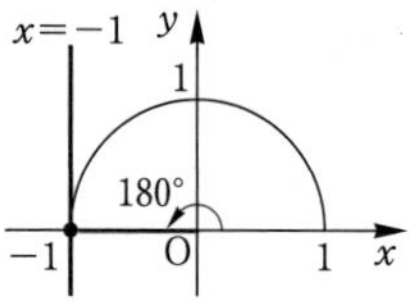

右の図から $\theta=180°$

$2\cos\theta+1=0$ すなわち

$\cos\theta=-\dfrac{1}{2}$ のとき

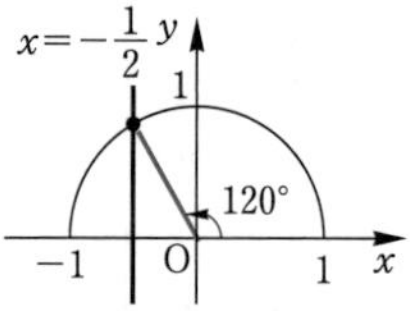

右の図から $\theta=120°$

よって，求める角 θ は

$\boldsymbol{\theta=120°,\ 180°}$

(3) $\sin\theta\cos\theta=0$ より

$\sin\theta=0$ または $\cos\theta=0$

$\sin\theta=0$ のとき $\theta=0°,\ 180°$

⇦(1)の図を参照

$\cos\theta=0$ のとき

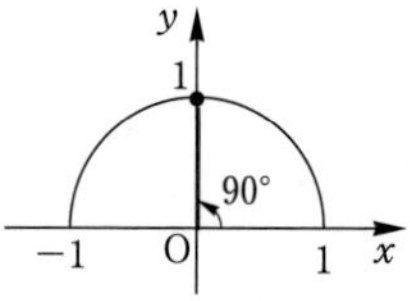

右の図から $\theta=90°$

よって，求める角 θ は

$\boldsymbol{\theta=0°,\ 90°,\ 180°}$

(4) $\tan^2\theta-1=0$ より $(\tan\theta+1)(\tan\theta-1)=0$ となるから

$\tan\theta+1=0$ または $\tan\theta-1=0$

$\tan\theta+1=0$ すなわち

$\tan\theta=-1$ のとき

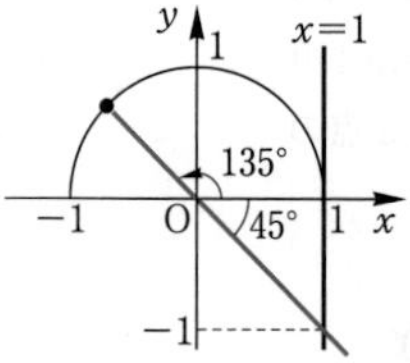

右の図から $\theta=135°$

$\tan\theta-1=0$ すなわち

$\tan\theta=1$ のとき

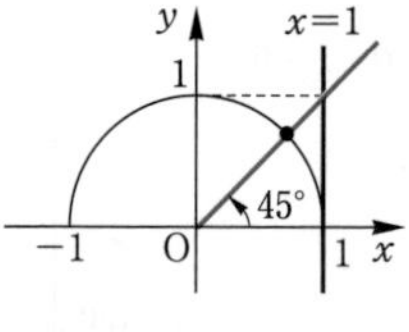

右の図から $\theta=45°$

よって，求める角 θ は

$\boldsymbol{\theta=45°,\ 135°}$

289 (1) $\sin\theta=t$ とおくと，$0°\leqq\theta\leqq180°$ より

$0\leqq t\leqq1$ ……①

このとき，与えられた方程式は　$2t^2-1=0$

これから　$t^2=\frac{1}{2}$　すなわち　$t=\pm\frac{1}{\sqrt{2}}$

①に適するのは　$t=\frac{1}{\sqrt{2}}$

よって　$\sin\theta=\frac{1}{\sqrt{2}}$

$0°\leqq\theta\leqq180°$ より　$\boldsymbol{\theta=45°,\ 135°}$

⇦ $0\leqq\sin\theta\leqq1$ から t の値の範囲が決まる。

⇦①の範囲に注意

(2) $\cos\theta=t$ とおくと，$0°\leqq\theta\leqq180°$ より

$-1\leqq t\leqq1$ ……①

このとき，与えられた方程式は　$2t^2+3t-2=0$

これから　$(2t-1)(t+2)=0$　すなわち　$t=-2,\ \frac{1}{2}$

①に適するのは　$t=\frac{1}{2}$

よって　$\cos\theta=\frac{1}{2}$

$0°\leqq\theta\leqq180°$ より　$\boldsymbol{\theta=60°}$

⇦ $-1\leqq\cos\theta\leqq1$ から t の値の範囲が決まる。

⇦①の範囲に注意

290 (1) $\frac{\cos\theta}{1+\sin\theta}+\frac{\cos\theta}{1-\sin\theta}$

$=\frac{\cos\theta(1-\sin\theta)+\cos\theta(1+\sin\theta)}{(1+\sin\theta)(1-\sin\theta)}$

$=\frac{\cos\theta-\sin\theta\cos\theta+\cos\theta+\sin\theta\cos\theta}{1-\sin^2\theta}$

$=\frac{2\cos\theta}{\cos^2\theta}=\frac{2}{\cos\theta}$　終

⇦左辺を変形して，右辺と同じ形になることを示す。

⇦ $1-\sin^2\theta=\cos^2\theta$

(2) $\tan^2\theta(1-\sin^2\theta)+\cos^2\theta$

$=\tan^2\theta\cos^2\theta+\cos^2\theta$

$=\frac{\sin^2\theta}{\cos^2\theta}\cdot\cos^2\theta+\cos^2\theta$

$=\sin^2\theta+\cos^2\theta$

$=1$　終

⇦ $1-\sin^2\theta=\cos^2\theta$

⇦ $\tan\theta=\frac{\sin\theta}{\cos\theta}$ より

$\tan^2\theta=\frac{\sin^2\theta}{\cos^2\theta}$

291 (1) $A+B+C=180°$ より　$B+C=180°-A$ であるから

$\cos(B+C)=\cos(180°-A)=-\cos A$　終

⇦三角形の内角の和は 180°

⇦ $\cos(180°-\theta)=-\cos\theta$

(2) $A+B+C=180°$ より　$B+C=180°-A$ であるから

$\tan(B+C)=\tan(180°-A)=-\tan A$

よって　$\tan A+\tan(B+C)=\tan A-\tan A=0$　終

⇦ $\tan(180°-\theta)=-\tan\theta$

(3) $A+B+C=180°$ より　$A+B=180°-C$ であるから

$\sin(A+B)=\sin(180°-C)=\sin C$

$\cos(A+B)=\cos(180°-C)=-\cos C$

よって　$\sin(A+B)\cos C+\cos(A+B)\sin C$

$=\sin C\cos C-\cos C\sin C$

$=0$ 終

⇦ $\sin(180°-\theta)=\sin\theta$

292 (1)　$\sin\theta+\cos\theta=\sqrt{2}$　の両辺を 2 乗して

$\sin^2\theta+2\sin\theta\cos\theta+\cos^2\theta=2$

$\sin^2\theta+\cos^2\theta=1$ より　$1+2\sin\theta\cos\theta=2$

よって　$\sin\theta\cos\theta=\mathbf{\frac{1}{2}}$

㊫ p.161 章末A [1]

⇦両辺を 2 乗すると $\sin\theta\cos\theta$ が現れる。

(2)　$\tan\theta+\frac{1}{\tan\theta}=\frac{\sin\theta}{\cos\theta}+\frac{\cos\theta}{\sin\theta}$

$=\frac{\sin^2\theta+\cos^2\theta}{\sin\theta\cos\theta}=1\div\frac{1}{2}=\mathbf{2}$

(1)から　$\sin\theta\cos\theta=\frac{1}{2}$

⇦ $\tan\theta$ を $\sin\theta$ と $\cos\theta$ で表す。

$\tan\theta=\frac{\sin\theta}{\cos\theta}$

(3)　$\sin^3\theta+\cos^3\theta$

$=(\sin\theta+\cos\theta)(\sin^2\theta-\sin\theta\cos\theta+\cos^2\theta)$

$=\sqrt{2}\cdot\left(1-\frac{1}{2}\right)=\mathbf{\frac{\sqrt{2}}{2}}$

$\sin^2\theta+\cos^2\theta=1$

⇦因数分解の公式

$A^3+B^3=(A+B)(A^2-AB+B^2)$ を用いる。

(別解 1)　$\sin^3\theta+\cos^3\theta$

$=(\sin\theta+\cos\theta)^3-3\sin\theta\cos\theta(\sin\theta+\cos\theta)$

$=(\sqrt{2})^3-3\cdot\frac{1}{2}\cdot\sqrt{2}=\mathbf{\frac{\sqrt{2}}{2}}$

⇦式変形

$A^3+B^3=(A+B)^3-3AB(A+B)$ を用いる。

(別解 2)　$(\sin\theta+\cos\theta)(\sin^2\theta+\cos^2\theta)$

$=\sin^3\theta+\cos^3\theta+\sin\theta\cos\theta(\sin\theta+\cos\theta)$

であるから

$\sin^3\theta+\cos^3\theta=(\sin\theta+\cos\theta)(\sin^2\theta+\cos^2\theta)$

$-\sin\theta\cos\theta(\sin\theta+\cos\theta)$

$=\sqrt{2}\cdot1-\frac{1}{2}\cdot\sqrt{2}=\mathbf{\frac{\sqrt{2}}{2}}$

293 $(\sin\theta-\cos\theta)^2=\sin^2\theta-2\sin\theta\cos\theta+\cos^2\theta$

$=1-2\sin\theta\cos\theta$

$=1-2\cdot\left(-\frac{1}{3}\right)=\frac{5}{3}$

⇦まず $(\sin\theta-\cos\theta)^2$ を求める。

ここで，$0°\leqq\theta\leqq180°$ のとき　$\sin\theta\geqq0$ であり，

$\sin\theta\cos\theta=-\frac{1}{3}<0$ から　$\cos\theta<0$

⇦ $A\geqq0$ かつ $AB<0 \Longrightarrow B<0$

よって，$\sin\theta-\cos\theta>0$ となるから

$\sin\theta-\cos\theta=\sqrt{\frac{5}{3}}=\mathbf{\frac{\sqrt{15}}{3}}$

⇦ $A>0$，$B<0$ のとき，

$-B>0$ より

$A-B=A+(-B)>0$

　　　㊣　　㊣

294 (1) $\sin\theta-\cos\theta=\frac{1}{2}$ の両辺を2乗して

$$\sin^2\theta-2\sin\theta\cos\theta+\cos^2\theta=\frac{1}{4}$$

$\sin^2\theta+\cos^2\theta=1$ より　$1-2\sin\theta\cos\theta=\frac{1}{4}$

よって　$\sin\theta\cos\theta=\boldsymbol{\frac{3}{8}}$

(2) $(\sin\theta+\cos\theta)^2=\sin^2\theta+2\underline{\sin\theta\cos\theta}+\cos^2\theta$

$$=1+2\cdot\underline{\frac{3}{8}}=\frac{7}{4}$$ ← (1)より　$\sin\theta\cos\theta=\frac{3}{8}$

ここで，$0°\leqq\theta\leqq180°$ のとき　$\sin\theta\geqq0$

また，(1)の結果から　$\sin\theta\cos\theta>0$

であるから　$\cos\theta>0$

よって　$\sin\theta+\cos\theta>0$

ゆえに　$\sin\theta+\cos\theta=\sqrt{\frac{7}{4}}=\boldsymbol{\frac{\sqrt{7}}{2}}$

(3) $\sin\theta-\cos\theta=\frac{1}{2}$ ……①，$\sin\theta+\cos\theta=\frac{\sqrt{7}}{2}$ ……②

とすると，②−①より

$$2\cos\theta=\frac{\sqrt{7}-1}{2}$$

よって　$\cos\theta=\boldsymbol{\frac{\sqrt{7}-1}{4}}$

㊙p.161 章末A 1

⇦両辺を2乗すると
$\sin\theta\cos\theta$ が現れる。

⇦まず $(\sin\theta+\cos\theta)^2$ を求める。

⇦ $A\geqq0$ かつ $AB>0 \Rightarrow B>0$

⇦ $\sin\theta+\cos\theta$
(正) + (正) = (正)

⇦①は与えられた条件
②は(2)の解

⇦ $\sin\theta+\cos\theta$（和）と
$\sin\theta-\cos\theta$（差）から，
$\sin\theta$，$\cos\theta$ が求められる。

研究 不等式を満たす角 θ の範囲

本編 p.066

A

295 (1) 単位円の半円周上の点で，y 座標が $\dfrac{\sqrt{3}}{2}$ より大きくなるのは，次の図の太線部分であるから，求める角 θ の範囲は

$60^\circ<\theta<120^\circ$

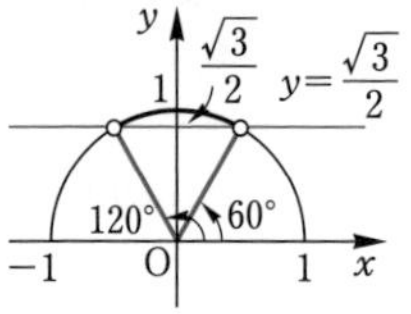

(2) 単位円の半円周上の点で，x 座標が $-\dfrac{1}{2}$ 以上になるのは，次の図の太線部分であるから，求める角 θ の範囲は

$0^\circ\leqq\theta\leqq120^\circ$

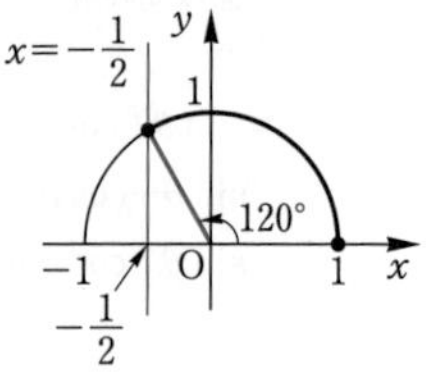

(3) 与式を変形して　$\sin\theta\leqq\dfrac{1}{\sqrt{2}}$

単位円の半円周上の点で，y 座標が $\dfrac{1}{\sqrt{2}}$ 以下になるのは，次の図の太線部分であるから，求める角 θ の範囲は

$0^\circ\leqq\theta\leqq45^\circ$，$135^\circ\leqq\theta\leqq180^\circ$

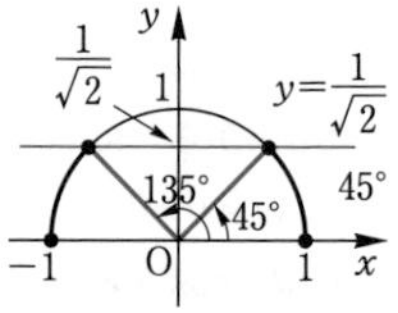

(4) 与式を変形して　$\cos\theta<-\dfrac{1}{\sqrt{2}}$

単位円の半円周上の点で，x 座標が $-\dfrac{1}{\sqrt{2}}$ より小さくなるのは，次の図の太線部分であるから，求める角 θ の範囲は

$135^\circ<\theta\leqq180^\circ$

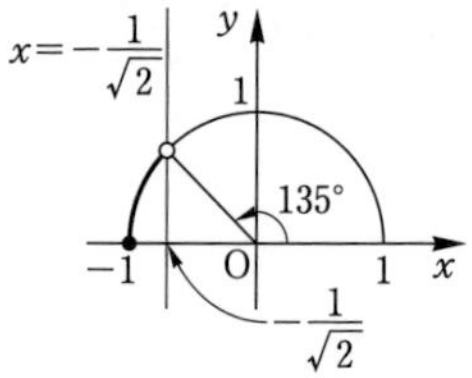

B

296 (1) 単位円の半円周上の点で，y 座標が $\dfrac{1}{2}$ より大きく，$\dfrac{\sqrt{3}}{2}$ より小さくなるのは，次の図の太線部分であるから，求める角 θ の範囲は

$30^\circ<\theta<60^\circ$，$120^\circ<\theta<150^\circ$

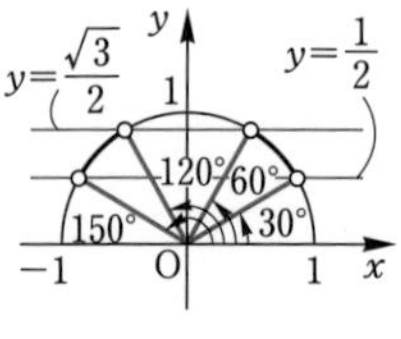

(2) 単位円の半円周上の点で，x 座標が $-\dfrac{\sqrt{3}}{2}$ より大きく，$\dfrac{1}{2}$ より小さくなるのは，次の図の太線部分であるから，求める角 θ の範囲は

$60^\circ<\theta<150^\circ$

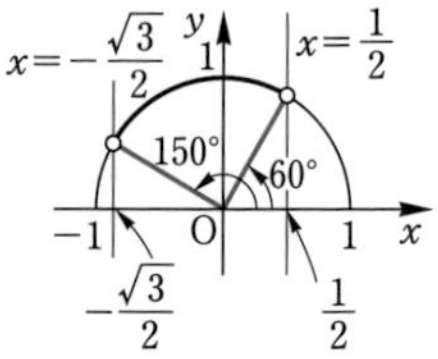

C

297 (1)　単位円の半円周上の点で，原点と結んだ直線と直線 $x=1$ との交点の y 座標が1より小さくなるのは，次の図の太線部分であるから，求める角 θ の範囲は

$0°\leqq\theta<45°$，$90°<\theta\leqq180°$

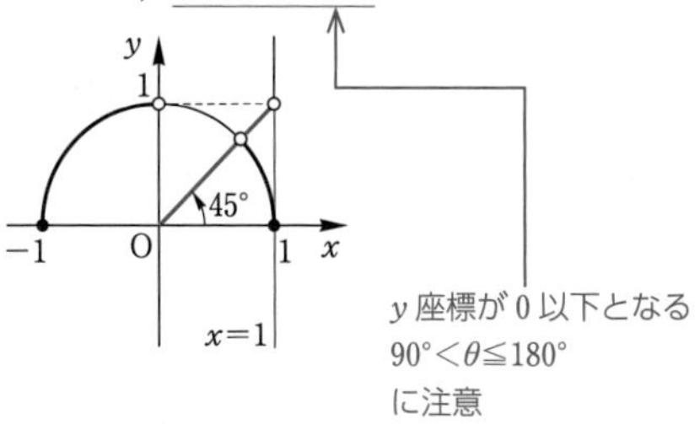

(2)　単位円の半円周上の点で，原点と結んだ直線と直線 $x=1$ との交点の y 座標が -1 以上になるのは，次の図の太線部分であるから，求める角 θ の範囲は

$0°\leqq\theta<90°$，$135°\leqq\theta\leqq180°$

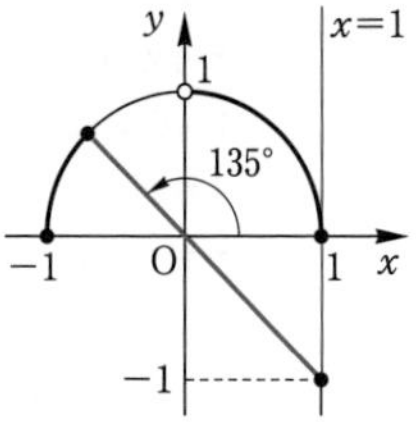

(3)　単位円の半円周上の点で，原点と結んだ直線と直線 $x=1$ との交点の y 座標が $-\dfrac{1}{\sqrt{3}}$ より小さくなるのは，次の図の太線部分であるから，求める角 θ の範囲は

$90°<\theta<150°$

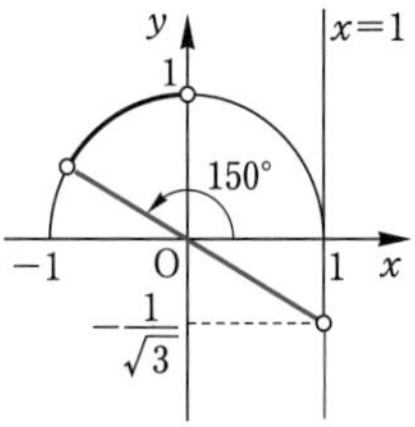

⇦ $\tan\theta$ の値は $\theta=90°$ のとき “定義されない” ことに注意

298 (1)　$\sin\theta = t$ とおくと，$0° \leqq \theta \leqq 180°$ より

$$0 \leqq t \leqq 1 \quad \cdots\cdots ①$$

⇦ $\sin\theta = t$ とおいて，2次不等式と考える。このとき，t の範囲は $0° \leqq \theta \leqq 180°$ より　$0 \leqq \sin\theta \leqq 1$
すなわち　$\underline{0 \leqq t \leqq 1}$
であることに注意する。

このとき，与えられた不等式は

$2t^2 + t - 1 < 0$ より　$(2t-1)(t+1) < 0$

よって　$-1 < t < \dfrac{1}{2}$　$\cdots\cdots ②$

①，②より　$0 \leqq t < \dfrac{1}{2}$

⇦①，②の共通部分を求める。

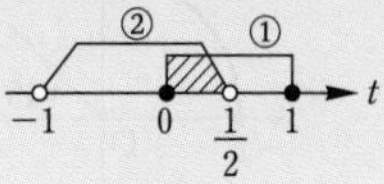

すなわち　$0 \leqq \sin\theta < \dfrac{1}{2}$

$0° \leqq \theta \leqq 180°$ より，求める角 θ の範囲は

$0° \leqq \theta < 30°$，$150° < \theta \leqq 180°$

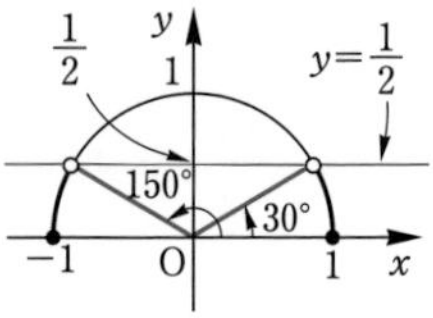

(2)　$\cos\theta = t$ とおくと，$0° \leqq \theta \leqq 180°$ より

$$-1 \leqq t \leqq 1 \quad \cdots\cdots ①$$

⇦ $\cos\theta = t$ とおいて，2次不等式と考える。このとき，t の範囲は $0° \leqq \theta \leqq 180°$ より $-1 \leqq \cos\theta \leqq 1$
すなわち　$\underline{-1 \leqq t \leqq 1}$
であることに注意する。

このとき，与えられた不等式は

$2t^2 - 5t + 2 \geqq 0$ より　$(2t-1)(t-2) \geqq 0$

よって　$t \leqq \dfrac{1}{2}$，$2 \leqq t$　$\cdots\cdots ②$

①，②より　$-1 \leqq t \leqq \dfrac{1}{2}$

⇦①，②の共通部分を求める。

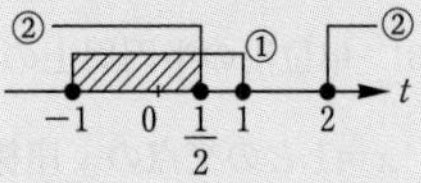

すなわち　$-1 \leqq \cos\theta \leqq \dfrac{1}{2}$

$0° \leqq \theta \leqq 180°$ より，求める角 θ の範囲は

$60° \leqq \theta \leqq 180°$

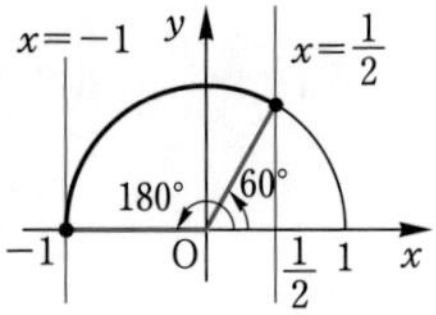

2節 三角比と図形の計量

1 正弦定理と余弦定理

本編 p.067〜071

A

299 (1) 正弦定理から $\dfrac{4}{\sin 45^\circ}=2R$ ← $\dfrac{a}{\sin A}=2R$

よって $R=\dfrac{2}{\sin 45^\circ}$

$=2\div\dfrac{1}{\sqrt{2}}=\mathbf{2\sqrt{2}}$

(2) 正弦定理から $\dfrac{a}{\sin 120^\circ}=2\cdot 3$

よって $a=6\cdot\sin 120^\circ$

$=6\cdot\dfrac{\sqrt{3}}{2}=\mathbf{3\sqrt{3}}$

(3) 正弦定理から $\dfrac{a}{\sin 30^\circ}=\dfrac{4}{\sin 45^\circ}=2R$ ← $\dfrac{a}{\sin A}=\dfrac{b}{\sin B}=2R$

よって

$a=\dfrac{4\sin 30^\circ}{\sin 45^\circ}$

$=4\times\dfrac{1}{2}\div\dfrac{1}{\sqrt{2}}=\mathbf{2\sqrt{2}}$

$R=\dfrac{2}{\sin 45^\circ}$

$=2\div\dfrac{1}{\sqrt{2}}=\mathbf{2\sqrt{2}}$

(4) $A=180^\circ-(135^\circ+15^\circ)=30^\circ$

であるから，正弦定理より

$\dfrac{\sqrt{6}}{\sin 30^\circ}=\dfrac{b}{\sin 135^\circ}=2R$ ← $\dfrac{a}{\sin A}=\dfrac{b}{\sin B}=2R$

よって

$b=\dfrac{\sqrt{6}\sin 135^\circ}{\sin 30^\circ}$

$=\sqrt{6}\times\dfrac{1}{\sqrt{2}}\div\dfrac{1}{2}=\mathbf{2\sqrt{3}}$

$R=\dfrac{\sqrt{6}}{2\sin 30^\circ}$

$=\sqrt{6}\times\dfrac{1}{2}\div\dfrac{1}{2}=\mathbf{\sqrt{6}}$

300 (1) 余弦定理から

$a^2=b^2+c^2-2bc\cos A$ ← Aが与えられている

$=5^2+8^2-2\cdot5\cdot8\cos 60^\circ$

$=25+64-80\cdot\dfrac{1}{2}=49$

$a>0$ より $a=\sqrt{49}=\mathbf{7}$

(2) 余弦定理から

$b^2=c^2+a^2-2ca\cos B$ ← Bが与えられている

$=3^2+(2\sqrt{2})^2-2\cdot3\cdot2\sqrt{2}\cdot\cos 45^\circ$

$=9+8-12\sqrt{2}\cdot\dfrac{1}{\sqrt{2}}=5$

$b>0$ より $\mathbf{b=\sqrt{5}}$

(3) 余弦定理から

$c^2=a^2+b^2-2ab\cos C$ ← Cが与えられている

$=2^2+(\sqrt{3})^2-2\cdot2\cdot\sqrt{3}\cos 150^\circ$

$=4+3-4\sqrt{3}\cdot\left(-\dfrac{\sqrt{3}}{2}\right)=13$

$c>0$ より $\mathbf{c=\sqrt{13}}$

301 (1) 余弦定理から

$a^2=b^2+c^2-2bc\cos A$ ← Aが与えられている

$7^2=b^2+3^2-2\cdot b\cdot3\cdot\cos 60^\circ$

これを整理して

$b^2-3b-40=0$

$(b+5)(b-8)=0$

$b>0$ より $\mathbf{b=8}$

(2) 余弦定理から

$b^2=c^2+a^2-2ca\cos B$ ← Bが与えられている

$2^2=(\sqrt{2})^2+a^2-2\cdot\sqrt{2}\cdot a\cdot\cos 135^\circ$

これを整理して

$a^2+2a-2=0$

これを解くと $a=-1\pm\sqrt{3}$

$a>0$ より $\mathbf{a=-1+\sqrt{3}}$

302 (1) 余弦定理から

$$\cos A=\frac{b^2+c^2-a^2}{2bc}$$
$$=\frac{7^2+15^2-13^2}{2\cdot7\cdot15}=\frac{105}{2\cdot7\cdot15}$$
$$=\frac{1}{2}$$

$0^\circ<A<180^\circ$ より　$\boldsymbol{A=60^\circ}$

(2) 余弦定理から

$$\cos B=\frac{c^2+a^2-b^2}{2ca}$$
$$=\frac{(2\sqrt{2})^2+3^2-(\sqrt{17})^2}{2\cdot2\sqrt{2}\cdot3}$$
$$=\frac{0}{12\sqrt{2}}=0$$

$0^\circ<B<180^\circ$ より　$\boldsymbol{B=90^\circ}$

(3) 余弦定理から

$$\cos C=\frac{a^2+b^2-c^2}{2ab}$$
$$=\frac{1^2+(3\sqrt{2})^2-5^2}{2\cdot1\cdot3\sqrt{2}}=\frac{-6}{6\sqrt{2}}$$
$$=-\frac{1}{\sqrt{2}}$$

$0^\circ<C<180^\circ$ より　$\boldsymbol{C=135^\circ}$

303 (1) 最大辺に注目して

$7^2=49,\ 4^2+6^2=52$

より　$\underline{7^2<4^2+6^2}$ ← 最大辺 7 の対角が 90° より小

よって，**鋭角三角形**

(2) 最大辺に注目して

$10^2=100,\ 6^2+7^2=85$

より　$\underline{10^2>6^2+7^2}$ ← 最大辺 10 の対角が 90° より大

よって，**鈍角三角形**

(3) 最大辺に注目して

$17^2=289,\ 8^2+15^2=289$

より　$\underline{17^2=8^2+15^2}$ ← 最大辺 17 の対角が 90°（三平方の定理の逆）

よって，**直角三角形**

304 (1) 余弦定理から

$$c^2=a^2+b^2-2ab\cos C$$
$$=(\sqrt{2})^2+(\sqrt{3}-1)^2-2\cdot\sqrt{2}\cdot(\sqrt{3}-1)\cos135^\circ$$
$$=2+(4-2\sqrt{3})+2(\sqrt{3}-1)=4$$

$c>0$ より　$c=\sqrt{4}=2$　……(＊)

正弦定理から

$$\frac{\sqrt{2}}{\sin A}=\frac{2}{\sin135^\circ}$$ ← $\dfrac{a}{\sin A}=\dfrac{c}{\sin C}$

よって

$$\sin A=\frac{\sqrt{2}\sin135^\circ}{2}$$
$$=\frac{\sqrt{2}}{2}\times\frac{1}{\sqrt{2}}=\frac{1}{2}$$

$0^\circ<A<180^\circ$ より　$A=30^\circ$ または 150°

$A+B+C=180^\circ$，$C=135^\circ$ より

$0^\circ<A<45^\circ$ であるから　$\underline{A=30^\circ}$ ← $A=150^\circ$ は適さない

ゆえに

$$B=180^\circ-(135^\circ+30^\circ)=15^\circ$$

したがって

$\boldsymbol{c=2,\ A=30^\circ,\ B=15^\circ}$

(別解)

(＊)の後，次のように A を求めてもよい。

余弦定理から

$$\cos A=\frac{b^2+c^2-a^2}{2bc}$$
$$=\frac{(\sqrt{3}-1)^2+2^2-(\sqrt{2})^2}{2\cdot(\sqrt{3}-1)\cdot2}$$
$$=\frac{6-2\sqrt{3}}{4(\sqrt{3}-1)}=\frac{2\sqrt{3}(\sqrt{3}-1)}{4(\sqrt{3}-1)}$$
$$=\frac{\sqrt{3}}{2}$$

$0^\circ<A<180^\circ$ より　$\boldsymbol{A=30^\circ}$

(2)　余弦定理から

$$a^2=b^2+c^2-2bc\cos A$$
$$=2^2+(\sqrt{3}+1)^2-2\cdot2\cdot(\sqrt{3}+1)\cos60^\circ$$
$$=4+(4+2\sqrt{3})-2(\sqrt{3}+1)=6$$

$a>0$ より　$a=\sqrt{6}$　……(＊)

正弦定理から

$$\frac{\sqrt{6}}{\sin60^\circ}=\frac{2}{\sin B}$$ ← $\frac{a}{\sin A}=\frac{b}{\sin B}$

よって

$$\sin B=\frac{2\sin60^\circ}{\sqrt{6}}=\frac{2}{\sqrt{6}}\times\frac{\sqrt{3}}{2}=\frac{1}{\sqrt{2}}$$

$0^\circ<B<180^\circ$ より　$B=45^\circ$ または 135°

$A+B+C=180^\circ$，$A=60^\circ$ より

$0^\circ<B<120^\circ$ であるから　$B=45^\circ$ ← $B=135^\circ$ は適さない

ゆえに

$$C=180^\circ-(60^\circ+45^\circ)=75^\circ$$

したがって

$\boldsymbol{a=\sqrt{6}}$，$\boldsymbol{B=45^\circ}$，$\boldsymbol{C=75^\circ}$

(別解)

(＊)の後，次のように B を求めてもよい。

余弦定理から

$$\cos B=\frac{c^2+a^2-b^2}{2ca}$$
$$=\frac{(\sqrt{3}+1)^2+(\sqrt{6})^2-2^2}{2\cdot(\sqrt{3}+1)\cdot\sqrt{6}}$$
$$=\frac{6+2\sqrt{3}}{2\sqrt{6}(\sqrt{3}+1)}=\frac{2\sqrt{3}(\sqrt{3}+1)}{2\sqrt{6}(\sqrt{3}+1)}$$
$$=\frac{1}{\sqrt{2}}$$

$0^\circ<B<180^\circ$ より　$\boldsymbol{B=45^\circ}$

B

305 (1)　正弦定理から

$$\frac{\sqrt{3}}{\sin30^\circ}=\frac{3}{\sin B}$$ ← $\frac{a}{\sin A}=\frac{b}{\sin B}$

よって　$\sin B=\frac{3\sin30^\circ}{\sqrt{3}}$

$$=\frac{3}{\sqrt{3}}\times\frac{1}{2}=\frac{\sqrt{3}}{2}$$

$A+B+C=180^\circ$，$A=30^\circ$ より

$0^\circ<B<150^\circ$

ゆえに　$B=60^\circ$ または 120°

(i)　$B=60^\circ$ のとき

$$C=180^\circ-(30^\circ+60^\circ)=90^\circ$$

三平方の定理から ← $C=90^\circ$ なので三平方の定理 $c^2=a^2+b^2$

$$c^2=(\sqrt{3})^2+3^2=12$$

$c>0$ より

$$c=\sqrt{12}=2\sqrt{3}$$

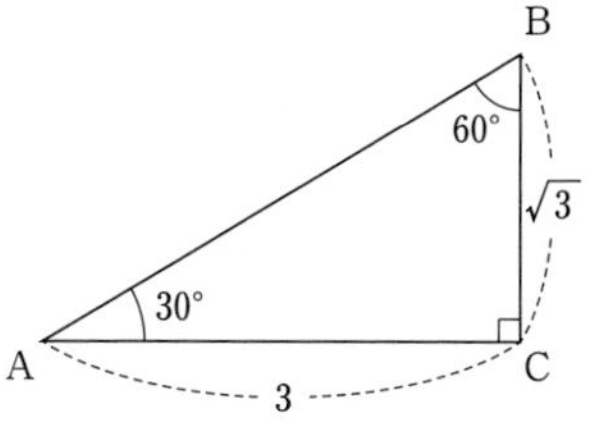

(ii)　$B=120^\circ$ のとき

$$C=180^\circ-(30^\circ+120^\circ)=30^\circ$$

$A=C$ であるから ← △ABC は二等辺三角形 $(a=c)$

$$c=a=\sqrt{3}$$

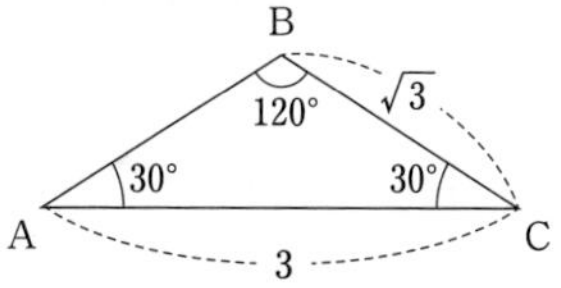

(i)，(ii)から　$\boldsymbol{B=60^\circ}$，$\boldsymbol{C=90^\circ}$，$\boldsymbol{c=2\sqrt{3}}$

または　$\boldsymbol{B=120^\circ}$，$\boldsymbol{C=30^\circ}$，$\boldsymbol{c=\sqrt{3}}$

(別解)

余弦定理を用いて，まず c を求めてもよい。

余弦定理から

$$a^2=b^2+c^2-2bc\cos A$$
$$(\sqrt{3})^2=3^2+c^2-2\cdot3\cdot c\cdot\cos30^\circ$$

これを整理して

$$c^2-3\sqrt{3}c+6=0$$ ← $(c-2\sqrt{3})(c-\sqrt{3})=0$ と変形してもよい

$$c=\frac{3\sqrt{3}\pm\sqrt{3}}{2}$$
$$=2\sqrt{3},\ \sqrt{3}$$

(i) $c=2\sqrt{3}$のとき

$$\cos B=\frac{c^2+a^2-b^2}{2ca}$$

$$=\frac{(2\sqrt{3})^2+(\sqrt{3})^2-3^2}{2\cdot 2\sqrt{3}\cdot\sqrt{3}}$$

$$=\frac{6}{12}=\frac{1}{2}$$

$0^\circ<B<180^\circ$ より　$B=60^\circ$

$C=180^\circ-(A+B)$

$=180^\circ-(30^\circ+60^\circ)=90^\circ$

(ii) $c=\sqrt{3}$のとき

$$\cos B=\frac{c^2+a^2-b^2}{2ca}$$

$$=\frac{(\sqrt{3})^2+(\sqrt{3})^2-3^2}{2\cdot\sqrt{3}\cdot\sqrt{3}}$$

$$=\frac{-3}{6}=-\frac{1}{2}$$

$0^\circ<B<180^\circ$ より　$B=120^\circ$

$C=180^\circ-(A+B)$

$=180^\circ-(30^\circ+120^\circ)=30^\circ$

(i), (ii)より　$\boldsymbol{B=60^\circ,\ C=90^\circ,\ c=2\sqrt{3}}$

または　$\boldsymbol{B=120^\circ,\ C=30^\circ,\ c=\sqrt{3}}$

(2) 正弦定理から

$$\frac{\sqrt{3}}{\sin B}=\frac{\sqrt{2}}{\sin 45^\circ}\quad\leftarrow\ \frac{b}{\sin B}=\frac{c}{\sin C}$$

よって　$\sin B=\dfrac{\sqrt{3}\sin 45^\circ}{\sqrt{2}}=\dfrac{\sqrt{3}}{2}$

$A+B+C=180^\circ$, $C=45^\circ$ より

$0^\circ<B<135^\circ$

ゆえに　$B=60^\circ$ または 120°　……(＊)

(i) $B=60^\circ$ のとき

$A=180^\circ-(45^\circ+60^\circ)=75^\circ$

余弦定理から

$$(\sqrt{3})^2=a^2+(\sqrt{2})^2-2\cdot a\cdot\sqrt{2}\cdot\cos 60^\circ$$

これを整理して

$a^2-\sqrt{2}a-1=0$ より　$a=\dfrac{\sqrt{2}\pm\sqrt{6}}{2}$

$a>0$ より　$a=\dfrac{\sqrt{2}+\sqrt{6}}{2}$

(ii) $B=120^\circ$ のとき

$A=180^\circ-(45^\circ+120^\circ)=15^\circ$

余弦定理から

$$(\sqrt{3})^2=a^2+(\sqrt{2})^2-2\cdot a\cdot\sqrt{2}\cos 120^\circ$$

これを整理して

$a^2+\sqrt{2}a-1=0$ より　$a=\dfrac{-\sqrt{2}\pm\sqrt{6}}{2}$

$a>0$ より　$a=\dfrac{-\sqrt{2}+\sqrt{6}}{2}$

(i), (ii)より　$\boldsymbol{A=75^\circ,\ B=60^\circ,\ a=\dfrac{\sqrt{2}+\sqrt{6}}{2}}$

または　$\boldsymbol{A=15^\circ,\ B=120^\circ,\ a=\dfrac{-\sqrt{2}+\sqrt{6}}{2}}$

(別解)

余弦定理を用いて，まずaを求めてもよい。

余弦定理から

$$c^2=a^2+b^2-2ab\cos C$$

$$(\sqrt{2})^2=a^2+(\sqrt{3})^2-2\cdot a\cdot\sqrt{3}\cdot\cos 45^\circ$$

これを整理して

$$a^2-\sqrt{6}a+1=0$$

$$a=\frac{\sqrt{6}\pm\sqrt{2}}{2}$$

また，(＊)式より

$B=60^\circ$ または 120°

(i) $B=60^\circ$ のとき，

$C=45^\circ$, $A=75^\circ$ であるから

$A>B$ より　$a>b$ ← $b=\sqrt{3}$

よって　$a=\dfrac{\sqrt{6}+\sqrt{2}}{2}$

(ii) $B=120^\circ$ のとき

$C=45^\circ$, $A=15^\circ$ であるから

$A<B$ より　$a<b$ ← $b=\sqrt{3}$

よって　$a=\dfrac{\sqrt{6}-\sqrt{2}}{2}$

(i), (ii)より　$\boldsymbol{A=75^\circ,\ B=60^\circ,\ a=\dfrac{\sqrt{6}+\sqrt{2}}{2}}$

または　$\boldsymbol{A=15^\circ,\ B=120^\circ,\ a=\dfrac{\sqrt{6}-\sqrt{2}}{2}}$

306 (1) 正弦定理から $\dfrac{3}{\sin A}=2\cdot3$ ← $\dfrac{a}{\sin A}=2R$

すなわち $\sin A=\dfrac{1}{2}$

$0°<A<180°$ より $\boldsymbol{A=30°,\ 150°}$

(2) 正弦定理から $\dfrac{2}{\sin B}=\dfrac{\sqrt{6}}{\sin 120°}$ ← $\dfrac{b}{\sin B}=\dfrac{c}{\sin C}$

よって $\sin B=\dfrac{2\sin 120°}{\sqrt{6}}=\dfrac{2}{\sqrt{6}}\times\dfrac{\sqrt{3}}{2}$

$=\dfrac{1}{\sqrt{2}}$

$A+B+C=180°$, $C=120°$ より

$0°<B<60°$ であるから $\boldsymbol{B=45°}$

$A=180°-(120°+45°)=\boldsymbol{15°}$

(3) 正弦定理から $\dfrac{\sqrt{3}R}{\sin C}=2R$ ← $\dfrac{c}{\sin C}=2R$

よって $\sin C=\dfrac{\sqrt{3}}{2}$

$0°<C<180°$ より $\boldsymbol{C=60°,\ 120°}$

(4) 正弦定理から

$\dfrac{4}{\sin A}=2\cdot4$ ……① ← $\dfrac{a}{\sin A}=2R$

$\dfrac{b}{\sin 135°}=2\cdot4$ ……② ← $\dfrac{b}{\sin B}=2R$

①より $\sin A=\dfrac{4}{2\cdot4}=\dfrac{1}{2}$

$A+B+C=180°$, $B=135°$ より

$0°<A<45°$

よって $\boldsymbol{A=30°}$

②より $b=2\cdot4\cdot\sin 135°=\boldsymbol{4\sqrt{2}}$

C

307 (1) $A:B:C=1:2:3$ より

$A=180°\times\dfrac{1}{1+2+3}=30°$, $B=180°\times\dfrac{2}{1+2+3}=60°$

$C=180°\times\dfrac{3}{1+2+3}=90°$

したがって $\boldsymbol{A=30°,\ B=60°,\ C=90°}$

また，正弦定理から

$a:b:c=\sin 30°:\sin 60°:\sin 90°$

$=\dfrac{1}{2}:\dfrac{\sqrt{3}}{2}:1=\boldsymbol{1:\sqrt{3}:2}$

(2) 正弦定理から

$\sin A:\sin B:\sin C=a:b:c=\boldsymbol{7:5:3}$

また，$a:b:c=7:5:3$ より，

$a=7k$, $b=5k$, $c=3k$ $(k>0)$ とおける。

余弦定理から

$\cos A=\dfrac{(5k)^2+(3k)^2-(7k)^2}{2\cdot5k\cdot3k}=\dfrac{-15k^2}{30k^2}=-\dfrac{1}{2}$

$0°<A<180°$ より $\boldsymbol{A=120°}$

⇦△ABC の内角の和は 180° より
$A+B+C=180°$
よって，A，B，C は 180° を
1：2：3 の比に分ける。

⇦正弦定理 $\dfrac{a}{\sin A}=\dfrac{b}{\sin B}=\dfrac{c}{\sin C}$
を連比と考えると
$a:b:c=\sin A:\sin B:\sin C$

(教) p.161 章末A 3

⇦ $\cos A=\dfrac{b^2+c^2-a^2}{2bc}$

(3)　$a:b=1:\sqrt{2}$ より，

$a=k$，$b=\sqrt{2}k$　$(k>0)$ とおける。

正弦定理から　$\dfrac{k}{\sin 30^\circ}=\dfrac{\sqrt{2}k}{\sin B}$　より

$$\sin B=\frac{\sqrt{2}k\sin 30^\circ}{k}=\sqrt{2}\times\frac{1}{2}=\frac{1}{\sqrt{2}}$$

$A+B+C=180^\circ$，$A=30^\circ$ より　$0^\circ<B<150^\circ$

ゆえに　$B=45^\circ$，135°

(i)　$B=45^\circ$ のとき

$C=180^\circ-(30^\circ+45^\circ)=105^\circ$

⇦ $C=180^\circ-(A+B)$

(ii)　$B=135^\circ$ のとき

$C=180^\circ-(30^\circ+135^\circ)=15^\circ$

よって　$\boldsymbol{B=45^\circ}$，$\boldsymbol{C=105^\circ}$　または　$\boldsymbol{B=135^\circ}$，$\boldsymbol{C=15^\circ}$

308　△ABC において，余弦定理から

$a^2=b^2+c^2-2bc\cos A$　……①

が成り立つ。また，与えられた等式から

$a^2=b^2+c^2+bc$　……②

①，②より　$-2\cos A=1$

⇦②−①より　$-2bc\cos A=bc$
$b\neq0$，$c\neq0$ $(b>0$，$c>0)$ より
$-2\cos A=1$

すなわち　$\cos A=-\dfrac{1}{2}$

$0^\circ<A<180^\circ$ より　$\boldsymbol{A=120^\circ}$

309 (1)　△ABC において，余弦定理から

⇦△ABC に着目する。

$$\begin{aligned}AC^2&=AB^2+BC^2-2AB\cdot BC\cos B\\&=2^2+(1+\sqrt{3})^2-2\cdot2\cdot(1+\sqrt{3})\cos 60^\circ\\&=4+4+2\sqrt{3}-2(1+\sqrt{3})=6\end{aligned}$$

AC>0 より　$\boldsymbol{AC=\sqrt{6}}$

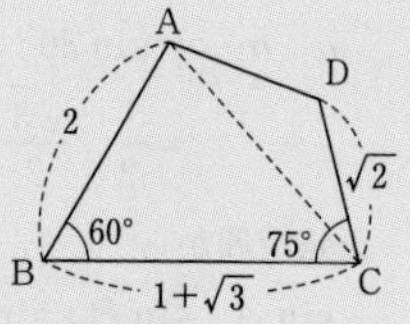

(2)　△ABC において，余弦定理から

$$\cos\angle ACB=\frac{(\sqrt{6})^2+(1+\sqrt{3})^2-2^2}{2\cdot\sqrt{6}\cdot(1+\sqrt{3})}=\frac{6+2\sqrt{3}}{2\sqrt{6}(1+\sqrt{3})}$$
$$=\frac{2\sqrt{3}(1+\sqrt{3})}{2\sqrt{6}(1+\sqrt{3})}=\frac{1}{\sqrt{2}}$$

$0^\circ<\angle ACB<120^\circ$ より　$\boldsymbol{\angle ACB=45^\circ}$

⇦$\angle ABC+\angle ACB+\angle BAC=180^\circ$，
$\angle ABC=60^\circ$ であるから
$0^\circ<\angle ACB<120^\circ$
または，$\angle ACB<\angle DCB$
より　$\angle ACB<75^\circ$ としてもよい。

(別解)

△ABC において，正弦定理から

$\dfrac{2}{\sin\angle ACB}=\dfrac{\sqrt{6}}{\sin 60^\circ}$　←　$\dfrac{AB}{\sin\angle ACB}=\dfrac{AC}{\sin\angle ABC}$

$$\sin\angle ACB=\frac{2\sin 60^\circ}{\sqrt{6}}=2\cdot\frac{\sqrt{3}}{2}\cdot\frac{1}{\sqrt{6}}=\frac{1}{\sqrt{2}}$$

$0^\circ<\angle ACB<120^\circ$ より　$\boldsymbol{\angle ACB=45^\circ}$

⇦ $0^\circ<\angle ACB<120^\circ$
より，$\angle ACB=135^\circ$ は適さない。

(3) △ACD において

$\angle ACD = 75^\circ - 45^\circ = 30^\circ$ ⟵ $\angle ACD = \angle BCD - \angle BCA$

△ACD において，余弦定理から

$$AD^2 = AC^2 + CD^2 - 2AC \cdot CD\cos\angle ACD$$
$$= (\sqrt{6})^2 + (\sqrt{2})^2 - 2\cdot\sqrt{6}\cdot\sqrt{2}\cos 30^\circ$$
$$= 6 + 2 - 6 = 2$$

$AD > 0$ より　$\mathbf{AD = \sqrt{2}}$

(4) △ACD において，余弦定理から

$$\cos\angle ADC = \frac{(\sqrt{2})^2 + (\sqrt{2})^2 - (\sqrt{6})^2}{2\cdot\sqrt{2}\cdot\sqrt{2}} = \frac{-2}{4} = -\frac{1}{2}$$

$0^\circ < \angle ADC < 150^\circ$ より　$\mathbf{\angle ADC = 120^\circ}$

↑ $\angle ADC + \angle DAC + \angle ACD = 180^\circ$，$\angle ACD = 30^\circ$ から

⇦ $AD = DC = \sqrt{2}$ より，△ACD は二等辺三角形であることと $\angle CAD = 30^\circ$ から求めてもよい。

310　$\angle BAC = 180^\circ - (60^\circ + 90^\circ) = 30^\circ$

$\angle CAD = 180^\circ - (45^\circ + 90^\circ) = 45^\circ$

より，$\angle BAD = 75^\circ$ である。

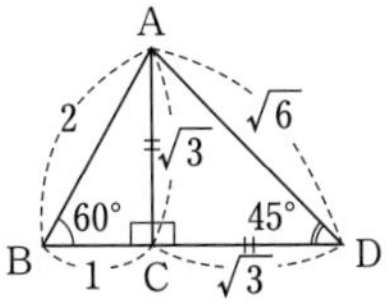

⇦△ABD の角で 75° のものに着目

△ABC において

$AC = \sqrt{3}$

⇦△ABC は直角三角形で $AB : BC : AC = 2 : 1 : \sqrt{3}$

△ACD において

$AC = CD = \sqrt{3}$，$AD = \sqrt{2}\cdot AC = \sqrt{6}$

⇦△ACD は直角二等辺三角形で $AC : CD : AD = 1 : 1 : \sqrt{2}$

△ABD において，正弦定理から

$$\frac{1+\sqrt{3}}{\sin 75^\circ} = \frac{\sqrt{6}}{\sin 60^\circ}$$ ⟵ $\dfrac{BD}{\sin A} = \dfrac{AD}{\sin B}$

⇦ $\dfrac{BD}{\sin A} = \dfrac{AB}{\sin D}$ より $\dfrac{1+\sqrt{3}}{\sin 75^\circ} = \dfrac{2}{\sin 45^\circ}$ を用いて計算してもよい。

よって　$\sin 75^\circ = \dfrac{1+\sqrt{3}}{\sqrt{6}}\cdot\sin 60^\circ$

$$= \frac{\sqrt{3}+1}{\sqrt{6}}\cdot\frac{\sqrt{3}}{2} = \frac{\sqrt{3}+1}{2\sqrt{2}} = \mathbf{\frac{\sqrt{6}+\sqrt{2}}{4}}$$

また，△ABD において，余弦定理から

$$\cos 75^\circ = \frac{2^2 + (\sqrt{6})^2 - (1+\sqrt{3})^2}{2\cdot 2\cdot\sqrt{6}}$$
$$= \frac{6-2\sqrt{3}}{4\sqrt{6}} = \frac{2\sqrt{3}(\sqrt{3}-1)}{4\sqrt{6}}$$
$$= \frac{\sqrt{3}-1}{2\sqrt{2}} = \mathbf{\frac{\sqrt{6}-\sqrt{2}}{4}}$$

(別解)

$\cos 75^\circ > 0$ であるから

$$\cos 75^\circ = \sqrt{1-\sin^2 75^\circ}$$
$$= \sqrt{1-\left(\frac{\sqrt{6}+\sqrt{2}}{4}\right)^2} = \frac{\sqrt{8-2\sqrt{12}}}{\sqrt{16}}$$
$$= \mathbf{\frac{\sqrt{6}-\sqrt{2}}{4}}$$

⇦ $\dfrac{\sqrt{8-2\sqrt{12}}}{\sqrt{16}} = \dfrac{\sqrt{(6+2)-2\sqrt{6\times 2}}}{\sqrt{16}} = \dfrac{\sqrt{6}-\sqrt{2}}{\sqrt{16}}$

2 重根号をはずす

311 (1)　△ABM において，余弦定理から

$$\mathbf{AB^2=AM^2+BM^2-2AM\cdot BM\cos\theta}$$

△ACM において，余弦定理から

$$AC^2=AM^2+CM^2-2AM\cdot CM\cos(180^\circ-\theta)$$

CM＝BM，$\cos(180^\circ-\theta)=-\cos\theta$ より

$$\mathbf{AC^2=AM^2+BM^2+2AM\cdot BM\cos\theta}$$

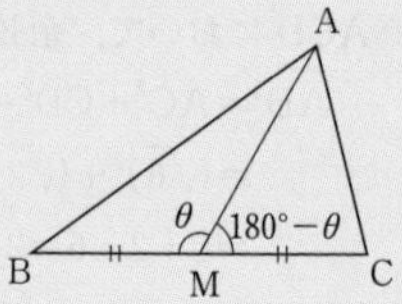

(2)　(1)の結果から

$$AB^2+AC^2=AM^2+BM^2-2AM\cdot BM\cos\theta$$
$$+AM^2+BM^2+2AM\cdot BM\cos\theta$$
$$=2AM^2+2BM^2=2(AM^2+BM^2)$$

よって，中線定理が成り立つ。　終

312　3 つの数 $2x-1$，$3x-1$，$3x+1$ が三角形の 3 辺となるとき，

$2x-1>0$，$3x-1>0$，$3x+1>0$

すなわち　$x>\frac{1}{2}$，$x>\frac{1}{3}$，$x>-\frac{1}{3}$

共通範囲を求めると　$x>\frac{1}{2}$　となる。

（$x>0$ より　$2x-1<3x-1$　$3x-1<3x+1$）

このとき，最大辺が $3x+1$ であるから

$3x+1<(2x-1)+(3x-1)$

すなわち　$x>\frac{3}{2}$　……①

（教 p.162 章末B 6）

⇦三角形の成立条件（教 数学 A p.85）を用いて
$|(3x+1)-(3x-1)|<2x-1<(3x+1)+(3x-1)$
すなわち
$2<2x-1<6x$
を満たす x の範囲を調べてもよい。

(1)　最大辺が $3x+1$ であるから，三角形が鋭角三角形となるための条件は

$(3x+1)^2<(2x-1)^2+(3x-1)^2$

整理して　　$4x^2-16x+1>0$

これを解いて　$x<\frac{4-\sqrt{15}}{2}$，$\frac{4+\sqrt{15}}{2}<x$　……②

①，②より　$\boldsymbol{x>\frac{4+\sqrt{15}}{2}}$

⇦鋭角三角形⇔最大角が鋭角であるから，最大辺 $3x+1$ の対角を θ とすると
$0^\circ<\theta<90^\circ$ より　$\cos\theta>0$
余弦定理から
$\cos\theta=\frac{(2x-1)^2+(3x-1)^2-(3x+1)^2}{2\cdot(2x-1)\cdot(3x-1)}$
よって，
$(2x-1)^2+(3x-1)^2-(3x+1)^2>0$
が鋭角三角形になるための条件

(2)　最大角 120° の対辺は $3x+1$ であるから，余弦定理から

$$(3x+1)^2=(2x-1)^2+(3x-1)^2$$
$$-2\cdot(2x-1)\cdot(3x-1)\cos 120^\circ$$

整理して　$10x^2-21x+2=0$

$(x-2)(10x-1)=0$

①より　　$\boldsymbol{x=2}$

313 △ABC の外接円の半径を R とする。

(1) 正弦定理から

$$\sin A=\frac{a}{2R},\ \sin B=\frac{b}{2R},\ \sin C=\frac{c}{2R}$$

よって

$$(a-b)\sin C+(b-c)\sin A+(c-a)\sin B$$
$$=(a-b)\cdot\frac{c}{2R}+(b-c)\cdot\frac{a}{2R}+(c-a)\cdot\frac{b}{2R}$$
$$=\frac{1}{2R}\{(ac-bc)+(ab-ac)+(bc-ab)\}=0$$

ゆえに $(a-b)\sin C+(b-c)\sin A+(c-a)\sin B=0$ 終

(2) △ABC において，余弦定理から

$$\cos B=\frac{c^2+a^2-b^2}{2ca},\ \cos C=\frac{a^2+b^2-c^2}{2ab}$$

よって

$$a(b\cos C-c\cos B)=a\left(b\cdot\frac{a^2+b^2-c^2}{2ab}-c\cdot\frac{c^2+a^2-b^2}{2ca}\right)$$
$$=a\left(\frac{a^2+b^2-c^2}{2a}-\frac{c^2+a^2-b^2}{2a}\right)$$
$$=\frac{(a^2+b^2-c^2)-(c^2+a^2-b^2)}{2}$$
$$=\frac{2b^2-2c^2}{2}=b^2-c^2$$

ゆえに $a(b\cos C-c\cos B)=b^2-c^2$ 終

(3) △ABC において，

正弦定理から $\sin A=\dfrac{a}{2R},\ \sin B=\dfrac{b}{2R}$

余弦定理から

$$\cos A=\frac{b^2+c^2-a^2}{2bc},\ \cos B=\frac{c^2+a^2-b^2}{2ca}$$

$$\frac{a-c\cos B}{b-c\cos A}=\left(a-c\cdot\frac{c^2+a^2-b^2}{2ca}\right)\div\left(b-c\cdot\frac{b^2+c^2-a^2}{2bc}\right)$$
$$=\frac{2a^2-(c^2+a^2-b^2)}{2a}\div\frac{2b^2-(b^2+c^2-a^2)}{2b}$$
$$=\frac{a^2+b^2-c^2}{2a}\times\frac{2b}{a^2+b^2-c^2}=\frac{b}{a}$$

$$\frac{\sin B}{\sin A}=\frac{b}{2R}\div\frac{a}{2R}=\frac{b}{2R}\times\frac{2R}{a}=\frac{b}{a}$$

よって $\dfrac{a-c\cos B}{b-c\cos A}=\dfrac{\sin B}{\sin A}$ 終

⇦ $\sin A$，$\cos A$ を含む等式の証明
➡ $\sin A$, $\cos A$ などを辺で表す。

・正弦定理 $\dfrac{a}{\sin A}=2R$

より $\sin A=\dfrac{a}{2R}$

・余弦定理

$a^2=b^2+c^2-2bc\cos A$

より

$\cos A=\dfrac{b^2+c^2-a^2}{2bc}$

⇦左辺と右辺をそれぞれ a，b，c で表す。

⇦ $\dfrac{\sin B}{\sin A}=\sin B\div\sin A$

⇦(左辺)$=\dfrac{b}{a}$，(右辺)$=\dfrac{b}{a}$ より

(左辺)=(右辺)

2 平面図形の計量

本編 p.072〜074

A

314 求める△ABC の面積を S とする。

(1) $S=\frac{1}{2}\cdot4\cdot5\cdot\sin30^\circ=10\cdot\frac{1}{2}=\mathbf{5}$

(2) $S=\frac{1}{2}\cdot2\sqrt{3}\cdot3\cdot\sin120^\circ=3\sqrt{3}\cdot\frac{\sqrt{3}}{2}=\mathbf{\frac{9}{2}}$

315 求める△ABC の面積を S とする。

(cos → sin →面積の順に求める)

(1) 余弦定理から

$$\cos A=\frac{6^2+3^2-7^2}{2\cdot6\cdot3}=-\frac{1}{9}$$

($\cos A=\frac{b^2+c^2-a^2}{2bc}$)

$\sin A>0$ より

$$\sin A=\sqrt{1-\cos^2A}=\sqrt{1-\left(-\frac{1}{9}\right)^2}=\frac{4\sqrt{5}}{9}$$

よって　$S=\frac{1}{2}bc\sin A$

$$=\frac{1}{2}\cdot6\cdot3\cdot\frac{4\sqrt{5}}{9}=\mathbf{4\sqrt{5}}$$

> $\cos B=\frac{3^2+7^2-6^2}{2\cdot3\cdot7}=\frac{11}{21}$ とするとき，
> $\sin B=\sqrt{1-\left(\frac{11}{21}\right)^2}$
> $=\sqrt{\left(1-\frac{11}{21}\right)\left(1+\frac{11}{21}\right)}$
> $=\sqrt{\frac{10}{21}\times\frac{32}{21}}=\frac{8\sqrt{5}}{21}$
> のようにすると，計算しやすくなる。

(2) 余弦定理から

$$\cos A=\frac{3^2+2^2-4^2}{2\cdot3\cdot2}=-\frac{1}{4}$$

($\cos A=\frac{b^2+c^2-a^2}{2bc}$)

$\sin A>0$ より

$$\sin A=\sqrt{1-\cos^2A}=\sqrt{1-\left(-\frac{1}{4}\right)^2}=\frac{\sqrt{15}}{4}$$

よって　$S=\frac{1}{2}bc\sin A$

$$=\frac{1}{2}\cdot3\cdot2\cdot\frac{\sqrt{15}}{4}=\mathbf{\frac{3\sqrt{15}}{4}}$$

316 AD$=x$ とおく。

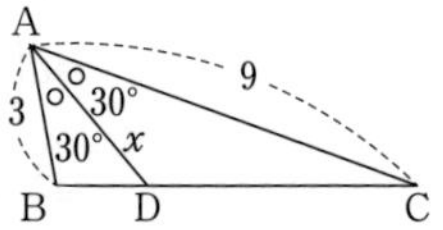

△ABD＋△ADC＝△ABC であるから

$$\frac{1}{2}\cdot3\cdot x\cdot\sin30^\circ+\frac{1}{2}\cdot9\cdot x\cdot\sin30^\circ=\frac{1}{2}\cdot3\cdot9\cdot\sin60^\circ$$

($\frac{3x+9x}{4}=\frac{27\sqrt{3}}{4}$)

すなわち　$12x=27\sqrt{3}$

よって　AD$=x=\frac{27\sqrt{3}}{12}=\mathbf{\frac{9\sqrt{3}}{4}}$

B

317 (1) △ABC において，

余弦定理から

$AC^2=8^2+5^2-2\cdot8\cdot5\cos60°$
$=64+25-40$
$=49$

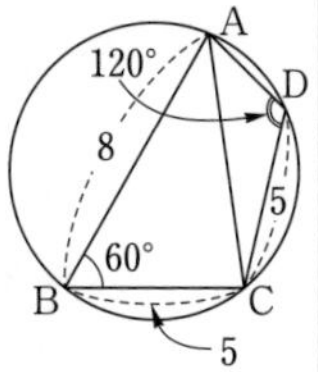

AC>0 より

$AC=\sqrt{49}=\mathbf{7}$

次に，四角形 ABCD は円に内接するから

$\angle ADC=180°-60°=120°$

$\angle ADC=180°-\angle ABC$

AD=x とおく。

△ACD において，余弦定理から

$7^2=x^2+5^2-2\cdot x\cdot5\cos120°$

整理して　$x^2+5x-24=0$

これから　$(x+8)(x-3)=0$

$x>0$ より　$x=3$

すなわち　**AD=3**

(2) △ABC において，正弦定理から

$\dfrac{AC}{\sin B}=2R$

すなわち　$R=\dfrac{AC}{2\sin B}$

よって　$R=\dfrac{7}{2\sin60°}$
$=\dfrac{7}{2}\cdot\dfrac{2}{\sqrt{3}}=\mathbf{\dfrac{7\sqrt{3}}{3}}$

(3) $S=\triangle ABC+\triangle ACD$
$=\dfrac{1}{2}\cdot8\cdot5\cdot\sin60°+\dfrac{1}{2}\cdot3\cdot5\cdot\sin120°$
$=10\sqrt{3}+\dfrac{15\sqrt{3}}{4}=\mathbf{\dfrac{55\sqrt{3}}{4}}$

318 △ABC において，

余弦定理から

$\cos C=\dfrac{4^2+5^2-7^2}{2\cdot4\cdot5}$
$=\dfrac{-8}{2\cdot4\cdot5}=-\dfrac{1}{5}$

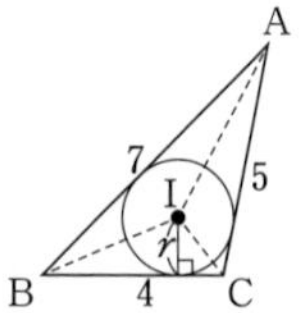

$\sin C>0$ より

$0°<C<180°$ のとき $\sin C>0$

$\sin C=\sqrt{1-\cos^2C}$
$=\sqrt{1-\left(-\dfrac{1}{5}\right)^2}=\dfrac{2\sqrt{6}}{5}$

よって，△ABC の面積 S は

$S=\dfrac{1}{2}ab\sin C$
$=\dfrac{1}{2}\cdot4\cdot5\cdot\dfrac{2\sqrt{6}}{5}=4\sqrt{6}$

また，

$S=\dfrac{1}{2}r(a+b+c)$
$=\dfrac{1}{2}r(4+5+7)=8r$

ゆえに　$8r=4\sqrt{6}$

したがって　$r=\mathbf{\dfrac{\sqrt{6}}{2}}$

319 (1) △ABC において，余弦定理から

$a^2=5^2+3^2-2\cdot5\cdot3\cdot\cos120°$
$=25+9-30\cdot\left(-\dfrac{1}{2}\right)$
$=49$

$a>0$ より　$\mathbf{a=7}$

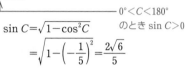

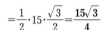

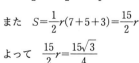

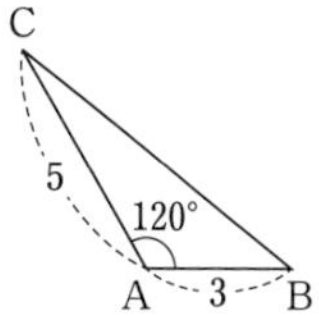

(2) $S=\dfrac{1}{2}\cdot5\cdot3\cdot\sin120°$
$=\dfrac{1}{2}\cdot15\cdot\dfrac{\sqrt{3}}{2}=\mathbf{\dfrac{15\sqrt{3}}{4}}$

また　$S=\dfrac{1}{2}r(7+5+3)=\dfrac{15}{2}r$

よって　$\dfrac{15}{2}r=\dfrac{15\sqrt{3}}{4}$

ゆえに　$\mathbf{r=\dfrac{\sqrt{3}}{2}}$

320 (1)　△ABD において，$A=45°$ であるから，$\underline{BD=AB=2}$ ←△ABD は直角二等辺三角形

$S=△ABD+△BCD$

$=\frac{1}{2}\cdot 2\cdot 2+\frac{1}{2}\cdot 2\cdot 3\cdot \sin 60°$

$=2+\frac{3\sqrt{3}}{2}$

$=\mathbf{\frac{4+3\sqrt{3}}{2}}$

(2)　$S=△ABD+△BCD$

$=\frac{1}{2}\cdot 5\cdot 4\cdot \sin 60°+\frac{1}{2}\cdot 4\cdot 3\cdot \sin 30°$

$=\mathbf{5\sqrt{3}+3}$

321 (1)　$S=△ABD+△BCD$

$=\frac{1}{2}\cdot 1\cdot \sqrt{2}\cdot \sin 135°+\frac{1}{2}\cdot 3\cdot \sqrt{2}\cdot \sin 45°$

$=\frac{1}{2}+\frac{3}{2}=\mathbf{2}$

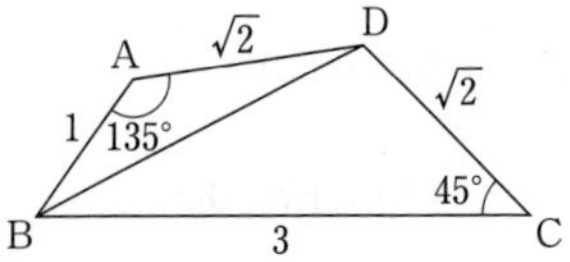

(2)　AB＝BC＝2，∠ABC＝60° より△ABC は正三角形であるから，AC＝2

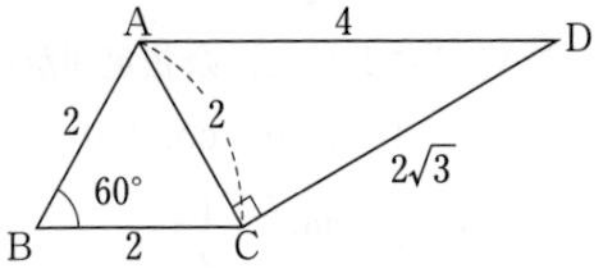

△ACD において

AC：AD：CD

$=2:4:2\sqrt{3}=1:2:\sqrt{3}$

よって，△ACD は∠ACD＝90° の直角三角形

ゆえに　$S=△ABC+△ACD$

$=\frac{1}{2}\cdot 2\cdot 2\cdot \sin 60°+\frac{1}{2}\cdot 2\sqrt{3}\cdot 2$

$=\sqrt{3}+2\sqrt{3}=\mathbf{3\sqrt{3}}$

322 △ABC の面積を S とする。

(1)　$S=\frac{1}{2}\cdot AB\cdot AC\cdot \sin A$ より

$15\sqrt{3}=\frac{1}{2}\cdot 10\cdot AC\cdot \sin 120°$

$\frac{5\sqrt{3}}{2}AC=15\sqrt{3}$

よって　AC＝**6**

また，△ABC において，余弦定理から

$BC^2=10^2+6^2-2\cdot 10\cdot 6\cdot \cos 120°$

$=100+36-120\cdot\left(-\frac{1}{2}\right)=196$

$BC>0$ より　$BC=\sqrt{196}=\mathbf{14}$

(2)　△ABC において，正弦定理から

$\frac{14}{\sin 120°}=2R$

よって　$R=7\cdot\frac{2}{\sqrt{3}}=\mathbf{\frac{14\sqrt{3}}{3}}$

また，$S=\frac{1}{2}r(10+6+14)=15r$ より

$15r=15\sqrt{3}$

よって　$r=\mathbf{\sqrt{3}}$

(3)

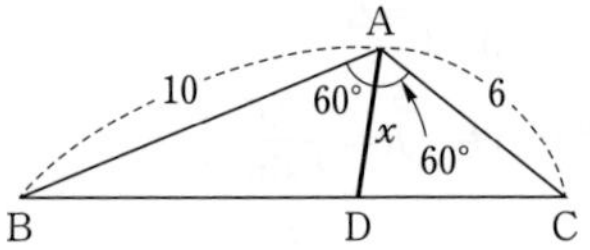

AD＝x とおくと，$S=△ABD+△ACD$ であるから

$15\sqrt{3}=\frac{1}{2}\cdot 10\cdot x\cdot \sin 60°+\frac{1}{2}\cdot 6\cdot x\cdot \sin 60°$

$=\frac{5\sqrt{3}}{2}x+\frac{3\sqrt{3}}{2}x=4\sqrt{3}x$

よって　$x=\mathbf{AD=\frac{15}{4}}$

C

323 (1) △ABC において，

余弦定理から

$AC^2=4^2+8^2-2\cdot4\cdot8\cos60°$

$=16+64-32=48$

$AC>0$ より　$AC=\sqrt{48}=4\sqrt{3}$

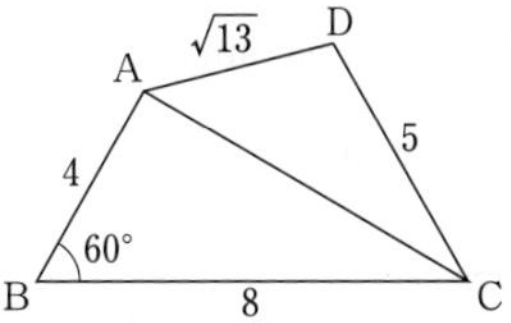

次に，△ACD において，余弦定理から

$$\cos D=\frac{5^2+(\sqrt{13})^2-(4\sqrt{3})^2}{2\cdot5\cdot\sqrt{13}}=\frac{-10}{2\cdot5\cdot\sqrt{13}}=-\frac{1}{\sqrt{13}}$$

$0°<D<180°$ より，$\sin D>0$ であるから

$$\sin D=\sqrt{1-\cos^2 D}=\sqrt{1-\left(-\frac{1}{\sqrt{13}}\right)^2}$$

$$=\sqrt{\frac{12}{13}}=\frac{2\sqrt{3}}{\sqrt{13}}$$

よって　$S=\triangle ABC+\triangle ACD$

$$=\frac{1}{2}\cdot4\cdot8\cdot\sin60°+\frac{1}{2}\cdot5\cdot\sqrt{13}\cdot\sin D$$

$$=16\cdot\frac{\sqrt{3}}{2}+\frac{5\sqrt{13}}{2}\cdot\frac{2\sqrt{3}}{\sqrt{13}}=8\sqrt{3}+5\sqrt{3}=\mathbf{13\sqrt{3}}$$

(2) 対角線 AC を引き，$\angle DAC=\theta$ とおくと

$AD /\!/ BC$ より　$\angle ACB=\theta$

さらに，$AC=x$ とおく。

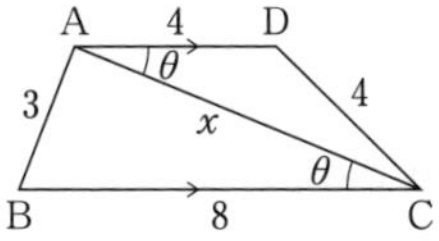

△ABC において，余弦定理から

$$\cos\theta=\frac{x^2+8^2-3^2}{2\cdot x\cdot8}=\frac{x^2+55}{16x}\quad\cdots\cdots①$$

△ACD において，余弦定理から

$$\cos\theta=\frac{x^2+4^2-4^2}{2\cdot x\cdot4}=\frac{x^2}{8x}=\frac{x}{8}\quad\cdots\cdots②$$

①，②より　$\dfrac{x^2+55}{16x}=\dfrac{x}{8}$

整理して　$x^2=55$

$x>0$ より　$x=AC=\sqrt{55}$

②より　$\cos\theta=\dfrac{\sqrt{55}}{8}$

$0°<\theta<180°$ より，$\sin\theta>0$ であるから

$$\sin\theta=\sqrt{1-\cos^2\theta}=\sqrt{1-\left(\frac{\sqrt{55}}{8}\right)^2}=\frac{3}{8}$$

⇦まず，四角形 ABCD の図をかく。
① △ABC が決まる
② △ACD が決まる

⇦ $\cos\angle ACD$
$=\dfrac{5^2+(4\sqrt{3})^2-(\sqrt{13})^2}{2\cdot5\cdot4\sqrt{3}}$
$=\dfrac{\sqrt{3}}{2}$
より，$\angle ACD=30°$
であることを用いてもよい。

⇦平行線の性質（錯角は等しい）から，$\angle DAC=\angle ACB$

⇦ $\cos\theta$ を 2 通りの式①，②で表す。

よって　$S=\triangle \mathrm{ABC}+\triangle \mathrm{ACD}$

$$=\frac{1}{2}\cdot 8\cdot\sqrt{55}\cdot\sin\theta+\frac{1}{2}\cdot 4\cdot\sqrt{55}\cdot\sin\theta$$

$$=(4\sqrt{55}+2\sqrt{55})\cdot\frac{3}{8}=\boldsymbol{\frac{9\sqrt{55}}{4}}$$

324 (1)　円に内接する四角形の性質から

$\angle\mathrm{BCD}=180^\circ-\theta$

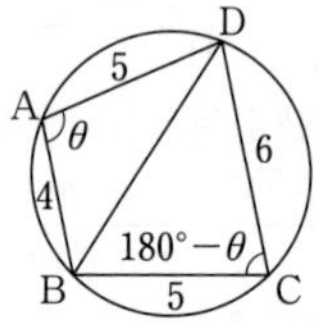

△ABD において，余弦定理から

$$\mathrm{BD}^2=4^2+5^2-2\cdot 4\cdot 5\cdot\cos\theta$$

$$=41-40\cos\theta \quad \cdots\cdots ①$$

△BCD において，余弦定理から

$$\mathrm{BD}^2=5^2+6^2-2\cdot 5\cdot 6\cdot\underline{\cos(180^\circ-\theta)}$$

$$=61+60\cos\theta \quad \cdots\cdots ②$$

$\cos(180^\circ-\theta)=-\cos\theta$

①，②より　$41-40\cos\theta=61+60\cos\theta$

これから　$100\cos\theta=-20$

よって　$\cos\theta=\boldsymbol{-\frac{1}{5}}$

(2)　(1)の結果を①に代入して

$$\mathrm{BD}^2=41-40\cdot\left(-\frac{1}{5}\right)=49$$

$\mathrm{BD}>0$ より　$\mathrm{BD}=\sqrt{49}=\mathbf{7}$

(3)　$0^\circ<\theta<180^\circ$ より，$\sin\theta>0$ であるから

$$\sin\theta=\sqrt{1-\cos^2\theta}$$

$$=\sqrt{1-\left(-\frac{1}{5}\right)^2}=\frac{2\sqrt{6}}{5}$$

よって，四角形 ABCD の面積 S は

$$S=\triangle\mathrm{ABD}+\triangle\mathrm{BCD}$$

$$=\frac{1}{2}\cdot 4\cdot 5\cdot\sin\theta+\frac{1}{2}\cdot 5\cdot 6\cdot\underline{\sin(180^\circ-\theta)}$$

$$=(10+15)\sin\theta$$

$\sin(180^\circ-\theta)=\sin\theta$

$$=25\cdot\frac{2\sqrt{6}}{5}=\mathbf{10\sqrt{6}}$$

㊖p.162 章末B 7

⇦円に内接する四角形において「対角の和は 180°」であるから $\angle\mathrm{DAB}+\angle\mathrm{BCD}=180^\circ$

⇦ BD^2 を（$\cos\theta$ を含む）2 通りの式①，②で表す。

発展 ヘロンの公式

本編 p.074

B

325 $s=\frac{1}{2}(5+6+7)=9$ とすると， ← $s=\frac{1}{2}(a+b+c)$

△ABC の面積 S は，ヘロンの公式より

$$S=\sqrt{s(s-5)(s-6)(s-7)}$$ ← $S=\sqrt{s(s-a)(s-b)(s-c)}$

$$=\sqrt{9(9-5)(9-6)(9-7)}$$

$$=\sqrt{9\cdot4\cdot3\cdot2}=\mathbf{6\sqrt{6}}$$

3 空間図形の計量

本編 p.075～076

A

326 (1) 三平方の定理から

$AC=\sqrt{3^2+1^2}$ ← △ABC に着目

$=\mathbf{\sqrt{10}}$

$AF=\sqrt{3^2+4^2}$ ← △ABF に着目

$=\mathbf{5}$

$FC=\sqrt{4^2+1^2}$ ← △BFC に着目

$=\mathbf{\sqrt{17}}$

(2) $\angle ACF=\theta$ とおく。

△AFC において，余弦定理から

$$\cos\theta=\frac{AC^2+FC^2-AF^2}{2\cdot AC\cdot FC}$$

$$=\frac{(\sqrt{10})^2+(\sqrt{17})^2-5^2}{2\cdot\sqrt{10}\cdot\sqrt{17}}=\frac{1}{\sqrt{170}}$$

$0^\circ<\theta<180^\circ$ より

$$\sin\theta=\sqrt{1-\cos^2\theta}$$

$$=\sqrt{1-\left(\frac{1}{\sqrt{170}}\right)^2}$$

$$=\sqrt{\frac{169}{170}}=\frac{13}{\sqrt{170}}$$

よって　$\sin\angle ACF=\mathbf{\frac{13}{\sqrt{170}}}$

(3) △AFC の面積 S は

$$S=\frac{1}{2}\cdot AC\cdot FC\cdot\sin\angle ACF$$

$$=\frac{1}{2}\cdot\sqrt{10}\cdot\sqrt{17}\cdot\frac{13}{\sqrt{170}}=\mathbf{\frac{13}{2}}$$

B

327 (1) △OAB は OA＝OB＝5，AB＝6 の二等辺三角形であるから，AM＝3 より

$OM=\sqrt{5^2-3^2}$ ← $OM^2=OA^2-AM^2$

$=\sqrt{16}=4$

△CAB は 1 辺の長さが 6 の正三角形であるから

$CM=6\sin60^\circ=3\sqrt{3}$

ゆえに，△OMC において，余弦定理から

$$\cos\theta=\frac{4^2+(3\sqrt{3})^2-5^2}{2\cdot4\cdot3\sqrt{3}}$$

$$=\frac{18}{24\sqrt{3}}=\mathbf{\frac{\sqrt{3}}{4}}$$

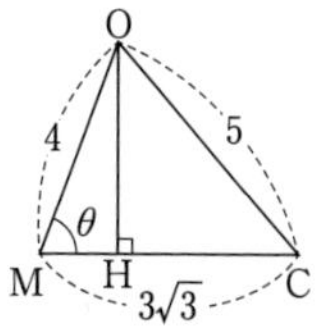

4

(2) $\underline{\sin\theta>0}$ より ← $0°<\theta<180°$ のとき $\sin\theta>0$

$\sin\theta=\sqrt{1-\cos^2\theta}$

$=\sqrt{1-\left(\dfrac{\sqrt{3}}{4}\right)^2}$

$=\sqrt{\dfrac{13}{16}}=\dfrac{\sqrt{13}}{4}$

よって　$\mathrm{OH}=\mathrm{OM}\sin\theta$

$=4\cdot\dfrac{\sqrt{13}}{4}=\boldsymbol{\sqrt{13}}$

(3) △ABC の面積を S とすると

$S=\dfrac{1}{2}\cdot6\cdot6\cdot\sin60°=9\sqrt{3}$

よって　$V=\dfrac{1}{3}\cdot S\cdot\mathrm{OH}$

$=\dfrac{1}{3}\cdot9\sqrt{3}\cdot\sqrt{13}=\boldsymbol{3\sqrt{39}}$

328 (1)　$V=\dfrac{1}{3}\cdot\dfrac{1}{2}a^2\cdot a$ ← $V=\dfrac{1}{3}\cdot\triangle\mathrm{ABD}\cdot\mathrm{AE}$

$=\boldsymbol{\dfrac{1}{6}a^3}$

(2) △BDE は 1 辺の長さが $\sqrt{2}a$ の正三角形であるから，その面積 S は

$S=\dfrac{1}{2}(\sqrt{2}a)^2\sin60°=\boldsymbol{\dfrac{\sqrt{3}}{2}a^2}$

(3) 四面体 A−BDE の体積について，

$V=\dfrac{1}{3}\cdot\triangle\mathrm{BDE}\cdot d$

と考えると

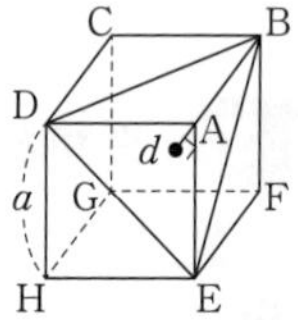

$\dfrac{1}{6}a^3=\dfrac{1}{3}\cdot\dfrac{\sqrt{3}}{2}a^2\cdot d$

$=\dfrac{\sqrt{3}}{6}a^2d$

よって　$d=\dfrac{a}{\sqrt{3}}=\boldsymbol{\dfrac{\sqrt{3}}{3}a}$

C

329 AD$=x$ とおくと，△ACD は $\underline{\mathrm{AD}=\mathrm{CD}\text{ の直角二等辺三角形}}$だから　CD$=x$ ← ∠ADC$=90°$ ∠ACD$=45°$

また，△ABD は

AD : AB : BD$=1:2:\sqrt{3}$

の直角三角形だから

BD$=\sqrt{3}x$

△BCD において，余弦定理から

$(\sqrt{3}x)^2=x^2+5^2-2\cdot x\cdot5\cos120°$

整理して

$2x^2-5x-25=0$

これから　$(2x+5)(x-5)=0$

$x>0$ より　$x=\mathbf{AD=5}$

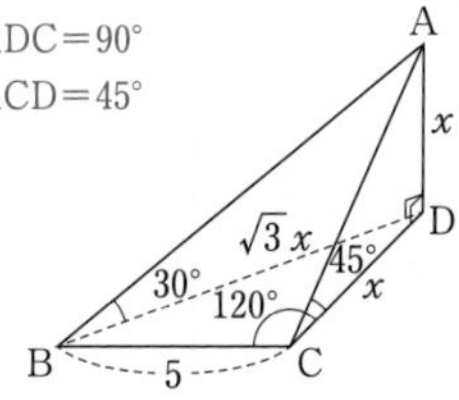

⇦ 2 つの直角三角形△ACD と△ABD に着目する。

⇦ $\mathrm{BD}^2=\mathrm{CD}^2+\mathrm{BC}^2-2\cdot\mathrm{CD}\cdot\mathrm{BC}\cdot\cos C$

330 (1)　$\mathrm{AG}^2=\mathrm{AE}^2+\mathrm{EG}^2$

$=\mathrm{AE}^2+(\mathrm{EF}^2+\mathrm{FG}^2)$

$=1^2+2^2+3^2=14$

AG>0 より　$\mathbf{AG}=\boldsymbol{\sqrt{14}}$

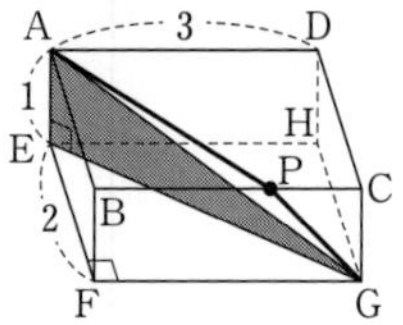

⇦直方体の対角線を求めるために，三平方の定理を 2 回用いる。

(2) 右の展開図において，AG と BC の交点が P であるとき，AP+PG は最小となる。

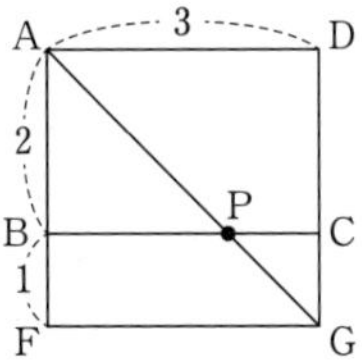

このとき

$$\mathrm{AG}=\sqrt{\mathrm{AF}^2+\mathrm{FG}^2}$$
$$=\sqrt{(2+1)^2+3^2}$$
$$=\sqrt{18}=3\sqrt{2}$$

よって，求める AP+PG の最小値は $\mathbf{3\sqrt{2}}$

⇦「展開図」をかいて考える。

(3) (2)より，AP+PG が最小となるとき，$\triangle\mathrm{ABP}\backsim\triangle\mathrm{GCP}$ であることから

$$\mathrm{AP}:\mathrm{PG}=\mathrm{AB}:\mathrm{GC}=2:1$$

よって　$\mathrm{AP}=2\sqrt{2}$，$\mathrm{PG}=\sqrt{2}$

立体における△APG において，余弦定理から

$$\cos\theta=\frac{\mathrm{AP}^2+\mathrm{PG}^2-\mathrm{AG}^2}{2\cdot\mathrm{AP}\cdot\mathrm{PG}} \longleftarrow \text{(1)より } \mathrm{AG}=\sqrt{14}$$
$$=\frac{(2\sqrt{2})^2+(\sqrt{2})^2-(\sqrt{14})^2}{2\cdot2\sqrt{2}\cdot\sqrt{2}}=-\frac{\mathbf{1}}{\mathbf{2}}$$

⇦(2)の展開図で，四角形 AFGD は 1 辺 3 の正方形
よって，△ABP，△GCP はともに直角二等辺三角形

(4) (3)の結果から，$0°<\theta<180°$ より　$\theta=120°$

よって　$S=\frac{1}{2}\cdot2\sqrt{2}\cdot\sqrt{2}\cdot\sin120°$

$$=2\cdot\frac{\sqrt{3}}{2}=\sqrt{\mathbf{3}}$$

331 (1) $\mathrm{AG}=\sqrt{\mathrm{AE}^2+\mathrm{EG}^2}=\sqrt{\mathrm{AE}^2+(\mathrm{EF}^2+\mathrm{FG}^2)}$

$$=\sqrt{a^2+a^2+a^2}=\sqrt{\mathbf{3}}\boldsymbol{a}$$

⇦立方体の対角線を求めるために，三平方の定理を 2 回用いる。

(2) 点 O は対角線 AG，BH の中点で

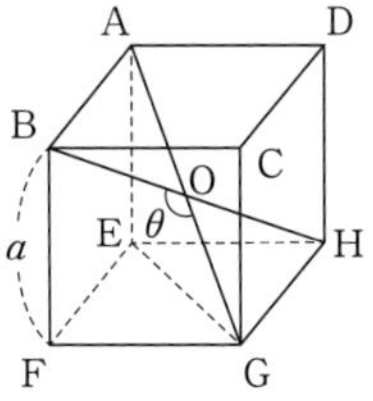

$$\mathrm{AG}=\mathrm{BH}=\sqrt{3}a$$

より　$\mathrm{OB}=\mathrm{OG}=\frac{\sqrt{3}}{2}a$

また　$\mathrm{BG}=\sqrt{2}\mathrm{BF}=\sqrt{2}a$

△OBG において余弦定理から

$$\cos\theta=\frac{\mathrm{OB}^2+\mathrm{OG}^2-\mathrm{BG}^2}{2\cdot\mathrm{OB}\cdot\mathrm{OG}}$$
$$=\frac{\left(\frac{\sqrt{3}}{2}a\right)^2+\left(\frac{\sqrt{3}}{2}a\right)^2-(\sqrt{2}a)^2}{2\cdot\frac{\sqrt{3}}{2}a\cdot\frac{\sqrt{3}}{2}a}=\frac{-\frac{1}{2}a^2}{\frac{3}{2}a^2}=-\frac{\mathbf{1}}{\mathbf{3}}$$

⇦四角形 ABGH は平行四辺形（AB∥HG，AB=HG）であるから，対角線は中点で交わる。

332 (1) 四角形BCDEは1辺の長さが2の正方形であるから

$$BH=\frac{1}{2}BD$$
$$=\frac{1}{2}\cdot 2\sqrt{2}=\sqrt{2}$$

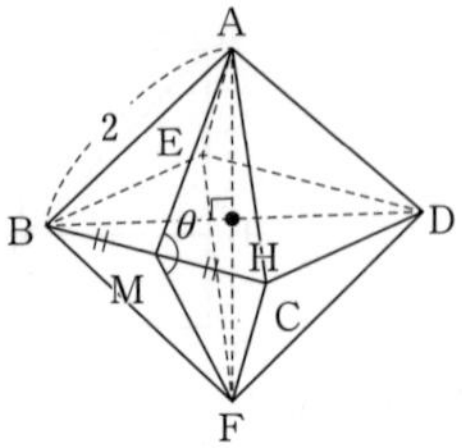

△ABHは∠AHB＝90°の直角三角形であるから

$$AH=\sqrt{AB^2-BH^2}$$
$$=\sqrt{2^2-(\sqrt{2})^2}=\sqrt{\mathbf{2}}$$

⇦正八面体は8個の正三角形からなる立体

(別解)

四角形AEFCは1辺の長さが2の正方形（四角形BCDEと合同）であるから，

$$AH=\frac{1}{2}AF=\frac{1}{2}\cdot 2\sqrt{2}=\sqrt{2}$$

(2) $V=2\times$(四角錐A−BCDE)

$$=2\times\frac{1}{3}\cdot 2^2\cdot\sqrt{2}=\frac{\mathbf{8\sqrt{2}}}{\mathbf{3}}$$

⇦合同な2つの四角錐(A−BCDE，F−BCDE)の体積の和

(3) △ABC，△FBCは1辺の長さが2の正三角形であり，点Mは辺BCの中点であるから

$$AM=MF=2\sin 60^\circ=\sqrt{3}$$

また　$AF=2AH=2\sqrt{2}$

よって，△AMFにおいて，余弦定理から

$$\cos\theta=\frac{(\sqrt{3})^2+(\sqrt{3})^2-(2\sqrt{2})^2}{2\cdot\sqrt{3}\cdot\sqrt{3}}=-\frac{\mathbf{1}}{\mathbf{3}}$$

⇦ $\cos\theta=\dfrac{AM^2+MF^2-AF^2}{2\cdot AM\cdot MF}$

研究 曲面上の最短の長さ

本編 p.077

B

333 右の図の円錐の展開図において，扇形の中心角を θ とすると，底面の円周の長さと扇形の弧の長さは等しいから

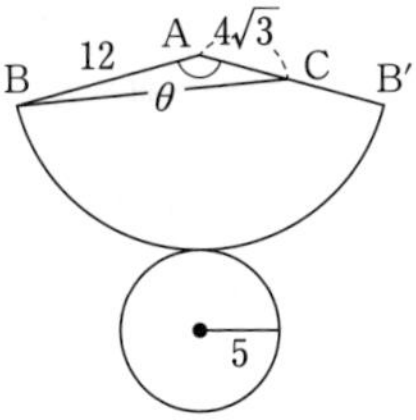

$$2\pi\cdot5=2\pi\cdot12\cdot\frac{\theta}{360^\circ}$$

ゆえに　$\theta=150^\circ$

展開図の BC の長さが，求める糸の最短の長さである。

△ABC において，余弦定理から

$$BC^2=12^2+(4\sqrt{3})^2-2\cdot12\cdot4\sqrt{3}\cos150^\circ$$
$$=336$$

BC>0 より　$BC=\sqrt{336}=4\sqrt{21}$

よって，糸の最短の長さは　$\mathbf{4\sqrt{21}}$

334 (1) 下の図の円錐の展開図において，扇形の中心角を θ とすると

$$2\pi\cdot1=2\pi\cdot6\cdot\frac{\theta}{360^\circ}$$

ゆえに　$\theta=60^\circ$

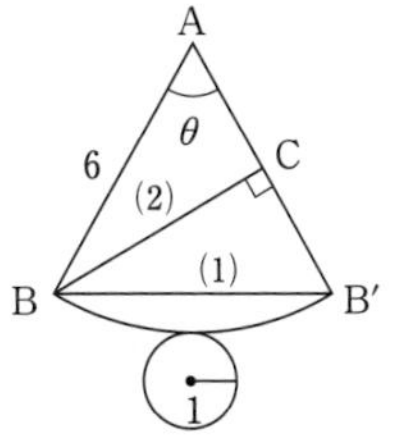

展開図の BB′ の長さが，求める糸の最短の長さである。

△ABB′ において，余弦定理から

$$BB'^2=6^2+6^2-2\cdot6\cdot6\cdot\cos60^\circ$$
$$=36$$

BB′>0 より　BB′=6

よって，糸の最短の長さは　**6**

AB=AB′，∠A=60° より，△ABB′ は正三角形
よって，BB′=6 でもよい

(2) (1)の展開図において，糸の長さが最も短くなるのは，BC が最短のときである。

このとき，BC⊥AB′ であるから

$$AC=AB\cos60^\circ=6\cdot\frac{1}{2}=3$$

$$BC=AB\sin60^\circ=6\cdot\frac{\sqrt{3}}{2}=3\sqrt{3}$$

よって，糸の長さが最も短くなるのは

AC=3 のときで，

このときの糸の長さは $\mathbf{3\sqrt{3}}$

(別解)

AC=x とすると，$0\leqq x\leqq6$

(1)の展開図における△ABC において，余弦定理から

$$BC^2=AB^2+AC^2-2\cdot AB\cdot AC\cos60^\circ$$
$$=6^2+x^2-2\cdot6\cdot x\cdot\frac{1}{2}$$
$$=x^2-6x+36$$
$$=(x-3)^2+27$$

よって，AC=3 のとき BC^2 は最小値 27 をとる。

ゆえに，糸の長さが最も短くなるのは

AC=3 のときで，

このときの糸の長さは $\sqrt{27}=\mathbf{3\sqrt{3}}$

発展 三角形の形状

本編 p.077

B

335 (1) △ABC の外接円の半径を R とすると，正弦定理から

$$\sin B=\frac{b}{2R},\ \sin C=\frac{c}{2R}$$

これらを与えられた式に代入すると

$$b\cdot\frac{b}{2R}=c\cdot\frac{c}{2R}$$

両辺に $2R$ を掛けて

$$b^2=c^2$$

← $b^2-c^2=0$ より $(b+c)(b-c)=0$

$b>0$，$c>0$ であるから　$b=c$

よって，△ABC は

AC＝AB の二等辺三角形

(2) 余弦定理から

$$\cos B=\frac{c^2+a^2-b^2}{2ca},\ \cos A=\frac{b^2+c^2-a^2}{2bc}$$

これらを与えられた式に代入すると

$$a\cdot\frac{c^2+a^2-b^2}{2ca}-b\cdot\frac{b^2+c^2-a^2}{2bc}=c$$

$$\frac{(c^2+a^2-b^2)-(b^2+c^2-a^2)}{2c}=c$$

両辺に $2c$ を掛けて整理すると

$$2a^2-2b^2=2c^2$$

すなわち　$a^2=b^2+c^2$

よって，△ABC は

$A=90^\circ$ の直角三角形

(3) △ABC の外接円の半径を R とすると，正弦定理から

$$\sin B=\frac{b}{2R},\ \sin A=\frac{a}{2R}$$

また，余弦定理から

$$\cos A=\frac{b^2+c^2-a^2}{2bc},\ \cos B=\frac{c^2+a^2-b^2}{2ca}$$

これらを与えられた式に代入すると

$$\frac{b^2+c^2-a^2}{2bc}\cdot\frac{b}{2R}=\frac{a}{2R}\cdot\frac{c^2+a^2-b^2}{2ca}$$

整理すると　$2b^2-2a^2=0$

すなわち　$b^2-a^2=0$

$$(b+a)(b-a)=0$$

$b>0$，$a>0$ であるから　$a=b$

よって，△ABC は

BC＝AC の二等辺三角形

(4) 余弦定理から

$$\cos A=\frac{b^2+c^2-a^2}{2bc},\ \cos B=\frac{c^2+a^2-b^2}{2ca}$$

これらを与えられた式に代入すると

$$a\cdot\frac{b^2+c^2-a^2}{2bc}=b\cdot\frac{c^2+a^2-b^2}{2ca}$$

整理すると　$a^2(b^2+c^2-a^2)=b^2(c^2+a^2-b^2)$

すなわち　$a^4-b^4-a^2c^2+b^2c^2=0$

$$(a^2+b^2)(a^2-b^2)-(a^2-b^2)c^2=0$$

$$(a^2-b^2)\{(a^2+b^2)-c^2\}=0$$

$$(a+b)(a-b)(a^2+b^2-c^2)=0$$

$a>0$，$b>0$ であるから

$a=b$　または　$a^2+b^2=c^2$

よって，△ABC は

BC＝AC の二等辺三角形

または **$C=90^\circ$ の直角三角形**

本編 p.078～079

《章末問題》

336 (1)　$0^\circ \leqq \theta \leqq 180^\circ$ において，$\sin\theta$ は

$\theta=90^\circ$　　のとき　1（最大値）

$\theta=0^\circ,\ 180^\circ$ のとき　0（最小値）

となるので　$0 \leqq \sin\theta \leqq 1$

（各辺に 1 を加える）

よって　$\boldsymbol{1 \leqq \sin\theta+1 \leqq 2}$

⇦まず $\sin\theta$ の範囲を考える。

(2)　$0^\circ \leqq \theta \leqq 180^\circ$ において，$\cos\theta$ は

$\theta=0^\circ$　のとき　1（最大値）

$\theta=180^\circ$ のとき　-1（最小値）

となるので　$-1 \leqq \cos\theta \leqq 1$

（各辺に 3（>0）を掛ける）

よって　$-3 \leqq 3\cos\theta \leqq 3$

（各辺から 2 を引く）

ゆえに　$\boldsymbol{-5 \leqq 3\cos\theta-2 \leqq 1}$

⇦まず $\cos\theta$ の範囲を考える。

(3)　$0^\circ \leqq \theta \leqq 60^\circ$ において，$\tan\theta$ は

$\theta=60^\circ$ のとき　$\sqrt{3}$（最大値）

$\theta=0^\circ$　のとき　0（最小値）

となるので　$0 \leqq \tan\theta \leqq \sqrt{3}$

（各辺に $\sqrt{3}$（>0）を掛ける）

よって　$0 \leqq \sqrt{3}\tan\theta \leqq 3$

（各辺から 1 を引く）

ゆえに　$\boldsymbol{-1 \leqq \sqrt{3}\tan\theta-1 \leqq 2}$

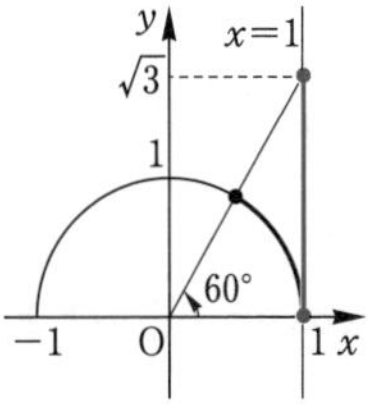

⇦まず $\tan\theta$ の範囲を考える。

(4)　$45^\circ \leqq \theta \leqq 120^\circ$ において，$\sin\theta$ は

$\theta=90^\circ$ のとき　1（最大値）

$\theta=45^\circ$ のとき　$\dfrac{1}{\sqrt{2}}$（最小値）

となるので　$\dfrac{1}{\sqrt{2}} \leqq \sin\theta \leqq 1$

（各辺に $\sqrt{2}$（>0）を掛ける）

よって　$1 \leqq \sqrt{2}\sin\theta \leqq \sqrt{2}$

（各辺に 2 を加える）

ゆえに　$\boldsymbol{3 \leqq \sqrt{2}\sin\theta+2 \leqq 2+\sqrt{2}}$

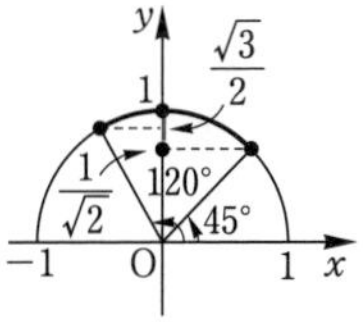

⇦まず $\sin\theta$ の範囲を考える。

337 (1)　$\sin^2\theta=\sin\theta$ より　$\sin^2\theta-\sin\theta=0$

すなわち　　$\sin\theta(\sin\theta-1)=0$

となるから

$\sin\theta=0$　または　$\sin\theta-1=0$

$0^\circ \leqq \theta \leqq 180^\circ$ より

$\sin\theta=0$ のとき　$\theta=0^\circ,\ 180^\circ$

$\sin\theta-1=0$ すなわち $\sin\theta=1$ のとき　$\theta=90^\circ$

よって，求める角 θ は　$\boldsymbol{\theta=0^\circ,\ 90^\circ,\ 180^\circ}$

⇦ $\sin\theta$ を（左辺）に移項し，（左辺）$=0$ として因数分解する。
$AB=0 \Longleftrightarrow A=0$ または $B=0$

(2) $\cos^2\theta=2\cos\theta$ より　$\cos^2\theta-2\cos\theta=0$

⇦(左辺)$=0$ として因数分解

すなわち　$\cos\theta(\cos\theta-2)=0$

となるから

$\cos\theta=0$ または $\cos\theta=2$

$0°\leqq\theta\leqq180°$ のとき　$-1\leqq\cos\theta\leqq1$ であるから

$\cos\theta=0$

⇦ $\cos\theta=2$ は $-1\leqq\cos\theta\leqq1$ に適さない。

よって，求める角は　$\boldsymbol{\theta=90°}$

(3) $\underline{4\sin\theta\cos\theta+2\sin\theta}-2\cos\theta-1=0$

$\underline{2\sin\theta(2\cos\theta+1)}-(2\cos\theta+1)=0$

より　$(2\sin\theta-1)(2\cos\theta+1)=0$

となるから

$2\sin\theta-1=0$ または $2\cos\theta+1=0$

$0°\leqq\theta\leqq180°$ より

$2\sin\theta-1=0$　すなわち　$\sin\theta=\dfrac{1}{2}$ のとき

$\theta=30°,\ 150°$

$2\cos\theta+1=0$　すなわち　$\cos\theta=-\dfrac{1}{2}$ のとき

$\theta=120°$

よって，求める角 θ は　$\boldsymbol{\theta=30°,\ 120°,\ 150°}$

(4) $2\sin^2\theta-\cos\theta-1=0$ より

⇦ $\sin^2\theta=1-\cos^2\theta$ を用いて“$\cos\theta$ だけの式”にする。

$2(1-\cos^2\theta)-\cos\theta-1=0$

であるから　$-2\cos^2\theta-\cos\theta+1=0$

すなわち　$2\cos^2\theta+\cos\theta-1=0$

$(2\cos\theta-1)(\cos\theta+1)=0$

となるから

$2\cos\theta-1=0$ または $\cos\theta+1=0$

$0°\leqq\theta\leqq180°$ より

$2\cos\theta-1=0$　すなわち　$\cos\theta=\dfrac{1}{2}$ のとき

$\theta=60°$

$\cos\theta+1=0$　すなわち　$\cos\theta=-1$ のとき

$\theta=180°$

よって，求める角 θ は　$\boldsymbol{\theta=60°,\ 180°}$

338 (1)　$\sin\theta \geqq \dfrac{\sqrt{2}}{2}$ より　$45^\circ \leqq \theta \leqq 135^\circ$　……①

$\cos\theta \leqq -\dfrac{1}{2}$ より　$120^\circ \leqq \theta \leqq 180^\circ$　……②

①
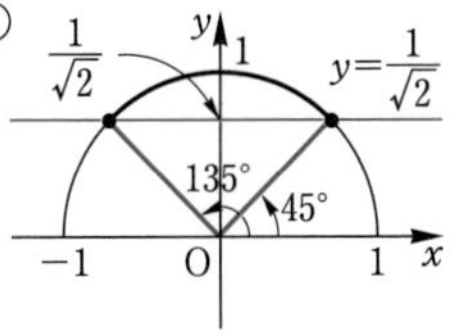

②
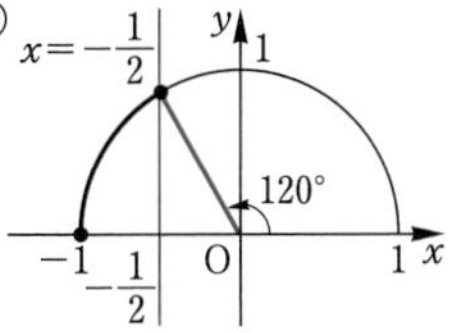

求める角 θ の範囲は，①，②の共通部分であるから

$120^\circ \leqq \theta \leqq 135^\circ$

(2)　$2\sin\theta - \sqrt{3} \leqq 0$ より　$\sin\theta \leqq \dfrac{\sqrt{3}}{2}$

よって　$0^\circ \leqq \theta \leqq 60^\circ$，$120^\circ \leqq \theta \leqq 180^\circ$　……①

$\tan\theta - 1 < 0$ より　$\tan\theta < 1$

よって　$0^\circ \leqq \theta < 45^\circ$，$90^\circ < \theta \leqq 180^\circ$　……②

⇦ $90^\circ < \theta \leqq 180^\circ$ ［$\tan\theta \leqq 0$］に注意する。

①
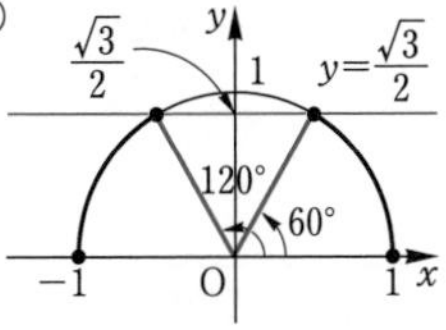

②
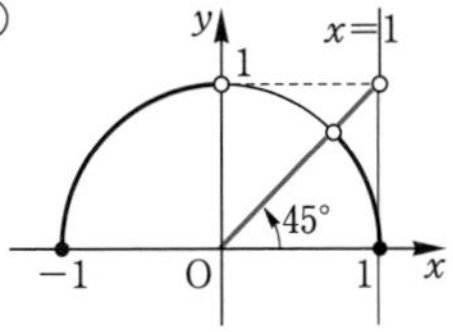

求める角 θ の範囲は，①，②の共通部分であるから

$0^\circ \leqq \theta < 45^\circ$，$120^\circ \leqq \theta \leqq 180^\circ$

(3)　$(2\sin\theta - 1)(2\cos\theta - \sqrt{3}) < 0$ より

⇦ $AB < 0$

$\Longleftrightarrow \begin{cases} A > 0 \\ B < 0 \end{cases}$ または $\begin{cases} A < 0 \\ B > 0 \end{cases}$

(i)　$\begin{cases} 2\sin\theta - 1 > 0 \\ 2\cos\theta - \sqrt{3} < 0 \end{cases}$ または (ii)　$\begin{cases} 2\sin\theta - 1 < 0 \\ 2\cos\theta - \sqrt{3} > 0 \end{cases}$

(i)のとき

$2\sin\theta - 1 > 0$　すなわち　$\sin\theta > \dfrac{1}{2}$ より

$30^\circ < \theta < 150^\circ$　……①

$2\cos\theta - \sqrt{3} < 0$　すなわち　$\cos\theta < \dfrac{\sqrt{3}}{2}$ より

$30^\circ < \theta \leqq 180^\circ$　……②

①
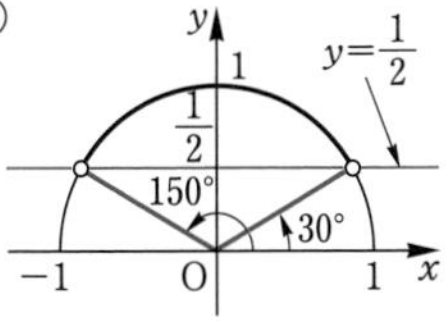

②
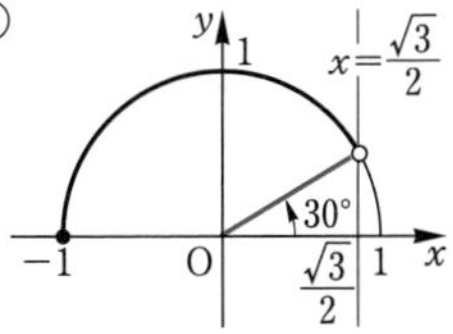

①，②の共通部分は　$30^\circ < \theta < 150^\circ$

(ii)のとき

$2\sin\theta-1<0$　すなわち　$\sin\theta<\dfrac{1}{2}$ より

$0^\circ\leqq\theta<30^\circ$，$150^\circ<\theta\leqq180^\circ$　……③

$2\cos\theta-\sqrt{3}>0$　すなわち　$\cos\theta>\dfrac{\sqrt{3}}{2}$ より

$0^\circ\leqq\theta<30^\circ$　……④

③
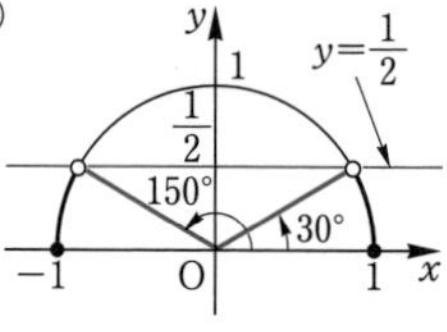

④
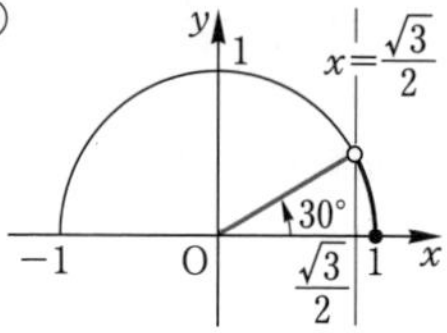

③，④の共通部分は　$0^\circ\leqq\theta<30^\circ$

よって，求める角 θ の範囲は，(i)，(ii)より

$0^\circ\leqq\theta<30^\circ$，$30^\circ<\theta<150^\circ$

⇦(i)，(ii)の和集合

(4)　$\sin^2\theta+\cos\theta-1\leqq0$ より

$(1-\cos^2\theta)+\cos\theta-1\leqq0$

⇦まず，$\cos\theta$ だけの式にする。

すなわち　$\cos^2\theta-\cos\theta\geqq0$

$\cos\theta=t$ とおくと，$0^\circ\leqq\theta\leqq180^\circ$ より

$-1\leqq t\leqq1$　……①

このとき，与えられた不等式は

$t^2-t\geqq0$ より　$t(t-1)\geqq0$

2 次不等式の解（$\alpha<\beta$） $(t-\alpha)(t-\beta)\geqq0$ $\iff t\leqq\alpha$，$\beta\leqq t$

よって　$t\leqq0$，$1\leqq t$　……②

①，②より　$-1\leqq t\leqq0$，$t=1$

⇦①，②の共通部分を求める。

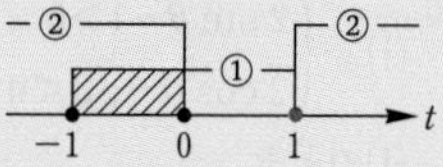

すなわち

$-1\leqq\cos\theta\leqq0$，$\cos\theta=1$

$0^\circ\leqq\theta\leqq180^\circ$ より

$\theta=0^\circ$，$90^\circ\leqq\theta\leqq180^\circ$

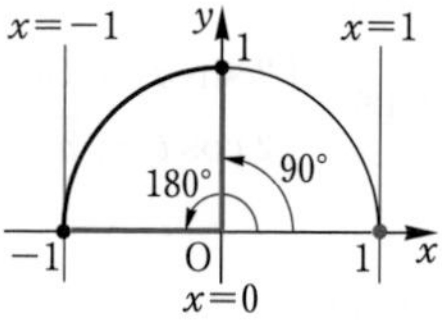

339 (1)　$0°\leqq\theta\leqq180°$ より，$-1\leqq\cos\theta\leqq1$

よって，t のとり得る値の範囲は　$\boldsymbol{-1\leqq t\leqq1}$

(2)　$f(t)=t^2-t$

$$=\left(t-\frac{1}{2}\right)^2-\frac{1}{4}$$

平方完成する

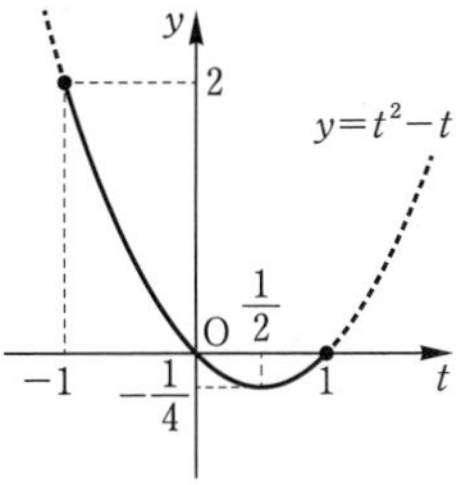

ゆえに　$\boldsymbol{y=\left(t-\frac{1}{2}\right)^2-\frac{1}{4}}$

また，(1)から $-1\leqq t\leqq1$

よって，求めるグラフは右の図の実線部分である。

グラフより，y は

$t=-1$ のとき　**最大値 2**

$t=\frac{1}{2}$ のとき　**最小値** $\boldsymbol{-\frac{1}{4}}$　をとる。

(3)　y が最大値をとるとき

$t=\cos\theta_1=-1$ より　$\boldsymbol{\theta_1=180°}$

y が最小値をとるとき

$t=\cos\theta_2=\frac{1}{2}$ より　$\boldsymbol{\theta_2=60°}$

⇦ $y=\cos^2\theta-\cos\theta$ の最大値・最小値を求めるとき
　$\cos\theta=t$ とおくと
y は t の 2 次関数となるから，2 次関数のグラフで考える。
［t の範囲（定義域）に注意］

⇦ y は t の 2 次関数であるからグラフは下に凸の放物線

⇦ t の値→ $\cos\theta$ の式→ θ の値が求まる。

340 (1)　$0°\leqq\theta\leqq180°$ より

単位円の半円周と，直線 $y=t$ の共有点の個数が 2 個のときであるから

　$\boldsymbol{0\leqq t<1}$

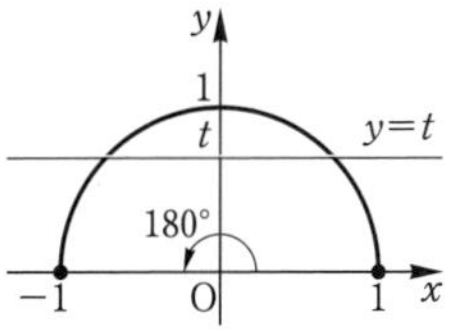

(2)　単位円の円周のうち，

$0°\leqq\theta\leqq150°$ の部分と，直線 $y=t$ の共有点の個数が 1 個のときである。

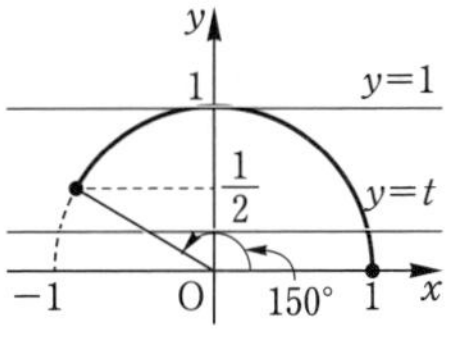

$\theta=150°$ のとき

$$t=\sin150°=\frac{1}{2}$$

であるから，

$$\boldsymbol{0\leqq t<\frac{1}{2},\ \ t=1}$$

⇦単位円と直線 $y=t$ の共有点の個数を調べる。

⇦ $t=1$ のときは，共有点（の個数）が 1 個

⇦ $t=\frac{1}{2}$ のときは，共有点（の個数）が 2 個

(3) 単位円の円周のうち，$30° \leqq \theta \leqq 120°$ の部分と直線 $y=t$ ($t \geqq 0$) の共有点の個数を調べる。

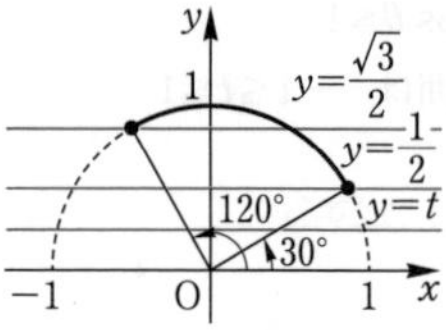

右の図より

$0 \leqq t < \frac{1}{2}$, $t>1$ のとき　0 個

$\frac{1}{2} \leqq t < \frac{\sqrt{3}}{2}$, $t=1$ のとき　1 個

$\frac{\sqrt{3}}{2} \leqq t < 1$ のとき　2 個

⇦$\theta=30°$ のとき

$t=\sin 30°=\frac{1}{2}$

$\theta=120°$ のとき

$t=\sin 120°=\frac{\sqrt{3}}{2}$

⇦共有点が 0 個のとき，$\sin\theta=t$ を満たす θ はない。

341 (1)　△ABC の面積 S は

$$S=\frac{1}{2}bc\sin A \quad \cdots\cdots①$$

正弦定理から　$\frac{a}{\sin A}=2R$

すなわち　$\sin A=\frac{a}{2R}$

これを①に代入すると

$$S=\frac{1}{2}bc\cdot\frac{a}{2R}=\frac{abc}{4R}$$

よって　$S=\frac{abc}{4R}$ が成り立つ。　終

⇦三角形の面積をもとにして，正弦定理を用いて，①の右辺の $\sin A$ を消去する。

(2)　△ABC の面積 S は

$$S=\frac{1}{2}ab\sin C \quad \cdots\cdots①$$

← $S=\frac{1}{2}bc\sin A$ とすると b，c を消去することになり計算量が増える

正弦定理から　$\frac{a}{\sin A}=\frac{b}{\sin B}$

すなわち　$b=\frac{a\sin B}{\sin A}$

これを①に代入すると

$$S=\frac{1}{2}a\cdot\frac{a\sin B}{\sin A}\cdot\sin C$$

$$=\frac{a^2\sin B\sin C}{2\sin A} \quad \cdots\cdots②$$

⇦三角形の面積をもとにして，正弦定理を用いて，①の右辺の b を消去する。

また

$A+B+C=180°$ より　$A=180°-(B+C)$

ゆえに　$\sin A=\sin\{180°-(B+C)\}$

$=\sin(B+C) \quad \cdots\cdots③$

⇦三角形の内角の和は 180°

⇦$\sin(180°-\theta)=\sin\theta$

②，③より

$$S=\frac{a^2\sin B\sin C}{2\sin(B+C)}$$ 終

342 (1)　△ABC において，余弦定理から

$$\cos B=\frac{5^2+4^2-7^2}{2\cdot5\cdot4}=-\frac{1}{5} \longleftarrow \cos B=\frac{c^2+a^2-b^2}{2ca}$$

$0°<B<180°$ より，$\sin B>0$ であるから

$$\sin B=\sqrt{1-\left(-\frac{1}{5}\right)^2}=\mathbf{\frac{2\sqrt{6}}{5}}$$

また，正弦定理から $\dfrac{7}{\sin B}=2R$ が成り立つから ← $\dfrac{b}{\sin B}=2R$

$$R=\frac{7}{2\sin B}=\frac{7}{2}\cdot\frac{5}{2\sqrt{6}}=\mathbf{\frac{35\sqrt{6}}{24}}$$

(2)　△ACD の面積が最大になるのは，
辺 AC の垂直二等分線と外接円の交点が
点 D のときである。← このとき△ ACD は二等辺三角形

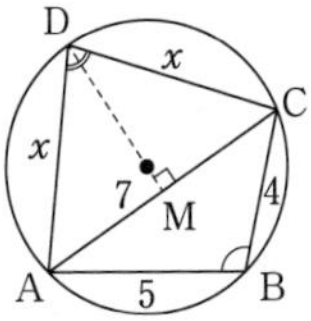

また，円に内接する四角形の性質から

$D=180°-B$

よって，DA＝DC＝x とおくと，
△ACD において，余弦定理から

$$7^2=x^2+x^2-2\cdot x\cdot x\cdot\cos(180°-B) \longleftarrow AC^2=DA^2+DC^2-2DA\cdot DC\cdot\cos D$$

$$49=2x^2+2x^2\cos B$$

$$=2x^2\left(1-\frac{1}{5}\right)=\frac{8}{5}x^2$$

すなわち　$x^2=49\cdot\dfrac{5}{8}$

$x>0$ より

$$AD=x=\sqrt{49\cdot\frac{5}{8}}=\frac{7\sqrt{5}}{2\sqrt{2}}=\mathbf{\frac{7\sqrt{10}}{4}}$$

ゆえに，求める四角形 ABCD の最大面積 S は

$$S=\triangle ABC+\triangle ACD$$

$$=\frac{1}{2}\cdot5\cdot4\cdot\sin B+\frac{1}{2}\cdot\left(\frac{7\sqrt{10}}{4}\right)^2\cdot\underline{\sin(180°-B)}$$

↑ $\sin(180°-B)=\sin B$

$$=\frac{1}{2}\left(20+\frac{245}{8}\right)\sin B$$

$$=\frac{1}{2}\cdot\frac{405}{8}\cdot\frac{2\sqrt{6}}{5}$$

$$=\mathbf{\frac{81\sqrt{6}}{8}}$$

⇦まず，余弦定理を用いて $\cos B$ の値を求める。

⇦次に，$\sin^2B+\cos^2B=1$ の関係式を用いて $\sin B$ の値を求める。

⇦四角形 ABCD
＝△ABC＋△ACD
△ACD において
底辺を AC と考えたとき，高さが最大となるのは，M を辺 AC の中点として，DM⊥AC となる（DM が外接円の中心を通る）ときである。

⇦(1)から，$\cos B=-\dfrac{1}{5}$

⇦ $DM=\sqrt{\left(\dfrac{7\sqrt{10}}{4}\right)^2-\left(\dfrac{7}{2}\right)^2}=\dfrac{7\sqrt{6}}{4}$

より，

$$\triangle ACD=\frac{1}{2}\cdot AC\cdot DM$$

$$=\frac{1}{2}\cdot7\cdot\frac{7\sqrt{6}}{4}=\frac{49\sqrt{6}}{8}$$

としてもよい。

4
章末問題

343 (1) $\angle\mathrm{BAD}=\theta$ とおく。

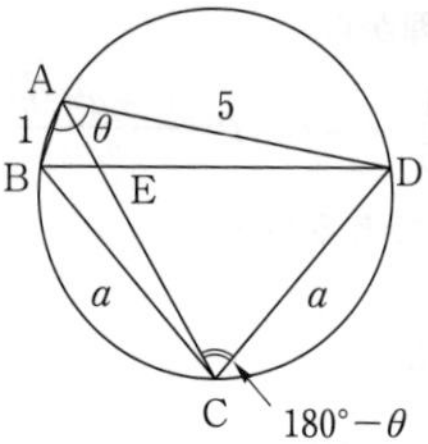

△ABD において，余弦定理から

⇦△ABD に余弦定理を用いる。

$$\mathrm{BD}^2=\mathrm{AB}^2+\mathrm{AD}^2-2\cdot\mathrm{AB}\cdot\mathrm{AD}\cdot\cos\theta$$
$$=1^2+5^2-2\cdot1\cdot5\cdot\left(-\frac{1}{7}\right)$$
$$=\frac{192}{7}$$

$\mathrm{BD}>0$ より

$$\mathrm{BD}=\sqrt{\frac{192}{7}}=\frac{8\sqrt{3}}{\sqrt{7}}=\boldsymbol{\frac{8\sqrt{21}}{7}}$$

(2) 円に内接する四角形の性質から ⟵ 対角の和が 180°

$$\angle\mathrm{BCD}=180^\circ-\theta$$

△BCD において，余弦定理から

⇦△BCD に余弦定理を用いて，(1)の結果と比較する。

$$\mathrm{BD}^2=\mathrm{BC}^2+\mathrm{CD}^2-2\cdot\mathrm{BC}\cdot\mathrm{CD}\cdot\cos(180^\circ-\theta)$$
$$=a^2+a^2-2\cdot a\cdot a\cdot(-\cos\theta)$$
$$=2a^2+2a^2\cos\theta$$
$$=2a^2(1+\cos\theta)=2a^2\left(1-\frac{1}{7}\right)=\frac{12}{7}a^2$$

$\cos(180^\circ-\theta)=-\cos\theta$

(1)の結果から

$$\frac{192}{7}=\frac{12}{7}a^2 \quad \text{すなわち} \quad a^2=16$$

$a>0$ より　$\boldsymbol{a=4}$

(3) $0^\circ<\theta<180^\circ$ より，$\sin\theta>0$ であるから

$$\sin\theta=\sqrt{1-\cos^2\theta}=\sqrt{1-\left(-\frac{1}{7}\right)^2}=\frac{4\sqrt{3}}{7}$$

⇦ $\cos\theta=-\dfrac{1}{7}$ を用いて $\sin\theta$ の値を求める。

四角形 ABCD の面積 S は

⇦四角形 ABCD を 2 つの三角形 △ABD と△BCD に分けて考える。

$$S=\triangle\mathrm{ABD}+\triangle\mathrm{BCD}$$
$$=\frac{1}{2}\cdot1\cdot5\cdot\sin\theta+\frac{1}{2}\cdot4\cdot4\cdot\sin(180^\circ-\theta)$$

$\sin(180^\circ-\theta)=\sin\theta$

$$=\frac{5}{2}\sin\theta+8\sin\theta=\frac{21}{2}\sin\theta$$
$$=\frac{21}{2}\cdot\frac{4\sqrt{3}}{7}=\boldsymbol{6\sqrt{3}}$$

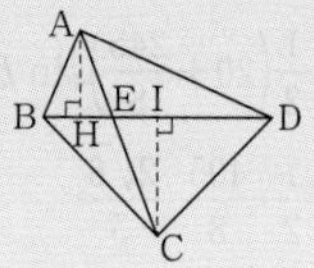

(4) △ABD と△BCD は BD を共有していることから

$$\triangle\mathrm{ABD}:\triangle\mathrm{BCD}=\mathrm{AE}:\mathrm{EC}$$

⇦上の図において
△AEH∽△CEI より
AE : CE＝AH : CI
＝△ABD : △BCD

よって

$$\mathrm{AE}:\mathrm{EC}=\left(\frac{1}{2}\cdot1\cdot5\cdot\sin\theta\right):\left(\frac{1}{2}\cdot4\cdot4\cdot\sin(180^\circ-\theta)\right)$$
$$=5\sin\theta:16\sin\theta=\boldsymbol{5:16}$$

344 (1)　△AFB∽△ABC であるから

AF：AB＝AB：AC

よって　AF：1＝1：x

x・AF＝1

ゆえに　AF＝$\boldsymbol{\frac{1}{x}}$

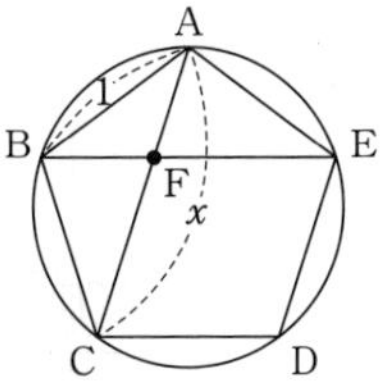

⇦△AFB∽△ABC の理由
∠FAB＝∠BAC（共通）
∠FBA＝∠BCA
（$\overset{\frown}{AE}=\overset{\frown}{AB}$ より）
より，対応する 2 角が等しい。

(2)　△CBF において

∠CBF は $\overset{\frown}{CDE}$ に対応する円周角であるから

$$\angle CBF=\frac{2}{5}\cdot 180^\circ=72^\circ$$

⇦$\overset{\frown}{CDE}$ は円周の $\frac{2}{5}$

⇦全円周に対応する中心角は 360° であるから，円周角は $\frac{1}{2}\cdot 360^\circ=180^\circ$

∠BCF は $\overset{\frown}{AB}$ に対応する円周角であるから

$$\angle BCF=\frac{1}{5}\cdot 180^\circ=36^\circ$$

⇦$\overset{\frown}{AB}$ は円周の $\frac{1}{5}$

また　$\angle CFB=180^\circ-(\angle CBF+\angle BCF)$
$=180^\circ-(72^\circ+36^\circ)=72^\circ$

よって　△CBF は CB＝CF の二等辺三角形である。

ここで　AC＝AF＋CF であるから

$$x=\frac{1}{x}+1$$

⇦(1)から $AF=\frac{1}{x}$，CF＝CB＝AB＝1

両辺に x をかけて整理すると　$x^2-x-1=0$

$x>0$ より　$x=\mathbf{AC}=\boldsymbol{\frac{1+\sqrt{5}}{2}}$

⇦2 次方程式の解は
$$x=\frac{1\pm\sqrt{5}}{2}$$

(3)　(2)から　∠BCA＝36°

△ABC において，余弦定理から

$$\cos\angle BCA=\frac{CB^2+CA^2-AB^2}{2\cdot CB\cdot CA}$$

よって　$\cos 36^\circ=\left\{1^2+\left(\frac{1+\sqrt{5}}{2}\right)^2-1^2\right\}\div\left(2\cdot 1\cdot\frac{1+\sqrt{5}}{2}\right)$

$$=\left(\frac{1+\sqrt{5}}{2}\right)^2\div(1+\sqrt{5})$$

$$=\frac{(1+\sqrt{5})^2}{4}\times\frac{1}{1+\sqrt{5}}=\boldsymbol{\frac{1+\sqrt{5}}{4}}$$

⇦AC＝x のまま計算し
$$\cos 36^\circ=\frac{1^2+x^2-1^2}{2\cdot 1\cdot x}=\frac{x}{2}=\frac{1+\sqrt{5}}{4}$$
とすると計算が簡単になる。

(別解)

△ABC において，B から CA に垂線 BH を引く。

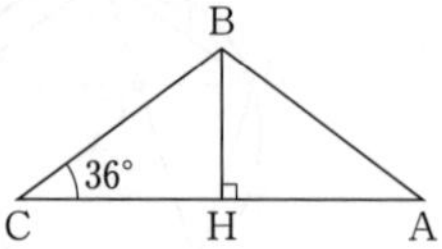

このとき

$$CH=\frac{1}{2}CA=\frac{1}{2}\cdot\frac{1+\sqrt{5}}{2}$$
$$=\frac{1+\sqrt{5}}{4}$$

$BC=1$

であるから

$$\cos 36°=\frac{CH}{BC}=\boldsymbol{\frac{1+\sqrt{5}}{4}}$$

(4) (2)から $\angle CBF=72°$

また，$BF=AF$

$$=\frac{2}{1+\sqrt{5}}=\frac{\sqrt{5}-1}{2}$$

△CBF において，余弦定理から

$$\cos\angle CBF=\frac{CB^2+BF^2-CF^2}{2\cdot CB\cdot BF}$$

よって $\cos 72°=\left\{1^2+\left(\frac{\sqrt{5}-1}{2}\right)^2-1^2\right\}\div\left(2\cdot1\cdot\frac{\sqrt{5}-1}{2}\right)$

$$=\frac{(\sqrt{5}-1)^2}{4}\div(\sqrt{5}-1)=\boldsymbol{\frac{\sqrt{5}-1}{4}}$$

また $\sin 18°=\sin(90°-72°)$ ← $\sin(90°-\theta)=\cos\theta$

$$=\cos 72°=\boldsymbol{\frac{\sqrt{5}-1}{4}}$$

(別解)

△CBF において，C から BF に垂線 CH を引く。

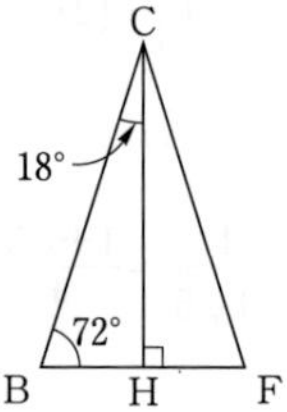

このとき

$$BH=\frac{1}{2}BF=\frac{1}{2}\cdot\frac{\sqrt{5}-1}{2}$$
$$=\frac{\sqrt{5}-1}{4}$$

$CB=1$

であるから

$$\cos 72°=\sin 18°=\frac{BH}{CB}=\boldsymbol{\frac{\sqrt{5}-1}{4}}$$

345 (1)　正四面体ABCDの4つの面はすべて1辺の長さ2の正三角形である。頂点Aから底面BCDに下ろした垂線をAH，内接球の中心をIとすると，Hは△BCDの外心であり，Iは線分AH上にある。

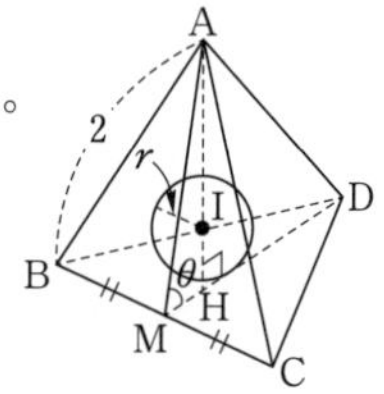

㊬p.162 章末B 8

⇦四面体ABCDの体積は4つの合同な四面体IBCD，IABC，IACD，IABDの体積の和であることを利用する。

辺BCの中点をMとし，∠AMD$=\theta$とすると

$$\mathrm{AM}=\mathrm{DM}=2\sin 60^\circ=\sqrt{3}$$

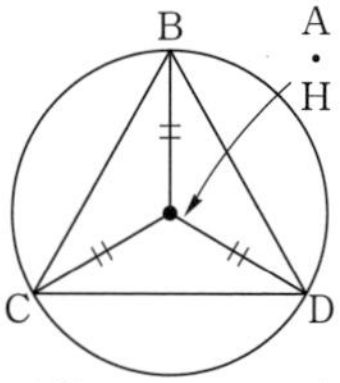

（垂線AHをAの方向に延長した点から見た図）

△AMDにおいて，余弦定理から

$$\cos\theta=\frac{\mathrm{MA}^2+\mathrm{MD}^2-\mathrm{AD}^2}{2\cdot\mathrm{MA}\cdot\mathrm{MD}}$$

$$=\frac{(\sqrt{3})^2+(\sqrt{3})^2-2^2}{2\cdot\sqrt{3}\cdot\sqrt{3}}=\frac{1}{3}$$

$\sin\theta>0$ より

$$\sin\theta=\sqrt{1-\cos^2\theta}=\sqrt{1-\left(\frac{1}{3}\right)^2}=\frac{2\sqrt{2}}{3}$$

⇦$\cos\theta=\frac{1}{3}$ を用いて $\sin\theta$ の値を求める。

よって　$\mathrm{AH}=\mathrm{AM}\sin\theta=\sqrt{3}\cdot\frac{2\sqrt{2}}{3}=\frac{2\sqrt{6}}{3}$

したがって，四面体ABCDの体積をV，△BCDの面積をSとすると，

$$S=\frac{1}{2}\mathrm{BC}\cdot\mathrm{BD}\sin 60^\circ$$

$$=\frac{1}{2}\cdot 2\cdot 2\cdot\sin 60^\circ=\sqrt{3}$$

よって

$$V=\frac{1}{3}S\cdot\mathrm{AH}$$

$$=\frac{1}{3}\cdot\sqrt{3}\cdot\frac{2\sqrt{6}}{3}=\frac{2\sqrt{2}}{3}\quad\cdots\cdots①$$

⇦底面が△BCD，高さがAH

また　$V=4\times\frac{1}{3}S\cdot r$

$$=4\cdot\frac{1}{3}\cdot\sqrt{3}\cdot r=\frac{4\sqrt{3}}{3}r\quad\cdots\cdots②$$

⇦底面が△BCD＝△ABC＝△ACD＝△ADB
高さがrの4つの合同な三角錐の体積の和

①，②より　$\frac{4\sqrt{3}}{3}r=\frac{2\sqrt{2}}{3}$

よって　$\boldsymbol{r=\frac{\sqrt{6}}{6}}$

⇦$V=\frac{1}{3}S\cdot\mathrm{AH}=4\cdot\frac{1}{3}S\cdot r$ より，
$r=\frac{1}{4}\mathrm{AH}=\frac{1}{4}\cdot\frac{2\sqrt{6}}{3}=\frac{\sqrt{6}}{6}$
としてもよい。

(2) 外接球の中心を O とすると，

点 O は線分 AH 上にあり，

$OA=OD=R$

$OH=AH-R$

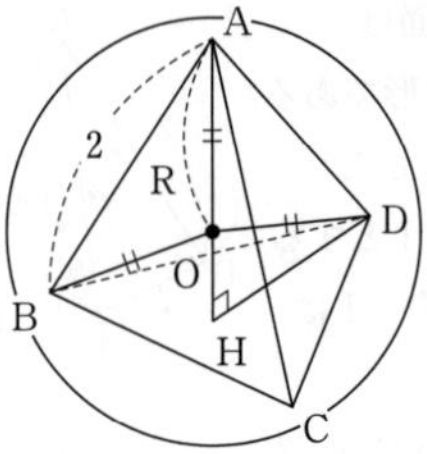

また，△AHD において，

$AD=2,\ AH=\dfrac{2\sqrt{6}}{3}$

であるから

$$HD=\sqrt{AD^2-AH^2}$$
$$=\sqrt{2^2-\left(\frac{2\sqrt{6}}{3}\right)^2}$$
$$=\frac{2\sqrt{3}}{3}$$

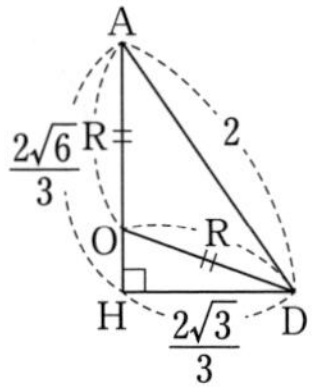

よって，△OHD において，三平方の定理から

$OD^2=OH^2+HD^2$ より

$$R^2=\left(\frac{2\sqrt{6}}{3}-R\right)^2+\left(\frac{2\sqrt{3}}{3}\right)^2$$ ⟵ $OH=AH-R$

整理すると　$\dfrac{4\sqrt{6}}{3}R=\dfrac{24+12}{9}$

ゆえに　$R=\boldsymbol{\dfrac{\sqrt{6}}{2}}$

(別解)

HD を求める方法として，次のようなものもある。

△BCD は正三角形であるから，点 H は△BCD の重心と一致する。

⇦正三角形の外心，内心，重心，垂心は一致する。(数学 A)

よって　$DH:HM=2:1$

$$HD=\frac{2}{3}DM=\frac{2\sqrt{3}}{3}$$

346 (1) 円 C に内接する正三角形の 1 辺の長さ
を l_3 とすると，正弦定理から

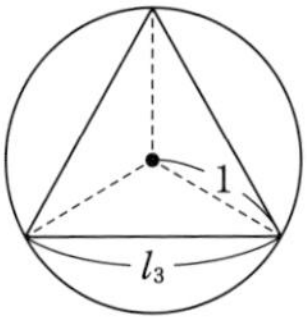

$$\dfrac{l_3}{\sin 60°}=2\times 1 \quad \Longleftarrow \quad \dfrac{a}{\sin A}=2R$$

ゆえに $\quad l_3=2\times\dfrac{\sqrt{3}}{2}=\sqrt{3}$

よって $\quad S_3=\dfrac{1}{2}\cdot\sqrt{3}\cdot\sqrt{3}\cdot\sin 60°=\dfrac{3\sqrt{3}}{4}$

また，円 C に内接する正方形の 1 辺の
長さを l_4 とする。

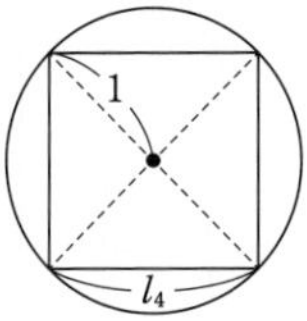

この正方形の対角線の長さは 2
であるから

$$l_4=\dfrac{2}{\sqrt{2}}=\sqrt{2}$$

よって $\quad S_4=\sqrt{2}\cdot\sqrt{2}=\mathbf{2}$

(2) 円 C に内接する正 n 角形を，
中心を頂点の 1 つとする n 個の
二等辺三角形に分けると，右の
図より

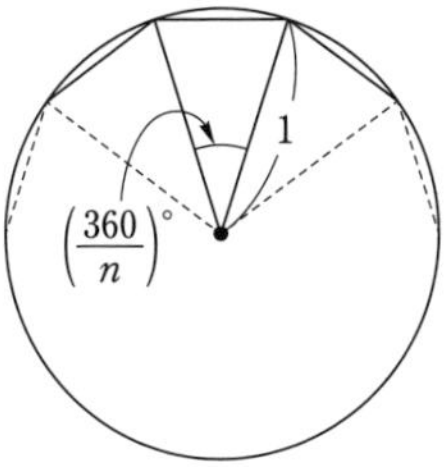

$$S_n=n\times\left\{\dfrac{1}{2}\cdot 1\cdot 1\cdot\sin\left(\dfrac{360}{n}\right)°\right\}$$

$$=\dfrac{n}{2}\sin\left(\dfrac{360}{n}\right)°$$

(3) (2)より

$$S_{120}=\dfrac{120}{2}\cdot\sin\left(\dfrac{360}{120}\right)°$$

$$=60\cdot\sin 3°=60\times 0.05234=\mathbf{3.1404}$$

$$S_{360}=\dfrac{360}{2}\cdot\sin\left(\dfrac{360}{360}\right)°$$

$$=180\cdot\sin 1°=180\times 0.01745=\mathbf{3.1410}$$

(4) n が大きくなるにつれ，円 C に内接する正 n 角形は，円 C，
すなわち半径 1 の円に近づいていく。

半径 1 の円の面積を S とすると

$$S=\underline{\pi\times 1^2}=\pi \quad \Longleftarrow \quad \text{半径 } r \text{ の円の面積は } \pi r^2$$

よって，S_n は**半径 1 の円の面積 π に近づく**と考えられる。

$\Leftarrow S_3=3\times\left(\dfrac{1}{2}\times 1\times 1\times\sin 120°\right)$

$\qquad =3\times\dfrac{1}{2}\times\dfrac{\sqrt{3}}{2}=\dfrac{3\sqrt{3}}{4}$

と求めてもよい。

$\Leftarrow$ 正方形の対角線の長さ
$\quad =$ 外接円の直径

$\Leftarrow l_4=2\sin 45°=2\cdot\dfrac{1}{\sqrt{2}}=\sqrt{2}$

$\quad S_4=4\times\left(\dfrac{1}{2}\times 1\times 1\times\sin 90°\right)$

$\qquad =4\times\dfrac{1}{2}\times 1=2$

と求めてもよい。

4

章末問題

1節 データの分析

1 度数分布とヒストグラム

本編 p.080

A

347 (1)

階級 (cm) 以上～未満	階級値 (cm)	度数 (人)
30 ～ 35	32.5	1
35 ～ 40	37.5	3
40 ～ 45	42.5	5
45 ～ 50	47.5	6
50 ～ 55	52.5	4
55 ～ 60	57.5	1
合計		20

(2) $35-30=$**5(cm)**

(3) (1)の度数分布表で，45 cm 以上 50 cm 未満の階級の度数は 6 であるから，この階級の相対度数は $\frac{6}{20}=\mathbf{0.3}$

同様に，50 cm 以上 55 cm 未満の階級の度数は 4 であるから，この階級の相対度数は $\frac{4}{20}=\mathbf{0.2}$

(4)

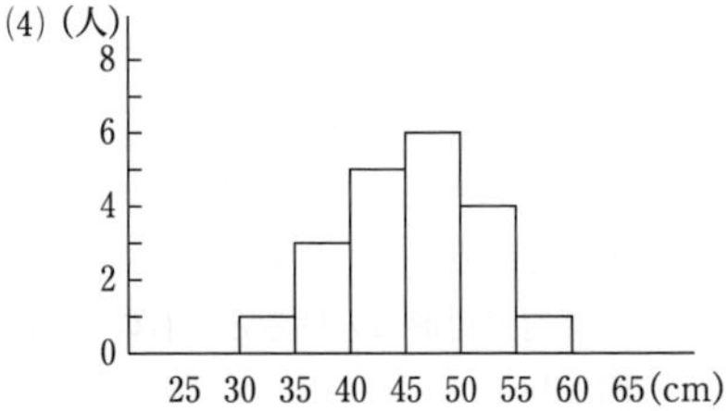

2 代表値

本編 p.081～082

A

348 (1) 数学の平均値は

$$\frac{1}{20}(5\times3+15\times4+25\times6+35\times5+45\times2)$$

$$=\frac{490}{20}=\frac{49}{2}=\mathbf{24.5(点)}$$

英語の平均値は

$$\frac{1}{20}(5\times2+15\times3+25\times5+35\times6+45\times4)$$

$$=\frac{570}{20}=\frac{57}{2}=\mathbf{28.5(点)}$$

(2) 実際の数学の平均値は

$$\frac{1}{20}(3+7+9+10+11+12+18+20\times2+22+24+26+29+30+31+35\times2+37+43+48)$$

$$=\frac{470}{20}=\mathbf{23.5(点)}$$

349 (1)　平均値は

$\frac{1}{9}(6+5+8+5+9+3+7+6+5)$

$=\frac{54}{9}=\mathbf{6}$

次に，データを小さい順に並べると

3　5　5　5　6　6　7　8　9

よって，中央値は　**6**

最頻値は　**5**

(2)　平均値は

$\frac{1}{10}(4+3+7+4+8+7+6+2+4+7)$

$=\frac{52}{10}=\mathbf{5.2}$

次に，データを小さい順に並べると

2　3　4　4　4　6　7　7　7　8

よって，中央値は　$\frac{4+6}{2}=\mathbf{5}$

最頻値は　**4，7**

350 A 高校の最大の度数は階級 170～175 であるから，最頻値は　**172.5(cm)**

B 高校の最大の度数は階級 175～180 であるから，最頻値は　**177.5(cm)**

階級値で答える

B

351 男子生徒の通学にかかる時間の合計は

$40\times15=600$(分)

女子生徒の通学にかかる時間の合計は

$32\times25=800$(分)

よって，クラス全体の通学にかかる時間の合計は $600+800=1400$(分) であるから

平均値は　$\frac{1400}{40}=\mathbf{35}$**(分)**

← $\frac{\text{通学時間の合計}}{\text{生徒数の合計}}$

C

352 人数が 30 人であるから

$4+x+10+y=30$

よって　$x+y=16$　……①

平均値が 1.8 回であるから

$0\times4+1\times x+2\times10+3\times y=1.8\times30$

$x+20+3y=54$

よって　$x+3y=34$　……②

①，②を解いて　$\boldsymbol{x}=\mathbf{7}$，$\boldsymbol{y}=\mathbf{9}$

⇦表の情報を読み取り，x と y の関係式を 2 つ導く。

⇦$\overline{x}=\frac{1}{n}(x_1+x_2+\cdots\cdots+x_n)$

より

$x_1+x_2+\cdots\cdots+x_n=n\overline{x}$

353 (1)　人数が 20 人であるから

$2+x+5+6+y=20$ より　$x+y=7$　……①

平均値が 54 点であるから

$$10\times2+30\times x+50\times5+70\times6+90\times y=54\times20$$

よって，$x+3y=13$　……②

①，②を解いて　$\boldsymbol{x=4,\ y=3}$

(2)　中央値が 50 点のとき，得点を低い順に並べたときの 10 番目と 11 番目が 40 点以上 60 点未満の階級に含まれる。

$2+x+5\geqq11$ より　$x\geqq4$　……③

$5+6+y\geqq11$ より　$y\geqq0$

①から $y=7-x\geqq0$ より　$x\leqq7$　……④

③，④より　$4\leqq x\leqq7$

よって　$\boldsymbol{x=4,\ 5,\ 6,\ 7}$

(3)　最頻値が 70 点のとき，60 点以上 80 点未満の階級の度数が最大である。

$x<6$　かつ　$y=7-x<6$ より

$1<x<6$

よって　$\boldsymbol{x=2,\ 3,\ 4,\ 5}$

㊫ p.166, 167

⇦平均値は各階級の階級値を用いる。

⇦中央値も階級値を用いる。

度数分布表と代表値

データが度数分布表に整理されているとき，各階級に入るデータは，その階級の階級値と等しいものとみなす。

⇦最頻値も階級値を用いるので，度数は 6 が最大となるようにする。

3　四分位数と四分位範囲

本編 p.083〜084

A

354 データの最大値は 42，最小値は 14 であるから，範囲は

$42-14=\boldsymbol{28}$

データを小さい順に並べると

14　15　16　17　25　28　28　35　39　40　41　42

355 (1)　Q_2 は 15 個のデータの中央値であるから　$Q_2=\boldsymbol{35}$

Q_1 は前半 7 個のデータの中央値であるから　$Q_1=\boldsymbol{20}$

Q_3 は後半 7 個のデータの中央値であるから　$Q_3=\boldsymbol{45}$

(2)　Q_2 は 16 個のデータの中央値であるから　$Q_2=\dfrac{35+37}{2}=\boldsymbol{36}$

Q_1 は前半 8 個のデータの中央値であるから　$Q_1=\dfrac{29+31}{2}=\boldsymbol{30}$

Q_3 は後半 8 個のデータの中央値であるから　$Q_3=\dfrac{39+41}{2}=\boldsymbol{40}$

356 平均値は

$$\frac{1}{40}(0\times3+2\times5+4\times9+6\times13+8\times8+10\times2)$$

$$=\frac{208}{40}=\frac{26}{5}=\mathbf{5.2(点)}$$

また，最頻値は　**6(点)**

Q_1，Q_2，Q_3 について，生徒は 40 人であるから，得点の低い方から 10 番目と 11 番目の得点はともに 4 点であるので，

$Q_1=\mathbf{4(点)}$

4 点以下が 17 人，6 点以下が 30 人であるから，20 番目と 21 番目はともに 6 点であるので，

$Q_2=\mathbf{6(点)}$

30 番目は 6 点，31 番目は 8 点であるから，

$$Q_3=\frac{6+8}{2}=\mathbf{7(点)}$$

また，最大値は　**10(点)**

　　最小値は　**0(点)** である。

したがって，箱ひげ図は次の図のようになる。

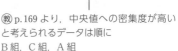

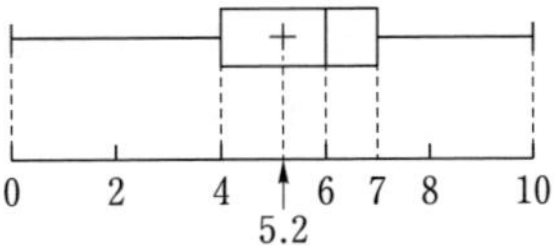

B

357 (1)　図より中央値が大きいものから順に並べると　**B 組，C 組，A 組**

(2)　最大値と最小値の差が範囲である。
A 組と B 組を比べると，最大値はほぼ等しいが，最小値は A 組の方が小さい。
よって，A 組の方が範囲は大きい。
A 組と C 組を比べると，最小値はほぼ等しいが，最大値は C 組の方が大きい。
よって，C 組の方が範囲は大きい。
したがって，大きい順に並べると
C 組，A 組，B 組

(3)　第 3 四分位数と第 1 四分位数の差が四分位範囲である。
すべての組において，第 3 四分位数はほぼ等しいが，第 1 四分位数は小さい方から順に，A 組，C 組，B 組となる。
したがって，四分位範囲が大きい順に並べると　**A 組，C 組，B 組**

㊫ p.169 より，中央値への密集度が高いと考えられるデータは順に
B 組，C 組，A 組

C

358 ① 第3四分位数と第1四分位数の差が四分位範囲であるので，図より，四分位範囲は英語の方が大きい。
よって，①は誤り。

② 第2四分位数は小さい方から100番目と101番目のデータの平均であり，図より，英語のその値は60より大きい。
よって，得点が60点以上である生徒は100人以上いるから，②は誤り。

③ 第1四分位数は小さい方から50番目と51番目のデータの平均であり，図より，数学のその値は50より小さい。よって，得点が50点以下である生徒は50人以上いるから，③は正しい。

④ 第3四分位数は小さい方から150番目と151番目のデータの平均であり，数学のその値は約75，英語は80である。よって，80点以上の人数は，数学は50人以下であり，英語は50人以上である。数学も英語もともに80点以上の人数が50人の可能性があるから，④は正しいとはいえない。

⑤ 第1四分位数は小さい方から50番目と51番目のデータの平均であり，英語のその値は40である。
よって，40点以上の人は150人以上いるから，⑤は正しい。

以上より，正しいものは **③と⑤**

㊎p.168，169
⇦全体のデータの個数から，第1〜3四分位数がそれぞれ何番目のデータを表すのかを考える。

⇦大きい方から50番目と51番目のデータの平均としてもよい。

359 どのヒストグラムからも各階級の度数の合計は19であることがわかるので，データの第1四分位数は小さい方から5番目，第2四分位数は小さい方から10番目，第3四分位数は大きい方から5番目のデータである。
箱ひげ図より最小値は0〜10の階級，第1四分位数は20〜30の階級，第2四分位数・第3四分位数・最大値は40〜50の階級である。
これらの条件を満たすヒストグラムは　A

⇦箱ひげ図より，第2四分位数が40より大きいので，全体のデータの半分以上が40〜50の階級にあることがわかる。これを満たすヒストグラムはAのみ。
箱ひげ図は箱やひげの長さが短いほどデータが密集している。

4 外れ値

本編 p.085

A

360 データを小さい方から順に並べると

41　43　44　44　44　45

45　46　46　48　48　51　56

であるので

$Q_1=\dfrac{44+44}{2}=\mathbf{44}$**(分)**,

$Q_2=\mathbf{45}$**(分)**, $Q_3=\dfrac{48+48}{2}=\mathbf{48}$**(分)**,

$R=48-44=\mathbf{4}$**(分)**

したがって

$Q_1-1.5R=44-6=38$

$Q_3+1.5R=48+6=54$

データの中に38より小さい値はない。

また，54より大きい値は56である。

よって，外れ値となるデータは　**56(分)**

5 分散と標準偏差

本編 p.085〜086

A

361 (1) 平均値 $\overline{x}$ は

$$\overline{x}=\frac{1}{6}(3+8+6+2+6+5)=\frac{30}{6}=5$$

分散 s^2 は

$$s^2=\frac{1}{6}\{(3-5)^2+(8-5)^2+(6-5)^2+(2-5)^2+(6-5)^2+(5-5)^2\}$$

$$=\frac{24}{6}=\mathbf{4}$$

よって，標準偏差 $s=\sqrt{4}=\mathbf{2}$

(別解)

$$\overline{x^2}=\frac{1}{6}(3^2+8^2+6^2+2^2+6^2+5^2)$$

$$=\frac{174}{6}=29$$

よって，$s^2=\overline{x^2}-(\overline{x})^2=29-5^2=\mathbf{4}$

(2) 平均値 $\overline{x}$ は

$$\overline{x}=\frac{1}{7}(4+3+11+6+13+2+10)$$

$$=\frac{49}{7}=7$$

分散 s^2 は

$$s^2=\frac{1}{7}\{(4-7)^2+(3-7)^2+(11-7)^2+(6-7)^2+(13-7)^2+(2-7)^2+(10-7)^2\}$$

$$=\frac{112}{7}=\mathbf{16}$$

よって，標準偏差 $s=\sqrt{16}=\mathbf{4}$

(別解)

$$\overline{x^2}=\frac{1}{7}(4^2+3^2+11^2+6^2+13^2+2^2+10^2)$$

$$=\frac{455}{7}=65$$

よって，$s^2=\overline{x^2}-(\overline{x})^2=65-7^2=\mathbf{16}$

(3) 平均値 $\overline{x}$ は

$$\overline{x}=\frac{1}{8}(5+2+7+4+12+7+3+8)$$

$$=\frac{48}{8}=6$$

分散 s^2 は

$$s^2=\frac{1}{8}\{(5-6)^2+(2-6)^2+(7-6)^2+(4-6)^2+(12-6)^2+(7-6)^2+(3-6)^2+(8-6)^2\}$$

$$=\frac{72}{8}=\mathbf{9}$$

よって，標準偏差 $s=\sqrt{9}=\mathbf{3}$

(別解)

$$\overline{x^2}=\frac{1}{8}(5^2+2^2+7^2+4^2+12^2+7^2+3^2+8^2)$$

$$=\frac{360}{8}=45$$

よって，$s^2=\overline{x^2}-(\overline{x})^2=45-6^2=\mathbf{9}$

(4) 平均値 $\overline{x}$ は

$$\overline{x}=\frac{1}{9}(6+9+4+10+6+15+9+1+12)$$

$$=\frac{72}{9}=8$$

分散 s^2 は

$$s^2=\frac{1}{9}\{(6-8)^2+(9-8)^2+(4-8)^2+(10-8)^2+(6-8)^2+(15-8)^2+(9-8)^2+(1-8)^2+(12-8)^2\}$$

$$=\frac{144}{9}=\mathbf{16}$$

よって，標準偏差 $s=\sqrt{16}=\mathbf{4}$

(別解)

$$\overline{x^2}=\frac{1}{9}(6^2+9^2+4^2+10^2+6^2+15^2+9^2+1^2+12^2)$$

$$=\frac{720}{9}=80$$

よって，$s^2=\overline{x^2}-(\overline{x})^2=80-8^2=\mathbf{16}$

362 データを小さい順に並べると

1　1　2　2　3　4　5　5　7　8

データの 2 乗の平均値 $\overline{x^2}$ は

$$\overline{x^2}=\frac{1}{10}(1^2\times2+2^2\times2+3^2+4^2+5^2\times2+7^2+8^2)$$

$$=\frac{198}{10}=19.8$$

よって，分散 s^2 は

$$s^2=\overline{x^2}-(\overline{x})^2=19.8-(3.8)^2$$

$$=19.8-14.44=\mathbf{5.36}$$

(別解)

$$s^2=\frac{1}{10}\{(1-3.8)^2\times2+(2-3.8)^2\times2+(3-3.8)^2+(4-3.8)^2+(5-3.8)^2\times2+(7-3.8)^2+(8-3.8)^2\}$$

$$=\frac{53.6}{10}=\mathbf{5.36}$$

363 (1)

階級値 x	度数 f	xf	x^2f
1	1	1	1
3	2	6	18
5	4	20	100
7	6	42	294
9	3	27	243
合計	16	96	656

上の表から

x の平均値 $\overline{x}$ は　$\overline{x}=\frac{96}{16}=6$

x^2 の平均値 $\overline{x^2}$ は　$\overline{x^2}=\frac{656}{16}=41$

よって，分散 s^2 と標準偏差 s は

$s^2=\overline{x^2}-(\overline{x})^2=41-6^2=\mathbf{5}$

$s=\sqrt{5}=2.24≒\mathbf{2.2}$

(2)

階級値 x	度数 f	xf	x^2f
2	4	8	16
4	6	24	96
6	8	48	288
8	15	120	960
10	12	120	1200
12	5	60	720
合計	50	380	3280

上の表から

x の平均値 $\overline{x}$ は　$\overline{x}=\frac{380}{50}=7.6$

x^2 の平均値は　$\overline{x^2}=\frac{3280}{50}=65.6$

よって，分散 s^2 と標準偏差 s は

$s^2=\overline{x^2}-(\overline{x})^2=65.6-7.6^2=\mathbf{7.84}$

$s=\sqrt{7.84}=\mathbf{2.8}$

B

364 (1) 平均値は

$$\frac{1}{20}(21+26\times3+28\times2+29\times3+30\times4+31+32\times2+34+35\times2+39)$$

$$=\frac{600}{20}=\mathbf{30(分)}$$

分散は

$$\frac{1}{20}\{(21-30)^2+(26-30)^2\times3+(28-30)^2\times2+(29-30)^2\times3+(30-30)^2\times4+(31-30)^2+(32-30)^2\times2+(34-30)^2+(35-30)^2\times2+(39-30)^2\}$$

$$=\frac{1}{20}(81\times2+25\times2+16\times4+4\times4+1\times4)$$

$$=\frac{296}{20}=\mathbf{14.8}$$

(2) $Q_1=\frac{28+28}{2}=28$, $Q_3=\frac{32+32}{2}=32$ より,

$R=32-28=4$ であるから,

$Q_1-1.5R=28-6=22$,

$Q_3+1.5R=32+6=38$ である。

よって，外れ値となるのは 22 より小さい値および 38 より大きい値であるので，

21，39(分)

(3) 21＋39＝60 より，新しい平均値は

(1)より

$$\frac{600-60}{20-2}=\frac{540}{18}=30 \text{ である。}$$

よって，**平均値は変化しない**。

外れ値の平均値が $\frac{21+39}{2}=30$ と元の平均値と等しいので，平均値は変化しない

分散は，平均値が変化しないので(1)より，

$$\frac{296-\{(21-30)^2+(39-30)^2\}}{20-2}=\frac{134}{18}\fallingdotseq7.4$$

である。

よって，**分散は減少する**。

分散は計算しなくても，平均値が変化せず，平均値から離れているデータのみが減ったので，分散は減少する（散らばりの度合いが小さくなる）と考えられる

(教 p.172 参照)

研究 変量の変換と仮平均

本編 p.087

B

365 (1) 平均値 $\overline{u}=2\overline{x}-5$

$=2\times18-5=\mathbf{31}$

標準偏差 $s_u=|2|s_x$

$=2\times2=\mathbf{4}$

(2) 平均値 $\overline{u}=-0.5\overline{x}+20$

$=-0.5\times18+20=\mathbf{11}$

標準偏差 $s_u=|-0.5|s_x$

$=0.5\times2=\mathbf{1}$

366 $u=\dfrac{x-14}{2}$ とおく。← いずれの階級値 x についても，$x-14$ は，偶数なので 2 で割る

階級値 x	f	u	uf	u^2f
10	2	−2	−4	8
12	5	−1	−5	5
14	6	0	0	0
16	4	1	4	4
18	2	2	4	8
20	1	3	3	9
合計	20		2	34

表から，u の平均値 $\overline{u}$，標準偏差 s_u は

$$\overline{u}=\frac{1}{20}\{(-2)\times2+(-1)\times5+0\times6+1\times4+2\times2+3\times1\}$$

$$=\frac{2}{20}=0.1$$

$$s_u=\sqrt{\frac{34}{20}-0.1^2}=\sqrt{1.69}=1.3$$

よって，$x=2u+14$ より

x の平均値 $\overline{x}$，標準偏差 s_x は

$\overline{x}=2\overline{u}+14=2\times0.1+14=\mathbf{14.2}$

$s_x=|2|s_u=2\times1.3=\mathbf{2.6}$

C

367 数学のテストの得点のデータを x，成績のデータを u とする。条件より，x の平均値 $\overline{x}=52.5$，標準偏差 $s_x=14$ であり，$u=0.8x+15$ である。

よって，u の平均値 $\overline{u}$，標準偏差 s_u は

$\overline{u}=0.8\overline{x}+15=0.8\times52.5+15=$ **57(点)**

$s_u=|0.8|s_x=0.8\times14=$ **11.2(点)**

㊙ p.176, 177

⇦ 元のデータと変換後のデータを問題文から整理する。

368 (1) 変量 u のそれぞれの値は

$$\frac{564-550}{7}=\frac{14}{7}=2,\quad \frac{606-550}{7}=\frac{56}{7}=8,$$

$$\frac{585-550}{7}=\frac{35}{7}=5,\quad \frac{578-550}{7}=\frac{28}{7}=4,$$

$$\frac{599-550}{7}=\frac{49}{7}=7,\quad \frac{620-550}{7}=\frac{70}{7}=10$$

⇦ 仮平均を 550 とし，データの大きさを $\dfrac{1}{7}$ 倍している。
このように，仮平均を用いて計算を簡単にすることができる。

よって，平均値 $\overline{u}=\dfrac{2+8+5+4+7+10}{6}=\dfrac{36}{6}=\mathbf{6}$ であり，

分散 $s_u{}^2$ は

$$s_u{}^2=\frac{1}{6}\{(2-6)^2+(8-6)^2+(5-6)^2+(4-6)^2+(7-6)^2+(10-6)^2\}$$

$$=\frac{16\times2+4\times2+1\times2}{6}=\mathbf{7}\text{ である。}$$

(2) $x=7u+550$ より x の平均値 $\overline{x}$，分散 $s_x{}^2$ は

$\overline{x}=7\overline{u}+550=7\times6+550=\mathbf{592}$

$s_x{}^2=7^2\times s_u{}^2=49\times7=\mathbf{343}$

⇦ $x=au+b$ のとき，分散は $s_x{}^2=a^2s_u{}^2$

6 データの相関

本編 p.088～089

A

369 (1) 散布図は次のようになる。

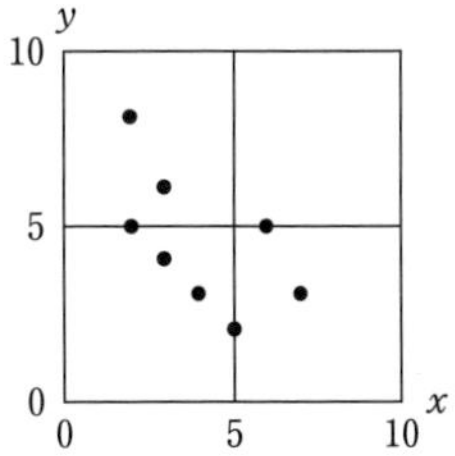

散布図において，傾きが負の直線の近くに点が集まっているから，x，y の間には**負の相関**がみられる。

(2)

y ＼ x	1～3	4～6	7～9	合計
7～9	1			1
4～6	3	1		4
1～3		2	1	3
合計	4	3	1	8

370 (1) x の総計は 56 であるから，平均値 $\overline{x}$ は ← $9+7+8+5+4+8+5+10=56$

$\overline{x}=56\div8=7$

y の総計は 40 であるから，平均値 $\overline{y}$ は ← $6+2+4+4+6+7+5+6=40$

$\overline{y}=40\div8=5$

であるから，次の表が作成できる。

番号	x	y	$x-\overline{x}$	$y-\overline{y}$	$(x-\overline{x})^2$	$(y-\overline{y})^2$	$(x-\overline{x})(y-\overline{y})$
1	9	6	2	1	4	1	2
2	7	2	0	−3	0	9	0
3	8	4	1	−1	1	1	−1
4	5	4	−2	−1	4	1	2
5	4	6	−3	1	9	1	−3
6	8	7	1	2	1	4	2
7	5	5	−2	0	4	0	0
8	10	6	3	1	9	1	3
合計	56	40	0	0	32	18	5

上の表から

共分散 $s_{xy}=\dfrac{5}{8}=0.625\fallingdotseq\mathbf{0.63}$

相関係数 $r=\dfrac{5}{\sqrt{32}\times\sqrt{18}}=\dfrac{5}{24}$ ← $\dfrac{(x-\overline{x})(y-\overline{y})\text{ の総和}}{\sqrt{(x-\overline{x})^2\text{ の総和}}\sqrt{(y-\overline{y})^2\text{ の総和}}}$

$=0.2083\cdots\fallingdotseq\mathbf{0.21}$

(2) x の総計は 48 であるから　平均値 $\overline{x}$ は

$\overline{x}=48\div 8=6$

y の総計は 56 であるから　平均値 $\overline{y}$ は

$\overline{y}=56\div 8=7$

番号	x	y	$x-\overline{x}$	$y-\overline{y}$	$(x-\overline{x})^2$	$(y-\overline{y})^2$	$(x-\overline{x})(y-\overline{y})$
1	7	5	1	−2	1	4	−2
2	9	7	3	0	9	0	0
3	5	6	−1	−1	1	1	1
4	2	9	−4	2	16	4	−8
5	6	6	0	−1	0	1	0
6	8	5	2	−2	4	4	−4
7	4	10	−2	3	4	9	−6
8	7	8	1	1	1	1	1
合計	48	56	0	0	36	24	−18

表から

共分散　$s_{xy}=\dfrac{-18}{8}=\mathbf{-2.25}$

相関係数　$r=\dfrac{-18}{\sqrt{36}\times\sqrt{24}}=-\dfrac{\sqrt{6}}{4}$

$=-\dfrac{2.45}{4}=-0.6125\fallingdotseq\mathbf{-0.61}$

B

371 (1) x の平均値 $\overline{x}$ は

$\overline{x}=\dfrac{1}{40}(1\times 2+2\times 20+3\times 18)$

$=\dfrac{96}{40}=2.4$

x^2 の平均値 $\overline{x^2}$ は

$\overline{x^2}=\dfrac{1}{40}(1^2\times 2+2^2\times 20+3^2\times 18)$

$=\dfrac{244}{40}=6.1$

よって，x の分散は

$s_x{}^2=6.1-2.4^2$

$=\mathbf{0.34}$ ← 平均値が整数の値でない場合，分散は $s_x{}^2=\overline{x^2}-(\overline{x})^2$ を用いた方が，計算が簡単

y の平均値 $\overline{y}$ は

$\overline{y}=\dfrac{1}{40}(1\times 10+2\times 20+3\times 10)$

$=\dfrac{80}{40}=2$

よって，y の分散は

$s_y{}^2=\dfrac{1}{40}\{(1-2)^2\times 10$

$+(2-2)^2\times 20+(3-2)^2\times 10\}$

$=\dfrac{20}{40}=\mathbf{0.5}$ ← 平均値が整数の場合，分散は「$(y-\overline{y})^2$ の平均」を用いた方が，計算が簡単

(2) $s_{xy}=\dfrac{1}{40}\{(1-2.4)(1-2)\times1$

$+(1-2.4)(2-2)\times1$

$+(2-2.4)(1-2)\times5$

$+(2-2.4)(2-2)\times15$

$+(3-2.4)(1-2)\times4$

$+(3-2.4)(2-2)\times4$

$+(3-2.4)(3-2)\times10\}$

$=\dfrac{7}{40}=\mathbf{0.175}$

よって，相関係数は

$r=\dfrac{s_{xy}}{s_x s_y}=\dfrac{0.175}{\sqrt{0.34}\times\sqrt{0.5}}$

$=\dfrac{0.175}{\sqrt{0.17}}=\dfrac{1.75}{\sqrt{17}}$

$\fallingdotseq\dfrac{1.75}{4.12}$

$=0.424\cdots\fallingdotseq\mathbf{0.42}$

C

372 (1) 散布図の点が右下がりに分布し，点の散らばり具合は直線的な傾向が強くない。

よって，相関係数に最も近い値は**−0.6**

(2) 散布図には 50 個の点が分布しているから，値の小さい方から順に 25 番目と 26 番目の値を読み取ればよい。

よって，x の中央値に最も近い値は **20**

y の中央値に最も近い値は **15**

7 仮説検定の考え方

本編 p.090

B

373「新しい栽培方法は効果がなかった」を仮説とする。

320＋2×24＝368

より，棄却域は「収穫量が 368 kg 以上となる」とすることができる。

375 kg は棄却域に含まれるので，仮説は成り立たないと判断でき，新しい栽培方法は**効果があったといえる。**

374 (1) 相対度数は $\dfrac{34}{1000}=\mathbf{0.034}$

(2) 掲示が誤りではない，すなわち「A，B が等しい確率で当たる」を仮説とする。

棄却域は条件より，「A が 5 回連続で当たった場合の相対度数が 0.05 以下である」とすることができる。

(1)で求めた相対度数は棄却域に含まれるので，仮説が成り立たないと判断する。

よって，「等しい確率で当たる」という掲示は**誤りといえる。**

> 5 回連続で景品 A が出ていることから，「A の方が B よりも出やすい」のでは，という考えが生じる。この考えが正しい，すなわち掲示は誤りであるといえるかどうかを，仮説検定の考え方で検証する。

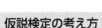

8 データの収集と分析

本編 p.091

B

375 全体の直線的な傾向から上に外れている都市は，工場の軒数が同じくらいの他の都市に比べて平均消費電力量が大きいといえる。これらの都市，東京・神奈川・千葉では，「**人口が多い**」ので平均消費電力量が大きいと考えることができる。

「商業施設が多い」など，3 都市に共通する平均消費電力量が工場の軒数以外の原因で多くなる可能性を挙げていればよい

研究 標準化と偏差値

本編 p.091

B

376 (1) $z_1=\dfrac{35-39}{8}=-\dfrac{4}{8}=\mathbf{-0.5}$ ← $z=\dfrac{x-\overline{x}}{s_x}$

$z_2=\dfrac{71-41}{12}=\dfrac{30}{12}=\mathbf{2.5}$

(2) 英語の偏差値は

$-0.5\times10+50=\mathbf{45}$

数学の偏差値は

$2.5\times10+50=\mathbf{75}$

(3) B さんの英語の点数を x とすると，

標準化された値は $\dfrac{x-39}{8}$ であるので，

偏差値について

$\dfrac{x-39}{8}\times10+50=55$

これを解いて，$x=\mathbf{43}$**(点)**

《章末問題》

本編 p.092〜093

377 (1) c 以外の 7 個のデータを小さい順に並べると

12　16　19　23　26　27　29

(i) $0<c\leqq19$ のとき

中央値は $\dfrac{19+23}{2}=21$ ← 4 番目が 19，5 番目が 23

(ii) $19<c<26$ のとき

中央値は $\dfrac{c+23}{2}$ ← 4 番目が c，5 番目が 23 または 4 番目が 23，5 番目が c

$c=20$，21，22，23，24，25 を代入すると，

中央値は　21.5，22，22.5，23，23.5，24

の 6 通りの値をとる。

(iii) $26\leqq c$ のとき

中央値は $\dfrac{23+26}{2}=24.5$ ← 4 番目が 23，5 番目が 26

(i)〜(iii)より，中央値のとりうる値は

$1+6+1=\mathbf{8}$**(通り)**

⇦ 小さい方から 4 番目と 5 番目のデータの平均値が中央値である。どのデータが 4 番目と 5 番目になるのかを考えて場合分けする。

(2) (i) $0<c\leqq 12$ のとき

四分位範囲は

$$\frac{26+27}{2}-\frac{12+16}{2}=12.5$$

となり，四分位範囲が 10 にならないので不適。

(ii) $12<c<19$ のとき

四分位範囲は

$$\frac{26+27}{2}-\frac{c+16}{2}=\frac{37-c}{2}$$

$\frac{37-c}{2}=10$ より　$c=17$

これは $12<c<19$ を満たす。

(iii) $19\leqq c\leqq 26$ のとき

四分位範囲は

$$\frac{26+27}{2}-\frac{16+19}{2}=9$$

となり，四分位範囲が 10 にならないので不適。

(iv) $26<c<29$ のとき

四分位範囲は

$$\frac{27+c}{2}-\frac{16+19}{2}=\frac{c-8}{2}$$

$\frac{c-8}{2}=10$ より　$c=28$

これは $26<c<29$ を満たす。

(v) $29\leqq c$ のとき

四分位範囲は

$$\frac{27+29}{2}-\frac{16+19}{2}=10.5$$

となり，四分位範囲が 10 にならないので不適。

(i)～(v)より　$\boldsymbol{c=17,\ 28}$

⇦第 1 四分位数は小さい方から 2 番目と 3 番目のデータの平均値，第 3 四分位数は大きい方から 2 番目と 3 番目のデータの平均値である。

(3) 変量 u は

$3\quad -4\quad 9\quad -8\quad 6\quad -1\quad 7\quad c-20$

であるから

$$\overline{u}=\frac{1}{8}\{3+(-4)+9+(-8)+6+(-1)+7+(c-20)\}$$

$$=\frac{c-8}{8}$$

$\overline{u}=0$ より　$\boldsymbol{c=8}$

⇦変量 x で表されたデータを変量 u で表す。

5

章末問題

このとき，u の分散 $s_u{}^2$ は

$$s_u{}^2=\frac{1}{8}\{3^2+(-4)^2+9^2+(-8)^2+6^2+(-1)^2+7^2+(-12)^2\}-0^2$$

$$=\frac{400}{8}=\mathbf{50}$$

⇦ $s_u{}^2=\overline{u^2}-(\overline{u})^2$

(4) $a'=a-20$，$b'=b-20$ とする。

a'，b' を加えた 10 個の変量 u について

⇦ a'，b' の連立方程式を作る。

$$\overline{u}=\frac{1}{10}\{3+(-4)+9+(-8)+6+(-1)+7+(-12)+a'+b'\}$$

$$=\frac{a'+b'}{10}$$

$\overline{u}=1$ より　$\dfrac{a'+b'}{10}=1$

整理して，$a'+b'=10$ ……①

$$s_u{}^2=\overline{u^2}-(\overline{u})^2$$

$$=\frac{1}{10}\{3^2+(-4)^2+9^2+(-8)^2+6^2+(-1)^2+7^2+(-12)^2+a'^2+b'^2\}-1^2$$

$$=\frac{a'^2+b'^2+390}{10}$$

$s_u=7$ より　$\dfrac{a'^2+b'^2+390}{10}=7^2$

整理して　$a'^2+b'^2=100$ ……②

①より　$b'=10-a'$

これを②に代入して

$$a'^2+(10-a')^2=100$$

整理して　$a'^2-10a'=0$

$$a'(a'-10)=0$$

よって　$a'=0,\ 10$

①より　$a'=0$ のとき　$b'=10$

　　　　$a'=10$ のとき　$b'=0$

$a<b$ より $a'<b'$ であるから

$$a'=0,\ b'=10$$

よって　$\boldsymbol{a=20,\ b=30}$

378 (1) Aグループの得点の合計は

$$10 \times 6 = 60$$

Bグループの得点の合計は

$$30 \times 8 = 240$$

よって，全体の平均値は

$$\frac{60+240}{10+30} = \frac{300}{40} = 7.5 \text{(点)}$$

(2) A，Bグループの得点の2乗の合計をそれぞれ u, v とすると，A，Bグループの標準偏差はそれぞれ3，2であるから

$$\sqrt{\frac{u}{10} - 6^2} = 3, \quad \sqrt{\frac{v}{30} - 8^2} = 2$$

よって $u = 450$, $v = 2040$

ゆえに，全体の標準偏差は

$$\sqrt{\frac{450+2040}{10+30} - 7.5^2} = \sqrt{62.25 - 56.25}$$
$$= \sqrt{6} = \sqrt{2} \times \sqrt{3}$$
$$= 1.41 \times 1.73$$
$$= 2.4393 \fallingdotseq 2.4 \text{(点)}$$

379 (1) $u = x+2$ の平均値 $\overline{u}$ は

$$\overline{u} = \overline{x} + 2 = 6.5 + 2 = 8.5$$

$v = 3y$ の平均値 $\overline{v}$ は

$$\overline{v} = 3\overline{y} = 3 \times 2.7 = 8.1$$

(2) $u = x+2$ の標準偏差 s_u は

$$s_u = |1|s_x = s_x = 3.2$$

$v = 3y$ の標準偏差 s_v は

$$s_v = |3|s_y = 3s_y = 3 \times 1.4 = 4.2$$

(3) $s_{uv} = (u - \overline{u})(v - \overline{v}) = \{(x+2) - (\overline{x}+2)\}(3y - 3\overline{y})$
$$= 3(x - \overline{x})(y - \overline{y})$$

であるから，u と v の共分散 s_{uv} は

$$s_{uv} = 3s_{xy} = 3 \times 2.1 = 6.3$$

(4) u と v の相関係数 r は

$$r = \frac{s_{uv}}{s_u s_v} = \frac{6.3}{3.2 \times 4.2}$$
$$= \frac{15}{32} = 0.46875 \fallingdotseq 0.47$$

㉟ p.192 章末B ④

⇦各グループの平均値と40人全体の平均値は異なるので，各グループでの偏差の2乗の和を求めても，40人全体での偏差の2乗の総和とは異なるため，40人全体の標準偏差を求めることはできない。
そこで，データの2乗の平均値を考える。

5 章末問題

変量の変換

変量 x に対して，変量 u を
$$u = ax + b \quad (a, b \text{ は定数})$$
と定めると，
$$\overline{u} = a\overline{x} + b$$
$$s_u = |a|s_x$$

⇦(2)，(3)より
$s_u = s_x$, $s_v = 3s_y$,
$s_{uv} = 3s_{xy}$ であるから
$$\frac{s_{uv}}{s_u s_v} = \frac{3s_{xy}}{s_x \cdot 3s_y} = \frac{s_{xy}}{s_x s_y}$$
である。

380 (1) 第 1 四分位数は小さい方から 10 番目と 11 番目の点数の平均値，第 2 四分位数は 20 番目と 21 番目，第 3 四分位数は 30 番目と 31 番目の点数の平均値である。

ヒストグラムから各教科の第 1 ～ 3 四分位数は順に

国語：40～50，60～70，70～80 点の階級

数学：30～40，50～60，70～80 点の階級

英語：20～30，40～50，80～90 点の階級である。

したがって，**(a) は数学，(b) は英語，(c) は国語**

⇦ ヒストグラムから第 1～3 四分位数がどの階級の値であるのかを考えればよい。

(2) $\dfrac{504}{24\times28}=\dfrac{3}{4}=\mathbf{0.75}$

(3) 3 教科合計点の平均値は，クラス全員の 3 教科の合計を 40 で割った値である。これは各教科の平均点の和に等しいので，3 教科合計点の平均値は

$63+56+52=\mathbf{171}$**(点)** (ア)

⇦ $\dfrac{(x_1+y_1+z_1)+\cdots+(x_{40}+y_{40}+z_{40})}{40}$
$=\dfrac{x_1+\cdots+x_{40}}{40}+\dfrac{y_1+\cdots+y_{40}}{40}$
$+\dfrac{z_1+\cdots+z_{40}}{40}$

標準偏差について，

$(u-\overline{u})^2=\{(x+y+z)-(\overline{x}+\overline{y}+\overline{z})\}^2$

$=\underline{\{(x-\overline{x})+(y-\overline{y})+(z-\overline{z})\}^2}$ ← (イ)の解答としてはこちらを答えてもよい

$=\boldsymbol{(x-\overline{x})^2+(y-\overline{y})^2+(z-\overline{z})^2}$

$\boldsymbol{+2(x-\overline{x})(y-\overline{y})+2(y-\overline{y})(z-\overline{z})}$

$\boldsymbol{+2(z-\overline{z})(x-\overline{x})}$ (イ)

より，u の分散

$$s_u{}^2=\frac{1}{40}\{(u_1-\overline{u})^2+\cdots\cdots+(u_{40}-\overline{u})^2\}$$

を考えると，

$$s_x{}^2=\frac{1}{40}\{(x_1-\overline{x})^2+\cdots\cdots+(x_{40}-\overline{x})^2\}$$

$$s_{xy}=\frac{1}{40}\{(x_1-\overline{x})(y_1-\overline{y})+\cdots\cdots+(x_{40}-\overline{x})(y_{40}-\overline{y})\}$$

$s_y{}^2$，$s_z{}^2$，s_{yz}，s_{zx} も同様にして，

$s_u{}^2=s_x{}^2+s_y{}^2+s_z{}^2+2s_{xy}+2s_{yz}+2s_{zx}$

$=484+576+784+2\times506+2\times504+2\times518$

$=4900$

したがって，標準偏差は，$s_u=\sqrt{4900}=\mathbf{70}$ (ウ)

(4)　A さんと B さんの最初の数学の得点の合計と，訂正後の数学の得点の合計はともに 114 点であるから，数学の平均値は変わらず 56 点である。A さんの数学の得点は平均値に近くなり，B さんの数学の得点の平均値からの近さは変わらない。

よって，**分散**は　**②減少する**

相関係数について，A さんは最初，数学は平均値より高く，英語は平均値より低かった。訂正すると，数学の点数は平均値より高いままではあるが，平均値との差が小さくなる。B さんは最初，数学は平均値より低く，英語は平均値より高かった。訂正すると，数学も平均値より高くなる。

したがって，数学と英語の共分散は増加し，数学の分散が減少するので，数学の標準偏差は減少する。

よって，**相関係数**は　**①増加する**

(別解)

数学の得点の分散 $s_y{}^2$ について，A さんと B さんの得点の偏差の 2 乗に注目すると，

訂正前は　$(59-56)^2+(55-56)^2=10$

訂正後は　$(57-56)^2+(57-56)^2=2$

よって，**分散**は　**②減少する**

数学と英語の得点の共分散 s_{yz} について，A さんと B さんの数学と英語の得点の偏差の積に注目すると，

訂正前は　$(59-56)(38-52)+(55-56)(77-52)=-67$

訂正後は　$(57-56)(38-52)+(57-56)(77-52)=11$

よって，共分散は増加する。

数学の分散が減少するので，数学の標準偏差も減少することに注意すると，数学と英語の得点の**相関係数**は　**①増加する**

⇦得点の変化が分散・標準偏差に与える影響を考える。

⇦

	変更前		変更後
A さん	59(+3)	→	57(+1)
B さん	55(−1)	→	57(+1)

(　) 内は平均値との差

⇦やみくもに計算するのではなく，一部分に注目して値の変化をみることも有効である。

⇦$r=\dfrac{s_{yz}}{s_y s_z}$

正の分数において，分子が増加し，分母が減少するので，分数全体の値は増加する。

1章 場合の数と確率

1節 場合の数

2 集合の要素の個数

本編 p.094〜096

A

1 (1) $A=\{5,\ 10,\ 15,\ \cdots\cdots,\ 100\}$

$=\{5\cdot1,\ 5\cdot2,\ 5\cdot3,\ \cdots\cdots,\ 5\cdot20\}$ より

$n(A)=\mathbf{20}$

(2) $B=\{7,\ 14,\ 21,\ \cdots\cdots,\ 98\}$

$=\{7\cdot1,\ 7\cdot2,\ 7\cdot3,\ \cdots\cdots,\ 7\cdot14\}$ より

$n(B)=\mathbf{14}$

(3) $A\cap B$ は5と7の最小公倍数35の倍数の集合であるから

5の倍数かつ7の倍数

$A\cap B=\{35,\ 70\}$ より　$n(A\cap B)=\mathbf{2}$

2 100以下の自然数を全体集合 U とする。

(1) 3の倍数の集合を A

4の倍数の集合を B

とすると，3の倍数または4の倍数である数の集合は $A\cup B$ である。

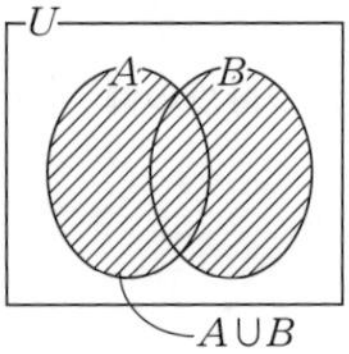

$A=\{3,\ 6,\ 9,\ \cdots\cdots,\ 99\}$

← $\{3\cdot1,\ 3\cdot2,\ 3\cdot3,\ \cdots\cdots,\ 3\cdot33\}$

$B=\{4,\ 8,\ 12,\ \cdots\cdots,\ 100\}$

← $\{4\cdot1,\ 4\cdot2,\ 4\cdot3,\ \cdots\cdots,\ 4\cdot25\}$

より　$n(A)=33,\ n(B)=25$

また，$A\cap B$ は12の倍数の集合であるから

3と4の最小公倍数

$A\cap B=\{12,\ 24,\ 36,\ \cdots\cdots,\ 96\}$

← $\{12\cdot1,\ 12\cdot2,\ 12\cdot3,\ \cdots\cdots,\ 12\cdot8\}$

より　$n(A\cap B)=8$

よって，求める個数は

$n(A\cup B)=n(A)+n(B)-n(A\cap B)$

$=33+25-8=\mathbf{50}$（個）

(2) 6の倍数の集合を C

8の倍数の集合を D

とすると，6の倍数または8の倍数である数の集合は $C\cup D$ である。

$C=\{6,\ 12,\ 18,\ \cdots\cdots,\ 96\}$

← $\{6\cdot1,\ 6\cdot2,\ 6\cdot3,\ \cdots\cdots,\ 6\cdot16\}$

$D=\{8,\ 16,\ 24,\ \cdots\cdots,\ 96\}$

← $\{8\cdot1,\ 8\cdot2,\ 8\cdot3,\ \cdots\cdots,\ 8\cdot12\}$

より，$n(C)=16,\ n(D)=12$

また，$C\cap D$ は24の倍数の集合であるから

6と8の最小公倍数

$C\cap D=\{24,\ 48,\ 72,\ 96\}$

より　$n(C\cap D)=4$

よって，求める個数は

$n(C\cup D)=n(C)+n(D)-n(C\cap D)$

$=16+12-4=\mathbf{24}$（個）

3 200以下の自然数を全体集合 U とすると

$n(U)=200$

そのうち，3の倍数の集合を A

9の倍数の集合を B

とする。

(1) $A=\{3,\ 6,\ 9,\ \cdots\cdots,\ 198\}$

← $\{3\cdot1,\ 3\cdot2,\ 3\cdot3,\ \cdots\cdots,\ 3\cdot66\}$

より　$n(A)=66$

3の倍数でない数の集合は，$\overline{A}$ であるから

$n(\overline{A})=n(U)-n(A)$

$=200-66=\mathbf{134}$（個）

(2) $B=\{9,\ 18,\ 27,\ \cdots\cdots,\ 198\}$

← $\{9\cdot1,\ 9\cdot2,\ 9\cdot3,\ \cdots\cdots,\ 9\cdot22\}$

より　$n(B)=22$

ここで，$B\subset A$ であるから

3の倍数であるが，9の倍数でない数の集合 $A\cap\overline{B}$ の要素の個数は

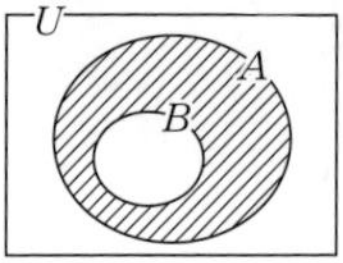

$n(A\cap\overline{B})=n(A)-n(B)$ ← $n(A\cap B)=n(B)$

$=66-22=\mathbf{44}$（個）

B

4　クラスの生徒全体の集合を U とする。

英語の合格者の集合を A

数学の合格者の集合を B

とすると

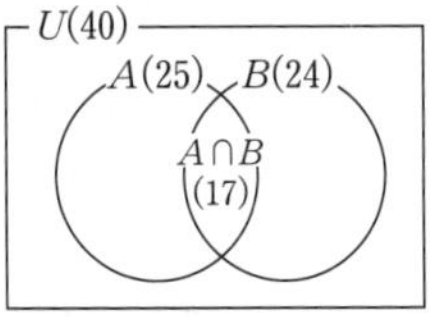

$n(U)=40$

$n(A)=25$

$n(B)=24$

$n(A\cap B)=17$

(1)　英語，数学ともに合格しなかった生徒の集合は $\overline{A}\cap\overline{B}=\overline{A\cup B}$ である。

$n(A\cup B)=n(A)+n(B)-n(A\cap B)$

$=25+24-17=32$

よって，求める人数は

$n(\overline{A\cup B})=n(U)-n(A\cup B)$

$=40-32=$ **8**（人）

(2)　英語のみ合格した生徒の集合は $A\cap\overline{B}$ であるから，求める人数は

$n(A\cap\overline{B})=n(A)-n(A\cap B)$

$=25-17=$ **8**（人）

(3)　英語，数学のいずれか1つだけ合格した生徒の集合は $A\cap\overline{B}$ または $\overline{A}\cap B$ であるから，求める人数は

$(A\cap\overline{B})\cap(\overline{A}\cap B)=\varnothing$

$n((A\cap\overline{B})\cup(\overline{A}\cap B))$

$=n(A\cap\overline{B})+n(\overline{A}\cap B)$

ここで，　←(2)より $n(A\cap\overline{B})=8$（人）

$n(\overline{A}\cap B)=n(B)-n(A\cap B)$

$=24-17=7$

よって，求める人数は

$n(A\cap\overline{B})+n(\overline{A}\cap B)$

$=8+7=$ **15**（人）

(別解)

$n(A\cap\overline{B})+n(\overline{A}\cap B)$

$=n(A\cup B)-n(A\cap B)$

$=32-17=$ **15**（人）

5　$n(U)=50$，$n(A)=30$，$n(B)=20$，$n(A\cap B)=10$ である。

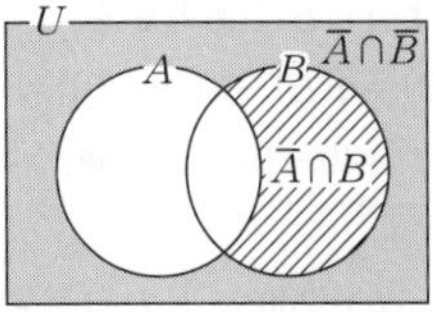

←まず，図をかく

(1)　$n(\overline{A})=n(U)-n(A)=50-30=$ **20**（個）

(2)　$n(A\cup B)=n(A)+n(B)-n(A\cap B)$

$=30+20-10=$ **40**（個）

(3)　$n(\overline{A}\cap B)=n(B)-n(A\cap B)$

$=20-10=$ **10**（個）

(4)　$n(A\cup\overline{B})=n(\overline{B})+n(A\cap B)$

$=(50-20)+10=$ **40**（個）

(5)　$n(\overline{A}\cap\overline{B})=n(\overline{A\cup B})$　←ド・モルガンの法則を利用

$=n(U)-n(A\cup B)$

$=50-40=$ **10**（個）

6　200以下の自然数を全体集合 U_1 とすると

$n(U_1)=200$

そのうち，

4で割り切れる数全体の集合を A

5で割り切れる数全体の集合を B

とする。

(1)　4でも5でも割り切れる数の集合は $A\cap B$ であり，20で割り切れる数の集合である。

←4と5の最小公倍数

$A\cap B=\{20,\ 40,\ 60,\ \cdots\cdots,\ 200\}$

←$\{20\cdot1,\ 20\cdot2,\ 20\cdot3,\ \cdots\cdots,\ 20\cdot10\}$

より　$n(A\cap B)=$ **10**（個）

(2)　4または5で割り切れる数の集合は $A\cup B$ である。ここで，

$A=\{4,\ 8,\ 12,\ \cdots\cdots,\ 200\}$

←$\{4\cdot1,\ 4\cdot2,\ 4\cdot3,\ \cdots\cdots,\ 4\cdot50\}$

$B=\{5,\ 10,\ 15,\ \cdots\cdots,\ 200\}$

←$\{5\cdot1,\ 5\cdot2,\ 5\cdot3,\ \cdots\cdots,\ 5\cdot40\}$

より　$n(A)=50$，$n(B)=40$

よって，

$n(A\cup B)=n(A)+n(B)-n(A\cap B)$

$=50+40-10=$ **80**（個）

(3) 5 では割り切れるが，4 では割り切れない数の集合は $\overline{A}\cap B$ であるから

$n(\overline{A}\cap B)=n(B)-n(A\cap B)$

$=40-10=$ **30**（個）

また，100 以上 200 以下の自然数を全体集合 U_2 とすると

$n(U_2)=101$ ←― $n(U_2)=200-99$ であることに注意する

そのうち，

4 で割り切れる数全体の集合を C

5 で割り切れる数全体の集合を D

とすると

$C=\{100,\ 104,\ 108,\ \cdots\cdots,\ 200\}$

← $\{4\cdot25,\ 4\cdot26,\ 4\cdot27,\ \cdots\cdots,\ 4\cdot50\}$

より　$n(C)=26$ ←― $50-24$　$(50-25+1)$

$D=\{100,\ 105,\ 110,\ \cdots\cdots,\ 200\}$

← $\{5\cdot20,\ 5\cdot21,\ 5\cdot22,\ \cdots\cdots,\ 5\cdot40\}$

より　$n(D)=21$ ←― $40-19$　$(40-20+1)$

(4) $C\cap D=\{100,\ 120,\ 140,\ \cdots\cdots,\ 200\}$

20 の倍数　← $\{20\cdot5,\ 20\cdot6,\ 20\cdot7,\ \cdots\cdots,\ 20\cdot10\}$

より　$n(C\cap D)=$ **6**（個） ←― $10-4$

(5) $n(C\cup D)=n(C)+n(D)-n(C\cap D)$

$=26+21-6=$ **41**（個）

C

7　生徒全体の集合を U とし，A 町，B 町に旅行したことがある生徒の集合をそれぞれ A，B とすると，

$n(U)=100$，$n(A)=33$，$n(B)=87$

㊫ p.68 章末A ①

(1) A 町と B 町の両方を旅行したことがある生徒の集合は $A\cap B$ である。

また，$n(A)<n(B)$，$n(A)+n(B)>n(U)$ であるから

（$33<87$，$33+87>100$）

$n(A\cap B)$ は次のようになる。

(i) $A\subset B$ のとき，$n(A\cap B)$ は最大となり

$n(A\cap B)=n(A)=33$

(ii) $A\cup B=U$ のとき，$n(A\cap B)$ は最小となり

$n(A\cup B)=n(A)+n(B)-n(A\cap B)$ より

$n(A\cap B)=n(A)+n(B)-n(U)$

$=33+87-100=20$

よって　$20\leqq n(A\cap B)\leqq 33$

すなわち，**20 人以上 33 人以下**

⇦(i) $A\subset B$ のとき

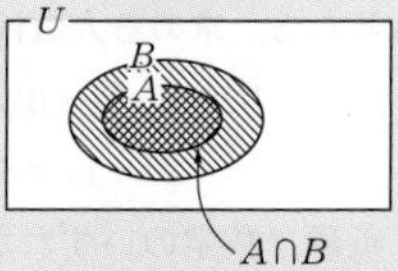

(ii) $A\cup B=U$ のとき

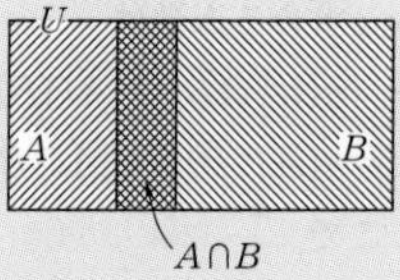

(2) A 町と B 町の両方とも旅行したことがない生徒の集合は $\overline{A}\cap\overline{B}$ である。

$n(\overline{A}\cap\overline{B})=n(\overline{A\cup B})$ ←― ド・モルガンの法則 $\overline{A}\cap\overline{B}=\overline{A\cup B}$

$=n(U)-n(A\cup B)$

$=n(U)-\{n(A)+n(B)-n(A\cap B)\}$

$=100-\{33+87-n(A\cap B)\}$

$=n(A\cap B)-20$

(1)より　$20\leqq n(\overline{A}\cap\overline{B})+20\leqq 33$ ←― $n(A\cap B)=n(\overline{A}\cap\overline{B})+20$

よって　$0\leqq n(\overline{A}\cap\overline{B})\leqq 13$

すなわち，**13 人以下**

補集合の要素の個数

$n(\overline{A})=n(U)-n(A)$

8 $n(U)=100$, $n(A\cup B)=70$, $n(A\cap B)=15$, $n(A\cap\overline{B})=40$ である。

(1) $n(A)=n(A\cap B)+n(A\cap\overline{B})$

$=15+40=$ **55**（個）

(2) $n(B)=n(A\cup B)-n(A\cap\overline{B})$

$=70-40=$ **30**（個）

(3) $n(\overline{A}\cap\overline{B})=n(\overline{A\cup B})$

$=n(U)-n(A\cup B)$

$=100-70=$ **30**（個）

(4) $n(\overline{A}\cap B)=n(B)-n(A\cap B)$

$=30-15=$ **15**（個）

(5) $n(\overline{A}\cup\overline{B})=n(\overline{A\cap B})$

$=n(U)-n(A\cap B)$

$=100-15=$ **85**（個）

⇦ 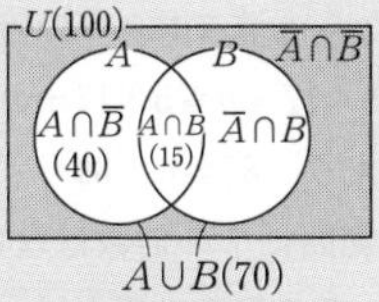

ド・モルガンの法則

$\overline{A}\cap\overline{B}=\overline{A\cup B}$

$\overline{A}\cup\overline{B}=\overline{A\cap B}$

9 この試験を受けた人全体の集合を U

問題 A が正解だった人の集合を A

問題 B が正解だった人の集合を B とする。

(1) $n(U)=x$ とすると

条件より　$n(A)=\dfrac{60}{100}x$, $n(B)=\dfrac{50}{100}x$, $n(A\cap B)=\dfrac{25}{100}x$

2 題とも不正解だった人の集合は $\overline{A}\cap\overline{B}$ で，$n(\overline{A}\cap\overline{B})=6$ である。ここで

$$n(A\cup B)=n(A)+n(B)-n(A\cap B)$$

$$=\frac{60}{100}x+\frac{50}{100}x-\frac{25}{100}x=\frac{85}{100}x$$

よって　$n(\overline{A}\cap\overline{B})=n(\overline{A\cup B})$

$=n(U)-n(A\cup B)$

$=x-\dfrac{85}{100}x=\dfrac{15}{100}x$

$\dfrac{15}{100}x=6$ より，この試験を受けた人は　$x=$ **40**（人）

(2) A だけ正解した人の集合は $A\cap\overline{B}$ であるから，

$$n(A\cap\overline{B})=n(A)-n(A\cap B)$$

$$=\frac{60}{100}x-\frac{25}{100}x=\frac{35}{100}x$$

よって　$\dfrac{35}{100}\times40=$ **14**（人）

⇦ 図をかいて考える。

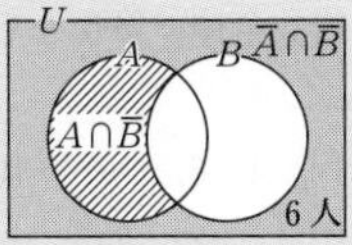

⇦ 2 題とも不正解だった人の人数を x で表し，方程式をつくる。

⇦ ド・モルガンの法則を利用。

⇦ $\dfrac{15}{100}x=6$ より

$x=6\times\dfrac{100}{15}=40$

⇦ $x=40$ を代入する。

10 1からnまでに，5の倍数が17個あるから

$5\times17\leqq n\leqq5\times17+4$

これより　$85\leqq n\leqq89$

この範囲に7の倍数はない。よって，1からnまでの自然数のうち，7の倍数の集合は

$\{7,\ 14,\ 21,\ \cdots\cdots,\ 84\}$

であるから，求める個数は**12**個。

⇦5の倍数の集合は

$\{5,\ 10,\ 15,\ \cdots,\ 85,\ 90,\ \cdots\}$
（$5\cdot1,\ 5\cdot2,\ 5\cdot3,\ \cdots,\ 5\cdot17,\ 5\cdot18$）

⇦7の倍数の集合は，

$\{7,\ 14,\ 21,\ \cdots,\ 84,\ 91,\ \cdots\}$
（$7\cdot1,\ 7\cdot2,\ 7\cdot3,\ \cdots,\ 7\cdot12,\ 7\cdot13$）

研究　3つの集合の要素の個数

本編 p.096

B

11 100以下の自然数のうち

2の倍数全体の集合をA

5の倍数全体の集合をB

9の倍数全体の集合をC

とする。

$A=\{2,\ 4,\ 6,\ \cdots\cdots,\ 100\}$

$\quad=\{2\cdot1,\ 2\cdot2,\ 2\cdot3,\ \cdots\cdots,\ 2\cdot50\}$

より　$n(A)=50$

$B=\{5,\ 10,\ 15,\ \cdots\cdots,\ 100\}$

$\quad=\{5\cdot1,\ 5\cdot2,\ 5\cdot3,\ \cdots\cdots,\ 5\cdot20\}$

より　$n(B)=20$

$C=\{9,\ 18,\ 27,\ \cdots\cdots,\ 99\}$

$\quad=\{9\cdot1,\ 9\cdot2,\ 9\cdot3,\ \cdots\cdots,\ 9\cdot11\}$

より　$n(C)=11$

$A\cap B$，$B\cap C$，$C\cap A$，$A\cap B\cap C$はそれぞれ10，45，18，90の倍数の集合である。

$A\cap B=\{10,\ 20,\ 30,\ \cdots\cdots,\ 100\}$

より　$n(A\cap B)=10$

$B\cap C=\{45,\ 90\}$

より　$n(B\cap C)=2$

$C\cap A=\{18,\ 36,\ 54,\ 72,\ 90\}$

より　$n(C\cap A)=5$

$A\cap B\cap C=\{90\}$

より　$n(A\cap B\cap C)=1$

よって，2の倍数または5の倍数または9の倍数である数の集合$A\cup B\cup C$の要素の個数は，

$n(A\cup B\cup C)$

$=n(A)+n(B)+n(C)$

$\qquad-n(A\cap B)-n(B\cap C)-n(C\cap A)$

$\qquad+n(A\cap B\cap C)$

$=50+20+11-10-2-5+1=$**65**（個）

C

12 A, B, Cのクラブに入っている人の集合を，それぞれ A, B, C とする。

(1) 条件より

$n(A\cup B\cup C)=150$,

$n(A)=84$, $n(B)=66$, $n(C)=60$,

$n(A\cap B)=30$, $n(A\cap C)=20$, $n(A\cap B\cap C)=5$ である。

$$n(A\cup B\cup C)=n(A)+n(B)+n(C)-n(A\cap B)-n(B\cap C)-n(C\cap A)+n(A\cap B\cap C)$$

B, Cの2つのクラブに入っている人の集合は $B\cap C$ であるから

$$n(B\cap C)=n(A)+n(B)+n(C)-n(A\cap B)-n(C\cap A)+n(A\cap B\cap C)-n(A\cup B\cup C)$$

$$=84+66+60-30-20+5-150=\mathbf{15}\text{（人）}$$

(2) 1つのクラブだけに入っている人は

$$n(A\cup B\cup C)\underline{-n(A\cap B)-n(B\cap C)-n(C\cap A)}+2\cdot n(A\cap B\cap C)$$

$$=150-30-15-20+10=\mathbf{95}\text{（人）}$$

⇦ 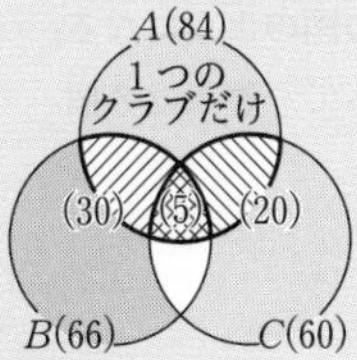

（参考）
与えられた条件を整理すると，次のようになる。

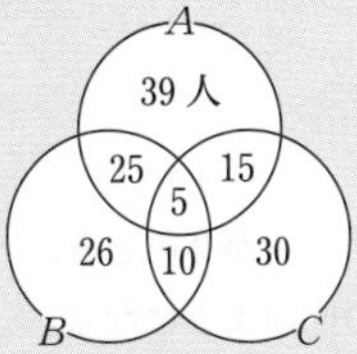

⇦ ＿の部分で $n(A\cap B\cap C)$ を3回引いているので，2回 $n(A\cap B\cap C)$ を加える必要がある。

3 場合の数

本編 p.097～099

A

13 (1) 大小2個のさいころの目をそれぞれ x, y とすると，目の和が5になる場合は，右の図より**4**通り。

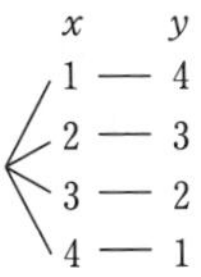

(2) 大中小3個のさいころの目をそれぞれ a, b, c とすると，目の和が7になる場合は，右の図より**15**通り。

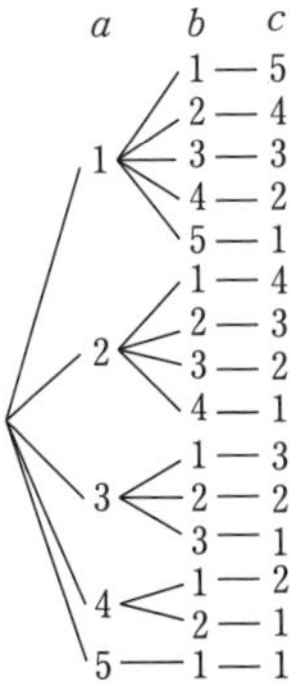

14 表が出ることを○，裏が出ることを×で表すと，1回目が表のとき，表または裏が3回出るまでの出方は図のようになる。

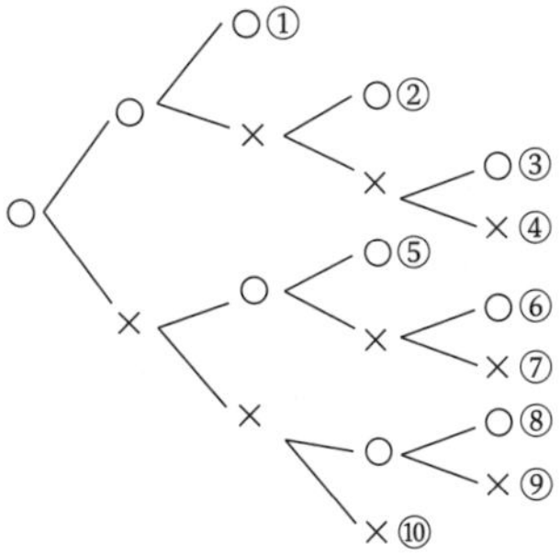

この場合の出方は10通りで，1回目が裏のときも同様に10通りある。

よって，求める場合の数は**20**通り。

15 (1)　百の位が1のとき，右の図のようになる。よって，整数は8個。

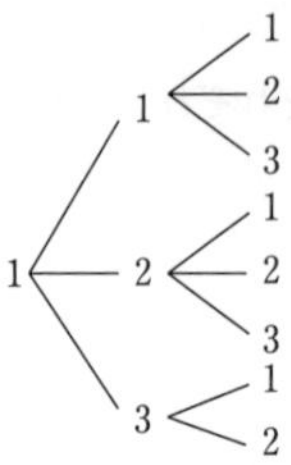

百の位が2のとき，右の図のようになる。よって，整数は7個。

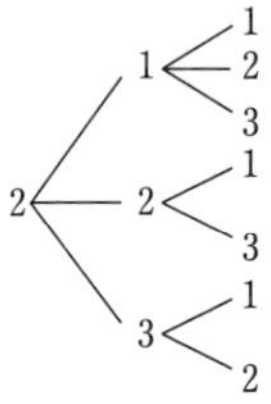

百の位が3のとき，右の図のようになる。よって，整数は4個。

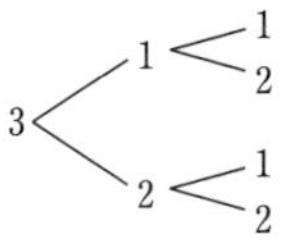

ゆえに，整数は全部で

$8+7+4=\mathbf{19}$（個）

(2)　(1)の図より，小さい方から10番目の整数は　**212**。
百の位が2の整数の2番目

16 (1)　目の和が4になる場合と，6になる場合は，それぞれ次の表のようになる。

大	1	2	3
小	3	2	1

大	1	2	3	4	5
小	5	4	3	2	1

目の和が4になるのは3通り，6になるのは5通りあり，これらは同時には起こらないから

$3+5=\mathbf{8}$（通り）←和の法則

(2)　目の和が3，6，9，12になる場合は，それぞれ2通り，5通り，4通り，1通りずつあり，これらは同時には起こらないから

$2+5+4+1=\mathbf{12}$（通り）←和の法則

17 (1)　目の和が7，8，9，10，11，12になる場合は，それぞれ6通り，5通り，4通り，3通り，2通り，1通りずつあり，これらは同時には起こらないから

$6+5+4+3+2+1=\mathbf{21}$（通り）←和の法則

(2)　目の積が6，12，18，24，30，36になる場合は，それぞれ4通り，4通り，2通り，2通り，2通り，1通りずつあり，これらは同時には起こらないから

$4+4+2+2+2+1=\mathbf{15}$（通り）←和の法則

18　A町からB町への行き方は5通りあり，そのそれぞれに対して，B町からC町への行き方は4通りずつあるから

$5\times4=\mathbf{20}$（通り）←積の法則

19 (1)　3枚の硬貨のそれぞれについて，表・裏の出方は2通りずつあるから

$2\times2\times2=\mathbf{8}$（通り）←積の法則

(2)　4枚の硬貨のそれぞれについて，表・裏の出方は2通りずつあるから

$2\times2\times2\times2=\mathbf{16}$（通り）←積の法則

20　3つの因数 $a+b$，$p+q$，$x+y+z$ のそれぞれの整式から，文字を1つずつ選んで掛け合わせると，展開式の項ができる。
これらの項には，同類項はないから，全部の項の数は

$2\times2\times3=\mathbf{12}$（個）←積の法則

B

21 (1) 100 を素因数分解すると　$100=2^2\times5^2$

ここで，2^2 の正の約数は　1，2，2^2 の 3 個

5^2 の正の約数は　1，5，5^2 の 3 個

であり，それぞれの約数から 1 個ずつ選んで掛け合わせると 100 の 1 つの約数ができる。

よって，100 の正の約数の個数は

$3\times3=$**9**（個）←積の法則

また，2^2 と 5^2 の約数の和をつくり，掛け合わせて展開すると，すべての約数が項として得られるから，求める約数の和は，

$(1+2+2^2)(1+5+5^2)=7\times31=$**217**

(2) 540 を素因数分解すると　$540=2^2\times3^3\times5$

ここで，2^2 の正の約数は　1，2，2^2

3^3 の正の約数は　1，3，3^2，3^3

5 の正の約数は　1，5

であるから，540 の正の約数の個数は

$3\times4\times2=$**24**（個）←積の法則

また，2^2 と 3^3 と 5 の約数の和をつくり，掛け合わせて展開すると，すべての約数が項として得られるから，求める約数の和は

$(1+2+2^2)(1+3+3^2+3^3)(1+5)$

$=7\times40\times6=$**1680**

22 (1) 目の和が 5 になる場合は，次の表のように 6 通りある。

大	1	1	1	2	2	3
中	1	2	3	1	2	1
小	3	2	1	2	1	1

目の和が 6 になる場合は，次の表のように 10 通りある。

大	1	1	1	1	2	2	2	3	3	4
中	1	2	3	4	1	2	3	1	2	1
小	4	3	2	1	3	2	1	2	1	1

よって，求める場合の数は

$6+10=$**16**（通り）←和の法則

(2) 目がすべて 3 以上のとき，それぞれのさいころの目の出方は，3 ～ 6 の 4 通りずつある。

よって，求める場合の数は

$4\times4\times4=$**64**（通り）←積の法則

(3) 目の積が奇数となるのは，大中小のさいころの目がすべての奇数の場合である。

それぞれのさいころの目の出方は 1，3，5 の 3 通りずつある。

よって，求める場合の数は

$3\times3\times3=$**27**（通り）←積の法則

C

23 360 を素因数分解すると　$360=2^3\times3^2\times5$

㊫p.37 節末 2

(1) 5 の倍数になる場合

2^3 の約数は　1，2，2^2，2^3　の 4 通り

3^2 の約数は　1，3，3^2　の 3 通り

5 の約数は　5　の 1 通り

よって，5 の倍数の個数は

$4\times3\times1=$**12**（個）

(2) 3 の倍数になる場合

2^3 の約数は　1，2，2^2，2^3　の 4 通り

3^2 の約数は　3，3^2　の 2 通り

5 の約数は　1，5　の 2 通り

よって，3 の倍数の個数は

$4\times2\times2=$**16**（個）

⇦ 2^3，3^2，5^1 のそれぞれの約数から 1 個選んで掛け合わせると 360 の 1 つの約数ができる。

⇦ 5 の約数が 1 のときは 5 の倍数にならない。

⇦ 3^2 の約数が 1 のときは 3 の倍数にならない。

(3)　4 の倍数でない数になる場合

2^3 の約数は　1，2　　の 2 通り

3^2 の約数は　1，3，3^2　の 3 通り

5 の約数は　1，5　　の 2 通り

⇦ 2^3 の約数が 2^2，2^3 のときは 4 の倍数になる。

よって，4 の倍数でない数の個数は

$2\times3\times2=$**12**（個）

24 (1)　大小のさいころの目 a，b について，

$\dfrac{a}{b}$ が自然数になるのは，右の図のような場合である。

よって，$1+2+2+3+2+4=$**14**（通り）

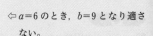

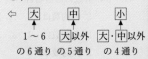

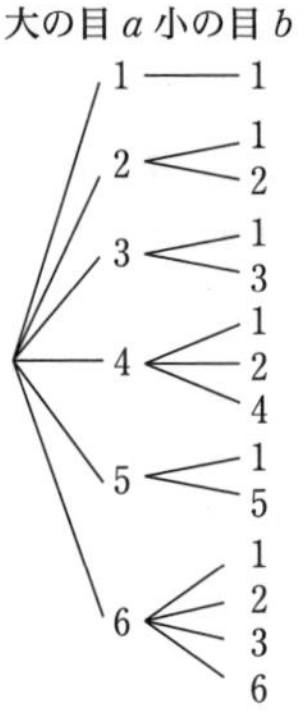

⇦樹形図を利用して数え上げる。

（別解）

分母の b で場合分けする。

(i)　$b=1$ のとき，a は 1 ～ 6 の 6 通り

(ii)　$b=2$ のとき，$a=2$，4，6 の 3 通り

(iii)　$b=3$ のとき，$a=3$，6 の 2 通り

(iv)　$b=4$ のとき，$a=4$ の 1 通り

(v)　$b=5$ のとき，$a=5$ の 1 通り

(vi)　$b=6$ のとき，$a=6$ の 1 通り

(i)～(vi)より　$6+3+2+1+1+1=14$

よって，**14**（通り）

(2)　$a^2-4b=0$ より

$a^2=4b$ であるから

a は偶数となる。

a	2	4
b	1	4

よって，$(a,\ b)=(2,\ 1)$，$(4,\ 4)$ の **2**（通り）

⇦ $a=6$ のとき，$b=9$ となり適さない。

25 (1)　目がすべて異なる場合は，大のさいころの目のそれぞれについて，中のさいころの目は大のさいころと異なる 5 通り，さらに小のさいころの目は，大，中のさいころと異なる 4 通りずつあるから

$6\times5\times4=$**120**（通り）

㊕ p.37 節末 4

⇦　大　中　小

大	中	小
↑	↑	↑
1 ～ 6 の 6 通り	大以外の 5 通り	大・中以外の 4 通り

(2)　目の積が 3 の倍数になるには，3 か 6 の目が少なくとも 1 個出ればよい。

大中小のさいころの目がすべて，3，6 以外，すなわち 1，2，4，5 の 4 種類のいずれかである場合を，全体の目の出方から除けばよいから

$6^3-4^3=216-64=$**152**（通り）

⇦「少なくとも 1 つ」のとき補集合を利用するとよい。

(3)　大中小のさいころの目の積が4の倍数となるのは，次の3つの場合である。

⇦いずれか1つのさいころの目に着目して場合分け

①　大の目が1，3，5のとき

⇦大の目の出方について3通り

中小の目の積が4の倍数となる。

(i)　中の目が1，3，5のとき，小の目が4

(ii)　中の目が2，6　　のとき，小の目が2，4，6

(iii)　中の目が4　　　のとき，小の目が1～6

(i)～(iii)より　$3\times1+2\times3+1\times6=15$（通り）

⇦中・小の目の出方について15通り

よって，$3\times15=45$（通り）

②　大の目が2，6のとき

⇦大の目の出方について2通り

中小の目のうち，少なくとも一方が偶数(2，4，6)となるから，中小ともに奇数の場合を除いて，

⇦補集合を利用

$6\times6-3\times3=27$（通り）

⇦中・小の目の出方について27通り

よって，$2\times27=54$（通り）

③　大の目が4のとき

⇦大の目の出方について1通り

中小の目は何が出てもよいから，$6\times6=36$（通り）

⇦中・小の目の出方について36通り

よって，$1\times36=36$（通り）

①，②，③より，求める場合の数は

$45+54+36=\mathbf{135}$（通り）

26　1 g，2 g，3 gの重りをそれぞれ x，y，z 個用いるとする。15 gを量るのに，3 gの重りを5個使うと，1 g，2 gの重りは使えないので，$z=4$，3，2，1のいずれかである。

⇦1番重い3 gの重りの数で場合分けして考える。

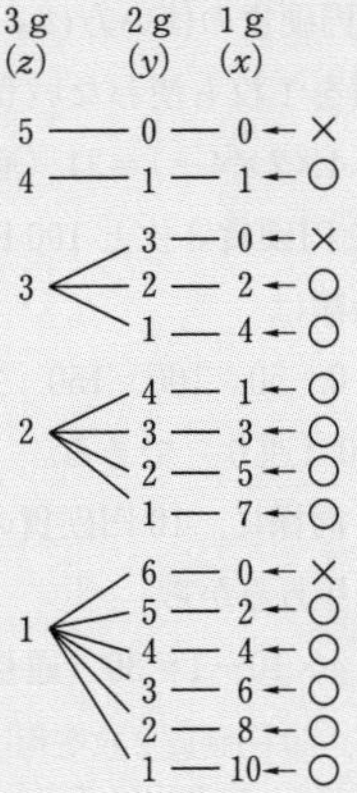

(i)　$z=4$ のとき，

残った3 gの組合せは $(x,\ y)=(1,\ 1)$ の1通り

(ii)　$z=3$ のとき

残った6 gの組合せは $(x,\ y)=(2,\ 2)$，$(4,\ 1)$ の2通り

(iii)　$z=2$ のとき

残った9 gの組合せは

$(x,\ y)=(1,\ 4)$，$(3,\ 3)$，$(5,\ 2)$，$(7,\ 1)$ の4通り

(iv)　$z=1$ のとき

残った12 gの組合せは

$(x,\ y)=(2,\ 5)$，$(4,\ 4)$，$(6,\ 3)$，$(8,\ 2)$，$(10,\ 1)$ の5通り

(i)～(iv)より，求める重りの組合せは

$1+2+4+5=\mathbf{12}$（通り）

1　1節　場合の数

（別解）

1 g，2 g，3 g の重りをそれぞれ
1 個ずつ使うと 6 g になるから，
残り 9 g を量る組合せは，右の樹形図より
1＋2＋4＋5＝**12**（通り）

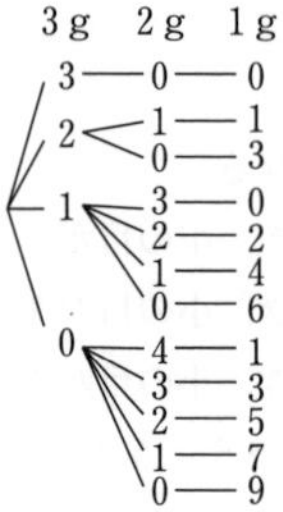

> ⇦まず，それぞれの重りを 1 個ずつ使ってから，残りの重さの量り方を考える。

27 (1)　みかん，りんご，梨をそれぞれ 1 個ずつ取り出し，残ったみかん 1 個，りんご 2 個，梨 3 個の中から 5－3＝2(個)を取り出す方法だから，右の表のようになる。

みかん	0	0	0	1	1
りんご	0	1	2	0	1
梨	2	1	0	1	0

よって，**5**（通り）

> ⇦まず，1 個ずつ 3 個を取り出して，残ったものから 2 個を取り出すと考える。
>
> ⇦数の少ない
> みかん→りんご→梨
> の順に数えるとよい。

(2)　みかん 2 個，りんご 3 個，梨 4 個の中から 5 個取り出す方法は，次の表のようになる。

みかん	0	0	0	1	1	1	1	2	2	2	2
りんご	1	2	3	0	1	2	3	0	1	2	3
梨	4	3	2	4	3	2	1	3	2	1	0

よって，**11**（通り）

28 (1)　10 円硬貨の使い方は 4 通り，そのそれぞれについて，
50 円硬貨の使い方は 2 通り，さらにそのそれぞれについて，
100 円硬貨の使い方は 4 通りある。
硬貨を 1 枚も使わない 0 円の場合を除いて
4×2×4－1＝**31**（通り）

> ⇦10 円硬貨 3 枚→0，1，2，3（枚）
> ⇦50 円硬貨 1 枚→0，1（枚）
> ⇦100 円硬貨 3 枚→0，1，2，3（枚）
>
> ⇦10 円，50 円，100 円の使い方については「積の法則」

(2)　50 円硬貨 3 枚と 100 円硬貨 3 枚を用いて支払うことのできる金額は
0，50，100，150，200，250，300，350，400，450（円）
の 10（通り）である。
(1)と同様に，10 円硬貨の使い方は，上のそれぞれについて 4 通りあるから
4×10－1＝**39**（通り）

例えば，50 円硬貨 2 枚を用いて支払うのと，100 円硬貨 1 枚を用いて支払うのは，どちらも同じ 100 円である。同じ金額を支払う硬貨の組合せがあるので，(1)のように積の法則で求めることはできない。

> ⇦50 円 3 枚を 50 円 1 枚と 100 円 1 枚と考えると，100 円 3 枚とあわせて 50 円 1 枚，100 円 4 枚となり
> 2×5＝10（通り）

(3) 10円硬貨6枚と50円硬貨1枚を用いて支払うことのできる金額は

10, 20, 30, ……, 110（円）となる。

これに，100円硬貨が3枚加わると

$110+300=410$（円）

までの金額が10円ごとに支払えることになるので

$410\div 10=\mathbf{41}$（通り）

⇦ 50円1枚を10円5枚と考えてもよい　…①

⇦ 100円3枚を10円30枚と考えてもよい　…②

①，②と10円6枚をあわせて

10円41枚

と考えることもできる。

4 順列

本編 p.100～104

A

29 (1) ${}_6P_2=6\cdot 5=\mathbf{30}$

(2) ${}_4P_4=4\cdot 3\cdot 2\cdot 1=\mathbf{24}$

(3) ${}_7P_1=\mathbf{7}$

(4) ${}_8P_0=\mathbf{1}$ ← ${}_nP_0=1$ と定める

30 (1) ${}_{12}P_2=12\cdot 11=\mathbf{132}$（通り）

(2) ${}_9P_3=9\cdot 8\cdot 7=\mathbf{504}$（通り）

(3) ${}_6P_6=6\cdot 5\cdot 4\cdot 3\cdot 2\cdot 1=\mathbf{720}$（通り）

（別解）

異なる6つの文字の順列の総数だから

$6!=6\cdot 5\cdot 4\cdot 3\cdot 2\cdot 1=\mathbf{720}$（通り）

31 (1) $8!=8\cdot 7\cdot 6\cdot 5\cdot 4\cdot 3\cdot 2\cdot 1=\mathbf{40320}$

(2) $3!\cdot 7!=(3\cdot 2\cdot 1)\cdot(7\cdot 6\cdot 5\cdot 4\cdot 3\cdot 2\cdot 1)$

$=6\cdot 5040=\mathbf{30240}$

(3) $\dfrac{6!}{4!}=6\cdot 5=\mathbf{30}$ ← $6!=6\cdot 5\cdot 4!$ と考えると，4! で約分できる

(4) $0!=\mathbf{1}$ ← $0!=1$ と定める

32 7人の円順列であるから，

$(7-1)!=6!$ ← 異なる n 個のものの円順列の総数は $(n-1)!$

$=6\cdot 5\cdot 4\cdot 3\cdot 2\cdot 1$

$=\mathbf{720}$（通り）

33 2個から7個取る重複順列であるから

$2^7=\mathbf{128}$（個）　1，2の2個から7桁分の7個を取る

34 2個から5個取る重複順列であるから

$2^5=\mathbf{32}$（通り）　○と×の2個から並べる5個を取る

35 (1) 3個から5個取る重複順列であるから

$3^5=\mathbf{243}$（通り）

(2) ○を用いない並べ方は

$2^5=32$（通り）　×と△の2個から並べる5個を取る

よって，求める並べ方は

$243-32=\mathbf{211}$（通り）

（全体）−（当てはまらない並べ方）

B

36 (1)　両端の大文字 2 つの並べ方は　${}_3P_2$ 通り

これらの並べ方のそれぞれに対して，残りの 5 文字をこの間に並べる並べ方は

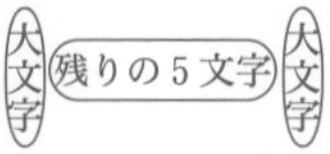

${}_5P_5$ 通り

よって，求める並べ方の総数は

$${}_3P_2\times{}_5P_5=3\cdot2\times5!$$
$$=\mathbf{720}\text{（通り）}$$

(2)　中央の大文字 3 つの並べ方は　${}_3P_3$ 通り

これらの並べ方のそれぞれに対して，残りの 4 文字をこの両端に 2 文字ずつ並べる並べ方は　${}_4P_4$ 通り

よって，求める並べ方の総数は

$${}_3P_3\times{}_4P_4=3!\times4!$$
$$=\mathbf{144}\text{（通り）}$$

(3)　小文字 4 つをまとめて 1 組とみる。

この 1 組と大文字 3 つの並べ方は　${}_4P_4$ 通り

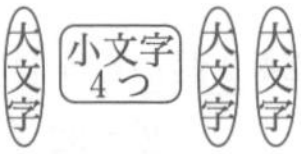

これらの並べ方のそれぞれに対して，1 組とみた 4 つの小文字の並べ方は　${}_4P_4$ 通り

よって，求める並べ方の総数は

$${}_4P_4\times{}_4P_4=4!\times4!$$
$$=\mathbf{576}\text{（通り）}$$

(4)　4 つの小文字の間（3 か所）に 3 つの大文字を 1 つずつ並べればよい。

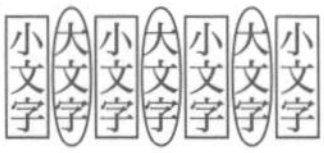

小文字 4 つの並べ方は　${}_4P_4$ 通り

これらの並べ方のそれぞれに対して，3 つの大文字の並べ方は　${}_3P_3$ 通り

よって，求める並べ方の総数は

$${}_4P_4\times{}_3P_3=4!\times3!$$
$$=\mathbf{144}\text{（通り）}$$

37 (1)　千の位は，0 以外の 4 個の数字の中から 1 個を選んで並べればよいから，その並べ方は　4 通り

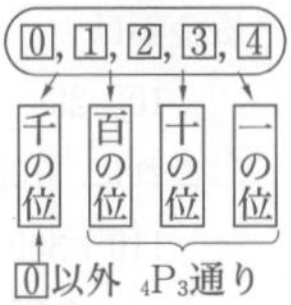

百，十，一の位は，0 を含む残り 4 個の数字の中から 3 個を選んで並べればよいから，その並べ方は　${}_4P_3$ 通り

よって，求める 4 桁の整数の総数は

$$4\times{}_4P_3=4\times4\cdot3\cdot2$$
$$=\mathbf{96}\text{（個）}$$

(2)　偶数になるのは，一の位が 0，2，4 のときである。

(i)　一の位が 0 のとき

千，百，十の位は残り 4 個の数字の中から 3 個を選んで並べればよいから，その並べ方は　${}_4P_3$ 通り

(ii)　一の位が 2，4 のとき

一の位は 2，4 の 2 個の数字の中から 1 個を選んで並べればよいから，その並べ方は　2 通り

千の位は，残り 4 個の数字のうち，0 以外の 3 個から 1 個を選んで並べればよいから，その並べ方は　3 通り

百，十の位は，0 を含む残り 3 個の数字の中から 2 個を選んで並べればよいから，その並べ方は　${}_3P_2$ 通り

以上より，一の位が 2，4 のときの並べ方は　$2\times3\times{}_3P_2$ 通り

(i)，(ii)より，求める 4 桁の偶数の総数は

$${}_4P_3+2\times3\times{}_3P_2$$ ←(i)，(ii)は同時に起こらない
$$=4\cdot3\cdot2+2\times3\times3\cdot2$$
$$=\mathbf{60}\text{（個）}$$

38 (1)　2人の大人AとBをまとめて1組とみる。
この1組と残り6人の円順列は

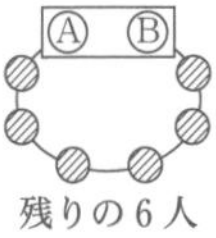

$(7-1)!$ 通り
これらの座り方のそれぞれに対して，1組とみた大人A，Bの座り方は　${}_2P_2$ 通り ← 組の中での座り方
よって，求める座り方の総数は
$(7-1)!\times{}_2P_2=6!\times2!=\mathbf{1440}$（通り）

(2)　子ども3人をまとめて1組とみる。
この1組と残りの大人5人の円順列は
$(6-1)!$ 通り
これらの座り方のそれぞれに対して，1組とみた子ども3人の座り方は　${}_3P_3$ 通り ← 組の中での座り方
よって，求める座り方の総数は
$(6-1)!\times{}_3P_3=5!\times3!=\mathbf{720}$（通り）

(3)　大人Aと子どもaの席が決まったとき，残った6つの席に残りの6人が座る座り方は　${}_6P_6$ 通り ← 円順列ではない

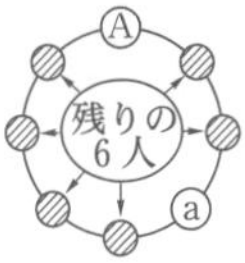

よって，求める座り方の総数は
${}_6P_6=6!=\mathbf{720}$（通り） ← Aとaの席の位置によらない

(4)　大人Aの席を固定すると，大人Bの席も決まるので，残った6つの席に残りの6人が座る座り方を考えると　${}_6P_6$ 通り ← 円順列ではない

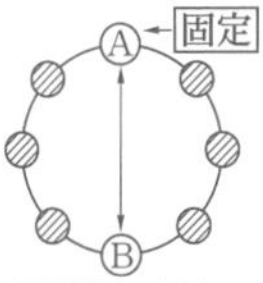

よって，求める座り方の総数は
${}_6P_6=6!=\mathbf{720}$（通り）

39 それぞれのカップルをひとまとめにして，4組を円形に並べ，カップルごとに，2人の入れかえを考える。
4組のカップルの円順列は　$(4-1)!$ 通り
これら4組のそれぞれに対して，2人の入れかえが　${}_2P_2$ 通りずつあるから，
求める並び方の総数は
$(4-1)!\times\underline{{}_2P_2\times{}_2P_2\times{}_2P_2\times{}_2P_2}$ ← 4組のカップルの入れかえ
$=3!\times2!\times2!\times2!\times2!=\mathbf{96}$（通り）

40 (1)　3人がじゃんけんを1回だけするとき，1人について
グー，チョキ，パー
の3通りの手の出し方があるから，3人の手の出し方は全部で
$3^3=\mathbf{27}$（通り） ← 3個（グー，チョキ，パー）から3個（3人）取る重複順列の総数

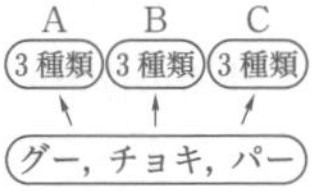

(2)　A，B，Cの3人のうち，ちょうど2人が勝つとき，勝者は，AとB，BとC，CとAの3通り。
これらのそれぞれについて，どの手で勝つかで3通りずつの手があるので，求める場合の数は ← グー，チョキ，パーの3通り
$3\times3=\mathbf{9}$（通り）

（別解）
「1人だけが負ける」と考えると，
負ける人について　3通り ← AかBかC
負ける手について　3通り ← グー，チョキ，パー
であるから　$3\times3=\mathbf{9}$（通り）

(3)　あいこになるのは，次の(i)，(ii)のときである。
(i)　3人が同じ手を出すとき
同じ手の出し方は　3通り ← グー，チョキ，パー
(ii)　3人が別々の手を出すとき
A，B，Cの3人の手の出し方について
Aの手は　3通り
Bの手は
Aの手以外の　2通り
Cの手は
A，Bの手以外の　1通り

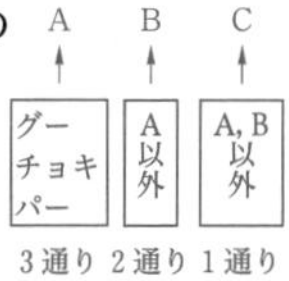

よって，3人とも違う手となる出し方は
$3\times2\times1=6$（通り）
(i)，(ii)より，あいこになる場合の出し方は
$3+6=\mathbf{9}$（通り） ← (i)，(ii)は同時に起こらない

C

41 (1) 213465 は，十万の位が 2 の整数のうち，
2 番目の整数である。
213456，213465，213546，……
十万の位が 1 の整数は全部で
$_5P_5=5!=120$（個） ……①
であるから，213465 は
$120+2=$**122**（番目）

(2) ①と同様にして，
十万の位が 2，3，4 である整数も
それぞれ 120 個ずつある。
十万の位が 1 ～ 4 の整数は　$120\times4=480$(個)
十万の位が 5，一万の位が 1 の整数は全部で
$_4P_4=4!=24$（個）
$120\times4+24=504$ であることから，
504 番目は　516432
503 番目は　516423
502 番目は　516342
501 番目は　516324
1 つ 1 つ順に数えていくとよい
よって，500 番目の整数は　**516243**

42 (1)(i)　1 文字目が a，b である文字列はそれぞれ
$_5P_5=5!=120$（個） ←a，b の 2 通り
(ii)　1 文字目が c，2 文字目が a，b，d，e である文字列はそれぞれ
$_4P_4=4!=24$（個） ←a，b，d，e の 4 通り
(iii)　2 文字目までが cf，3 文字目が a で，
4 文字目が b，d である文字列はそれぞれ
$_2P_2=2$（個） ←b，d の 2 通り
(iv)　最初の 4 文字が cfae である文字列のうち，
cfaebd は 1 番目にあらわれる文字列である。
(i)，(ii)，(iii)，(iv)より，cfaebd は
$\underset{(i)}{\underline{120\times2}}+\underset{(ii)}{\underline{24\times4}}+\underset{(iii)}{\underline{2\times2}}+\underset{(iv)}{\underline{1}}=$**341**（番目）

(2) ab で始まる文字列は　$4!=24$（個）
ac で始まる文字列は　$4!=24$（個）
であるから，50 番目の文字列は，ad から始まる文字列
adbcef，adbcfe，adbecf，adbefc，……
の 2 番目である。
よって，50 番目の文字列は　**adbcfe**

㊙ p.69 章末B 6
⇦213465 より小さい整数がいくつあるか考える。
⇦1□□□□□（2，3，4，5，6）―5!(個)
⇦51□□□□（2，3，4，6）―4!(個)
⇦51□□□□の最大の整数から順に前に戻る方が簡単。（51□□□□の最小（481 番目）から数えるより速い）
⇦a□□□□□（b，c，d，e，f）
⇦ca□□□□（b，d，e，f）
⇦3 文字目は a なので，次に 4 文字目を考える。
⇦cfab□□（d，e）
⇦50 番目の文字列だから，最初の 2 文字から考える。
⇦少なくなったら具体的に書き出すとよい。

43 (1)(i) 千の位が1のとき

百，十，一の位は残り4つの数字のどれでもよいから

$_4\text{P}_3 = 4 \cdot 3 \cdot 2 = 24$（個）

(ii) 千の位が2のとき

百の位は0，1，3のいずれかであり，

十，一の位は残り3つの数字のどれでもよいから，

$3 \times {}_3\text{P}_2 = 3 \times 3 \cdot 2 = 18$（個）

(i)，(ii)から，2400より小さい整数は全部で

$24 + 18 = \mathbf{42}$（個）

（別解）

千の位が1または2の整数は全部で

$2 \times {}_4\text{P}_3 = 2 \times 4 \cdot 3 \cdot 2 = 48$（個）

　千の位　└百，十，一の位

このうち，2400以上となるのは，

$1 \times 1 \times {}_3\text{P}_2 = 1 \times 1 \times 3 \cdot 2 = 6$（個）

千の位　百の位　└十，一の位

よって，2400より小さい整数は全部で

$48 - 6 = \mathbf{42}$（個）

(2)(i) 千の位が4のとき

百，十，一の位は残り4つのどれでもよいから

$_4\text{P}_3 = 4 \cdot 3 \cdot 2 = 24$（個）

(ii) 千の位が3のとき

① 百の位が2，4であるものは

十，一の位は残り3つのどれでもよいから

$_3\text{P}_2 = 3 \cdot 2 = 6$（個）

② 百の位が1であるものは

十の位が4ならば，一の位は残りの2つのどちらでも

よいから $_2\text{P}_1 = 2$（個）

十の位が2ならば，一の位は4

①，②より，千の位が3である整数は

$6 \times 2 + (2 \times 1 + 1 \times 1) = 15$（個）

(i)，(ii)より，3120より大きい整数は全部で

$24 + 15 = \mathbf{39}$（個）

44 (1) 百の位は，0以外の4通り，

十，一の位は，0も含めた5通りずつ

の数字の並べ方があるから

$4 \times 5^2 = 4 \times 25 = \mathbf{100}$（個）

⇦上の位から数値を固定して
数え上げる。

⇦1□□□
　(0, 2, 3, 4)

⇦2□□□
　↑
　0, 1, 3

⇦(i)，(ii)は同時に起こらない。

1

1節 場合の数

⇦千の位が1，2の整数から，
2400以上の整数を除く。

⇦24□□
　0, 1, 3

⇦34□□ ⎱
　32□□ ⎰ 3120より大きい

　31□□…3120以下を含む

　30□□…3120以下

⇦3120は「3120より大きい」
には含まれない。

⇦千の位が2，1のときは
3120以下

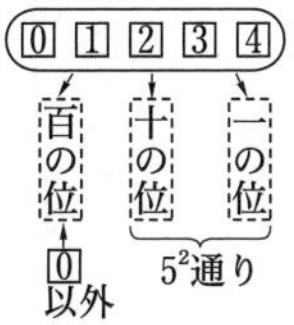

(2) 4桁の偶数であるから，

一の位は　0，2，4 の 3 通り

千の位は　0 以外の 4 通り

百，十の位は　0 も含めた 5 通りずつ

の数字の並べ方があるから

$3\times4\times5^2=3\times4\times25=\mathbf{300}$（個）

⇦①一の位 ②千の位 ③残りの位 の順に考える。
（千の位を先に考えてもよい。）

(3)(i)　百の位が 1 のとき

十，一の位は 0 も含めた 5 通りずつあるので

$1\times5^2=25$（個）

⇦①百の位 ②十の位 の順に考える。

(ii)　百の位が 2 のとき

十の位は　0，1，2，3 の 4 通り

一の位は　0 も含めた 5 通り

であるから，このような整数は

$4\times5=20$（個）

⇦ 24□は，一の位の数が何であっても 240 より小さくなることはない。

(i)，(ii)より，240 より小さい 3 桁の自然数は

$25+20=\mathbf{45}$（個）

45　7 人から 4 人選んで 1 列に並んで座る座り方は

${}_7P_4$（通り）

円形に座ると，4 通りずつ同じ座り方になるから，

求める座り方の総数は　円順列の考え方（4 で割る）

$$\frac{{}_7P_4}{4}=\frac{7\cdot6\cdot5\cdot4}{4}=\mathbf{210}\text{（通り）}$$

⇦①1 列に並んで座る ②円形に座る　違いを考える。

① A-B-C-D　D-A-B-C

C-D-A-B　B-C-D-A

②

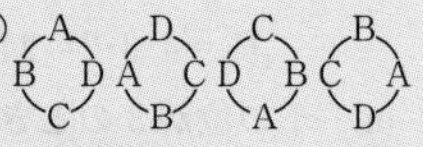

46　立方体の上面の色を固定すると

底面の塗り方は，上面の色以外の　5 通り

側面の塗り方は，残り 4 色の円順列を考えて

$(4-1)!=3!=6$（通り）

よって，立方体の異なる塗り方の総数は

$5\times6=\mathbf{30}$（通り）

⇦例えば，上面を赤とすると

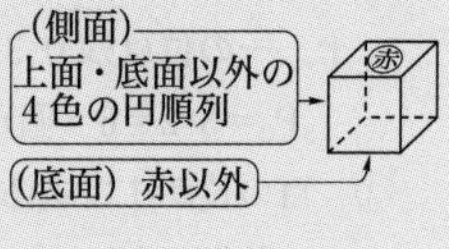

47 (1)　異なる 6 個の球を円形に並べる並べ方は

$(6-1)!$　通り

このうち，裏返すと同じになるものが 2 つずつあるから

$$\frac{(6-1)!}{2}=\frac{5!}{2}=\frac{120}{2}=\mathbf{60}\text{（通り）}$$

⇦ 6 個の球を円形に並べたものは，裏返すと一致するものがある。

（例）

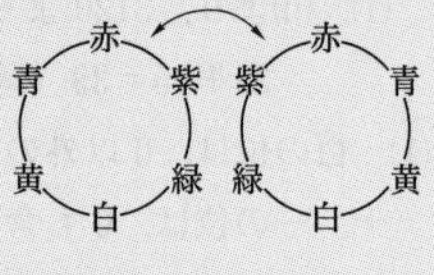

(2)　赤球の位置を固定すると，白球の位置は決まる。

赤，白以外の 4 個の球を，残りの 4 か所に並べる並べ方は

${}_4P_4=4!=24$（通り）

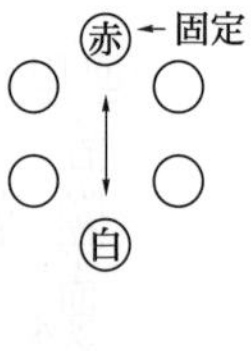

⇦円順列でないことに注意する。

このうち，裏返すと同じになるものが2つずつあるから

$\frac{24}{2}=\mathbf{12}$（通り）

48 (1)　1人について，A，Bの2通りの選び方があるから

$2^6=\mathbf{64}$（通り）　←2個から6個取る重複順列

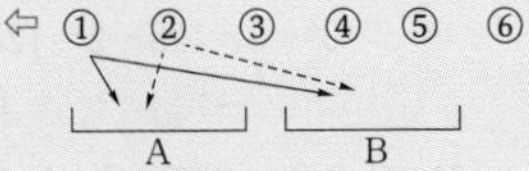

(2)　(1)のうち，「6人ともAに入る」「6人ともBに入る」の2つの場合を除いて

$64-2=\mathbf{62}$（通り）

(3)　(2)で，AとBの区別をなくしたものと考えて

$\frac{62}{2}=\mathbf{31}$（通り）

⇦2組に分けたとき，0人の組はないので(2)を利用する。

49 (1)　1人について，A，B，Cの3通りの選び方があるから

$3^6=\mathbf{729}$（通り）　←3個から6個取る重複順列

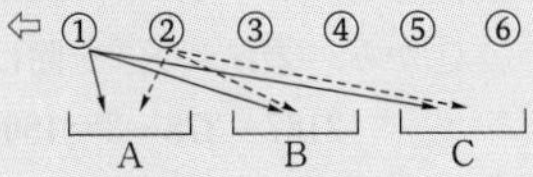

(2)　6人をA，Bの2部屋だけに入れる（Cは空室）と考えると

$2^6=64$（通り）

このうち，「6人ともAに入る」「6人ともBに入る」（空室が2部屋になる）の2つの場合を除いて

$64-2=62$（通り）

B，Cの2部屋（Aが空室），C，Aの2部屋（Bが空室）についても同様だから

$62\times3=\mathbf{186}$（通り）

⇦6人が入る2部屋の選び方はAとB，BとC，CとAの3通り

(3)　1部屋に6人とも入る場合（空室が2部屋）は，「Aに入る」「Bに入る」「Cに入る」の3通り

空室がない場合は，すべての場合（(1)の729通り）から「1部屋のみ空室」（(2)の186通り）「2部屋が空室」（上記の3通り）の場合を除けばよいから，

$729-186-3=\mathbf{540}$（通り）

⇦全体から空室がある場合を除く。

50 1つの球について，A，B，Cの3通りの入れ方があるので

$3^7=2187$（通り） ……①

このうち，7個の球をA，Bの2つの箱だけに入れる入れ方は

$2^7-2=128-2=126$（通り）

（2：7個ともAまたはBの箱に入れる）

B，Cの2つの箱，C，Aの2つの箱に入れる場合も同様だから

2つの箱に入れる（空き箱が1つ）入れ方は

$126\times3=378$（通り） ……②

さらに，7個の球を1つの箱だけに入る入れ方は

3通り ……③

よって，求める方法の総数は

①から，②および③を除けばよいから

$2187-378-3=\mathbf{1806}$（通り）

⇦3個から7個取る重複順列

⇦箱Cが空き箱

⇦2つの箱の選び方は AとB，BとC，CとA の3通り

⇦1つの箱の選び方は A，B，Cの3通り

⇦（全体）から（空き箱がある）場合を除く。

5 組合せ

本編 p.105～109

A

51 (1) ${}_5C_2=\dfrac{5\cdot4}{2\cdot1}=\mathbf{10}$

(2) ${}_9C_3=\dfrac{9\cdot8\cdot7}{3\cdot2\cdot1}=\mathbf{84}$

(3) ${}_{10}C_1=\mathbf{10}$ ← ${}_nC_1=n$

(4) ${}_7C_0=\mathbf{1}$ ← ${}_nC_0=1$ と定める

52 (1) ${}_9C_7={}_9C_2=\dfrac{9\cdot8}{2\cdot1}=\mathbf{36}$

(2) ${}_{16}C_{13}={}_{16}C_3=\dfrac{16\cdot15\cdot14}{3\cdot2\cdot1}=\mathbf{560}$

(3) ${}_8C_5={}_8C_3=\dfrac{8\cdot7\cdot6}{3\cdot2\cdot1}=\mathbf{56}$

(4) ${}_{12}C_{11}={}_{12}C_1=\mathbf{12}$

53 (1) ${}_6C_3=\dfrac{6\cdot5\cdot4}{3\cdot2\cdot1}=\mathbf{20}$（通り）

(2) ${}_{12}C_4=\dfrac{12\cdot11\cdot10\cdot9}{4\cdot3\cdot2\cdot1}=\mathbf{495}$（通り）

(3) ${}_{10}C_7={}_{10}C_3=\dfrac{10\cdot9\cdot8}{3\cdot2\cdot1}=\mathbf{120}$（通り）

54 (1) 正五角形の5個の頂点のうち，どの3点も同じ直線上にないから，選んだ3点で三角形が1個定まる。

よって，${}_5C_3={}_5C_2=\dfrac{5\cdot4}{2\cdot1}=\mathbf{10}$（個）

(2) (1)と同様に考えると ${}_5C_4={}_5C_1=\mathbf{5}$（個）

(3) 正五角形の5個の頂点のうち，2個を結ぶ線分は ${}_5C_2$（本）

このうち，正五角形の辺は5本あるから，対角線は

$${}_5C_2-5=\frac{5\cdot4}{2\cdot1}-5=10-5=\mathbf{5}\text{（本）}$$

（5：辺を除く）

55 (1) $\dfrac{8!}{1!2!3!2!}$

$=\dfrac{8\cdot7\cdot6\cdot5\cdot4\cdot3\cdot2\cdot1}{1\times2\cdot1\times3\cdot2\cdot1\times2\cdot1}$

$=\mathbf{1680}$（通り）

← 8枚のカードのうち，同じもの［1］が1枚，［2］が2枚，［3］が3枚，［4］が2枚を含む順列の総数

(2) $\dfrac{10!}{3!4!3!}=\dfrac{10\cdot9\cdot8\cdot7\cdot6\cdot5\cdot4\cdot3\cdot2\cdot1}{3\cdot2\cdot1\times4\cdot3\cdot2\cdot1\times3\cdot2\cdot1}$

$=\mathbf{4200}$（通り）

(3) HOKKAIDOの8文字には

H，A，I，Dが1つずつ，

O，Kが2つずつ含まれているので

$\dfrac{8!}{1!1!1!1!2!2!}=\dfrac{8!}{2!2!}$ ← $1!=1$ なので簡潔にした

$=\dfrac{8\cdot7\cdot6\cdot5\cdot4\cdot3\cdot2\cdot1}{2\cdot1\times2\cdot1}=\mathbf{10080}$（通り）

B

56 (1) A組2人の選び方は $_8C_2$ 通りあり，
そのそれぞれに対して，B組2人の選び方は $_6C_2$ 通りずつあるから

$$_8C_2\times{}_6C_2=\frac{8\cdot7}{2\cdot1}\times\frac{6\cdot5}{2\cdot1}=\mathbf{420}\ (通り)$$

← 積の法則

(2) 14人全員から4人を選ぶ選び方は
$_{14}C_4$ 通り
4人ともA組の生徒を選ぶ選び方は
$_8C_4$ 通り
よって，少なくとも1人はB組の生徒を選ぶ選び方は ←(全体)−(4人ともA組)

$$_{14}C_4-{}_8C_4=\frac{14\cdot13\cdot12\cdot11}{4\cdot3\cdot2\cdot1}-\frac{8\cdot7\cdot6\cdot5}{4\cdot3\cdot2\cdot1}$$

$$=1001-70=\mathbf{931}\ (通り)$$

(3) (2)の場合から，さらに「4人ともB組の生徒を選ぶ」場合の数 $_6C_4$ 通りを除けばよいから

$$_{14}C_4-{}_8C_4-{}_6C_4$$

$$=931-{}_6C_2$$

← (2)の結果を利用

$$=931-\frac{6\cdot5}{2\cdot1}=931-15=\mathbf{916}\ (通り)$$

(4) 特定の2人a，b以外の12人から残り2人の委員を選べばよいから

$$_{12}C_2=\frac{12\cdot11}{2\cdot1}=\mathbf{66}\ (通り)$$

(5) a以外の13人のうちbを除いた12人から残り3人の委員を選べばよいから

$$_{12}C_3=\frac{12\cdot11\cdot10}{3\cdot2\cdot1}$$

$$=\mathbf{220}\ (通り)$$

57 (1) 5人，3人，2人は人数によって区別があるので，次のようにすればよい。
(i) 10人から5人を選ぶ選び方は $_{10}C_5$ 通り
このそれぞれについて
(ii) 残りの5人から3人の選び方は $_5C_3$ 通り
(iii) (i)，(ii)より，残りの2人は決まる。
よって，求める場合の数は

$$_{10}C_5\times{}_5C_3={}_{10}C_5\times{}_5C_2$$

← 積の法則

$$=\frac{10\cdot9\cdot8\cdot7\cdot6}{5\cdot4\cdot3\cdot2\cdot1}\times\frac{5\cdot4}{2\cdot1}$$

$$=\mathbf{2520}\ (通り)$$

(2)(i) 10人からA室に入れる2人の選び方は
$_{10}C_2$ (通り)
(ii) 残り8人からB室に入れる2人の選び方は $_8C_2$ (通り)
(iii) 残り6人からC室に入れる2人の選び方は $_6C_2$ (通り)
(iv) 残り4人からD室に入れる2人の選び方は $_4C_2$ (通り)
(v) E室に残りの2人を入れる。
よって，求める場合の数は

$$_{10}C_2\times{}_8C_2\times{}_6C_2\times{}_4C_2$$

← 積の法則

$$=\frac{10\cdot9}{2\cdot1}\times\frac{8\cdot7}{2\cdot1}\times\frac{6\cdot5}{2\cdot1}\times\frac{4\cdot3}{2\cdot1}$$

$$=\mathbf{113400}\ (通り)$$

(3) (2)で同じ人数の組のA，B，C，D，Eの区別をなくすと，同じ組分けになるものが5!通りずつある。 ←(2)を5!で割る
よって，求める場合の数は

$$\frac{113400}{5!}=\frac{113400}{5\cdot4\cdot3\cdot2\cdot1}=\mathbf{945}\ (通り)$$

(4)(i) 10人から4人を選ぶ選び方は
$_{10}C_4$ (通り)
(ii) 残り6人から3人を選ぶ選び方は
$_6C_3$ (通り)
(iii) 残りの3人で組をつくる。
ここで，(ii)の3人の組と(iii)の3人の組については，同じ人数であり，組の区別がない。
よって，求める場合の数は ←2!で割る

$$\frac{_{10}C_4\times{}_6C_3}{2!}={}_{10}C_4\times{}_6C_3\times\frac{1}{2!}$$

$$=\frac{10\cdot9\cdot8\cdot7}{4\cdot3\cdot2\cdot1}\times\frac{6\cdot5\cdot4}{3\cdot2\cdot1}\times\frac{1}{2\cdot1}$$

$$=\mathbf{2100}\ (通り)$$

58 (1) 縦に1区画進むことを↑，横に1区画進むことを→で表すと，A地点からB地点まで最短距離で行く道順は，3個の↑と5個の→の順列で表すことができる。 ← 同じものを含む順列

よって，求める道順の総数は

$\dfrac{8!}{3!5!}=\dfrac{8\cdot7\cdot6}{3\cdot2\cdot1}$ ← $8!=8\cdot7\cdot6\times5!$ と考えて約分

$=\mathbf{56}$（通り）

(2) A地点からC地点まで最短距離で行く道順は，1個の↑と2個の→の順列で表すことができるから $\dfrac{3!}{1!2!}=3$（通り）

そのそれぞれについて，C地点からB地点まで最短距離で行く道順は，2個の↑と3個の→の順列で表すことができるから

$\dfrac{5!}{2!3!}=10$（通り）

よって，C地点を通る道順の総数は

$3\times10=\mathbf{30}$（通り）

(3) A地点からB地点まで最短距離で行く場合から，C地点を通る場合を除けばよいから

$56-30=\mathbf{26}$（通り）

59 (1) 縦に1区画進むことを↑，横に1区画進むことを→で表すと，A地点からB地点まで最短距離で行く道順は，3個の↑と4個の→の順列で表すことができる。

A地点～P地点～Q地点～B地点の道順について，

(i) A地点～P地点の道順が $\dfrac{4!}{1!3!}=4$ 通り

(ii) P地点～Q地点の道順が 1通り

(iii) Q地点～B地点の道順が $\dfrac{2!}{1!1!}=2$ 通り

(i)～(iii)より，P地点とQ地点をどちらも通る道順の総数は

$4\times1\times2=\mathbf{8}$（通り）

(2) ×印を通る道順は(1)で求めた A～P～Q～B の道順であるから×印を通らない道順は，

A～Bの道順 $\dfrac{7!}{3!4!}=35$（通り）

から，A～P～Q～Bの道順 8（通り）を除けばよいので ← (1)より

$35-8=\mathbf{27}$（通り）

C

60 5本の平行線はそれぞれ，もう1組の6本の平行線と交わるから，求める交点の個数は

$_5C_1\times{}_6C_1=5\times6$

$=\mathbf{30}$（個）

また，5本の平行線から2本を選び，これらと交わる6本の平行線から2本を選ぶと，平行四辺形が1つできるから，求める平行四辺形の個数は

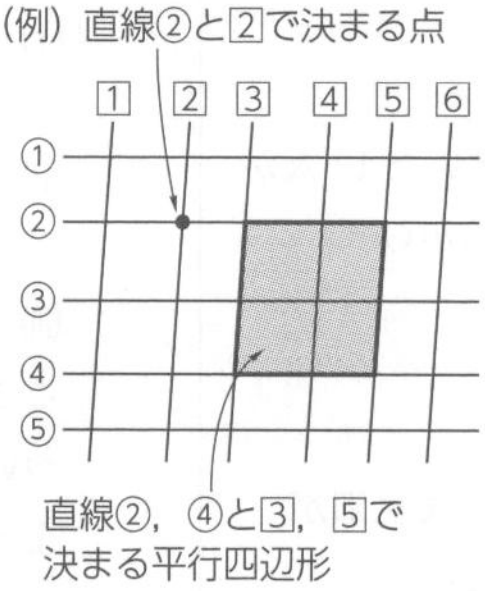

$_5C_2\times{}_6C_2=\dfrac{5\cdot4}{2\cdot1}\times\dfrac{6\cdot5}{2\cdot1}=\mathbf{150}$（個）

教 p.37 節末 [5]

⇦1つの交点は，5本の平行線のうちの1本と，6本の平行線のうちの1本で決まる。

⇦1つの平行四辺形は，5本の平行線のうちの2本と，6本の平行線のうちの2本で決まる。

61 (1)　正八角形と共有する辺の選び方は

$_8C_1$（通り）

選んだ辺について，その辺のみを共有する三角形のもう1つの頂点の選び方は4通りずつあるから

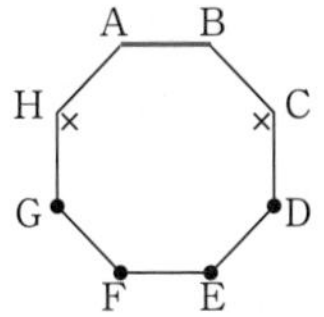

正八角形と1辺のみを共有する三角形の個数は

$_8C_1 \times 4 = 8 \times 4 =$ **32**（個）

(2)(i)　3個の頂点を結んでできる三角形の総数は

$_8C_3 = \dfrac{8 \cdot 7 \cdot 6}{3 \cdot 2 \cdot 1} = 56$（個）

(ii)　正八角形と2辺を共有する三角形は，

8（個）

(iii)　正八角形と1辺だけを共有する三角形は，(1)より

32（個）

(i)，(ii)，(iii)より，正八角形と辺を共有しない三角形は

$56 - 8 - 32 =$ **16**（個）

⇦正八角形と共有する辺を決め，その辺に対するもう1つの頂点の選び方を考える。

⇦辺ABを共有したとすると3点目がCやHだと2辺を共有することになる。

⇦すべての三角形から，正八角形と辺を共有するものを除く。

⇦共有する2辺がはさむ角に着目すると，正八角形の頂点の個数と等しい。

62 (1)　縦に1区画進むことを↑，横に1区画進むことを→で表すと，A地点からB地点まで最短距離で行く道順は4個の↑と5個の→の順列で表すことができる。

よって，求める道順の総数は

$\dfrac{9!}{4!5!} = \dfrac{9 \cdot 8 \cdot 7 \cdot 6}{4 \cdot 3 \cdot 2 \cdot 1} =$ **126**（通り）

⇦ $9! = 9 \cdot 8 \cdot 7 \cdot 6 \times 5!$ と考えて約分

(2)　(1)から，P地点を通る場合を除けばよい。

(i)　A地点～P地点の道順は，1個の↑と2個の→の合計3個の順列で表すことができる。

よって　$\dfrac{3!}{1!2!} = 3$（通り）

(ii)　P地点～B地点の道順は，3個の↑と3個の→の合計6個の順列で表すことができる。

よって　$\dfrac{6!}{3!3!} = 20$（通り）

(i)，(ii)より，P地点を通る道順は

$3 \times 20 = 60$（通り）

ゆえに，P地点を通らない道順は

$126 - 60 =$ **66**（通り）

⇦まず，P地点を通る道順を求める。

(3) P地点を通る道順は，(2)より　60通り

Q地点を通る道順についても，同様にして

$$\frac{7!}{3!4!}\times\frac{2!}{1!1!}=35\times2=70\ (\text{通り})$$

P地点とQ地点をともに通る道順は，

A地点～P地点～Q地点～B地点の道順であるから

$$\frac{3!}{1!2!}\times\frac{4!}{2!2!}\times\frac{2!}{1!1!}=3\times6\times2=36\ (\text{通り})$$

よって，P地点またはQ地点の少なくとも一方を通る道順は

$60+70-36=\mathbf{94}$（通り）

⇦P地点を通る道順とQ地点を通る道順の和集合の要素の個数

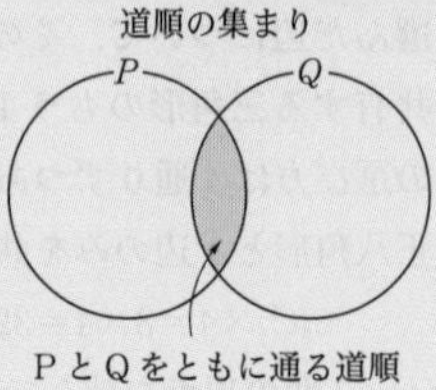

⇦$n(P\cup Q)=n(P)+n(Q)-n(P\cap Q)$

63　1から10までの10個の整数から3個を選ぶ選び方は

${}_{10}C_3$（通り）

最小の数が7以上となる選び方は　← {7, 8, 9, 10} から3個選ぶ

${}_4C_3$（通り）

よって，最小の数が6以下となる選び方は

$$\begin{aligned}{}_{10}C_3-{}_4C_3&={}_{10}C_3-{}_4C_1\\&=\frac{10\cdot9\cdot8}{3\cdot2\cdot1}-4=\mathbf{116}\ (\text{通り})\end{aligned}$$

⇦最小の数が6以下とならない場合を考えて，全体から除く。

⇦${}_4C_3={}_4C_1$

64 (1) F，R，D，O，Mが1個ずつ，Eが2個の合計7文字の順列であるから

$$\frac{7!}{2!}=\mathbf{2520}\ (\text{通り})$$

⇦$\dfrac{7!}{1!1!1!1!1!2!}$において「1!=1」であるから，$\dfrac{7!}{2!}$と表した。

(2) DOMを1文字と考えて，DOM，F，R，E，Eの合計5文字の並べ方は（5文字中，同じ文字Eを2文字含む）

$$\frac{5!}{2!}=\mathbf{60}\ (\text{通り})$$

(3) F，R，D，Mを□として，□が4個，Oが1個，Eが2個の合計7文字の並べ方を考え，並べた後で□を左から順にF，R，D，Mとすればよいから

$$\frac{7!}{4!1!2!}=\frac{7\cdot6\cdot5\cdot4\cdot3\cdot2\cdot1}{4\cdot3\cdot2\cdot1\times1\times2\cdot1}=\mathbf{105}\ (\text{通り})$$

⇦□，□，□，□，O，E，Eの並べ方は同じものを含む順列

65 (i)　同じ数字を 3 個含むとき

{1, 1, 1} から作る整数は　1 個　←「111」のみ

(ii)　同じ数字を 2 個含むとき

{1, 1, 2}, {1, 1, 3}, {1, 1, 4},

{2, 2, 1}, {2, 2, 3}, {2, 2, 4}

の 6 つの組から作る整数は

$$\frac{3!}{2!1!}\times 6=6\times 3=18 \text{（個）}$$

(iii)　3 個とも異なる文字のとき

{1, 2, 3}, {1, 2, 4}, {1, 3, 4}, {2, 3, 4}

の 4 つの組から作る整数は

$$3!\times 4=24 \text{（個）}$$

(i), (ii), (iii)より，求める整数の総数は

$$1+18+24=\mathbf{43} \text{（個）}$$

⇦同じ数字の個数で場合を分けて考える。

⇦それぞれの組ごとに同じ 2 個の数字と別の数字の合計 3 個の順列がある。

⇦1, 2, 3, 4 の 4 種類の数字から 3 個選ぶと考えると $_4C_3={}_4C_1=4$

(参考)

樹形図を用いて調べると，次のようになる。

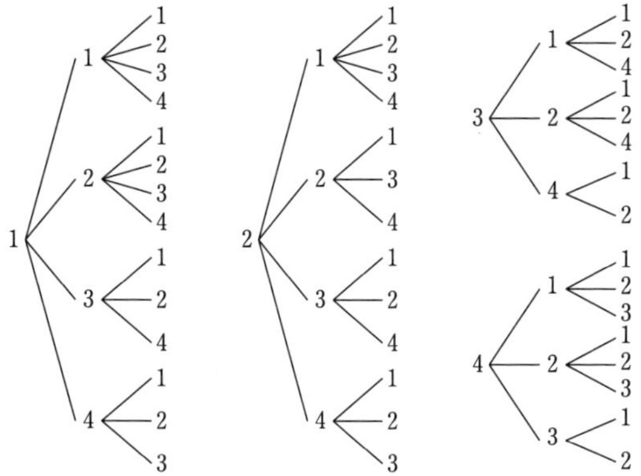

⇦この程度であればかき出すことも可能であるが，数が増えると大変になる。

66 (1)　赤球を固定して考える。残りの白球 4 個，青球 5 個の合計 9 個の並べ方は

$$\frac{9!}{4!5!}=\mathbf{126} \text{（通り）}$$

(2)　赤球 1 個と青球 5 個の並べ方は，赤球を固定して考えると 1 通りである。
4 個の白球が隣り合わないとき，
右の図の①～⑥から 4 か所選んで 1 個ずつ並べればよいので

$$1\times{}_6C_4=1\times{}_6C_2=1\times 15=\mathbf{15} \text{（通り）}$$

(3)　4 個の白球が連続するとき，(2)で用いた図において，①～⑥から 1 か所選んで 4 個まとめて並べればよいので

$$1\times{}_6C_1=1\times 6=\mathbf{6} \text{（通り）}$$

⇦赤球を固定したとき，残りの 9 個の球の並べ方は円順列ではないことに注意する。

⇦図をかいて考える。

(2)　隣り合わない→①～⑥から 4 か所選んで 1 個ずつ並べる。

(3)　連続する→①～⑥から 1 か所選んで 4 個とも並べる。

研究 重複を許す組合せ

本編 p.109

B

67 文字を示す5個の「○」と文字の境界を示す(3−1)個の「|」の合計7個の順列が，求める組合せの1つずつに対応しているから

$$\frac{7!}{5!2!}=\mathbf{21}$$ (通り)

(例1)

←a→ ←b→ ←c→
○○|○○| ○
a a b b c

(例2)

←b→ ←c→
|○○○|○○
b b b c c

(別解)

3種類の文字から，重複を許して5個取り出す方法の総数であるから

$${}_{3+5-1}C_5={}_7C_5={}_7C_2=\mathbf{21}$$ (通り)

68 (1) 解の組は，3種類の文字 x，y，z から重複を許して9個取り出す組に対応する。

よって，求める0以上の整数の組の総数は

$${}_{3+9-1}C_9={}_{11}C_9={}_{11}C_2=\mathbf{55}$$ (個)

(別解)

9個の「○」と2個の「|」の順列で考えると

$$\frac{11!}{9!2!}=\mathbf{55}$$ (通り)

(2) $x-1=X$，$y-1=Y$，$z-1=Z$ とおくと，X，Y，Z は0以上の整数で

$X+Y+Z=6$

となるので，(1)と同様にして

$${}_{3+6-1}C_6={}_8C_6={}_8C_2=\mathbf{28}$$ (個)

C

69 (1) みかんを示す7個の「○」と，3人を区別する(3−1)個の「|」の合計9個の順列が，求める分け方と対応しているから

$$\frac{9!}{7!2!}=\mathbf{36}$$ (通り)

3人を，a, b, c とすると

(例1)

←a→←b→←c→
○○|○○○|○○
a 2個，b 3個，c 2個

(例2)

←a→ ←b→
○○○○○|○○|
a 5個，b 2個，c 0個

(別解)

3種類のものから，重複を許して7個取り出す方法の総数であるから

$${}_{3+7-1}C_7={}_9C_7={}_9C_2=\mathbf{36}$$ (通り)

(2) 7個のみかんのうち3個を，3人に1個ずつ配っておいて，残った4個を，1個もない人がいてもよいように3人で分ければよいから，

$$\frac{6!}{4!2!}=\mathbf{15}$$ (通り)

⇦先に1個ずつみかんを配ると，(1)と同様の考え方をすることができる。

2節　確率

1　事象と確率

本編 p.110〜111

A

70 (1) $U=\{1,\ 2,\ 3,\ 4,\ 5\}$

(2) $A=\{2,\ 4\}$

(3) $B=\{3,\ 4,\ 5\}$

71 52枚のどのカードを引くことも同様に確からしい。

(1) スペードの札は13枚あるから

$\frac{13}{52}=\mathbf{\frac{1}{4}}$

(2) キングの札は4枚あるから

$\frac{4}{52}=\mathbf{\frac{1}{13}}$

(3) ダイヤの絵札は3枚あるから　$\mathbf{\frac{3}{52}}$

(4) ハートのエースを引く確率は　$\mathbf{\frac{1}{52}}$

ハートのエースは1枚だけ

72 (1) 起こりうるすべての場合は

(表，表)，(表，裏)，

(裏，表)，(裏，裏)

の4通り

このうち，2枚とも表が出る事象は

(表，表)

の1通り

よって，求める確率は　$\mathbf{\frac{1}{4}}$

(2) 起こりうるすべての場合は

(表，表，表)，(表，表，裏)，

(表，裏，表)，(表，裏，裏)，

(裏，表，表)，(裏，表，裏)，

(裏，裏，表)，(裏，裏，裏)

の8通り

このうち，表が1枚，裏が2枚出る事象は

(表，裏，裏)，(裏，表，裏)，(裏，裏，表)

の3通り

よって，求める確率は　$\mathbf{\frac{3}{8}}$

73 2個のさいころを同時に投げるとき，目の出方は全部で

$6\times6=36$（通り）

(1) 目が同じになるのは

(1，1)，(2，2)，(3，3)，

(4，4)，(5，5)，(6，6)

の6通り

よって，求める確率は　$\frac{6}{36}=\mathbf{\frac{1}{6}}$

(2) 目の和が8になるのは

(2，6)，(3，5)，(4，4)，

(5，3)，(6，2)

の5通り

よって，求める確率は　$\mathbf{\frac{5}{36}}$

(3) 目の和が3になるのは

(1，2)，(2，1)

の2通り

目の和が6になるのは

(1，5)，(2，4)，(3，3)，

(4，2)，(5，1)

の5通り

目の和が9になるのは

(3，6)，(4，5)，

(5，4)，(6，3)

の4通り

目の和が12になるのは

(6，6)

の1通り

よって，目の和が3の倍数になるのは

$2+5+4+1=12$（通り）

ゆえに，求める確率は　$\frac{12}{36}=\mathbf{\frac{1}{3}}$

74　10個の球から4個の球を取り出すすべての場合の数は　${}_{10}C_4$　通り

(1)　4個とも白球である場合の数は

${}_6C_4$　通り　← 6個の白球から4個取り出す

よって，求める確率は

$$\frac{{}_6C_4}{{}_{10}C_4}=\frac{15}{210}=\mathbf{\frac{1}{14}}$$

(2)　1個が赤球で3個が白球である場合の数は

${}_4C_1\times{}_6C_3$　通り

よって，求める確率は

$$\frac{{}_4C_1\times{}_6C_3}{{}_{10}C_4}=\frac{4\times20}{210}=\mathbf{\frac{8}{21}}$$

(3)　2個が赤球で2個が白球である場合の数は

${}_4C_2\times{}_6C_2$　通り

よって，求める確率は

$$\frac{{}_4C_2\times{}_6C_2}{{}_{10}C_4}=\frac{6\times15}{210}=\mathbf{\frac{3}{7}}$$

75　5枚のカードを1列に並べるすべての場合は数は　5!　通り

(1)　両端の2か所のA，Eの並べ方は

2!　通り

そのそれぞれに対して，B，C，Dの3枚をAとEの間に並べる並べ方が

3!　通り

よって，A，Eが両端にくる場合の数は

2!×3!　通り

ゆえに，求める確率は

$$\frac{2!\times3!}{5!}=\frac{2\cdot1}{5\cdot4}=\mathbf{\frac{1}{10}}$$

(2)　A，Eをまとめて1組とみる。

この1組とB，C，Dを1列に並べる並べ方は

4!　通り

そのそれぞれに対して，1組とみたA，Eの並べ方は

2!　通り

よって，A，Eが隣り合う場合の数は

4!×2!　通り

ゆえに，求める確率は

$$\frac{4!\times2!}{5!}=\mathbf{\frac{2}{5}}$$

(3)　A，Eが隣り合わない場合の数は

5! − 4!×2!　通り
（全体）−（A，Eが隣り合う）

よって，求める確率は

$$\frac{5!-4!\times2!}{5!}=\frac{120-48}{120}=\frac{72}{120}=\mathbf{\frac{3}{5}}$$

B

76　2個のさいころを同時に投げるとき，目の出方は全部で

$6\times6=36$（通り）

(1)　目の和が5以下になるのは

(1，1)，(1，2)，(1，3)，(1，4)，
(2，1)，(2，2)，(2，3)，
(3，1)，(3，2)，(4，1)

の10通り

よって，目の和が5以下になる確率は

$\frac{10}{36}=\boldsymbol{\frac{5}{18}}$

(2)　目の差の絶対値が1になるのは

(1，2)，(2，3)，(3，4)，(4，5)，(5，6)
(2，1)，(3，2)，(4，3)，(5，4)，(6，5)

の10通り

よって，目の差の絶対値が1になる確率は

$\frac{10}{36}=\boldsymbol{\frac{5}{18}}$

77　全事象を U とすると，100枚のカードから1枚を引くので

$n(U)=100$

(1)「6の倍数である」事象を A とすると

$A=\{6,\ 12,\ 18,\ \cdots\cdots,\ 96\}$

であるから　← $\{6\cdot1,\ 6\cdot2,\ \cdots\cdots,\ 6\cdot16\}$

$n(A)=16$

よって，6の倍数である確率は

$\frac{n(A)}{n(U)}=\frac{16}{100}=\boldsymbol{\frac{4}{25}}$

(2)「5で割ると3余る数である」事象を B とすると

$B=\{3,\ 8,\ 13,\ \cdots\cdots,\ 98\}$

であるから　← $\{5\cdot0+3,\ 5\cdot1+3,\ \cdots\cdots,\ 5\cdot19+3\}$

$n(B)=20$ ← 0から19までの整数は20個

よって，5で割ると3余る数である確率は

$\frac{n(B)}{n(U)}=\frac{20}{100}=\boldsymbol{\frac{1}{5}}$

78　A，B，Cのじゃんけんの手について，例えばAがグー，Bがチョキ，Cがパーを出すことを（グ，チ，パ）と表すことにする。

3人の手の出し方は全部で

$3\times3\times3=27$（通り）

(1)　Aだけが勝つ場合は

（グ，チ，チ），（チ，パ，パ），（パ，グ，グ）

の3通り

よって，Aだけが勝つ確率は　$\frac{3}{27}=\boldsymbol{\frac{1}{9}}$

(2)　1人だけが負ける場合

負ける1人は，A，B，Cの3通り

Aが負けるとき，3人の手の出し方は

（グ，パ，パ），（チ，グ，グ），（パ，チ，チ）

の3通り

B，Cが負けるときも同様に3通りずつ

よって，1人だけが負ける確率は

$\frac{3\times3}{27}=\boldsymbol{\frac{1}{3}}$　← $\begin{pmatrix}\text{負け方}\\ \text{3通り}\end{pmatrix}\times\begin{pmatrix}\text{負ける人}\\ \text{3人}\end{pmatrix}$

(3)　あいこになる場合

(i)　3人とも同じ手を出すとき

（グ，グ，グ），（チ，チ，チ），（パ，パ，パ）

の3通り

(ii)　3人が別々の手を出すとき

Aの手は　3通り ← グ，チ，パの3通り

Bの手は　Aの手以外の2通り

Cの手は　A，Bの手以外の1通り

であるから，3人の手の出し方は

$3\times2\times1=6$（通り）

(i)，(ii)より，あいこになる確率は

$\frac{3+6}{27}=\boldsymbol{\frac{1}{3}}$

C

79 M, O, N, D, A, Y の 6 文字を 1 列に並べる並べ方の総数は
$6!$ 通り

⇦同じものを含まない。

(1) DAY を 1 文字と考えて，DAY，M，O，N の合計 4 文字の並べ方は

$4!$ 通り

⇦D，A，Y の並べかえはないことに注意

よって，DAY という並びを含む確率は

$\frac{4!}{6!}=\mathbf{\frac{1}{30}}$

⇦ $\frac{4!}{6!}=\frac{\cancel{4!}}{6\cdot5\times\cancel{4!}}$

(2) M と D を□として，□，□，O，N，A，Y の合計 6 文字の並べ方を考え，並べた後で□を左から順に M，D とすればよいから，M が D より左側にある場合の数は

⇦同じもの(□が 2 個)を含む順列

$\frac{6!}{2!}=360$（通り）

よって，求める確率は

$\frac{360}{6!}=\mathbf{\frac{1}{2}}$

80 大人 2 人，子ども 4 人の合計 6 人が円卓に座るすべての場合の数は $(6-1)!$（通り）

⇦6 人の円順列

(1) 大人 2 人をまとめて 1 組とみる。この 1 組と子ども 4 人の座り方は $(5-1)!$（通り）

⇦合計 5 つの円順列

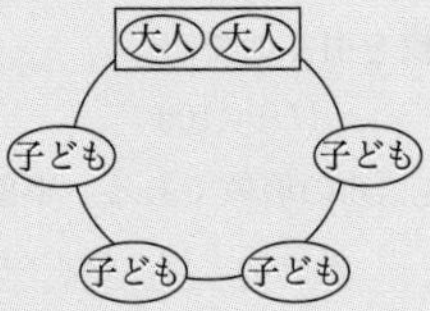

これらの座り方のそれぞれに対して，1 組とみた大人 2 人の座り方は $2!$（通り）

よって，大人 2 人が隣り合う場合の数は

$(5-1)!\times2!$（通り）

ゆえに，求める確率は

$\frac{(5-1)!\times2!}{(6-1)!}=\frac{4!\times2!}{5!}=\mathbf{\frac{2}{5}}$

⇦ $\frac{4!\times2!}{5!}=\frac{4!\times2!}{5\times4!}$

(2) 大人 1 人の位置を固定すると，もう 1 人の大人の位置も決まるので，残りの 4 か所の座り方は，子ども 4 人の順列となるから，

⇦

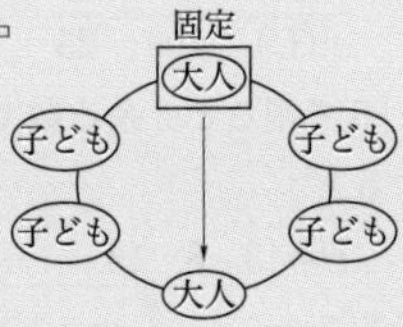

$4!$（通り）

よって，大人 2 人が向かい合う場合の数は

$4!$（通り）

ゆえに，求める確率は

$\frac{4!}{(6-1)!}=\frac{4!}{5!}=\mathbf{\frac{1}{5}}$

⇦ $\frac{4!}{5!}=\frac{\cancel{4!}}{5\times\cancel{4!}}$

2 確率の基本性質

本編 p.112〜114

A

81 $A=\{2,\ 4,\ 6\}$, $B=\{1,\ 2,\ 3,\ 6\}$ である。

(1) $A\cap B=\{\mathbf{2,\ 6}\}$ ←積事象 $A\cap B$ は A と B の共通部分

(2) $A\cup B=\{\mathbf{1,\ 2,\ 3,\ 4,\ 6}\}$←和事象 $A\cup B$ は A と B の和集合

82 $A=\{2,\ 4,\ 6,\ 8,\ 10,\ 12,\ 14,\ 16,\ 18,\ 20\}$

$B=\{1,\ 3,\ 5,\ 7,\ 9,\ 11,\ 13,\ 15,\ 17,\ 19\}$

$C=\{1,\ 2,\ 5,\ 10\}$

$D=\{8,\ 16\}$

よって，互いに排反である事象の組合せは

A と B，B と D，C と D

83 「赤球を 3 個取り出す」事象を A

「白球を 3 個取り出す」事象を B

とすると，「3 個とも同じ色である」事象は $A\cup B$ で表される。

事象 A，B の確率はそれぞれ

$$P(A)=\frac{{}_4C_3}{{}_7C_3}=\frac{4}{35}$$

$$P(B)=\frac{{}_3C_3}{{}_7C_3}=\frac{1}{35}$$

$\left\{\begin{array}{l} n(U)={}_7C_3 \\ n(A)={}_4C_3 \\ n(B)={}_3C_3 \end{array}\right.$

であり，A と B は互いに排反であるから（$A\cap B=\varnothing$）

$$P(A\cup B)=P(A)+P(B)=\frac{4}{35}+\frac{1}{35}=\frac{5}{35}=\mathbf{\frac{1}{7}}$$

84 「2 枚とも奇数である」事象を A

「2 枚とも偶数である」事象を B

とすると，求める確率は $P(A\cup B)$ である。

事象 A，B の確率はそれぞれ

$$P(A)=\frac{{}_5C_2}{{}_9C_2}=\frac{10}{36}$$

$$P(B)=\frac{{}_4C_2}{{}_9C_2}=\frac{6}{36}$$

$\left\{\begin{array}{l} n(U)={}_9C_2 \\ n(A)={}_5C_2 \\ n(B)={}_4C_2 \end{array}\right.$

であり，A と B は互いに排反であるから（$A\cap B=\varnothing$）

$$P(A\cup B)=P(A)+P(B)=\frac{10}{36}+\frac{6}{36}=\frac{16}{36}=\mathbf{\frac{4}{9}}$$

85 「赤球を 2 個取り出す」事象を A

「白球を 2 個取り出す」事象を B

「黒球を 2 個取り出す」事象を C

とすると，「2 個とも同じ色である」事象は $A\cup B\cup C$ で表される。

事象 A，B，C の確率はそれぞれ

$$P(A)=\frac{{}_2C_2}{{}_{10}C_2}=\frac{1}{45}$$

$$P(B)=\frac{{}_3C_2}{{}_{10}C_2}=\frac{3}{45}$$

$$P(C)=\frac{{}_5C_2}{{}_{10}C_2}=\frac{10}{45}$$

$\left\{\begin{array}{l} n(U)={}_{10}C_2 \\ n(A)={}_2C_2 \\ n(B)={}_3C_2 \\ n(C)={}_5C_2 \end{array}\right.$

であり，A，B，C のどの 2 つの事象も互いに排反であるから

$$P(A\cup B\cup C)=P(A)+P(B)+P(C)=\frac{1}{45}+\frac{3}{45}+\frac{10}{45}=\mathbf{\frac{14}{45}}$$

86 「4 の倍数である」事象を A

「6 の倍数である」事象を B

とすると，求める確率は $P(A\cup B)$ である。

ここで

$A=\{4,\ 8,\ 12,\ \cdots\cdots,\ 100\}$ ←$\{4\cdot1,\ 4\cdot2,\ 4\cdot3,\ \cdots\cdots,\ 4\cdot25\}$

$B=\{6,\ 12,\ 18,\ \cdots\cdots,\ 96\}$ ←$\{6\cdot1,\ 6\cdot2,\ 6\cdot3,\ \cdots\cdots,\ 6\cdot16\}$

また （4 と 6 の最小公倍数 12 の倍数）

$A\cap B=\{12,\ 24,\ \cdots\cdots,\ 96\}$ ←$\{12\cdot1,\ 12\cdot2,\ \cdots\cdots,\ 12\cdot8\}$

であるから，

$n(A)=25$, $n(B)=16$, $n(A\cap B)=8$

よって

$$P(A)=\frac{25}{100},\ P(B)=\frac{16}{100},\ P(A\cap B)=\frac{8}{100}$$

ゆえに，求める確率は

$$P(A\cup B)=P(A)+P(B)-P(A\cap B)$$
$$=\frac{25}{100}+\frac{16}{100}-\frac{8}{100}=\mathbf{\frac{33}{100}}$$

87 (1) 「3本ともはずれる」事象をAとする。Aは6本のはずれくじから3本を引く事象であるから，3本ともはずれる確率$P(A)$は

$$P(A)=\frac{{}_6C_3}{{}_{10}C_3}=\mathbf{\frac{1}{6}}\qquad \begin{cases}n(U)={}_{10}C_3\\ n(A)={}_6C_3\end{cases}$$

(2) 「少なくとも1本は当たる」事象は，「3本ともはずれる」事象Aの余事象$\overline{A}$であるから，求める確率は

$$P(\overline{A})=1-P(A)$$
$$=1-\frac{1}{6}=\mathbf{\frac{5}{6}}$$

B

88 (1) 「白球が取り出されない」事象をAとすると，これは「白球以外の8個から2個取り出す」事象であるから，
白球が取り出されない確率$P(A)$は

$$P(A)=\frac{{}_8C_2}{{}_{12}C_2}=\frac{28}{66}=\mathbf{\frac{14}{33}}\qquad \begin{cases}n(U)={}_{12}C_2\\ n(A)={}_8C_2\end{cases}$$

(2) 「少なくとも1個は白球である」事象は事象Aの余事象$\overline{A}$である。
よって，求める確率は

$$\underline{P(\overline{A})=1-P(A)}=1-\frac{14}{33}=\mathbf{\frac{19}{33}}$$
余事象の確率

(3) 「黒球が取り出されない」事象をBとすると，これは「黒球以外の7個から2個取り出す」事象であるから，
黒球が取り出されない確率$P(B)$は

$$P(B)=\frac{{}_7C_2}{{}_{12}C_2}=\frac{21}{66}=\mathbf{\frac{7}{22}}\qquad \begin{cases}n(U)={}_{12}C_2\\ n(B)={}_7C_2\end{cases}$$

「少なくとも1個は黒球である」事象は，事象Bの余事象$\overline{B}$である。
よって，求める確率は

$$\underline{P(\overline{B})=1-P(B)}=1-\frac{7}{22}=\mathbf{\frac{15}{22}}$$
余事象の確率

89 (1) 「少なくとも1個は1の目が出る」事象は「2個とも1の目が出ない」事象Aの余事象$\overline{A}$である。←2個とも2～6の目が出る
2個とも1の目が出ない確率$P(A)$は，

$$P(A)=\frac{5\times5}{6\times6}=\frac{25}{36}\qquad \begin{cases}n(U)=6\times6\\ n(A)=5\times5\end{cases}$$

よって，求める確率は

$$\underline{P(\overline{A})=1-P(A)}=1-\frac{25}{36}=\mathbf{\frac{11}{36}}$$
余事象の確率

(2) 「目の和が10以下となる」事象は，「目の和が11以上となる」事象Bの余事象$\overline{B}$である。(5, 6), (6, 5), (6, 6)の3通り
目の和が11以上となる確率$P(B)$は

$$P(B)=\frac{3}{6\times6}=\frac{1}{12}\qquad \begin{cases}n(U)=6\times6\\ n(B)=3\end{cases}$$

よって，求める確率は

$$P(\overline{B})=1-P(B)=1-\frac{1}{12}=\mathbf{\frac{11}{12}}$$

(3) 「目の積が偶数となる」事象は，「目の積が奇数となる」事象Cの余事象$\overline{C}$である。
2個とも1，3，5の目が出る

目の積が奇数となる確率$P(C)$は

$$P(C)=\frac{3\times3}{6\times6}=\frac{1}{4}\qquad \begin{cases}n(U)=6\times6\\ n(C)=3\times3\end{cases}$$

よって，求める確率は

$$\underline{P(\overline{C})=1-P(C)}=1-\frac{1}{4}=\mathbf{\frac{3}{4}}$$
余事象の確率

90 「2の倍数である」事象をA

「5の倍数である」事象をB　とすると

$A=\underline{\{2,\ 4,\ 6,\ \cdots\cdots,\ 100\}}$

↑ $\{2\cdot1,\ 2\cdot2,\ 2\cdot3,\ \cdots\cdots,\ 2\cdot50\}$

$B=\underline{\{5,\ 10,\ 15,\ \cdots\cdots,\ 100\}}$

↑ $\{5\cdot1,\ 5\cdot2,\ 5\cdot3,\ \cdots\cdots,\ 5\cdot20\}$

であるから　$n(A)=50,\quad n(B)=20$

よって　$P(A)=\dfrac{50}{100},\ P(B)=\dfrac{20}{100}$

(1)「2の倍数でも5の倍数でもない」事象は，

$\underline{\overline{A}\cap\overline{B}=\overline{A\cup B}}$　である。

↑ ド・モルガンの法則

ここで，$A\cap B$は10の倍数であるから

$A\cap B=\underline{\{10,\ 20,\ 30,\ \cdots\cdots,\ 100\}}$

↑ $\{10\cdot1,\ 10\cdot2,\ 10\cdot3,\ \cdots\cdots,\ 10\cdot10\}$

より，$n(A\cap B)=10$

よって　$P(A\cap B)=\dfrac{10}{100}$

ゆえに，求める確率は

$$P(\overline{A}\cap\overline{B})=P(\overline{A\cup B})=1-P(A\cup B)$$
$$=1-\{P(A)+P(B)-P(A\cap B)\}$$
$$=1-\left(\frac{50}{100}+\frac{20}{100}-\frac{10}{100}\right)$$
$$=\frac{40}{100}=\mathbf{\frac{2}{5}}$$

(2)「2の倍数であるが5の倍数でない」事象は，$A\cap\overline{B}$である。

よって，求める確率は

$\underline{P(A\cap\overline{B})}$

$=P(A)-P(A\cap B)$

$=\dfrac{50}{100}-\dfrac{10}{100}=\dfrac{40}{100}=\mathbf{\dfrac{2}{5}}$

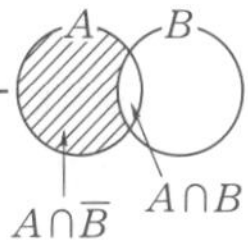

C

91 「球の色が2種類である」事象は，「球の色が3個とも異なる，または，3個とも同じ色である」事象Aの余事象$\overline{A}$である。

ここで，赤球4個，白球3個，黒球5個の合計12個から3個の球を取り出すすべての場合の数は

$${}_{12}C_3=\frac{12\cdot11\cdot10}{3\cdot2\cdot1}=220\ (\text{通り})$$

(i)　球の色が3個とも異なる確率は

$$\frac{{}_4C_1\times{}_3C_1\times{}_5C_1}{{}_{12}C_3}=\frac{4\times3\times5}{220}=\frac{60}{220}$$

(ii)　球の色が3個とも同じ色である確率は

$$\frac{{}_4C_3+{}_3C_3+{}_5C_3}{{}_{12}C_3}=\frac{4+1+10}{220}=\frac{15}{220}$$

(i)と(ii)は互いに排反であるから，事象Aの確率$P(A)$は

$$P(A)=\frac{60}{220}+\frac{15}{220}=\frac{75}{220}=\frac{15}{44}$$

よって，求める確率は

$$P(\overline{A})=1-P(A)=1-\frac{15}{44}=\mathbf{\frac{29}{44}}$$

⇦2個取り出す球の色で事象を分けて考えてもよいが，余事象を用いる方が計算が簡単になる。

⇦赤球1個，白球1個，黒球1個を同時に取り出す確率
(積の法則)

⇦赤球3個，または，白球3個，または，黒球3個を取り出す確率　(和の法則)

⇦ここで確率の和を計算するので，(i)，(ii)で約分をしないことで通分の手間を減らせる。

92 5個の数字から3個を選んで3桁の整数を作るすべての場合の数は $_5P_3=5\cdot4\cdot3=60$（通り）

⑴ 3桁の偶数となる場合

（i） 一の位は，2または4の　2通り

（ii） 百，十の位は，残り4個の数字から2個取る順列だから

$_4P_2=4\cdot3=12$（通り）

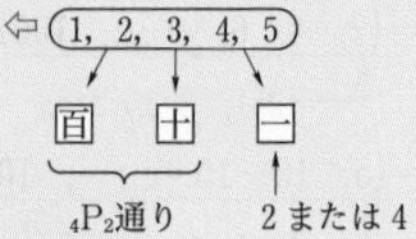

（i），（ii）より，3桁の偶数となる場合の数は

$2\times12=24$（通り）

よって，求める確率は　$\dfrac{24}{60}=\mathbf{\dfrac{2}{5}}$

⑵ 5で割り切れない3桁の整数となる場合

（i） 一の位は，5以外の　4通り

（ii） 百，十の位は，残り4個の数字から2個取る順列だから

$_4P_2=4\cdot3=12$（通り）

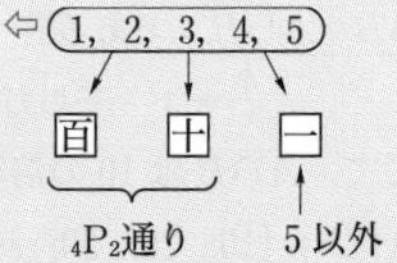

（i），（ii）より，5で割り切れない3桁の整数となる場合の数は

$4\times12=48$（通り）

よって，求める確率は　$\dfrac{48}{60}=\mathbf{\dfrac{4}{5}}$

⑶ 各位の数字の和が3の倍数となる3つの数字の組は

$\{1, 2, 3\}$，$\{1, 3, 5\}$，$\{2, 3, 4\}$，$\{3, 4, 5\}$　の4通り

このそれぞれについて，並べかえが3!通りずつあるから

各位の数字の和が3の倍数となる場合の数は

$4\times3!=4\times6=24$（通り）

⇦積の法則

よって，求める確率は　$\dfrac{24}{60}=\mathbf{\dfrac{2}{5}}$

93 ⑴「少なくとも2個の目が等しい」事象は，「3個とも異なる目が出る」事象 A の余事象 $\overline{A}$ である。

3個とも異なる目が出る場合の数は，

1から6までの6個の数字から3個取る順列を考えて

$_6P_3=6\cdot5\cdot4=120$（通り）

⇦1個目のさいころの目の出方は，1から6までの6通り
2個目のさいころの目の出方は，1個目の目以外の5通り
3個目のさいころの目の出方は，前の2個の目以外の4通り

よって，3個とも異なる目が出る確率 $P(A)$ は

$$P(A)=\frac{120}{6\times6\times6}=\frac{5}{9}$$

ゆえに，求める確率は

$$P(\overline{A})=1-P(A)=1-\frac{5}{9}=\mathbf{\frac{4}{9}}$$

(2) 「3 個の目の積が 5 の倍数である」事象は,「3 個の目の積が 5 の倍数でない」事象 A の余事象 $\overline{A}$ である。

3 個の目の積が 5 の倍数でない場合の数は

3 個のさいころのいずれにも 5 の目が出ないときを考えて

$$5^3=5\times5\times5=125 \text{（通り）}$$

⇦3 個のさいころの目の出方はそれぞれ 1, 2, 3, 4, 6 の 5 通り

よって, 3 個の目の積が 5 の倍数でない確率 $P(A)$ は

$$P(A)=\frac{125}{6\times6\times6}=\frac{125}{216}$$

ゆえに, 求める確率は

$$P(\overline{A})=1-P(A)=1-\frac{125}{216}=\mathbf{\frac{91}{216}}$$

(3) 「3 個の目の積が 4 の倍数である」事象は,「3 個の目の積が 4 の倍数でない」事象 A の余事象 $\overline{A}$ である。

3 個の目の積が 4 の倍数でない場合について

さいころの目を $K(1,\ 3,\ 5)$, $G_2(2,\ 6)$, $G_4(4)$ の 3 グループに分けて考えると,

⇦K：奇数
G_2：4 の倍数でない偶数
G_4：4 の倍数

(i) 3 個ともグループ K の目が出るとき

3 個の目の積は奇数となり, その場合の数は 3^3（通り）

⇦(i) 3 個とも 1, 3, 5 の 3 通り

(ii) 2 個がグループ K の目, 1 個がグループ G_2 の目が出るとき

3 個の目の積は 4 の倍数でない偶数となり, その場合の数は $\underline{{}_3C_2}\cdot3^2\times2$（通り）

K の目が出る 2 個の選び方

⇦(ii) 2 個は 1, 3, 5 の 3 通り
1 個は 2, 6 の 2 通り

(i), (ii)より, 3 個の目の積が 4 の倍数でない場合の数は

$$3^3+{}_3C_2\cdot3^2\times2=27+3\cdot9\times2=81 \text{（通り）}$$

よって, 3 個の目の積が 4 の倍数でない確率 $P(A)$ は

$$P(A)=\frac{81}{6\times6\times6}=\frac{3}{8}$$

ゆえに, 求める確率は

$$P(\overline{A})=1-P(A)=1-\frac{3}{8}=\mathbf{\frac{5}{8}}$$

94 (1) 3個のさいころを同時に投げるときのすべての場合の数は

6^3（通り）

3個の目の積が120になる場合は

$120=2^3\times3\times5$

であるから，3個の目の組は {4, 5, 6} の1組である。

これより，3個のさいころの目の積が120になる場合の数は

$1\times\underline{3!}=6$（通り）←3つの数 {4, 5, 6} の順列

よって，求める確率は

$\frac{6}{6^3}=\mathbf{\frac{1}{36}}$

⇦120を素因数分解する。

$2^3\times3\times5=\underbrace{2\times2}\times\underbrace{2\times3}\times\underbrace{5}$
$=\ 4\ \times\ 6\ \times5$

(2) 3個の目の積が150になる場合を考えると，

$150=2\times3\times5^2$

であるから，3個の目の組は {5, 5, 6} の1組である。

よって，積が150以上になる目の組は

{5, 5, 6}, {5, 6, 6}, {6, 6, 6} の3組

となる。

3個のさいころの目の出方は

(i) {5, 5, 6} のとき $\frac{3!}{2!}=3$（通り）

(ii) {5, 6, 6} のとき $\frac{3!}{2!}=3$（通り）

(iii) {6, 6, 6} のとき 1通り

(i), (ii), (iii)より，3個のさいころの目の積が150以上になる場合の数は，

$3+3+1=7$（通り）

ゆえに，求める確率は

$\frac{7}{6^3}=\mathbf{\frac{7}{216}}$

⇦まず，目の積が150のときを考える。

⇦積が $5\times5\times6=150$ より大きいのは
$5\times6\times6=180$
$6\times6\times6=216$

⇦同じものを含む順列の利用

⇦3個とも6の目

3 独立な試行とその確率

本編 p.115〜116

A

95 (1) **独立である。**

（くじをもとに戻すと，試行 T_1，T_2 ともに10本中2本の当たりくじが含まれているくじを引くことになるから，他方の試行の結果に影響を及ぼさない。）

(2) **独立でない。**

（くじをもとに戻さないと，試行 T_1 で当たりを引くか，はずれを引くかで，残りの9本のくじの中の当たりくじは，それぞれ1本，2本となり T_2 の結果に影響を与える。）

96 さいころを投げる試行 T_1 と硬貨を投げる試行 T_2 は互いに独立であるから

T_1 で2以下の目，T_2 で裏が出る確率は

$\frac{2}{6}\times\frac{1}{2}=\boldsymbol{\frac{1}{6}}$

97 最初にくじを1本引く試行 T_1 で当たりくじが出る事象を A とし，くじをもとに戻してから，もう1本引く試行 T_2 で当たりくじが出る事象を B とする。このとき，T_1 と T_2 は互いに独立な試行である。

(1) T_1 で当たりくじ，T_2 で当たりくじが出る確率であるから

$P(A)\times P(B)$ ⟵ $P(A)=\frac{4}{20}$

$=\frac{4}{20}\times\frac{4}{20}=\boldsymbol{\frac{1}{25}}$　　$P(B)=\frac{4}{20}$

(2) T_1 ではずれくじ，T_2 で当たりくじが出る確率であるから

$P(\overline{A})\times P(B)$ ⟵ $P(\overline{A})=\frac{16}{20}$

$=\frac{16}{20}\times\frac{4}{20}=\boldsymbol{\frac{4}{25}}$　　$P(B)=\frac{4}{20}$

(3) 「少なくとも1本は当たりくじである」事象は「2本ともはずれくじである」事象 C の余事象 $\overline{C}$ である。

2本ともはずれくじである確率 $P(C)$ は

$P(C)=P(\overline{A})\times P(\overline{B})$ ⟵ $P(\overline{A})=\frac{16}{20}$

$=\frac{16}{20}\times\frac{16}{20}=\frac{16}{25}$　　$P(\overline{B})=\frac{16}{20}$

よって，求める確率は

$P(\overline{C})=1-P(C)$

$=1-\frac{16}{25}=\boldsymbol{\frac{9}{25}}$

98 袋A，Bからそれぞれ1個の球を取り出す試行は，互いに独立な試行である。

(1) 2個の球の色が同じである事象は，

(i) いずれの袋からも赤球を取り出す事象

(ii) いずれの袋からも白球を取り出す事象

の和事象で，(i)，(ii)は互いに排反である。

(i)について

袋Aから赤球を取り出す確率は $\frac{4}{6}$
（↑赤球4個，白球2個）

袋Bから赤球を取り出す確率は $\frac{3}{6}$
（↑赤球3個，白球3個）

よって，(i)の確率は $\frac{4}{6}\times\frac{3}{6}=\frac{1}{3}$

(ii)について

袋Aから白球を取り出す確率は $\frac{2}{6}$
（↑赤球4個，白球2個）

袋Bから白球を取り出す確率は $\frac{3}{6}$
（↑赤球3個，白球3個）

よって，(ii)の確率は $\frac{2}{6}\times\frac{3}{6}=\frac{1}{6}$

ゆえに，求める確率は

$\frac{1}{3}+\frac{1}{6}=\boldsymbol{\frac{1}{2}}$

(2) 「2個の球の色が異なる」事象は，「2個の球の色が同じである」事象の余事象である。

よって，求める確率は，(1)より

$1-\frac{1}{2}=\boldsymbol{\frac{1}{2}}$ ⟵ (1)の余事象

99 各回の試行は互いに独立な試行である。

(1) 1回目，2回目，3回目に1の目が出る確率はそれぞれ $\frac{1}{6}$

よって，求める確率は

$$\frac{1}{6}\times\frac{1}{6}\times\frac{1}{6}=\mathbf{\frac{1}{216}}$$

(2) 1回目に4以下の目が出る確率は

$$\frac{4}{6}=\frac{2}{3}$$

2回目に3以下の目が出る確率は

$$\frac{3}{6}=\frac{1}{2}$$

3回目に2以下の目が出る確率は

$$\frac{2}{6}=\frac{1}{3}$$

よって，求める確率は

$$\frac{2}{3}\times\frac{1}{2}\times\frac{1}{3}=\mathbf{\frac{1}{9}}$$

B

100 カードを引く2回の試行は，互いに独立な試行である。

(1) 1回目，2回目に赤色のカードを引く確率はそれぞれ $\frac{10}{40}=\frac{1}{4}$

よって，求める確率は

$$\frac{1}{4}\times\frac{1}{4}=\mathbf{\frac{1}{16}}$$

(2) 偶数のカードは，赤，白，青，黄のカードそれぞれに5枚ずつあるので，全部で

$4\times5=20$（枚）

あるから，1回目，2回目に偶数のカードを引く確率は，それぞれ $\frac{20}{40}=\frac{1}{2}$

よって，求める確率は

$$\frac{1}{2}\times\frac{1}{2}=\mathbf{\frac{1}{4}}$$

(3)「少なくとも1枚は赤色の偶数のカードである」事象は，「2枚とも赤色以外または奇数のカードである」事象 A の余事象 $\overline{A}$ である。

ド・モルガンの法則

ここで，

赤色以外のカードは　30（枚）

奇数のカードは　$4\times5=20$（枚）

赤色以外の奇数のカードは

$3\times5=15$（枚）

であるから，

	赤	赤以外	計
偶数	5	15	20
奇数	5	15	20
計	10	30	40

赤色以外または奇数のカードは

$30+20-15$

$=35$（枚）

赤色の偶数のカード5枚を除いた35枚と考えてもよい。

よって，事象 A の起こる確率は

$$\frac{35}{40}\times\frac{35}{40}=\frac{49}{64}$$

ゆえに，求める確率は

$$P(\overline{A})=1-P(A)$$

$$=1-\frac{49}{64}=\mathbf{\frac{15}{64}}$$

101 さいころを投げる3回の試行は，互いに独立な試行である。

(1) 同じ数字の選び方は6通りあるから，求める確率は，

$$\left(\frac{1}{6}\times\frac{1}{6}\times\frac{1}{6}\right)\times6=\mathbf{\frac{1}{36}}$$

(2) 1回目に出る目はどれでもよい。

2回目に1回目と異なる目が出る確率は

$$\frac{5}{6}$$

3回目に，1回目，2回目のいずれとも異なる目が出る確率は $\frac{4}{6}$

よって，求める確率は $\frac{5}{6}\times\frac{4}{6}=\mathbf{\frac{5}{9}}$

102 A, B, C, D の 4 人がダーツを行う試行は，互いに独立な試行である。

(1) 4 人とも命中する確率は

$$\underset{A}{\underline{\frac{2}{3}}}\times\underset{B}{\underline{\frac{3}{4}}}\times\underset{C}{\underline{\frac{2}{5}}}\times\underset{D}{\underline{\frac{1}{2}}}=\boldsymbol{\frac{1}{10}}$$

(2) 「少なくとも 1 人が命中する」事象は，「4 人とも命中しない」事象の余事象である。4 人とも命中しない確率は

$$\left(1-\frac{2}{3}\right)\times\left(1-\frac{3}{4}\right)\times\left(1-\frac{2}{5}\right)\times\left(1-\frac{1}{2}\right)$$

$$=\frac{1}{3}\times\frac{1}{4}\times\frac{3}{5}\times\frac{1}{2}=\frac{1}{40}$$

よって，求める確率は

$$1-\frac{1}{40}=\boldsymbol{\frac{39}{40}}$$

C

103 2 個ずつの球を取り出す 2 回の試行は，互いに独立な試行である。（取り出した球をもとに戻す）

⇦独立な試行であることを確認する。

また，7 個の球から 2 個の球を取り出すすべての場合の数は

$${}_7C_2 \text{ 通り}$$

(1) 4 個とも赤球になる事象は，

1 回目，2 回目ともに赤球 2 個を取り出す事象である。

よって，求める確率は

$$\frac{{}_4C_2}{{}_7C_2}\times\frac{{}_4C_2}{{}_7C_2}=\frac{6}{21}\times\frac{6}{21}=\boldsymbol{\frac{4}{49}}$$

⇦赤球 4 個，白球 3 個の合計 7 個から赤球 2 個を取り出す確率は $\frac{{}_4C_2}{{}_7C_2}$

(2) 赤球と白球が同数になる事象は，3 つの事象

(i) 1 回目に赤球 2 個，2 回目に白球 2 個を取り出す

(ii) 1 回目，2 回目とも赤球 1 個，白球 1 個を取り出す

(iii) 1 回目に白球 2 個，2 回目に赤球 2 個を取り出す

の和事象で，(i)，(ii)，(iii)は互いに排反である。

⇦(i)，(ii)，(iii)はどの 2 つも同時に起こらない。

(i)の事象の起こる確率は

$$\frac{{}_4C_2}{{}_7C_2}\times\frac{{}_3C_2}{{}_7C_2}=\frac{6}{21}\times\frac{3}{21}=\frac{2}{49}$$

(ii)の事象の起こる確率は

$$\frac{{}_4C_1\times{}_3C_1}{{}_7C_2}\times\frac{{}_4C_1\times{}_3C_1}{{}_7C_2}=\frac{4\times3}{21}\times\frac{4\times3}{21}=\frac{16}{49}$$

(iii)の事象の起こる確率は

$$\frac{{}_3C_2}{{}_7C_2}\times\frac{{}_4C_2}{{}_7C_2}=\frac{3}{21}\times\frac{6}{21}=\frac{2}{49}$$

よって，求める確率は

$$\frac{2}{49}+\frac{16}{49}+\frac{2}{49}=\boldsymbol{\frac{20}{49}}$$

104 大，中，小それぞれのさいころを投げる試行は，互いに独立な試行である。

㊙ p.69 章末B 9

(1) 「少なくとも1個は3以上である」事象は，「3個とも2以下である」事象 A の余事象 $\overline{A}$ である。

3個とも2以下である確率 $P(A)$ は

$$P(A)=\frac{2}{6}\times\frac{2}{6}\times\frac{2}{6}=\frac{1}{27}$$

⇦それぞれのさいころについて目の出方の総数は6通り 2以下の目の出方は2通り

よって，求める確率は

$$P(\overline{A})=1-P(A)=1-\frac{1}{27}=\mathbf{\frac{26}{27}}$$

(2) 「出る目の最小値が3以上である」事象は，「3個とも3以上の目が出る」事象である。

よって，求める確率は $\frac{4}{6}\times\frac{4}{6}\times\frac{4}{6}=\mathbf{\frac{8}{27}}$

⇦3以上の目の出方は 4通り

(3) 「出る目の最小値が3である」事象は，「3個とも3以上の目が出る」事象から，「3個とも4以上の目が出る」事象を除いたものである。

⇦「3個とも4以上の目が出る」事象は「最小値が4以上である」事象

よって，求める確率は

$$\left(\frac{4}{6}\times\frac{4}{6}\times\frac{4}{6}\right)-\left(\frac{3}{6}\times\frac{3}{6}\times\frac{3}{6}\right)=\frac{64-27}{216}=\mathbf{\frac{37}{216}}$$

4 反復試行とその確率

本編 p.117～118

A

105 (1) 1回の試行で，1の目が出る確率は $\frac{1}{6}$ であるから，4回のうち1の目がちょうど2回出る確率は

$${}_4C_2\left(\frac{1}{6}\right)^2\left(\frac{5}{6}\right)^2=\frac{4\cdot3}{2\cdot1}\cdot\frac{5^2}{6^4}=\mathbf{\frac{25}{216}}$$

(2) 1回の試行で，3の倍数の目が出る確率は $\frac{2}{6}=\frac{1}{3}$ であるから，4回のうち3の倍数の目がちょうど3回出る確率は

$${}_4C_3\left(\frac{1}{3}\right)^3\left(\frac{2}{3}\right)^1=4\cdot\frac{2}{3^4}=\mathbf{\frac{8}{81}}$$

106 (1) 1回の試行で赤球が出る確率は $\frac{1}{5}$，白球が出る確率は $\frac{4}{5}$ であるから，4回のうち赤球がちょうど2回出る確率は

$${}_4C_2\left(\frac{1}{5}\right)^2\left(\frac{4}{5}\right)^2=\frac{4\cdot3}{2\cdot1}\cdot\frac{4^2}{5^4}=\mathbf{\frac{96}{625}}$$

(2) 3回目までに赤球がちょうど1回出て，4回目に2度目の赤球が出ればよいから，求める確率は

$${}_3C_1\left(\frac{1}{5}\right)\left(\frac{4}{5}\right)^2\times\frac{1}{5}=3\cdot\frac{4^2}{5^4}=\mathbf{\frac{48}{625}}$$

↑3回目までに赤球1回，白球2回　↑4回目に赤球

B

107 6回の試行のうち，偶数の目が出る回数を r とおくと，奇数の目が出る回数は $6-r$ となる。

さいころを6回投げ終えたときの点Pの座標は　$3r+(-1)(6-r)=4r-6$

と表せるから，点Pの座標が10になるのは

$4r-6=10$　より　$r=4$

よって，点Pの座標が10になるのは，6回の試行のうち4回が偶数の目で，2回が奇数の目になるときである。

ゆえに，求める確率は

$${}_6C_4\left(\frac{3}{6}\right)^4\left(\frac{3}{6}\right)^2={}_6C_2\left(\frac{1}{2}\right)^4\left(\frac{1}{2}\right)^2$$

$$=\frac{6\cdot5}{2\cdot1}\cdot\frac{1}{2^6}=\mathbf{\frac{15}{64}}$$

108 (1) 1回の試行で，3以下の目が出る確率は

$\frac{3}{6}=\frac{1}{2}$ である。

「3以下の目が5回以上出る」事象は

(i) 3以下の目が5回出る

(ii) 3以下の目が6回出る

の和事象で，(i)，(ii)は互いに排反である。

(i)の事象の起こる確率は

$${}_6C_5\left(\frac{1}{2}\right)^5\left(\frac{1}{2}\right)^1={}_6C_1\left(\frac{1}{2}\right)^5\left(\frac{1}{2}\right)^1$$

（$\left(\frac{1}{2}\right)^5$：3以下の目が5回，$\left(\frac{1}{2}\right)^1$：4以上の目が1回）

$$=6\cdot\frac{1}{2^6}=\frac{6}{2^6}$$

(ii)の事象の起こる確率は

$$\left(\frac{1}{2}\right)^6=\frac{1}{2^6}$$

よって，求める確率は

$$\frac{6}{2^6}+\frac{1}{2^6}=\frac{7}{2^6}=\mathbf{\frac{7}{64}}$$

(2) 「少なくとも1回は3以下の目が出る」事象は，「6回とも4以上の目が出る」事象 A の余事象 $\overline{A}$ である。

6回とも4以上の目が出る確率 $P(A)$ は

$$P(A)=\left(\frac{1}{2}\right)^6=\frac{1}{64}$$

よって，求める確率は

$$P(\overline{A})=1-P(A)=1-\frac{1}{64}=\mathbf{\frac{63}{64}}$$

C

109 (1) 3回の試行のうち，5以上の目が出る回数を r とおくと，4以下の目が出る回数は $3-r$ となる。

⇦まず，5以上の目が出る回数と4以下の目が出る回数を求める。

さいころを3回投げ終えたときの点Pの座標は

$2r+(-1)\cdot(3-r)=3r-3$

と表せるから，点Pが原点に戻るのは

$3r-3=0$　より　$r=1$

⇦5以上の目が1回
4以下の目が $(3-1)=2$ 回

よって，点Pが原点に戻るのは，3回の試行のうち1回が5以上の目で，2回が4以下の目になるときである。

ゆえに，求める確率は

$${}_3C_1\left(\frac{2}{6}\right)^1\left(\frac{4}{6}\right)^2=3\cdot\frac{1}{3}\cdot\left(\frac{2}{3}\right)^2=\mathbf{\frac{4}{9}}$$

(2) 6 回の試行のうち，5 以上の目が出る回数を r とおくと，4 以下の目が出る回数は $6-r$ となる。

さいころを 6 回投げ終えたときの点 P の座標は

$$2r+(-1)\cdot(6-r)=3r-6$$

と表せるから，点 P が原点に戻るのは

$$3r-6=0 \quad より \qquad r=2$$

よって，点 P が原点に戻るのは，6 回の試行のうち 2 回が 5 以上の目で，4 回が 4 以下の目になるときである。

ゆえに，求める確率は

$$ {}_6C_2\left(\frac{2}{6}\right)^2\left(\frac{4}{6}\right)^4=\frac{6\cdot5}{2\cdot1}\cdot\left(\frac{1}{3}\right)^2\cdot\left(\frac{2}{3}\right)^4=\mathbf{\frac{80}{243}}$$

(3) 「さいころを 6 回投げ終えたとき，点 P が初めて原点に戻る」事象は，「さいころを 3 回投げ終えたとき，点 P が原点に戻らないで，さいころを 6 回投げ終えたとき，原点に戻る」事象である。

⇦3 回で原点に戻らずに，6回で原点に戻る場合を考える。

よって，求める確率は

$$ {}_6C_2\left(\frac{2}{6}\right)^2\left(\frac{4}{6}\right)^4-{}_3C_1\left(\frac{2}{6}\right)^1\left(\frac{4}{6}\right)^2\times{}_3C_1\left(\frac{2}{6}\right)^1\left(\frac{4}{6}\right)^2$$

↑ 6 回後に原点に戻る　↑ 3 回後に原点に戻る　↑ さらに 3 回後に原点に戻る

⇦(2)より　$ {}_6C_2\left(\frac{2}{6}\right)^2\left(\frac{4}{6}\right)^4=\frac{80}{243}$

(1)より　$ {}_3C_1\left(\frac{2}{6}\right)^1\left(\frac{4}{6}\right)^2=\frac{4}{9}$

$$=\frac{80}{243}-\frac{4}{9}\times\frac{4}{9}=\frac{80-48}{243}=\mathbf{\frac{32}{243}}$$

110 (1) 4 試合目で A チームが優勝するのは，最初の 3 試合が，A チームの 2 勝 1 敗で，さらに 4 試合目に A チームが勝つ場合であるから，求める確率は

㊈ p.69 章末B 10 (1)

⇦ [第1試合][第2試合][第3試合] → A チーム 2 勝 B チーム 1 勝　[第4試合] → A チームが勝つ

$$ {}_3C_2\left(\frac{3}{5}\right)^2\left(\frac{2}{5}\right)^1 \times \frac{3}{5}={}_3C_1\cdot\frac{3^2}{5^2}\cdot\frac{2}{5}\cdot\frac{3}{5}=3\cdot\frac{3^3\cdot2}{5^4}=\mathbf{\frac{162}{625}}$$

（最初の 3 試合で A チームが 2 勝 1 敗となる確率）×（4 試合目で A チームが勝つ確率）

(2) 5 試合目で A チームが優勝するのは，最初の 4 試合が，A チームの 2 勝 2 敗で，さらに 5 試合目に A チームが勝つ場合であるから，求める確率は

⇦ [第1試合][第2試合][第3試合][第4試合] → A チーム 2 勝 B チーム 2 勝　[第5試合] → A チームが勝つ

$$ {}_4C_2\left(\frac{3}{5}\right)^2\left(\frac{2}{5}\right)^2\times\frac{3}{5}=\frac{4\cdot3}{2\cdot1}\cdot\frac{3^2}{5^2}\cdot\frac{2^2}{5^2}\cdot\frac{3}{5}=\mathbf{\frac{648}{3125}}$$

(3) 「A チームが優勝する」事象は，3 つの事象

(i) 3 試合目で優勝　⇦A チームが 3 連勝

(ii) 4 試合目で優勝　⇦A チームが 3 勝 1 敗

(iii) 5 試合目で優勝　⇦A チームが 3 勝 2 敗

の和事象で，(i)，(ii)，(iii)は互いに排反である。

(i)の事象の起こる確率は

$$\left(\frac{3}{5}\right)^3=\frac{27}{125}$$

(ii)の事象の起こる確率は，(1)より　$\frac{162}{625}$

(iii)の事象の起こる確率は，(2)より　$\frac{648}{3125}$

よって，求める確率は

$$\frac{27}{125}+\frac{162}{625}+\frac{648}{3125}=\mathbf{\frac{2133}{3125}}$$

111 (1)　4回の試行で，1の目が1回，2の目が1回，3の目が2回出る確率は

$${}_4C_1\left(\frac{1}{6}\right)^1\cdot{}_3C_1\left(\frac{1}{6}\right)^1\cdot\left(\frac{1}{6}\right)^2=4\cdot\frac{1}{6}\cdot3\cdot\frac{1}{6}\cdot\frac{1}{6^2}=\mathbf{\frac{1}{108}}$$

4回中 1の目が1回

残り3回中 2の目が1回

3の目が2回

⇦4回の試行のうち，1の目が1回，2の目が1回，3の目が2回出ることから，目の出る回数を考えて

$$\frac{4!}{1!1!2!}\left(\frac{1}{6}\right)^1\cdot\left(\frac{1}{6}\right)^1\cdot\left(\frac{1}{6}\right)^2$$

としてもよい。

(2)　4回の試行で，1の目が1回，2の目が1回出るときの残りの2回は，3から6までのいずれかの目が出る。

3から6までのいずれかの目が出る確率は $\frac{4}{6}$ であるから，

求める確率は

$${}_4C_1\left(\frac{1}{6}\right)^1\cdot{}_3C_1\left(\frac{1}{6}\right)^1\cdot\left(\frac{4}{6}\right)^2=4\cdot\frac{1}{6}\cdot3\cdot\frac{1}{6}\cdot\frac{2^2}{3^2}=\mathbf{\frac{4}{27}}$$

4回中 1の目が1回

残り3回中 2の目が1回

3から6の目が2回

⇦(1)と同様に

$$\frac{4!}{1!1!2!}\left(\frac{1}{6}\right)^1\cdot\left(\frac{1}{6}\right)^1\cdot\left(\frac{4}{6}\right)^2$$

としてもよい。

112 (1)　1回の試行で，赤球が出る確率は $\frac{3}{6}$，白球が出る確率は $\frac{2}{6}$，青球が出る確率は $\frac{1}{6}$ であるから，

求める確率は

$${}_4C_2\left(\frac{3}{6}\right)^2\times{}_2C_1\left(\frac{2}{6}\right)^1\left(\frac{1}{6}\right)^1$$

4回中 赤球が2回

残り2回中，白球が1回 青球が1回

$$=\frac{4\cdot3}{2\cdot1}\cdot\frac{1}{2^2}\cdot2\cdot\frac{1}{3}\cdot\frac{1}{6}=\mathbf{\frac{1}{6}}$$

⇦4回の試行のうち，赤球が2回，白球が1回，青球が1回出ることから，球の出る回数を考えて

$$\frac{4!}{2!1!1!}\left(\frac{3}{6}\right)^2\cdot\left(\frac{2}{6}\right)^1\cdot\left(\frac{1}{6}\right)^1$$

としてもよい。

(2) 「少なくとも1回青球が出る」事象は，「4回とも青球が出ない」事象 A の余事象 $\overline{A}$ である。

4回とも青球が出ない確率 $P(A)$ は

$$P(A)=\left(\frac{5}{6}\right)^4=\frac{625}{1296}$$

よって，求める確率は

$$P(\overline{A})=1-P(A)=1-\frac{625}{1296}=\mathbf{\frac{671}{1296}}$$

113 (1) 4回の試行のうち，表が出る回数を r とおくと，裏が出る回数は $4-r$ となる。

㊍p.67 節末 2

⇦まず，表が出る回数と裏が出る回数を求める。

硬貨を4回投げ終えたとき，点Pが進む距離を l とすると，

$$l=2r+1\cdot(4-r)=r+4$$

⇦ $0 \leqq r \leqq 4$，$l=r+4$ より $4 \leqq l \leqq 8$

ここで，l は $4 \leqq l \leqq 8$ をみたす整数であるから

「点Pが頂点Aに止まる」事象は，

(i) $l=4$ のとき　$r+4=4$　より　$r=0$

⇦表が0回，裏が4回

(ii) $l=8$ のとき　$r+4=8$　より　$r=4$

⇦表が4回，裏が0回

の和事象で，(i)，(ii)は互いに排反である。

(i)の事象の起こる確率は　$\left(\frac{1}{2}\right)^4$

(ii)の事象の起こる確率は　$\left(\frac{1}{2}\right)^4$

よって，求める確率は　$\left(\frac{1}{2}\right)^4+\left(\frac{1}{2}\right)^4=\mathbf{\frac{1}{8}}$

(2) 「点Pが正方形を1周して頂点Aに止まる」事象は，

(i) 2回投げて，表が2回出る。(裏は0回)

(ii) 3回投げて，表が1回，裏が2回出る。

(iii) 4回投げて，裏が4回出る。(表は0回)

の和事象で，(i)，(ii)，(iii)は互いに排反である。

(i)の事象の起こる確率は　$\left(\frac{1}{2}\right)^2$

(ii)の事象の起こる確率は　${}_3C_1\left(\frac{1}{2}\right)^1\left(\frac{1}{2}\right)^2$

⇦3回中，表が1回，裏が2回

(iii)の事象の起こる確率は　$\left(\frac{1}{2}\right)^4$

よって，求める確率は

$$\left(\frac{1}{2}\right)^2+{}_3C_1\left(\frac{1}{2}\right)^1\left(\frac{1}{2}\right)^2+\left(\frac{1}{2}\right)^4=\frac{1}{2^2}+\frac{3}{2^3}+\frac{1}{2^4}=\mathbf{\frac{11}{16}}$$

(3) 6回の試行のうち，表が出る回数を x とおくと，裏が出る回数は $6-x$ となる。

硬貨を6回投げ終えたとき，点Pが「正方形を2周して頂点Aに止まるのは，

$$2x+(6-x)=8 \quad より \quad x=2$$

すなわち，6回の試行のうち，表が2回，裏が4回出る場合であるから，求める確率は

$${}_6C_2\left(\frac{1}{2}\right)^2\left(\frac{1}{2}\right)^4=\frac{6\cdot5}{2\cdot1}\cdot\frac{1}{2^6}=\mathbf{\frac{15}{64}}$$

114 (1) 5回の試行で，右に2回，上に3回進むことであるから，5回の試行のうち，表が2回，裏が3回出るときである。

よって，求める確率は

$${}_5C_3\left(\frac{1}{2}\right)^2\left(\frac{1}{2}\right)^3=10\cdot\frac{1}{2^5}=\mathbf{\frac{5}{16}}$$

(2) 「5回の試行で，点PがはじめてCに到達する」事象は，

(i) 4回の試行で，Cの1つ下の地点に到達している

(ii) 5回目の試行で上に進む

がともに起こる事象である。

(i)は，硬貨を4回投げたとき，表が3回，裏が1回出る場合であるから，(i)の事象の起こる確率は

$${}_4C_3\left(\frac{1}{2}\right)^3\left(\frac{1}{2}\right)^1={}_4C_1\frac{1}{2^3}\cdot\frac{1}{2}=4\cdot\frac{1}{2^4}=\frac{1}{4}$$

(ii)の事象の起こる確率は $\frac{1}{2}$

よって，求める確率は

$$\frac{1}{4}\times\frac{1}{2}=\mathbf{\frac{1}{8}}$$

5 条件つき確率と乗法定理

本編 p.119～121

A

115 袋から球を1個取り出すとき，その球が

「赤色の球である」事象を A

「番号が偶数である」事象を B

とする。

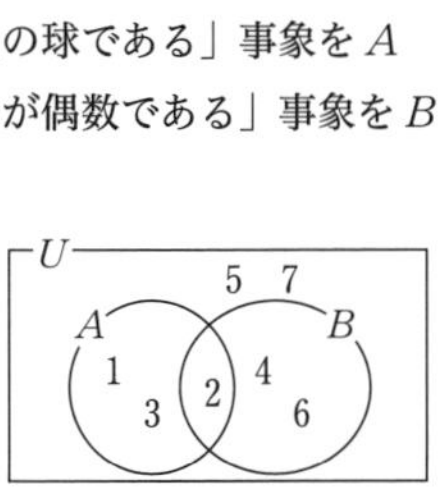

(1) 「取り出した球が赤色で，番号が偶数」という事象 $A\cap B$ の起こる確率は

$$P(A\cap B)=\mathbf{\frac{1}{7}}$$

(2) 取り出した球が赤色であることがわかっているとき，番号が偶数である条件つき確率は

$$P_A(B)=\mathbf{\frac{1}{3}}$$

$P_A(B)=\frac{n(A\cap B)}{n(A)}$

(3) 取り出した球の番号が偶数であることがわかっているとき，赤色である条件つき確率は

$P_B(A)=\dfrac{\mathbf{1}}{\mathbf{3}}$　　$P_B(A)=\dfrac{n(A\cap B)}{n(B)}$

116 選んだ生徒が「運動部に所属している生徒である」事象を A，「一年生である」事象を B とすると

$P(A)=\dfrac{55}{100}$，$P(A\cap B)=\dfrac{20}{100}$

よって，求める条件つき確率 $P_A(B)$ は

運動部とわかっているとき，一年生である確率

$P_A(B)=\dfrac{P(A\cap B)}{P(A)}=\dfrac{20}{100}\div\dfrac{55}{100}=\dfrac{\mathbf{4}}{\mathbf{11}}$

117 「1回目に赤球が出る」事象を A，「2回目に赤球が出る」事象を B とする。

(1) 求める確率は，条件つき確率 $P_A(B)$ である。

$n(A)={}_4C_1\times{}_5C_1=4\times5$

赤球4個から1個取る　残り5個から1個取る

$n(A\cap B)={}_4C_1\times{}_3C_1=4\times3$

赤球4個から1個取る　赤球3個から1個取る

よって

$P_A(B)=\dfrac{n(A\cap B)}{n(A)}=\dfrac{4\times3}{4\times5}=\dfrac{\mathbf{3}}{\mathbf{5}}$

(別解)

1回目に赤球が出たとき，袋に残っているのは赤球3個と白球2個である。この袋から1個を取り出したとき，赤球を取り出す確率であるから $\dfrac{\mathbf{3}}{\mathbf{5}}$

(2) 「1回目に白球が出る事象は，事象 A の余事象 $\overline{A}$ であるから，求める確率は，条件つき確率 $P_{\overline{A}}(B)$ である。

$n(\overline{A})={}_2C_1\times{}_5C_1=2\times5$

白球2個から1個取る　残り5個から1個取る

$n(\overline{A}\cap B)={}_2C_1\times{}_4C_1=2\times4$

白球2個から1個取る　赤球4個から1個取る

よって

$P_{\overline{A}}(B)=\dfrac{n(\overline{A}\cap B)}{n(\overline{A})}=\dfrac{2\times4}{2\times5}=\dfrac{\mathbf{4}}{\mathbf{5}}$

118 (1) 「1回目に赤球が出る」事象を A，「2回目に赤球が出る事象」を B とする。

(i) 「2回とも赤球が出る」事象は $A\cap B$ である。ここで，

$P(A)=\dfrac{6}{9}$，$P_A(B)=\dfrac{5}{8}$

9個中，赤球6個　残り8個中，赤球5個

よって，求める確率は

$P(A\cap B)=P(A)P_A(B)$ ←確率の乗法定理

$=\dfrac{6}{9}\times\dfrac{5}{8}=\dfrac{\mathbf{5}}{\mathbf{12}}$

(ii) 「2回目にはじめて赤球が出る」事象は $\overline{A}\cap B$ である。ここで，

$P(\overline{A})=\dfrac{3}{9}$，$P_{\overline{A}}(B)=\dfrac{6}{8}$

9個中，白球3個　残り8個中，赤球6個

よって，求める確率は

$P(\overline{A}\cap B)=P(\overline{A})P_{\overline{A}}(B)$ ←確率の乗法定理

$=\dfrac{3}{9}\times\dfrac{6}{8}=\dfrac{\mathbf{1}}{\mathbf{4}}$

(2)(i) 1回目に赤球，2回目に赤球，3回目に赤球が出る確率は，それぞれ

$\dfrac{6}{9}$，$\dfrac{5}{8}$，$\dfrac{4}{7}$

よって，求める確率は

$\dfrac{6}{9}\times\dfrac{5}{8}\times\dfrac{4}{7}=\dfrac{\mathbf{5}}{\mathbf{21}}$

(ii) 1回目に白球，2回目に白球，3回目に赤球が出る確率は，それぞれ

$\dfrac{3}{9}$，$\dfrac{2}{8}$，$\dfrac{6}{7}$

よって，求める確率は

$\dfrac{3}{9}\times\dfrac{2}{8}\times\dfrac{6}{7}=\dfrac{\mathbf{1}}{\mathbf{14}}$

119 「a が当たる」事象を A,「b が当たる」事象を B とする。

(1) 「2 人とも当たる」事象は $A\cap B$ である。

よって, 求める確率は,

$$\underline{P(A\cap B)=P(A)P_A(B)}=\frac{4}{10}\times\frac{3}{9}=\mathbf{\frac{2}{15}}$$

確率の乗法定理　10 本中当たり 4 本　残り 9 本中当たり 3 本

(2) 「1 人が当たり他方がはずれる」事象は

(i) 「a が当たり, b がはずれる」事象 $A\cap\overline{B}$

(ii) 「a がはずれ, b が当たる」事象 $\overline{A}\cap B$

の和事象で, これらは互いに排反である。

(i)の事象が起こる確率は

$$\underline{P(A\cap\overline{B})=P(A)P_A(\overline{B})}=\frac{4}{10}\times\frac{6}{9}=\frac{24}{90}$$

確率の乗法定理　10 本中当たり 4 本　残り 9 本中はずれ 6 本

(ii)の事象が起こる確率は

$$\underline{P(\overline{A}\cap B)=P(\overline{A})P_{\overline{A}}(B)}=\frac{6}{10}\times\frac{4}{9}=\frac{24}{90}$$

確率の乗法定理　10 本中はずれ 6 本　残り 9 本中当たり 4 本

よって, 求める確率は

$$P(A\cap\overline{B})+P(\overline{A}\cap B)=\frac{24}{90}+\frac{24}{90}=\mathbf{\frac{8}{15}}$$

(3) 「少なくとも 1 人がはずれる」事象は,「2 人とも当たる」事象の余事象である。

(1)から, 2 人とも当たる確率は

$$P(A\cap B)=\frac{2}{15}$$

よって, 求める確率は

$$1-P(A\cap B)=1-\frac{2}{15}=\mathbf{\frac{13}{15}}$$

B

120 (1) 袋 A の赤球, 白球の個数がともに 3 個ずつとなるのは, 袋 A から白球を取り出し, 袋 B から赤球を取り出す場合である。

袋 A から白球を取り出す確率は $\frac{4}{6}=\frac{2}{3}$,
（袋 A：赤球 2 個, 白球 4 個）

その白球を袋 B に入れたのち, 袋 B から（→赤球 4 個, 白球 4 個）

赤球を取り出す確率は $\frac{4}{8}=\frac{1}{2}$

よって, 求める確率は　$\frac{2}{3}\times\frac{1}{2}=\mathbf{\frac{1}{3}}$

(2) 袋 A の赤球が 2 個, 白球が 4 個となるのは, 2 つの事象

(i) 袋 A から赤球を取り出し, その赤球を袋 B に入れたのち, 袋 B から赤球を取り出す

(ii) 袋 A から白球を取り出し, その白球を袋 B に入れたのち, 袋 B から白球を取り出す

の和事象で, これらは互いに排反である。

(i)について

袋 A から赤球を取り出す確率は $\frac{2}{6}$,
（袋 A：赤球 2 個, 白球 4 個）

その赤球を袋 B に入れたのち, 袋 B から（→赤球 5 個, 白球 3 個）

赤球を取り出す確率は $\frac{5}{8}$

よって, (i)が起こる確率は $\frac{2}{6}\times\frac{5}{8}=\frac{10}{48}$

(ii)について

袋 A から白球を取り出す確率は $\frac{4}{6}$,
（袋 A：赤球 2 個, 白球 4 個）

その白球を袋 B に入れたのち, 袋 B から（→赤球 4 個, 白球 4 個）

白球を取り出す確率は $\frac{4}{8}$

よって, (ii)が起こる確率は $\frac{4}{6}\times\frac{4}{8}=\frac{16}{48}$

ゆえに, 求める確率は　$\frac{10}{48}+\frac{16}{48}=\mathbf{\frac{13}{24}}$

121 取り出した1個の製品が「A工場の製品である」事象をA,「B工場の製品である」事象をB,「不合格品である」事象をEとすると

$$P(A)=\frac{25}{100},\ P(B)=\frac{75}{100}$$

$$P_A(E)=\frac{2}{100},\ P_B(E)=\frac{3}{100}$$

(1) 事象Eは事象$A\cap E$と事象$B\cap E$の
　　A工場の不合格品　B工場の不合格品

和事象で,$A\cap E$と$B\cap E$は互いに排反であるから

$$\begin{aligned}P(E)&=P(A\cap E)+P(B\cap E)\\&=P(A)P_A(E)+P(B)P_B(E)\\&=\frac{25}{100}\times\frac{2}{100}+\frac{75}{100}\times\frac{3}{100}=\mathbf{\frac{11}{400}}\end{aligned}$$

(2) 求める確率は$P_E(B)$であるから

$$\begin{aligned}P_E(B)&=\frac{P(E\cap B)}{P(E)}=\frac{P(B\cap E)}{P(E)}\\&=\left(\frac{75}{100}\times\frac{3}{100}\right)\div\frac{11}{400}=\mathbf{\frac{9}{11}}\end{aligned}$$

122 選んだ1人が「A組の生徒である」事象をA,「B組の生徒である」事象をBとする。また,「理系コースを希望している生徒である」事象をC,「文系コースを希望している生徒である」事象をDとする。

(1) 理系コースを希望している生徒の数は
$n(C)=44$(人)
よって,理系コースを希望している生徒である確率$P(C)$は

$$P(C)=\frac{n(C)}{n(U)}=\frac{44}{80}=\mathbf{\frac{11}{20}}$$

生徒全員の数は80(人)

(2) A組で理系コースを希望している生徒の数は
$n(A\cap C)=26$(人)
よって,A組で理系コースを希望している生徒である確率$P(A\cap C)$は

$$P(A\cap C)=\frac{n(A\cap C)}{n(U)}=\frac{26}{80}=\mathbf{\frac{13}{40}}$$

(3) 求める確率は,条件つき確率$P_C(A)$である。

$$P_C(A)=\frac{n(C\cap A)}{n(C)}=\frac{n(A\cap C)}{n(C)}=\frac{26}{44}=\mathbf{\frac{13}{22}}$$

(4) 求める確率は,条件つき確率$P_B(D)$である。

$$P_B(D)=\frac{n(B\cap D)}{n(B)}=\frac{22}{40}=\mathbf{\frac{11}{20}}$$

C

123 (1) 1回目に6の目が出る確率であるから $\mathbf{\frac{1}{6}}$

(2) 1回目に6の目が出たとき,6の目が2回以上出る条件つき確率である。
「1回目に6の目が出たとき,2回以上6の目が出る」事象は「2回目,3回目に少なくとも1回6の目が出る」事象であり,これは「2回目,3回目とも6の目が出ない」事象の余事象である。
よって,求める確率は

$$P_A(B)=1-\left(\frac{5}{6}\right)^2=\mathbf{\frac{11}{36}}$$

⇦余事象を考えた方がわかりやすい。

(3) $P(A\cap B)=P(A)P_A(B)$

$$=\frac{1}{6}\times\frac{11}{36}=\mathbf{\frac{11}{216}}$$

⇦(1)より $P(A)=\frac{1}{6}$,

(2)より $P_A(B)=\frac{11}{36}$

124 $P(A)=\frac{2}{3}$, $P(B)=\frac{1}{4}$, $P(A\cap B)=\frac{1}{6}$ であるとき

(1) $P(A\cup B)=P(A)+P(B)-P(A\cap B)$

$$=\frac{2}{3}+\frac{1}{4}-\frac{1}{6}=\frac{9}{12}=\mathbf{\frac{3}{4}}$$

⇦一般の和事象の確率

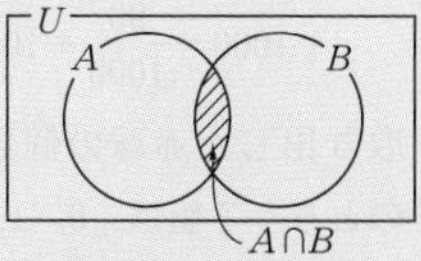

(2) $P_A(B)=\frac{P(A\cap B)}{P(A)}=\frac{1}{6}\div\frac{2}{3}=\mathbf{\frac{1}{4}}$

(3) $P_{\overline{A}}(B)=\frac{P(\overline{A}\cap B)}{P(\overline{A})}$

$$=\frac{P(B)-P(A\cap B)}{1-P(A)}$$

$$=\left(\frac{1}{4}-\frac{1}{6}\right)\div\left(1-\frac{2}{3}\right)=\frac{1}{12}\times 3=\mathbf{\frac{1}{4}}$$

⇦$P(\overline{A}\cap B)=P(B)-P(A\cap B)$

⇦$P(\overline{A})=1-P(A)$

125 「硬貨を投げたとき，表が出る（袋Ａから取り出す）」事象を A,「硬貨を投げたとき，裏が出る（袋Ｂから取り出す）」事象を B,「取り出した球が赤球である」事象を R とすると

$$P(A)=\frac{1}{2},\ P(B)=\frac{1}{2},\ P_A(R)=\frac{6}{10},\ P_B(R)=\frac{9}{12}$$

⇦事象を整理して，文字で表す。

⇦袋Ａは赤球６個，白球４個
袋Ｂは赤球９個，白球３個

(1) 事象 R は，事象 $A\cap R$ と事象 $B\cap R$ の和事象で，$A\cap R$ と $B\cap R$ は互いに排反である。

よって，求める確率 $P(R)$ は

$$P(R)=P(A\cap R)+P(B\cap R)$$
$$=P(A)P_A(R)+P(B)P_B(R)$$
$$=\frac{1}{2}\times\frac{6}{10}+\frac{1}{2}\times\frac{9}{12}=\mathbf{\frac{27}{40}}$$

(2) 取り出した球が赤球であったとき，この袋が袋Ａの球である確率は，条件つき確率 $P_R(A)$ である。

$$P_R(A)=\frac{P(R\cap A)}{P(R)}=\frac{P(A\cap R)}{P(R)}$$

ここで，$P(A\cap R)=P(A)P_A(R)=\frac{1}{2}\times\frac{6}{10}=\frac{3}{10}$

また，(1)より　$P(R)=\frac{27}{40}$

よって，求める確率 $P_R(A)$ は

$$P_R(A)=\frac{P(A\cap R)}{P(R)}=\frac{3}{10}\div\frac{27}{40}=\frac{3}{10}\times\frac{40}{27}=\mathbf{\frac{4}{9}}$$

6 期待値

本編 p.122～123

A

126 求める期待値 E は

$$E=10000\times\frac{1}{1000}+5000\times\frac{9}{1000}$$
$$+1000\times\frac{90}{1000}+100\times\frac{900}{1000}=\mathbf{235}\ (円)$$

127 取り出した赤球の個数を X 個とすると，X のとりうる値は，0，1，2，3 である。

$X=k$ ($k=0$，1，2，3) のときの確率を $P(X=k)$ と表すことにすると

$$P(X=0)=\frac{{}_3C_3}{{}_8C_3}=\frac{1}{56}\quad\leftarrow\begin{cases}(赤球\,0\,個)\\白球\,3\,個\end{cases}$$

$$P(X=1)=\frac{{}_5C_1\times{}_3C_2}{{}_8C_3}=\frac{15}{56}\quad\leftarrow\begin{cases}赤球\,1\,個\\白球\,2\,個\end{cases}$$

$$P(X=2)=\frac{{}_5C_2\times{}_3C_1}{{}_8C_3}=\frac{30}{56}\quad\leftarrow\begin{cases}赤球\,2\,個\\白球\,1\,個\end{cases}$$

$$P(X=3)=\frac{{}_5C_3}{{}_8C_3}=\frac{10}{56}\quad\leftarrow\begin{cases}赤球\,3\,個\\(白球\,0\,個)\end{cases}$$

以上より，X の値とその値をとる確率は下の表のようになる。

X	0	1	2	3	計
P	$\frac{1}{56}$	$\frac{15}{56}$	$\frac{30}{56}$	$\frac{10}{56}$	1

よって，X の期待値は

$$E=0\times\frac{1}{56}+1\times\frac{15}{56}+2\times\frac{30}{56}+3\times\frac{10}{56}$$
$$=\mathbf{\frac{15}{8}}\ (個)$$

128 (i) ゲーム A でもらえる金額を X 円とすると X のとりうる値は 0，100，200 でありそれぞれの値をとる確率は

$$P(X=0)=\frac{{}_3C_2}{{}_{10}C_2}=\frac{3}{45}\quad\leftarrow\begin{cases}(赤球\,0\,個)\\白球\,2\,個\end{cases}$$

$$P(X=100)=\frac{{}_7C_1\times{}_3C_1}{{}_{10}C_2}=\frac{21}{45}\quad\leftarrow\begin{cases}赤球\,1\,個\\白球\,1\,個\end{cases}$$

$$P(X=200)=\frac{{}_7C_2}{{}_{10}C_2}=\frac{21}{45}\quad\leftarrow\begin{cases}赤球\,2\,個\\(白球\,0\,個)\end{cases}$$

以上より，X の値とその値をとる確率は，下の表のようになる。

X	0	100	200	計
P	$\frac{3}{45}$	$\frac{21}{45}$	$\frac{21}{45}$	1

よって，X の期待値を E_1 とすると

$$E_1=0\times\frac{3}{45}+100\times\frac{21}{45}+200\times\frac{21}{45}$$
$$=140\ (円)$$

(ii) ゲーム B でもらえる金額を Y 円とすると，Y のとりうる値は 0，100，200，300 でありそれぞれの値をとる確率は

$$P(Y=0)=\left(\frac{1}{2}\right)^3=\frac{1}{8}\quad\leftarrow\begin{cases}(表\,0\,回)\\裏\,3\,回\end{cases}$$

$$P(Y=100)={}_3C_1\left(\frac{1}{2}\right)^1\left(\frac{1}{2}\right)^2=\frac{3}{8}\leftarrow\begin{cases}表\,1\,回\\裏\,2\,回\end{cases}$$

$$P(Y=200)={}_3C_2\left(\frac{1}{2}\right)^2\left(\frac{1}{2}\right)^1=\frac{3}{8}\leftarrow\begin{cases}表\,2\,回\\裏\,1\,回\end{cases}$$

$$P(Y=300)=\left(\frac{1}{2}\right)^3=\frac{1}{8}\quad\leftarrow\begin{cases}表\,3\,回\\(裏\,0\,回)\end{cases}$$

以上より，Y の値とその値をとる確率は下の表のようになる。

Y	0	100	200	300	計
P	$\frac{1}{8}$	$\frac{3}{8}$	$\frac{3}{8}$	$\frac{1}{8}$	1

よって，Y の期待値を E_2 とすると

$$E_2=0\times\frac{1}{8}+100\times\frac{3}{8}+200\times\frac{3}{8}+300\times\frac{1}{8}$$
$$=150\ (円)$$

(i)，(ii)より，期待値が高い**ゲーム B に参加する方が有利**であるといえる。

B

129 3の倍数の目が出る回数をX回とすると
Xのとりうる値は0，1，2，3である。
また，1回の試行において，3の倍数の目が出る確率は $\frac{3}{9}=\frac{1}{3}$ ← 9枚のカードのうち，3の倍数は 3，6，9の3通り

であるから，

$$P(X=0)=\left(\frac{2}{3}\right)^3=\frac{8}{27}$$

（3の倍数が0回，3の倍数以外が3回）

$$P(X=1)={}_3C_1\left(\frac{1}{3}\right)^1\left(\frac{2}{3}\right)^2=\frac{12}{27}$$

3の倍数が1回，3の倍数以外が2回

$$P(X=2)={}_3C_2\left(\frac{1}{3}\right)^2\left(\frac{2}{3}\right)^1=\frac{6}{27}$$

3の倍数が2回，3の倍数以外が1回

$$P(X=3)=\left(\frac{1}{3}\right)^3=\frac{1}{27}$$

（3の倍数が3回，3の倍数以外が0回）

よって，Xの値とその値をとる確率は下の表のようになる。

X	0	1	2	3	計
P	$\frac{8}{27}$	$\frac{12}{27}$	$\frac{6}{27}$	$\frac{1}{27}$	1

ゆえに，Xの期待値は

$$E=0\times\frac{8}{27}+1\times\frac{12}{27}+2\times\frac{6}{27}+3\times\frac{1}{27}$$
$$=\mathbf{1}\text{（回）}$$

C

130 与えられる得点をX点とする。
Xのとりうる値は10，6，2，0であり，それぞれの値をとる確率は

$$P(X=10)=\left(\frac{2}{6}\right)^5=\frac{1}{243}$$ ←（○が5回，×が0回）

⇦5以上の目が5回

$$P(X=6)={}_5C_4\left(\frac{2}{6}\right)^4\left(\frac{4}{6}\right)^1=\frac{10}{243}$$ ←（○が4回，×が1回）

⇦5以上の目が4回

$$P(X=2)={}_5C_3\left(\frac{2}{6}\right)^3\left(\frac{4}{6}\right)^2=\frac{40}{243}$$ ←（○が3回，×が2回）

⇦5以上の目が3回

$$P(X=0)={}_5C_2\left(\frac{2}{6}\right)^2\left(\frac{4}{6}\right)^3+{}_5C_1\left(\frac{2}{6}\right)^1\left(\frac{4}{6}\right)^4+\left(\frac{4}{6}\right)^5$$
$$=\frac{80}{243}+\frac{80}{243}+\frac{32}{243}=\frac{192}{243}$$

⇦5以上の目が2回，1回，0回

よって，Xの値とその値をとる確率は右の表のようになる。

X	10	6	2	0	計
P	$\frac{1}{243}$	$\frac{10}{243}$	$\frac{40}{243}$	$\frac{192}{243}$	1

ゆえに，得点の期待値は

$$E=10\times\frac{1}{243}+6\times\frac{10}{243}+2\times\frac{40}{243}+0\times\frac{192}{243}$$
$$=\frac{150}{243}=\mathbf{\frac{50}{81}}\text{（点）}$$

131 (1) 取り出した4個の球のなかに含まれている白球の個数を X 個とする。

X のとりうる値は 0，1，2，3 であり，それぞれの値をとる確率は

(白球は3個なので $X=4$ はない)

$$P(X=0)=\frac{{}_4C_4}{{}_7C_4}=\frac{1}{35} \quad \leftarrow \begin{cases}\text{赤球 4 個}\\ \text{(白球 0 個)}\end{cases}$$

$$P(X=1)=\frac{{}_4C_3\times{}_3C_1}{{}_7C_4}=\frac{12}{35} \quad \leftarrow \begin{cases}\text{赤球 3 個}\\ \text{白球 1 個}\end{cases}$$

$$P(X=2)=\frac{{}_4C_2\times{}_3C_2}{{}_7C_4}=\frac{18}{35} \quad \leftarrow \begin{cases}\text{赤球 2 個}\\ \text{白球 2 個}\end{cases}$$

$$P(X=3)=\frac{{}_4C_1\times{}_3C_3}{{}_7C_4}=\frac{4}{35} \quad \leftarrow \begin{cases}\text{赤球 1 個}\\ \text{白球 3 個}\end{cases}$$

⇦すべての場合の数は
合計7個の球から4個取り出す組合せ，${}_7C_4$ 通り

よって，X の値とその値をとる確率は右の表のようになる。

X	0	1	2	3	計
P	$\frac{1}{35}$	$\frac{12}{35}$	$\frac{18}{35}$	$\frac{4}{35}$	1

⇦この表をつくる。

ゆえに，X の期待値 E_X は

$$E_X=0\times\frac{1}{35}+1\times\frac{12}{35}+2\times\frac{18}{35}+3\times\frac{4}{35}$$

$$=\frac{60}{35}=\mathbf{\frac{12}{7}} \text{ (個)}$$

(2) 4回の試行で白球を取り出す回数を Y 回とする。

Y のとりうる値は 0，1，2，3，4 であり，それぞれの値をとる確率は

⇦4回の試行は反復試行であり，1回の試行において
白球を取り出す確率は $\frac{3}{7}$
赤球を取り出す確率は $\frac{4}{7}$

$$P(Y=0)=\left(\frac{4}{7}\right)^4=\frac{256}{7^4} \quad \leftarrow \begin{cases}\text{(白球 0 回)}\\ \text{赤球 4 回}\end{cases}$$

$$P(Y=1)={}_4C_1\left(\frac{3}{7}\right)^1\left(\frac{4}{7}\right)^3=\frac{768}{7^4} \quad \leftarrow \begin{cases}\text{白球 1 回}\\ \text{赤球 3 回}\end{cases}$$

$$P(Y=2)={}_4C_2\left(\frac{3}{7}\right)^2\left(\frac{4}{7}\right)^2=\frac{864}{7^4} \quad \leftarrow \begin{cases}\text{白球 2 回}\\ \text{赤球 2 回}\end{cases}$$

$$P(Y=3)={}_4C_3\left(\frac{3}{7}\right)^3\left(\frac{4}{7}\right)^1=\frac{432}{7^4} \quad \leftarrow \begin{cases}\text{白球 3 回}\\ \text{赤球 1 回}\end{cases}$$

$$P(Y=4)=\left(\frac{3}{7}\right)^4=\frac{81}{7^4} \quad \leftarrow \begin{cases}\text{白球 4 回}\\ \text{(赤球 0 回)}\end{cases}$$

よって，Y の値とその値をとる確率は次の表のようになる。

Y	0	1	2	3	4	計
P	$\frac{256}{7^4}$	$\frac{768}{7^4}$	$\frac{864}{7^4}$	$\frac{432}{7^4}$	$\frac{81}{7^4}$	1

ゆえに，Y の期待値 E_Y は

$$E_Y=0\times\frac{256}{7^4}+1\times\frac{768}{7^4}+2\times\frac{864}{7^4}+3\times\frac{432}{7^4}+4\times\frac{81}{7^4}$$

$$=\frac{4116}{7^4}=\mathbf{\frac{12}{7}} \text{ (回)}$$

132 $X=k$ ($k=1$, 2, 3, 4, 5, 6)
である場合の数を $n(X=k)$，確率を $P(X=k)$ とする。
また，2個のさいころをa，bと区別して，出る目を
(aの目，bの目) で表すことにすると
$X=1$ となるのは
(1, 1), (1, 2), (1, 3), (1, 4), (1, 5), (1, 6), (2, 1), (3, 1)
(4, 1), (5, 1), (6, 1) のときであるから $n(X=1)=11$
$X=2$ となるのは
(2, 2), (2, 3), (2, 4), (2, 5), (2, 6), (3, 2), (4, 2)
(5, 2), (6, 2) のときであるから $n(X=2)=9$
$X=3$ となるのは
(3, 3), (3, 4), (3, 5), (3, 6), (4, 3), (5, 3), (6, 3)
のときであるから $n(X=3)=7$
$X=4$ となるのは
(4, 4), (4, 5), (4, 6), (5, 4), (6, 4)
のときであるから $n(X=4)=5$
$X=5$ となるのは
(5, 5), (5, 6), (6, 5) のときであるから $n(X=5)=3$
$X=6$ となるのは
(6, 6) のときであるから $n(X=6)=1$
よって $P(X=1)=\frac{11}{36}$, $P(X=2)=\frac{9}{36}$, $P(X=3)=\frac{7}{36}$,
$P(X=4)=\frac{5}{36}$, $P(X=5)=\frac{3}{36}$, $P(X=6)=\frac{1}{36}$
ゆえに，求める期待値を E とすると

$$E=1\times\frac{11}{36}+2\times\frac{9}{36}+3\times\frac{7}{36}+4\times\frac{5}{36}+5\times\frac{3}{36}+6\times\frac{1}{36}$$

$$=\mathbf{\frac{91}{36}}$$

(別解)
「出る目の最小値が1である」事象は，「2個とも1以上の目が出る」事象から，「2個とも2以上の目が出る」事象を除いたものである。2個のさいころの目の出方は，互いに他のさいころの目の出方に影響を及ぼさないから

$$P(X=1)=\left(\frac{6}{6}\right)^2-\left(\frac{5}{6}\right)^2$$

(教 p.68 章末A 5
p.69 章末B 9)

⇦たとえば，
{aは1の目
bは6の目 → (1, 6)
のように表す。

a＼b	1	2	3	4	5	6
1	1	1	1	1	1	1
2	1	2	2	2	2	2
3	1	2	3	3	3	3
4	1	2	3	4	4	4
5	1	2	3	4	5	5
6	1	2	3	4	5	6

⇦ X と P の表は次のようになる。

X	1	2	3	4	5	6	計
P	$\frac{11}{36}$	$\frac{9}{36}$	$\frac{7}{36}$	$\frac{5}{36}$	$\frac{3}{36}$	$\frac{1}{36}$	1

⇦ $k=1$, 2, 3, 4, 5 に対して「出る目の最小値が k である」事象は，「2個とも k 以上の目が出る」事象から「2個とも $k+1$ 以上の目が出る」事象を除いたもの。

$X=2,\ 3,\ 4,\ 5$ についても同様に考えることができ,

$$P(X=2)=\left(\frac{5}{6}\right)^2-\left(\frac{4}{6}\right)^2,\quad P(X=3)=\left(\frac{4}{6}\right)^2-\left(\frac{3}{6}\right)^2,$$

$$P(X=4)=\left(\frac{3}{6}\right)^2-\left(\frac{2}{6}\right)^2,\quad P(X=5)=\left(\frac{2}{6}\right)^2-\left(\frac{1}{6}\right)^2,$$

$$P(X=6)=\left(\frac{1}{6}\right)^2$$

であるから

$$\begin{aligned}E(X)&=1\times\left\{\left(\frac{6}{6}\right)^2-\left(\frac{5}{6}\right)^2\right\}+2\times\left\{\left(\frac{5}{6}\right)^2-\left(\frac{4}{6}\right)^2\right\}\\&\quad+3\times\left\{\left(\frac{4}{6}\right)^2-\left(\frac{3}{6}\right)^2\right\}+4\times\left\{\left(\frac{3}{6}\right)^2-\left(\frac{2}{6}\right)^2\right\}\\&\quad+5\times\left\{\left(\frac{2}{6}\right)^2-\left(\frac{1}{6}\right)^2\right\}+6\times\left(\frac{1}{6}\right)^2\\&=\mathbf{\frac{91}{36}}\end{aligned}$$

研究 ベイズの定理

本編 p.123

B

133 取り出した 1 個の製品が,「A 工場の製品である」事象を A,「B 工場の製品である」事象を B,「C 工場の製品である」事象を C,「不合格品である」事象を E とすると

$$P(A)=\frac{50}{100},\quad P(B)=\frac{30}{100},\quad P(C)=\frac{20}{100}$$

$$P_A(E)=\frac{3}{100},\quad P_B(E)=\frac{2}{100},\quad P_C(E)=\frac{1}{100}$$

求める確率は $\underline{P_E(C)}$ であるから

不合格品であったとき,C 工場の製品である確率

$$\begin{aligned}P_E(C)&=\frac{P(C\cap E)}{P(E)}\\&=\frac{P(C)P_C(E)}{\underbrace{P(A)P_A(E)}_{\text{A 工場の不良品}}+\underbrace{P(B)P_B(E)}_{\text{B 工場の不良品}}+\underbrace{P(C)P_C(E)}_{\text{C 工場の不良品}}}\\&=\frac{\frac{20}{100}\times\frac{1}{100}}{\frac{50}{100}\times\frac{3}{100}+\frac{30}{100}\times\frac{2}{100}+\frac{20}{100}\times\frac{1}{100}}\\&=\frac{20}{230}=\mathbf{\frac{2}{23}}\end{aligned}$$

本編 p.124～125

《章末問題》

134 1 から 300 までの整数を全体集合 U とすると　$n(U)=300$

(1)　$A=\{2,\ 4,\ 6,\ \cdots\cdots,\ 300\}$　より　$n(A)=\mathbf{150}$
　$\{2\cdot1,\ 2\cdot2,\ 2\cdot3,\ \cdots\cdots,\ 2\cdot150\}$

$B=\{3,\ 6,\ 9,\ \cdots\cdots,\ 300\}$　より　$n(B)=\mathbf{100}$
　$\{3\cdot1,\ 3\cdot2,\ 3\cdot3,\ \cdots\cdots,\ 3\cdot100\}$

また，$A\cap B$ は 6 の倍数の集合であるから
　←2 と 3 の最小公倍数

$A\cap B=\{6,\ 12,\ 18,\ \cdots\cdots,\ 300\}$　より　$n(A\cap B)=\mathbf{50}$
　$\{6\cdot1,\ 6\cdot2,\ 6\cdot3,\ \cdots\cdots,\ 6\cdot50\}$

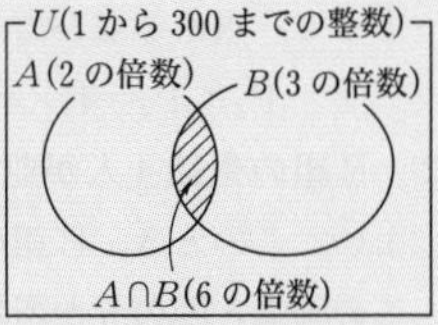

(2)　$A\cup B$ は 2 の倍数または 3 の倍数の集合であるから

$$n(A\cup B)=n(A)+n(B)-n(A\cap B)$$
$$=150+100-50=\mathbf{200}$$

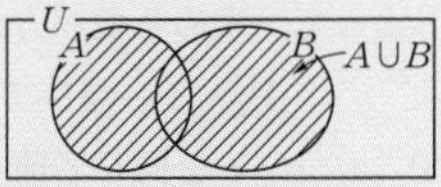

(3)　$\overline{A\cap\overline{B}}$ は $A\cap\overline{B}$ の補集合であるから

$$n(\overline{A\cap\overline{B}})=n(U)-n(A\cap\overline{B})$$
$$=n(U)-\{n(A)-n(A\cap B)\}$$
$$=300-(150-50)=\mathbf{200}$$

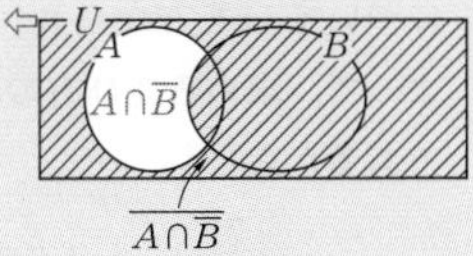

(4)　$C=\{5,\ 10,\ 15,\ \cdots\cdots,\ 300\}$　より　$n(C)=60$
　$\{5\cdot1,\ 5\cdot2,\ 5\cdot3,\ \cdots\cdots,\ 5\cdot60\}$

また，$B\cap C$，$C\cap A$，$A\cap B\cap C$ はそれぞれ 15，10，30 の倍数の集合であるから

$B\cap C=\{15,\ 30,\ 45,\ \cdots\cdots,\ 300\}$
　$\{15\cdot1,\ 15\cdot2,\ 15\cdot3,\ \cdots\cdots,\ 15\cdot20\}$

より　$n(B\cap C)=20$

$C\cap A=\{10,\ 20,\ 30,\ \cdots\cdots,\ 300\}$
　$\{10\cdot1,\ 20\cdot1,\ 30\cdot1,\ \cdots\cdots,\ 10\cdot30\}$

より　$n(C\cap A)=30$

$A\cap B\cap C=\{30,\ 60,\ 90,\ \cdots\cdots,\ 300\}$
　$\{30\cdot1,\ 30\cdot2,\ 30\cdot3,\ \cdots\cdots,\ 30\cdot10\}$

より　$n(A\cap B\cap C)=10$

$A\cup B\cup C$ は，2 の倍数または 3 の倍数または 5 の倍数の集合であるから

$$n(A\cup B\cup C)=n(A)+n(B)+n(C)$$
$$-n(A\cap B)-n(B\cap C)-n(C\cap A)$$
$$+n(A\cap B\cap C)$$
$$=150+100+60-50-20-30+10$$
$$=\mathbf{220}$$

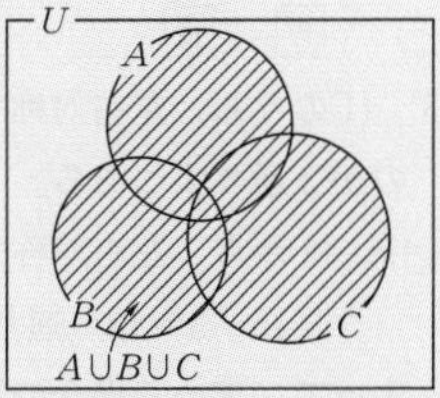

135 (1)　B 組の生徒 4 人をまとめて 1 組とみる。この 1 組と A 組の生徒 3 人の並び方は　$_4P_4$　通り

これらの並び方のそれぞれに対して，1 組とみた B 組の生徒 4 人の並び方は　$_4P_4$　通り

よって，求める並び方の総数は

$$_4P_4 \times {}_4P_4 = 4! \times 4! = \mathbf{576}\ (\text{通り})$$

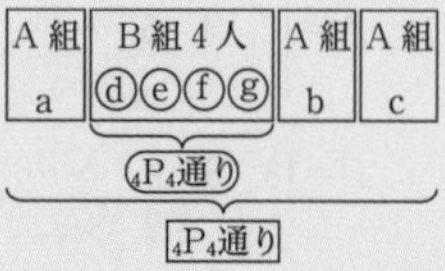

(2)　B 組の生徒 4 人が並び，両端と間に A 組の 3 人が並べばよい。このとき，B 組の生徒 4 人の並べ方は　$_4P_4$　通り

この両端と間の 5 か所に A 組の生徒 3 人を並べる並べ方は

$_5P_3$　通り

よって，求める並び方の総数は

$$_4P_4 \times {}_5P_3 = 4! \times 5 \cdot 4 \cdot 3 = \mathbf{1440}\ (\text{通り})$$

⇦まず B 組の 4 人が先に並び，両端と間の 5 か所に A 組の 3 人が並ぶ。

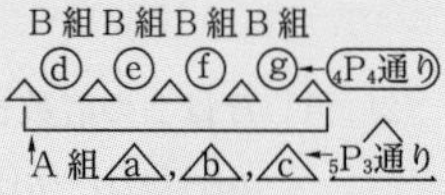

(3)　a，b，c を同じ名前 O として，O が 3 人と d，e，f，g がそれぞれ 1 人ずつの合計 7 人の並び方を考え，このそれぞれについて O を左から a，b，c とすればよい。

よって，求める並び方の総数は，3 人の O を含む 7 人の順列であるから

$$\frac{7!}{3!1!1!1!1!} = 7 \cdot 6 \cdot 5 \cdot 4 = \mathbf{840}\ (\text{通り})$$

⇦a, b, c を同じ名前 O と考える。

a, b, c
↓ ↓ ↓
O, O, O, d, e, f, g

(例) 横 1 列に並ぶ

O, d, e, O, f, O, g
↑ ↑ ↑
a b c

は，

a, d, e, b, f, c, g

とみる。

136 (1)　赤球を固定して考えると，残りの白球 2 個，青球 4 個の合計 6 個の球の並べ方となる。よって，求める場合の数は

$$\frac{6!}{2!4!} = \mathbf{15}\ (\text{通り})$$

⇦赤球を固定する。

(2)　(1)のうち，左右対称であるものは次の図の **3** 通り

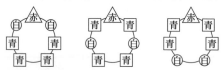

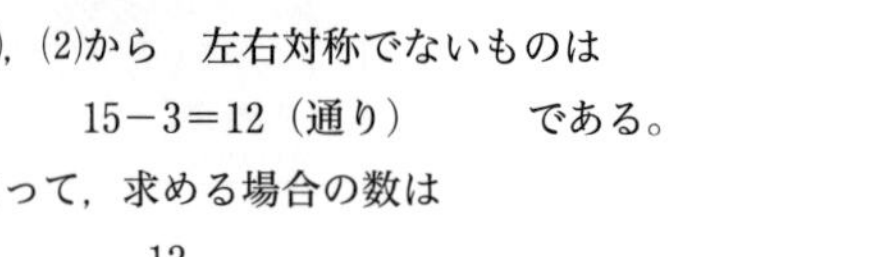

⇦具体的に図をかいて考えるとよい。

(3)　(1)のうち，左右対称でないものは，裏返すと同じになるものが 2 通りずつある。

(1)，(2)から　左右対称でないものは

15－3＝12（通り）　である。

よって，求める場合の数は

$$3 + \frac{12}{2} = \mathbf{9}\ (\text{通り})$$

↑ 左右対称　↑ 左右対称でないものは，2 で割る

⇦裏返すと同じになるものに注意する。

たとえば

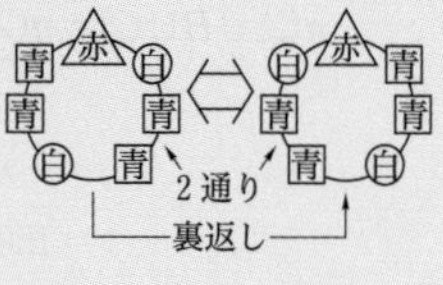

137 (1) 異なる15枚のカードから，3枚のカードを選ぶ選び方であるから，求める選び方の総数は

$${}_{15}C_3=\frac{15\cdot14\cdot13}{3\cdot2\cdot1}=\mathbf{455}\ （通り）$$

(2) 同じ色の連続した数字のカードからなる3枚の選び方は

(i) 色の選び方が　3通り　←赤・青・黄の3通り

このそれぞれに対して，

(ii) 数字が連続した数は，

1と2と3，2と3と4，3と4と5　の3通り

(i)，(ii)より，求める選び方は

$3\times3=\mathbf{9}$（通り）

⇦(i)色の選び方
(ii)連続した数字の選び方
の順に考える

(3) 数字が連続した数1と2と3の場合

それぞれの番号について，色の選び方は3通りずつあるので　$3\times3\times3=27$（通り）

他の数2と3と4，3と4と5の場合も同様であるから，

求める選び方は　$27\times3=\mathbf{81}$（通り）

（3 ← 123，234，345）

⇦それぞれの番号の色を考える。
たとえば，1，2，3
3通り 3通り 3通り
（赤・青・黄）

(4)(i) カードの色の選び方は　3通り

このそれぞれの色に対して

(ii) 5枚のカードから3枚を選ぶ選び方は　${}_5C_3$通り

(i)，(ii)より，求める選び方は

$3\times{}_5C_3=3\times10=\mathbf{30}$（通り）

⇦(4)(i)カードの色を選ぶ
(ii)(i)の色から3枚選ぶ
の順に考える。

(5)(i) 2枚の同じ数字は1～5の5種類のいずれかであり，それぞれの数字のカードは3枚ずつあるから

$5\times{}_3C_2$通り　（3枚ずつ ← 赤・青・黄の3枚ずつ）

(ii) (i)で選んだ数字以外のカードは　$4\times3=12$（枚）

残りの1枚を，この12枚の中から選ぶ選び方は　12通り

（4 ← (i)以外の数字，3 ← 1つの数字のカードは3枚）

(i)，(ii)より，求める選び方は

$(5\times{}_3C_2)\times12=5\times3\times12=\mathbf{180}$（通り）

138 (1) 4人乗りの2そうのボートをA，Bとする。

Aにa着，Bにb着載せる場合を$(a,\ b)$のように表すと，求める載せ方は，(4，2)，(3，3)，(2，4)の**3**通り。

⇦(1)

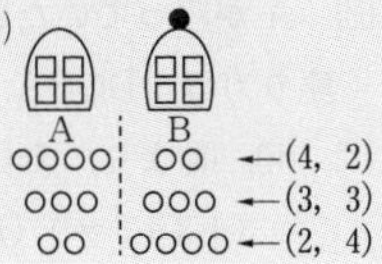

(2) (1)で A のボートに載せた救命胴衣の数だけ，A のボートに乗る人を 6 人から選べばよい。

(i) (4，2) のとき ${}_6C_4$ 通り

(ii) (3，3) のとき ${}_6C_3$ 通り

(iii) (2，4) のとき ${}_6C_2$ 通り

・座席に区別なし
・残った人が B のボート

(i)，(ii)，(iii)は同時には起こらないので，求める乗り方は

$${}_6C_4+{}_6C_3+{}_6C_2=15+20+15=\mathbf{50}\ (通り)$$

⇦(2)

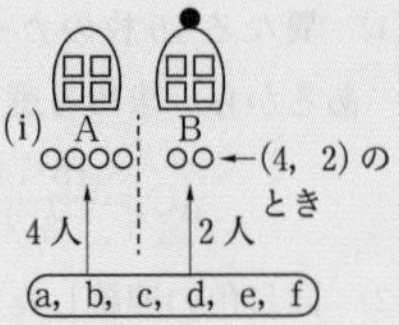

(3) A，B のボートの座席合計 8 個に 1 ～ 8 までの番号をつける。この 8 個の座席に 6 人が座ると考えればよい。

人もボートも座席も区別する

よって，求める乗り方は

$${}_8P_6=8\cdot7\cdot6\cdot5\cdot4\cdot3=\mathbf{20160}\ (通り)$$

8 個の異なるものから 6 個取る順列の総数

⇦(3)

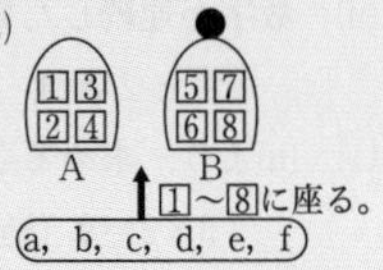

139 A，B，C，D の 4 人が席替えをするとき，座り方の総数は

$4!=24$ (通り)

以下，A，B，C，D が以前に座っていた席に座る人を順にかき並べて表す。たとえば，全員が同じ席に座ることは ABCD で表す。

(1) 全員が以前と同じ席に座る座り方は，ABCD の 1 通り

よって，求める確率は $\mathbf{\dfrac{1}{24}}$

(2) A だけが以前と同じ席に座り，他の 3 人はすべて以前と異なる席に座るような座り方は

ACDB，ADBC の 2 通り

B の席に C　B の席に D

よって，求める確率は $\dfrac{2}{24}=\mathbf{\dfrac{1}{12}}$

(3) 以前 A が座っていた席に座る人で場合を分けて考える。

(i) A が座っていた席に B が座るとき

座り方は BADC，BCDA，BDAC の 3 通り

(ii) A が座っていた席に C が座るとき

座り方は CDAB，CDBA，CADB の 3 通り

(iii) A が座っていた席に D が座るとき

座り方は DCBA，DCAB，DABC の 3 通り

⇦(i) B が座っていた席に誰が座るかを考えるとよい。

⇦(ii) C が座っていた席に誰が座るかを考えるとよい。

⇦(iii) D が座っていた席に誰が座るかを考えるとよい。

(i)，(ii)，(iii)より，全員が以前と異なる席に座る座り方は

$3+3+3=9$ (通り)

よって，求める確率は $\dfrac{9}{24}=\mathbf{\dfrac{3}{8}}$

140 赤球の個数を x 個とすると，白球の個数は $10-x$ 個である。

赤球の方が白球より多いから

$0\leqq 10-x<x$ より $5<x\leqq 10$ ……①

10 個の球から 2 個の球を取り出すすべての場合の数は

$$_{10}C_2=\frac{10\cdot 9}{2\cdot 1}=45 \text{（通り）}$$

「2 個とも同じ色である」事象は，2 つの事象

(i) 2 個とも赤球である

(ii) 2 個とも白球である

の和事象で，(i)，(ii)は互いに排反である。

よって，2 個とも同じ色である場合の数は

$$_{x}C_2+{}_{10-x}C_2 \quad \text{通り}$$

であり，この確率が $\frac{7}{15}$ であるから

$\frac{_{x}C_2+{}_{10-x}C_2}{45}=\frac{7}{15}$ より $_{x}C_2+{}_{10-x}C_2=21$

$$\frac{x(x-1)}{2\cdot 1}+\frac{(10-x)(9-x)}{2\cdot 1}=21$$

分母を払って整理すると $x^2-10x+24=0$

$$(x-4)(x-6)=0$$

①より $x=6$

ゆえに，求める赤球の個数は **6 個**

⇦赤球 x 個から 2 個取り出す。

⇦白球 $10-x$ 個から 2 個取り出す。

⇦ $x(x-1)+(10-x)(9-x)=42$
$(x^2-x)+(x^2-19x+90)=42$
$2x^2-20x+48=0$

⇦ $x=4$ とすると，白球が 6 個となり，赤球より多くなる。

141 1 回の試行で，当たりくじが出る確率は $\frac{n}{10}$

はずれくじが出る確率は $\frac{10-n}{10}$ である。

(1) 「少なくとも 1 本は当たる」事象は，「2 本ともはずれる」事象 A の余事象 $\overline{A}$ である。

2 本ともはずれる確率 $P(A)$ は $P(A)=\left(\frac{10-n}{10}\right)^2$

よって，求める確率は

$$P(\overline{A})=1-P(A)=1-\left(\frac{10-n}{10}\right)^2=\boldsymbol{\frac{-n^2+20n}{100}}$$

⇦ $1-\left(\frac{10-n}{10}\right)^2$
$=\left(1+\frac{10-n}{10}\right)\left(1-\frac{10-n}{10}\right)$
とすると，計算しやすい。

(2) (1)より $\frac{-n^2+20n}{100}\geqq\frac{51}{100}$

$$n^2-20n+51\leqq 0$$

$$(n-3)(n-17)\leqq 0$$

ここで，n は 10 本のくじに含まれる当たりくじの数だから

$n\leqq 10$ より $n-17<0$

よって $n-3\geqq 0$

以上から $3\leqq n\leqq 10$

したがって，n を **3 以上（10 以下）** とすればよい。

⇦ $AB\leqq 0$，$B<0$
$\Longrightarrow$ $A\geqq 0$

⇦当たりくじが 3 本以上となるようにすればよい。

142 (1) 「3 試合目で優勝チームが決まる」事象は，2 つの事象

(i) A チームが 3 連勝で優勝する

(ii) B チームが 3 連勝で優勝する

の和事象で，(i)，(ii)は互いに排反である。

(i)の起こる確率は $\left(\frac{2}{3}\right)^3=\frac{8}{27}$

(ii)の起こる確率は $\left(\frac{1}{3}\right)^3=\frac{1}{27}$

よって，求める確率は $\frac{8}{27}+\frac{1}{27}=\frac{9}{27}=\boldsymbol{\frac{1}{3}}$

⇦どちらかのチームが 3 連勝

(2) 「A チームが優勝する」事象は，3 つの事象

(i) A チームが 3 連勝で優勝する ⇦ 3 試合目に優勝

(ii) A チームが 3 勝 1 敗で優勝する ⇦ 4 試合目に優勝

(iii) A チームが 3 勝 2 敗で優勝する ⇦ 5 試合目に優勝

の和事象で，(i)，(ii)，(iii)はどの 2 つの事象も互いに排反である。

(i)の起こる確率は $\left(\frac{2}{3}\right)^3=\frac{8}{27}$

(ii)の起こる確率は $\underbrace{{}_3C_2\left(\frac{2}{3}\right)^2\left(\frac{1}{3}\right)^1}_{\text{3 試合で A が 2 勝 B が 1 勝}}\times\underbrace{\frac{2}{3}}_{\text{4 試合目に A が勝つ}}=\frac{8}{27}$

(iii)の起こる確率は $\underbrace{{}_4C_2\left(\frac{2}{3}\right)^2\left(\frac{1}{3}\right)^2}_{\text{4 試合で A が 2 勝 B が 2 勝}}\times\underbrace{\frac{2}{3}}_{\text{5 試合目に A が勝つ}}=\frac{16}{81}$

よって，求める確率は $\frac{8}{27}+\frac{8}{27}+\frac{16}{81}=\boldsymbol{\frac{64}{81}}$

(3)(i) A チームが 3 連勝で優勝する場合

2 試合目，3 試合目に連勝すればよいから， ⇦ A チームは 1 試合目に勝っている。

この場合の確率は $\left(\frac{2}{3}\right)^2=\frac{4}{9}$

(ii) A チームが 3 勝 1 敗で優勝する場合

2 試合目，3 試合目を 1 勝 1 敗で，4 試合目に勝てばよいから，この場合の確率は $\underbrace{{}_2C_1\left(\frac{2}{3}\right)^1\left(\frac{1}{3}\right)^1}_{\text{2 試合で A が 1 勝 1 敗}}\times\underbrace{\frac{2}{3}}_{\text{4 試合目に A が勝つ}}=\frac{8}{27}$

(iii) Aチームが3勝2敗で優勝する場合

2試合目～4試合目を1勝2敗で，5試合目に勝てばよいから，この場合の確率は $\underbrace{{}_3C_1\left(\frac{2}{3}\right)^1\left(\frac{1}{3}\right)^2}_{1勝2敗}\times\underbrace{\frac{2}{3}}_{5試合目}=\frac{4}{27}$

よって，求める確率は

$$\frac{4}{9}+\frac{8}{27}+\frac{4}{27}=\frac{24}{27}=\mathbf{\frac{8}{9}}$$

(4) 「第1試合でAチームが勝つ」事象をC,「Aチームが優勝する」事象をDとすると

$$P(C)=\frac{2}{3},\ P(D)=\frac{64}{81}$$

⇦(2)より　$P(D)=\frac{64}{81}$

また　$P_C(D)=\frac{8}{9}$

⇦(3)より　$P_C(D)=\frac{8}{9}$

ここで，$P(C\cap D)=P(C)P_C(D)=\frac{2}{3}\times\frac{8}{9}=\frac{16}{27}$

求める確率は，条件つき確率 $P_D(C)$ であるから

$$P_D(C)=\frac{P(D\cap C)}{P(D)}=\frac{P(C\cap D)}{P(D)}=\frac{16}{27}\div\frac{64}{81}=\mathbf{\frac{3}{4}}$$

143 (1) さいころを1回投げるときの得点（出た目の数）をXとすると，

Xのとりうる値は1, 2, 3, 4, 5, 6であり，それぞれの値をとる確率はいずれも$\frac{1}{6}$であるから，Xの値とその値をとる確率は右の表のようになる。

X	1	2	3	4	5	6	計
P	$\frac{1}{6}$	$\frac{1}{6}$	$\frac{1}{6}$	$\frac{1}{6}$	$\frac{1}{6}$	$\frac{1}{6}$	1

よって，Xの期待値E_Xは

$$E_X=1\times\frac{1}{6}+2\times\frac{1}{6}+3\times\frac{1}{6}+4\times\frac{1}{6}+5\times\frac{1}{6}+6\times\frac{1}{6}$$

$$=\frac{7}{2}=3.5$$

1回目に出た目の数にかかわらず，2回目を投げたときの期待値は3.5であるから，次のように決めるのが有利である。

1回目に出た目が　**3以下ならば2回目を投げる**

4以上ならば2回目を投げない

⇦2回目に投げたときの期待値が3.5なので，1回目に出た目が3以下ならば，2回目を投げた方が得点が高くなることが期待できる。

(2) (1)で考えた方針でこのゲームをするとき，ゲーム終了後の得点を Y とする。

$Y=1$ となるのは，1 回目に 1，2，3 の目が出て 2 回目を投げ，2 回目に 1 の目が出るときであるから

$$P(Y=1)=\frac{3}{6}\times\frac{1}{6}=\frac{3}{36}$$

同様に　$P(Y=2)=P(Y=3)=\dfrac{3}{36}$

$Y=4$ となるのは，1 回目に 4 の目が出る場合か，1 回目に 1，2，3 の目が出て 2 回目を投げ，2 回目に 4 の目が出る場合のいずれかである。

よって　$P(Y=4)=\dfrac{1}{6}+\dfrac{3}{6}\times\dfrac{1}{6}=\dfrac{9}{36}$

1 回目に 4 の目　　1 回目に 3 以下の目，2 回目に 4 の目

同様に　$P(Y=5)=P(Y=6)=\dfrac{9}{36}$

ゆえに，Y の値とその値をとる確率は次の表のようになる。

Y	1	2	3	4	5	6	計
P	$\frac{3}{36}$	$\frac{3}{36}$	$\frac{3}{36}$	$\frac{9}{36}$	$\frac{9}{36}$	$\frac{9}{36}$	1

したがって，Y の期待値 E_Y は

$$E_Y=1\times\frac{3}{36}+2\times\frac{3}{36}+3\times\frac{3}{36}+4\times\frac{9}{36}+5\times\frac{9}{36}+6\times\frac{9}{36}$$

$$=\frac{51}{12}=\mathbf{4.25}$$

(3) 1 回投げ終わったとき，あと 2 回まで投げることができる。2 回まで投げることができる場合の得点の期待値は

(2)より　4.25　……①

また，2 回投げ終わったとき，あと 1 回を投げることができる。1 回投げた場合の得点の期待値は

(1)より　3.5　……②

よって，①，②より，次のように決めるのが有利である。

1 回目に出た目が　4 以下ならば 2 回目を投げる
（残りは 2 回→①）　**5 以上ならば 2 回目を投げない**
2 回目に出た目が　3 以下ならば 3 回目を投げる
（残りは 1 回→②）　**4 以上ならば 3 回目を投げない**

⇦(1)で考えた方針
1 回目に出た目が
3 以下の場合，2 回目を投げる
4 以上の場合，2 回目を投げない

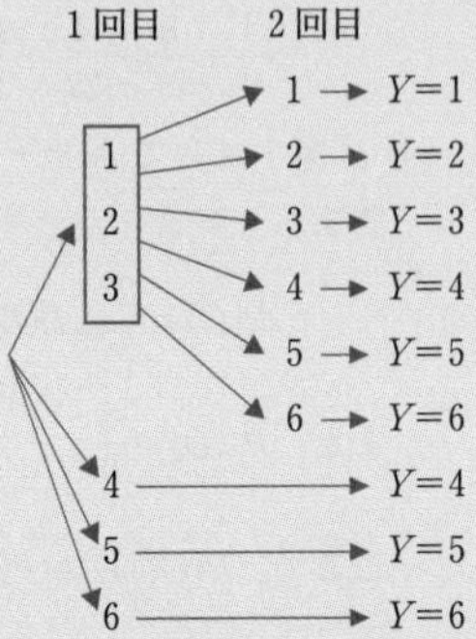

⇦投げることのできる残りの回数に応じて，直前に出た目と，残りの回数を投げたときの期待値を比較する。

1節 三角形の性質

1 三角形と線分の比

本編 p.126～128

A

144

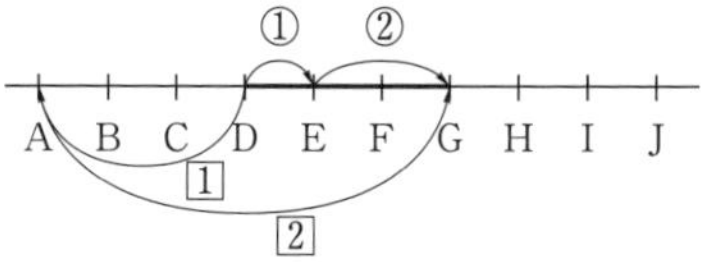

線分 DG を 1：2 に内分する点は **E**

外分する点は **A**

145 (1) DE // BC より

AD：AB＝DE：BC

1：4＝x：8

4x＝8　よって　$\boldsymbol{x=2}$

また，AD：DB＝AE：EC であるから

1：3＝2：y　よって　$\boldsymbol{y=6}$

(2) DE // BC より

AE：AC＝DE：BC より

2：3＝4：x

2x＝12　よって　$\boldsymbol{x=6}$

また，AE：AC＝AD：AB であるから

2：3＝y：6

3y＝12　よって　$\boldsymbol{y=4}$

(3) AD // BC より

OD：OB＝AD：CB＝2：5

EF // BC より

DF：FC＝DO：OB

x：4＝2：5

5x＝8　よって　$\boldsymbol{x=\frac{8}{5}}$

また，OF // BC より

OF：BC＝DO：DB であるから

OF：5＝2：7 ← DO：OB＝2：5

7OF＝10　より　OF＝$\frac{10}{7}$

EO // BC より

EO：BC＝AO：AC

AD // FO より

AO：AC＝DF：DC＝2：7

よって　EO：BC＝2：7

7EO＝2BC＝2・5＝10

ゆえに　EO＝$\frac{10}{7}$

したがって　y＝EO＋OF＝$\boldsymbol{\frac{20}{7}}$

146 BD は ∠B の二等分線であるから

AD：DC＝BA：BC

＝9：6＝3：2

AD＝AC・$\frac{3}{3+2}$＝10・$\frac{3}{5}$＝**6**

CE は ∠C の二等分線であるから

AE：EB＝CA：CB

＝10：6＝5：3

AE＝AB・$\frac{5}{5+3}$＝9・$\frac{5}{8}$＝$\boldsymbol{\frac{45}{8}}$

147

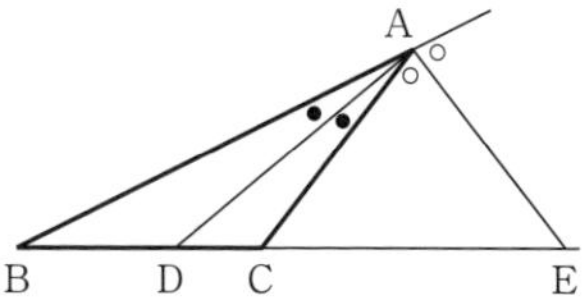

AE は ∠A の外角の二等分線であるから

BE：EC＝AB：AC

＝10：6＝5：3　より

5EC＝3BE

BE＝EC＋6 であるから

5EC＝3(EC＋6)

2EC＝18

よって　EC＝9

また，AD は ∠A の二等分線であるから

BD：DC＝AB：AC＝10：6＝5：3

DC＝BC・$\frac{3}{5+3}$＝6・$\frac{3}{8}$＝$\frac{9}{4}$

よって　BE＝BC＋CE＝6＋9＝**15**

DE＝DC＋CE＝$\frac{9}{4}$＋9＝$\boldsymbol{\frac{45}{4}}$

B

148 (1) AB // DM より　PB : PD = BA : DM

$DM=\frac{1}{2}CD=\frac{1}{2}AB$

よって　$BP : PD = AB : \frac{1}{2}AB =$ **2 : 1**

(2) BC // QD より

BP : PD = BC : QD

BC : QD = 2 : 1

よって　$QD=\frac{1}{2}BC$

BC = AD より　$QD=\frac{1}{2}AD$

ゆえに　$AQ=\frac{1}{2}AD$

したがって，AQ = QD であるから

AQ : QD = **1 : 1**

149 (1) 角の二等分線の性質より

BD : DC = AB : AC = $c : b$

よって　$BD=a\cdot\frac{c}{b+c}=\boldsymbol{\frac{ac}{b+c}}$

$CD=a\cdot\frac{b}{b+c}=\boldsymbol{\frac{ab}{b+c}}$

(2) AB = 3BD より

$c=\frac{3ac}{b+c}$

$c\neq0$ より　$b+c=3a$

すなわち　AB + AC = 3BC

よって，AB + AC は BC の　**3 倍**

150 (1) BD : DC = AB : AC

= 6 : 4 = 3 : 2

より　$BD=BC\cdot\frac{3}{3+2}=5\cdot\frac{3}{5}=$ **3**

(2) BH = x とすると CH = $5-x$

△ABH において，三平方の定理より

$AH^2=AB^2-BH^2$

$=6^2-x^2=36-x^2$

また，△ACH において，三平方の定理より

$AH^2=AC^2-CH^2$

$=4^2-(5-x)^2=-9+10x-x^2$

よって　$36-x^2=-9+10x-x^2$

$10x=45$

ゆえに　$x=\frac{9}{2}$

したがって　$BH=x=\boldsymbol{\frac{9}{2}}$

(3) (2)より

$AH^2=AB^2-BH^2$

$=6^2-\left(\frac{9}{2}\right)^2=36-\frac{81}{4}=\frac{63}{4}$

また，$DH=BH-BD=\frac{9}{2}-3=\frac{3}{2}$

△ADH において，三平方の定理より

$AD^2=AH^2+DH^2$

$=\frac{63}{4}+\left(\frac{3}{2}\right)^2=\frac{72}{4}=18$

よって　AD = $\boldsymbol{3\sqrt{2}}$

151 (1) CD = x，AE = y とする。

BD : DC = AB : AC より　← AD は ∠A の外角の二等分線

$(a+x) : x = c : b$

$cx=b(a+x)$

$(c-b)x=ab$

よって　$x=\frac{ab}{c-b}$　（$c>b$ より $c-b\neq0$）

ゆえに　$BD=a+x=\boldsymbol{\frac{ac}{c-b}}$

BE : EA = CB : CA より　← CE は ∠C の外角の二等分線

$(c+y) : y = a : b$

$ay=b(c+y)$

$(a-b)y=bc$

よって　$y=\frac{bc}{a-b}$　（$a\geqq c>b$ より $a-b\neq0$）

ゆえに　$BE=c+y=\boldsymbol{\frac{ac}{a-b}}$

(2) BD = BE のとき

$\frac{ac}{c-b}=\frac{ac}{a-b}$

より　$c-b=a-b$

よって　$c=a$

すなわち　BA = BC　終

C

152 $\triangle ABC=\frac{1}{2}\cdot 6\cdot 8=24$

⇦△ABC と△CDM，△DEM の面積比を考える。

(1) 点 M は AB の中点なので $\triangle CAM=\frac{1}{2}\triangle ABC=12$

また　CD：DA＝BC：BA＝8：10＝4：5

⇦BD は ∠B の二等分線

よって　$\triangle CDM=\frac{4}{4+5}\triangle CAM=\frac{4}{9}\cdot 12=\mathbf{\frac{16}{3}}$

⇦$\triangle CDM=\triangle CAM\cdot\frac{4}{4+5}$

(2) $CE:EM=BC:BM=8:\left(10\times\frac{1}{2}\right)=8:5$

よって　$\triangle DEM=\frac{5}{8+5}\triangle CDM=\frac{5}{13}\cdot\frac{16}{3}=\mathbf{\frac{80}{39}}$

⇦$\triangle DEM=\triangle CDM\cdot\frac{5}{8+5}$

153 (1) AB // EF より

AP：EP＝AB：EF

ここで，

$EF=\frac{1}{2}DE=\frac{1}{4}CD$

AB＝CD

より

$AP:EP=AB:\frac{1}{4}AB$

$=\mathbf{4:1}$

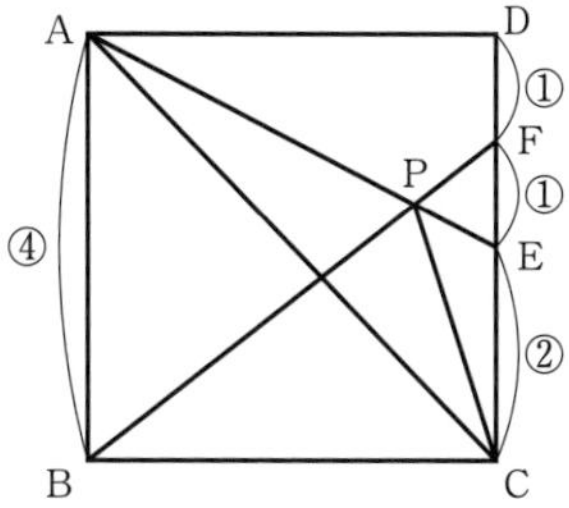

(2) CF：FD＝3：1 より　$\triangle BCF=\frac{3}{4}\triangle BCD$

(1)より，BP：PF＝AP：PE＝4：1 であるから

$\triangle PCF=\frac{1}{4+1}\triangle BCF$

$=\frac{1}{5}\cdot\frac{3}{4}\triangle BCD=\frac{3}{20}\triangle BCD$

CE：EF＝2：1 より

$\triangle PEF=\frac{1}{2+1}\triangle PCF=\frac{1}{3}\cdot\frac{3}{20}\triangle BCD=\frac{1}{20}\triangle BCD$

よって，四角形 PBCE の面積を S とすると

$S=\triangle BCF-\triangle PEF$

$=\frac{3}{4}\triangle BCD-\frac{1}{20}\triangle BCD=\frac{7}{10}\triangle BCD$

△BCD＝△ABC より　$S=\frac{7}{10}\triangle ABC$

ゆえに　$\triangle ABC:S=\mathbf{10:7}$

⇦（別解）

四角形 PBCE を△BPC と△CPE に分けてもよい。

この場合，

$\triangle BPC=\frac{3}{5}\triangle BCD$

$\triangle CPE=\frac{1}{10}\triangle BCD$

となる。

2 三角形の重心・内心・外心・垂心

本編 p.129～132

A

154 AG と BC の交点を F とする。

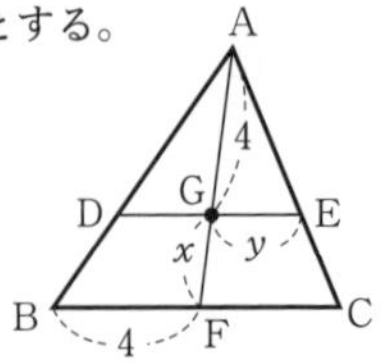

G は重心であるから

$4 : x = 2 : 1$

よって　$x = \mathbf{2}$

F は BC の中点であるから

$FC = BF = 4$

ゆえに　$AG : AF = GE : FC$

$4 : 6 = y : 4$

$y = \mathbf{\dfrac{8}{3}}$

155 (1)　AI，BI，CI はそれぞれ∠A，∠B，∠C の二等分線であるから

$\angle A + \angle B + \angle C$

$= 25^\circ \cdot 2 + 15^\circ \cdot 2 + 2\alpha = 180^\circ$

$2\alpha = 100^\circ$

よって　$\alpha = \mathbf{50^\circ}$

△ICA において，$\alpha + \beta + 25^\circ = 180^\circ$ より

$\beta = 180^\circ - (25^\circ + \underline{50^\circ})$　$\alpha = 50^\circ$

よって　$\beta = \mathbf{105^\circ}$

(2)　BI，CI はそれぞれ ∠B，∠C の二等分線であるから

$\angle A + \angle B + \angle C$

$= 70^\circ + 33^\circ \cdot 2 + 2\alpha = 180^\circ$

$2\alpha = 44^\circ$

よって　$\alpha = \mathbf{22^\circ}$

△BCD において，$33^\circ + 2\alpha + \beta = 180^\circ$ より

$\beta = 180^\circ - (33^\circ + 2 \cdot \underline{22^\circ})$　← $\alpha = 22^\circ$

よって　$\beta = \mathbf{103^\circ}$

156　$\angle ABC = 90^\circ$ であり，AI，CI はそれぞれ∠A，∠C の二等分線であるから

$\angle IAC + \angle ICA$

$= \dfrac{1}{2}(\angle BAC + \angle BCA)$

$= \dfrac{1}{2}(180^\circ - 90^\circ) = 45^\circ$

△AIC において，

$\alpha + \angle IAC + \angle ICA = 180^\circ$　より

$\alpha = 180^\circ - 45^\circ = \mathbf{135^\circ}$

157 (1)　△ABH において，$\angle BHA = 90^\circ$ だから三平方の定理より

$AH^2 = AB^2 - BH^2 = 5^2 - 4^2 = 9$

よって　$AH = 3$

△ACH において，$\angle CHA = 90^\circ$ だから三平方の定理より

$AC^2 = AH^2 + CH^2 = 3^2 + 3^2 = 18$

よって　$AC = \mathbf{3\sqrt{2}}$

(2)　△ABC の面積を S とすると

$S = \dfrac{1}{2} BC \cdot AH = \dfrac{1}{2} \cdot 7 \cdot 3 = \mathbf{\dfrac{21}{2}}$

(3)　△ABC の内接円の半径を r とすると

$S = \dfrac{1}{2} r(7 + 3\sqrt{2} + 5) = \dfrac{12 + 3\sqrt{2}}{2} r$

(2)より　$\dfrac{21}{2} = \dfrac{12 + 3\sqrt{2}}{2} r$

ゆえに　$r = \dfrac{21}{12 + 3\sqrt{2}} = \dfrac{7}{4 + \sqrt{2}}$

$= \mathbf{\dfrac{4 - \sqrt{2}}{2}}$

158 (1)　OA＝OC より　$\angle OCA = \angle OAC = 35^\circ$

$\angle A + \angle B + \angle C$

$= (22^\circ + 35^\circ) + \alpha + (\beta + 35^\circ) = 180^\circ$

よって　$\alpha + \beta = 88^\circ$　……①

また，O と B を結ぶと，

$OA = OB$，$OB = OC$

であるから　$\angle OBA = \angle OAB = 22^\circ$

$\angle OBC = \angle OCB = \beta$

ゆえに　$\alpha = 22^\circ + \beta$　……②

①，②より　$\alpha = \mathbf{55^\circ}$，$\beta = \mathbf{33^\circ}$

(2) △OBC において，OB＝OC より

$\angle OBC=\frac{1}{2}(180°-134°)=23°$

四角形 ABOC において，内角の和は 360° であるから

$\alpha+(30°+23°)+134°+\beta=360°$

よって　$\alpha+\beta=173°$　……①

また，O と A を結ぶと，OA＝OB，OA＝OC であるから

$\angle OAB=\angle OBA=30°+23°=53°$

$\angle OAC=\angle OCA=\beta$

ゆえに　$\alpha=53°+\beta$　……②

①，②より　$\alpha=\mathbf{113°}$，$\beta=\mathbf{60°}$

159　BH の延長と AC との交点を D とすると，△ABD において，

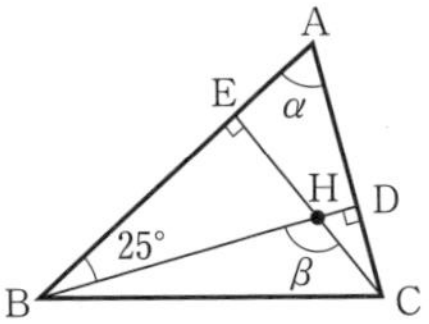

BD⊥AC より

$\alpha+25°+90°=180°$

よって　$\alpha=\mathbf{65°}$

また，CH と AB の交点を E とすると，∠BHC は△BHE の外角の 1 つであるから，CE⊥AB より

$\beta=25°+90°=\mathbf{115°}$

B

160

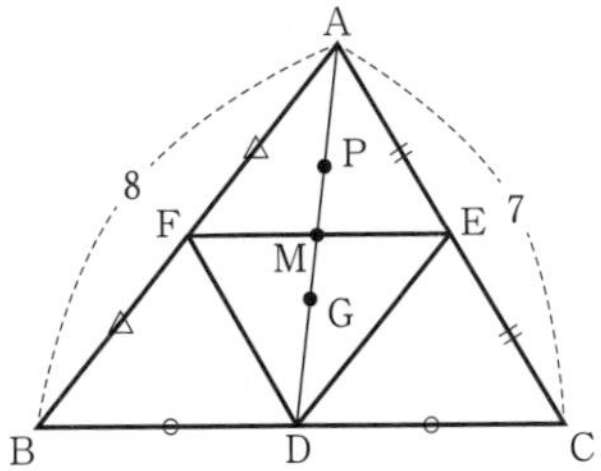

(1) **中点連結定理より** ←AB を底辺とみる。

$DE=\frac{1}{2}AB=\mathbf{4}$

(2) **中点連結定理より** ←AC を底辺とみる。

$DF=\frac{1}{2}AC=\mathbf{\frac{7}{2}}$

(3) AG：GD＝2：1 より　$AG=\frac{2}{3}AD=4$

EF の中点を M とすると $AM=\frac{1}{2}AD=3$

AP：PM＝2：1 より $AP=\frac{2}{3}AM=2$

よって　$PG=AG-AP=4-2=\mathbf{2}$

161 (1) CD：DA＝BC：BA ←BD は ∠B の二等分線

＝4：6＝2：3

よって　$CD=CA\cdot\frac{2}{2+3}=5\cdot\frac{2}{5}=\mathbf{2}$

(2) △CDB において

BI：DI＝CB：CD＝4：2＝2：1 ←CI は ∠C の二等分線

よって　$\frac{BI}{DI}=\mathbf{2}$

162　AG の延長と BC の交点を D とすると，点 D は辺 BC の中点である。

AB＝AC より，AD は辺 BC の垂直二等分線であるから，∠BAD＝∠CAD が成り立つ。

よって，AD は ∠A の二等分線であるから，内心 I も AD 上にある。

(1) AD⊥BC であるから

$AD^2=AB^2-BD^2$

$=3^2-2^2=5$

$AD=\sqrt{5}$

$AG=\frac{2}{3}\cdot\sqrt{5}=\mathbf{\frac{2\sqrt{5}}{3}}$

(2) BI は ∠B の二等分線であるから

AI：DI＝BA：BD＝3：2

よって

$AI=\frac{3}{3+2}AD=\frac{3}{5}\cdot\sqrt{5}=\mathbf{\frac{3\sqrt{5}}{5}}$

(3) $GI=AG-AI=\frac{2\sqrt{5}}{3}-\frac{3\sqrt{5}}{5}=\mathbf{\frac{\sqrt{5}}{15}}$

163 (1) OA＝OB＝OC

であるから

∠OAB＝∠OBA＝x

∠OBC＝∠OCB＝y

∠OCA＝∠OAC＝z

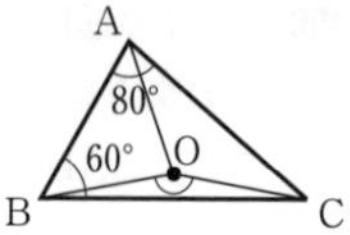

とおくと ∠A＝$x+z$＝80° ……①

∠B＝$x+y$＝60°

∠C＝$y+z$ より

∠A＋∠B＋∠C

＝$(x+z)+(x+y)+(y+z)$

＝$2(x+y+z)$＝180°

よって $x+y+z$＝90° ……②

①，②より 80°＋y＝90°

y＝10°

∠BOC＝180°－(∠OBC＋∠OCB)

＝180°－2y＝**160°**

(2) ∠C＝180°－(80°＋60°)＝40°

∠ABI＝∠CBI より ∠CBI＝30°

∠BCI＝∠ACI より ∠BCI＝20°

よって ∠BIC＝180°－(30°＋20°)

＝**130°**

C

164 △ABM において

$3^2=1^2+\mathrm{AM}^2$ AM＝$2\sqrt{2}$

(1) △ABM において，

IM：IA＝BM：BA

＝1：3

これより IM＝$\dfrac{1}{1+3}\cdot 2\sqrt{2}=\dfrac{\sqrt{2}}{2}$

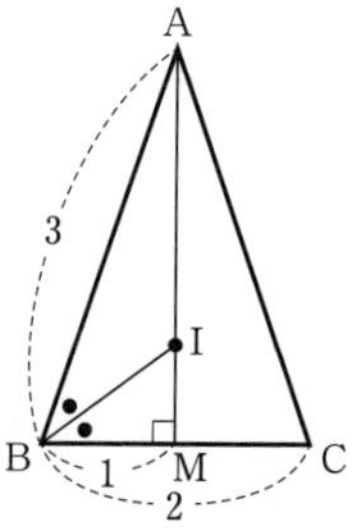

⇦△ABC は二等辺三角形
M は底辺 BC の中点だから
AM は ∠A の二等分線
よって，I は AM 上にある。

(2) CH と辺 AB の交点を N とする。

△HMC と△HNA において

∠HMC＝∠HNA＝90°

∠CHM＝∠AHN （対頂角）

より △HMC∽△HNA ……①

また，△HNA と△BMA において

∠HAN＝∠BAM （共通）

∠HNA＝∠BMA＝90°

より △HNA∽△BMA ……②

①，②より，△BMA∽△HMC

であるから

BM：AM＝HM：CM

1：$2\sqrt{2}$＝HM：1 ← $2\sqrt{2}$HM＝1

ゆえに HM＝$\dfrac{1}{2\sqrt{2}}=\dfrac{\sqrt{2}}{4}$

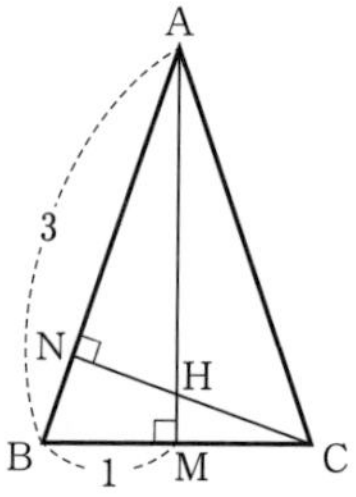

⇦△ABC は二等辺三角形
M は底辺 BC の中点だから
AM⊥BC
よって，H は AM 上にある。

165 正三角形 ABC において，辺 BC の中点を M とすると，重心 G は AM 上にある。

AB＝AC より，AM は辺 BC の垂直二等分線である。

よって，重心 G は，A から辺 BC に下ろした垂線上にある。

⇦各頂点から対辺に引いた中線がいずれも垂線であることを示す。

同様にして，重心 G は点 B から辺 CA に下ろした垂線上にあり，
C から辺 AB に下ろした垂線上にあるから，
点 G は正三角形 ABC の垂心である。
よって，正三角形の重心と垂心は一致する。 終

研究 三角形の傍心

本編 p.132

A

166 右の図において

$$\angle IBI_A=\angle IBC+\angle CBI_A$$
$$=\frac{1}{2}\angle ABC+\frac{1}{2}\angle CBX$$
$$=\frac{1}{2}(\angle ABC+\angle CBX)$$
$$=\frac{1}{2}\cdot 180^\circ=\mathbf{90^\circ}$$

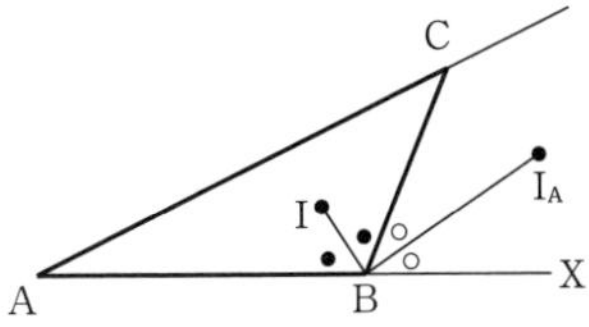

3 メネラウスの定理とチェバの定理

本編 p.133～134

A

167 (1) △ABC と直線 PQ について，
メネラウスの定理より

$$\frac{CP}{PB}\cdot\frac{BR}{RA}\cdot\frac{AQ}{QC}=1$$

$$\frac{5}{3}\cdot\frac{1}{5}\cdot\frac{AQ}{QC}=1 \qquad \text{よって} \quad \frac{AQ}{QC}=3$$

すなわち AQ : QC=**3 : 1**

(2) △PCQ と直線 AB について，
メネラウスの定理より

$$\frac{CA}{AQ}\cdot\frac{QR}{RP}\cdot\frac{PB}{BC}=1$$

$$\frac{5}{\frac{15}{4}}\cdot\frac{QR}{RP}\cdot\frac{3}{2}=1 \qquad \text{よって} \quad \frac{RQ}{PR}=\frac{1}{2}$$

（$\frac{15}{4}$ ← (1)より $AQ=\frac{3}{4}AC$）

すなわち PR : RQ=**2 : 1**

(別解)

(1)より CA : AQ=(1+3) : 3=4 : 3

から $\frac{CA}{AQ}=\frac{4}{3}$ を代入してもよい。

168 (1) △ABC と直線 PN について，
メネラウスの定理より

$$\frac{CP}{PB}\cdot\frac{BM}{MA}\cdot\frac{AN}{NC}=1$$

$$\frac{CP}{PB}\cdot\frac{1}{1}\cdot\frac{1}{2}=1 \qquad \text{よって} \quad \frac{CP}{PB}=2$$

すなわち CP : PB=**2 : 1**

(2) △PCN と直線 BA について，
メネラウスの定理より

$$\frac{CA}{AN}\cdot\frac{NM}{MP}\cdot\frac{PB}{BC}=1$$

（CP : PB=2 : 1 より PB : BC=1 : 1）

$$\frac{3}{1}\cdot\frac{MN}{PM}\cdot\frac{1}{1}=1 \qquad \text{よって} \quad \frac{MN}{PM}=\frac{1}{3}$$

すなわち PM : MN=**3 : 1**

169 (1) △ABC について，チェバの定理より

$$\frac{BP}{PC}\cdot\frac{CQ}{QA}\cdot\frac{AR}{RB}=1$$

$$\frac{x}{y}\cdot\frac{3}{5}\cdot\frac{4}{3}=1 \qquad \text{よって} \quad \frac{x}{y}=\frac{5}{4}$$

すなわち $x : y=\mathbf{5 : 4}$

(2) △ABC について，チェバの定理より

$$\frac{BP}{PC}\cdot\frac{CQ}{QA}\cdot\frac{AR}{RB}=1$$

$$\frac{x}{y}\cdot\frac{2}{3}\cdot\frac{5}{1}=1 \qquad \text{よって} \quad \frac{x}{y}=\frac{3}{10}$$

すなわち $x : y=\mathbf{3 : 10}$

170 △ABC について，チェバの定理より

$$\frac{BF}{FC}\cdot\frac{CE}{EA}\cdot\frac{AD}{DB}=1$$

$$\frac{BF}{FC}\cdot\frac{1}{2}\cdot\frac{2}{3}=1 \quad よって \quad \frac{BF}{FC}=3$$

すなわち　BF：FC=**3：1**

B

171 △ABC と直線 EF について，
メネラウスの定理より

$$\frac{BF}{FC}\cdot\frac{CD}{DA}\cdot\frac{AE}{EB}=1$$

$$\frac{8}{3}\cdot\frac{6-x}{x}\cdot\frac{3}{4}=1$$

$\frac{2(6-x)}{x}=1$ より　$12-2x=x$

これを解いて　$x=\mathbf{4}$

△ABF について，チェバの定理より

$$\frac{AE}{EB}\cdot\frac{BC}{CF}\cdot\frac{FP}{PA}=1$$

$$\frac{3}{4}\cdot\frac{5}{3}\cdot\frac{FP}{PA}=1$$

よって　$\frac{FP}{PA}=\mathbf{\frac{4}{5}}$

△AEF と直線 BP について，
メネラウスの定理より

$$\frac{AB}{BE}\cdot\frac{ED}{DF}\cdot\frac{FP}{PA}=1$$

$$\frac{7}{4}\cdot\frac{ED}{DF}\cdot\frac{4}{5}=1$$

よって　$\frac{ED}{DF}=\frac{5}{7}$　すなわち　$\frac{FD}{DE}=\mathbf{\frac{7}{5}}$

172 AD は ∠A の二等分線であるから
BD：DC=AB：AC=1：3

よって　$BD=\frac{1}{4}BC$

N は BC の中点であるから　$BN=\frac{1}{2}BC$

ゆえに　$DN=BN-BD=\frac{1}{4}BC$

したがって　BN=2DN

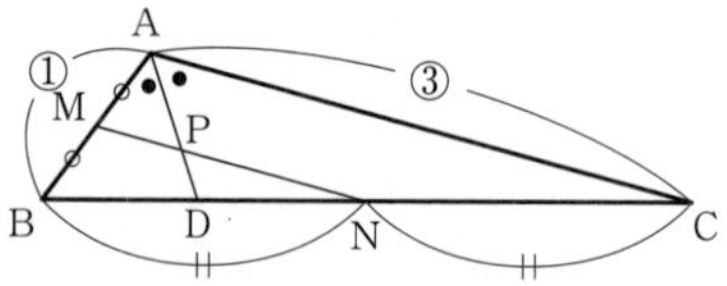

△ABD と直線 MN について
メネラウスの定理より

$$\frac{BN}{ND}\cdot\frac{DP}{PA}\cdot\frac{AM}{MB}=1$$

$$\frac{2}{1}\cdot\frac{DP}{PA}\cdot\frac{1}{1}=1$$

よって　$\frac{DP}{PA}=\frac{1}{2}$

すなわち　$\frac{AP}{PD}=\mathbf{2}$

また，BD=DN であるから，△MNB と直線 AD について，メネラウスの定理より（$BD=DN=\frac{1}{4}BC$）

$$\frac{BA}{AM}\cdot\frac{MP}{PN}\cdot\frac{ND}{DB}=1$$

$$\frac{2}{1}\cdot\frac{MP}{PN}\cdot\frac{1}{1}=1$$

よって　$\frac{MP}{PN}=\mathbf{\frac{1}{2}}$

173 (1) △ABC についてチェバの定理より

$$\frac{BP}{PC}\cdot\frac{CQ}{QA}\cdot\frac{AR}{RB}=1$$

$$\frac{BP}{PC}\cdot\frac{3}{4}\cdot\frac{2}{1}=1 \quad よって \quad \frac{BP}{PC}=\frac{2}{3}$$

すなわち　BP：PC=**2：3**

(2) △CAR と直線 BQ について
メネラウスの定理より

$$\frac{AB}{BR}\cdot\frac{RO}{OC}\cdot\frac{CQ}{QA}=1$$

$$\frac{3}{1}\cdot\frac{RO}{OC}\cdot\frac{3}{4}=1 \quad よって \quad \frac{RO}{OC}=\frac{4}{9}$$

すなわち　RO：OC=4：9

$$△OBC=△BCR\times\frac{9}{4+9}$$

$$=\frac{1}{3}△ABC\times\frac{9}{13}=\frac{3}{13}△ABC$$

ゆえに，△OBC：△ABC=**3：13**

C

174 BL：LC＝3：2 より

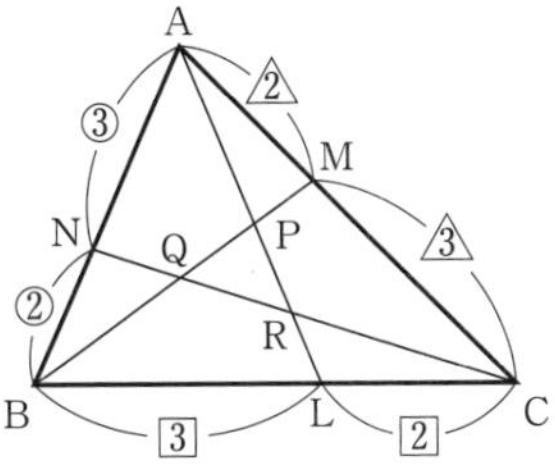

$\triangle ALC=\frac{2}{5}\triangle ABC=\frac{2}{5}$

△ABL と直線 CN について
メネラウスの定理より

$\frac{BC}{CL}\cdot\frac{LR}{RA}\cdot\frac{AN}{NB}=1$

$\frac{5}{2}\cdot\frac{LR}{RA}\cdot\frac{3}{2}=1$

よって　$\frac{LR}{RA}=\frac{4}{15}$　←LR：RA＝4：15

ゆえに　$\triangle RCA=\frac{15}{19}\triangle ALC=\frac{15}{19}\cdot\frac{2}{5}=\frac{6}{19}$

同様にして　$\triangle PAB=\triangle QBC=\frac{6}{19}$

したがって　△PQR＝△ABC－(△PAB＋△QBC＋△RCA)

$=1-\frac{6}{19}\times 3=\mathbf{\frac{1}{19}}$

㊞ p.87 節末 4
⇦△ABC の面積から
△PAB，△QBC，△RCA
の面積を除く。

⇦ ∠B，∠C を頂角とみても各辺を 3：2 に内分する関係は変わらないので，同様にして，とできる。

研究　三角形の辺と角の大小関係

本編 p.135

A

175 (1)　BC＜AB＜CA であるから　←5＜7＜9
∠**A**＜∠**C**＜∠**B**

(2)　∠C＝180°－(45°＋75°)＝60°
よって　∠A＜∠C＜∠B　であるから
BC＜AB＜CA　←45°＜60°＜75°

176 (1)　|4－5|＝|－1|＝1,
4＋5＝9
よって，|4－5|＜6＜4＋5 が成り立つから，
三角形は**存在する**。

(2)　|3－6|＝|－3|＝3,
3＋6＝9,
10＞3＋6
であるから，
三角形は**存在しない**。

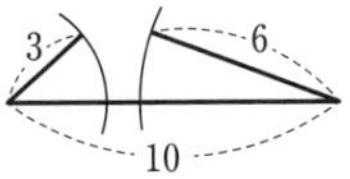

(3)　|3－5|＝|－2|＝2,
3＋5＝8
8＝3＋5
であるから，
三角形は**存在しない**。

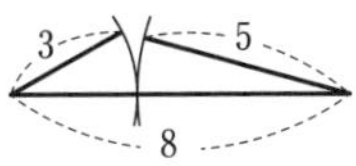

177 a，5，8 が三角形の 3 辺の長さであるから
$a>0$　かつ　$|5-8|<a<5+8$
よって　$\mathbf{3<a<13}$

B

178 △ABC について

AC>AB より ∠B>∠C

ここで，

$\angle ADC = \angle B + \angle BAD$ ←△ABD の外角

$= \angle B + \frac{1}{2}\angle A$

$\angle ADB = \angle C + \angle CAD$ ←△ADC の外角

$= \angle C + \frac{1}{2}\angle A$

であるから

∠ADC>∠ADB

C

179 与えられた長さが三角形の 3 辺となる条件は

⇦三角形の成立条件
① 各辺の長さ>0
② |2 辺の差|<他の 1 辺<2 辺の和

$x+1>0,\ 7-x>0$ ……①

かつ

$|(x+1)-(7-x)|<4<(x+1)+(7-x)$ ……②

①より　$-1<x<7$ ……③

②を満たす x は $|x-3|<2$　より

$-2<x-3<2$

よって　$1<x<5$ ……④

③，④より，三角形ができる x の値の範囲は

$\boldsymbol{1<x<5}$ ……⑤

次に，この三角形が直角三角形となる場合を調べる。

⇦直角三角形の最大辺は斜辺なので，どの辺が直角三角形の斜辺になるかで場合分けをして考える。

(i)　長さ $7-x$ の辺が斜辺となるとき

$7-x>x+1,\ 7-x>4$ を解くと　$x<3$

$1<x<3$ のとき ←⑤と $x<3$ の共通範囲

直角三角形となる条件は

⇦三平方の定理の逆

$(x+1)^2+4^2=(7-x)^2$

これを解くと　$x=2$　　これは $1<x<3$ を満たす。

(ii)　長さ $x+1$ の辺が斜辺となるとき

$x+1>7-x,\ x+1>4$ を解くと　$x>3$

$3<x<5$ のとき，←⑤と $x>3$ の共通範囲

直角三角形となる条件は

⇦三平方の定理の逆

$(7-x)^2+4^2=(x+1)^2$

これを解くと　$x=4$　　これは $3<x<5$ を満たす。

(iii)　長さ 4 の辺が斜辺となるとき

$x+1<4,\ 7-x<4$ ←$x<3,\ x>3$

となるが，これらを同時に満たす x は存在しない。

(i)，(ii)，(iii)より，直角三角形となる x の値は

$\boldsymbol{x=2,\ 4}$

2節　円の性質

1　円に内接する四角形

本編 p.136～137

A

180 (1)　円周角の定理より

$\angle BAC = \angle BDC = \theta$,　$\angle ABC = 90°$

$\triangle ABC$ において　$\theta + 65° + 90° = 180°$

よって　$\theta = \mathbf{25°}$

(2)　円周角の定理より

$\angle BDC = \angle BAC = \theta$

$\angle BDC + \angle ACD = 80°$ より　←三角形の外角

$\theta + 43° = 80°$

よって　$\theta = \mathbf{37°}$

(3)　O と A を結ぶ。

$OA = OB$ より　$\angle OAB = \angle OBA = 20°$

$OA = OC$ より　$\angle OAC = \angle OCA = 30°$

これより　$\angle BAC = 20° + 30° = 50°$

よって，$\theta = 2\angle BAC = \mathbf{100°}$

181 ①：$\angle BAC \fallingdotseq \angle BDC$ であるから，

円周角の定理の逆の条件を満たさない。

②：$\angle BAC = 107° - 58° = 49° = \angle BDC$

であるから，円周角の定理の逆が成り立ち，4 点 A, B, C, D が同じ円周上にある。

③：$\angle ABD = 180° - (55° + 80°) = 45°$ より

$\angle ABD \fallingdotseq \angle ACD$ であるから，

円周角の定理の逆の条件を満たさない。

以上から，4 点 A，B，C，D が同じ円周上にあるのは　②

182 (1)　四角形 ABCD は円に内接するから

$\angle BAD = \angle DCE = 65°$

$\triangle ABE$ について

$\angle BAE + \angle ABE + \angle AEB = 180°$

$65° + 80° + \theta = 180°$ よって　$\theta = \mathbf{35°}$

(2)　D と C を結ぶ。

$OC = OD$ より

$\angle ODC = \frac{1}{2}(180° - 40°) = 70°$

四角形 ABCD は円に内接するから

$\angle ABC + \angle CDA = 180°$

$\theta + 70° = 180°$

よって　$\theta = \mathbf{110°}$

(別解)

円周角の定理より

$2\theta = 180° + 40° = 220°$　←中心角の大きさは 2θ

$\theta = \mathbf{110°}$

(3)　O と A を結ぶ。

$OA = OB$ より　$\angle OAB = \angle OBA = \theta$

$OA = OD$ より　$\angle OAD = \angle ODA = 35°$

よって　$\angle BAD = \theta + 35°$

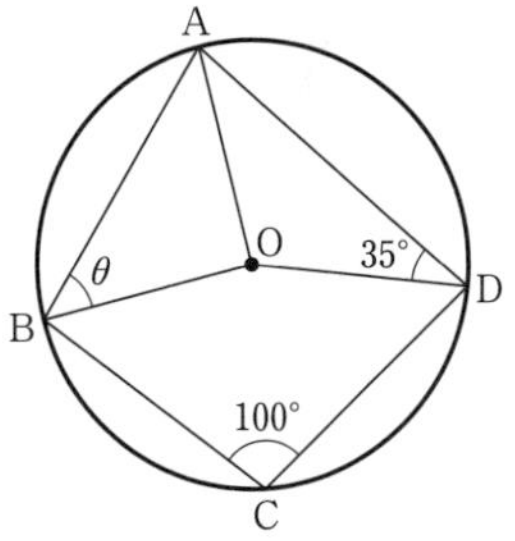

四角形 ABCD は円に内接するから

$\angle BAD + \angle BCD = 180°$

$(\theta + 35°) + 100° = 180°$

ゆえに　$\theta = \mathbf{45°}$

(4)　P と Q を結ぶ。

四角形 ABQP は円に内接するから

$\angle PQC = \angle BAP = 84°$

四角形 PQCD は円に内接するから

$\angle PQC + \angle PDC = 180°$

よって　$84° + \theta = 180°$

ゆえに　$\theta = \mathbf{96°}$

183 四角形 ABCD の対角の和を考える。

①：$\angle A + \angle C = 100° + 80° = 180°$

②：$\angle A + \angle C = 110° + 110° = 220°$

③：$\angle B + \angle D = 65° + 90° = 155°$

よって，円に内接するのは　①

↑1 組の対角の和が 180°

B

184 (1) △ABC は正三角形であるから

$\angle ABC = 60°$

四角形 ABCD は円に内接するから

$\angle ADC = 180° - \angle ABC$

$= \mathbf{120°}$

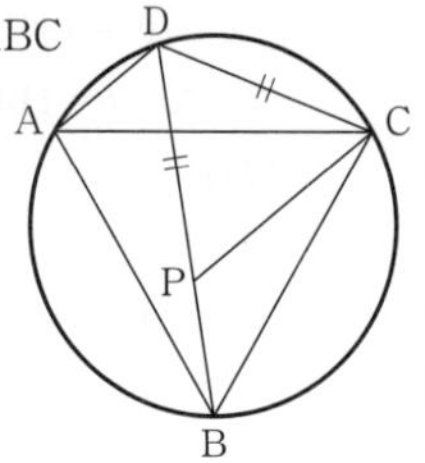

(2) 円周角の定理より

$\angle PDC = \angle BDC$

$= \angle BAC = 60°$

△CDP は CD=PD の二等辺三角形であるから

$\angle DPC = \angle DCP$

$= \dfrac{180° - 60°}{2} = 60°$

よって，△CDP は正三角形である。終

(3) △ACD と△BCP において，

△ABC は正三角形であるから

AC=BC ……①

(2)より，△CDP は正三角形であるから

CD=CP ……②

また，正三角形の 1 つの内角であるから $\angle ACB = \angle DCP = 60°$ であることに注意すると

$\angle ACD = \angle DCP - \angle ACP$

$= 60° - \angle ACP$

$\angle BCP = \angle ACB - \angle ACP$

$= 60° - \angle ACP$

よって　$\angle ACD = \angle BCP$ ……③

①，②，③より，2 組の辺とその間の角がそれぞれ等しいから

△ACD≡△BCP 終

185 $AE = x$，$BD = y$ とおくと

$DE = x$，$CE = 5 - x$，$CD = 6 - y$

△CAB と△CDE において

∠C は共通，$\angle BAC = \angle EDC$

2 組の角がそれぞれ等しいから

△CAB∽△CDE

よって

AB：AC=DE：DC ……①

AC：BC=DC：EC ……②

①から　$4 : 5 = x : (6 - y)$

整理して　$5x + 4y = 24$ ……③

②から　$5 : 6 = (6 - y) : (5 - x)$

整理して　$5x - 6y = -11$ ……④

③，④を解くと　$x = 2$，$y = \dfrac{7}{2}$

すなわち　AE=**2**，BD=$\mathbf{\dfrac{7}{2}}$

2 円の接線と弦の作る角

本編 p.138〜139

A

186 円に外接する四角形において，2 組の向かい合う辺の長さの和は等しいので，

AB+CD=AD+BC　←教p. 91

6+7=4+BC

よって　BC=**9**

187 (1) ∠BDA=∠BAT より　$\alpha = \mathbf{45°}$

また　$\angle BAD = 180° - (30° + \alpha)$

$= 105°$

よって　$\beta = 180° - 105°$ ←円に内接する四角形

$= \mathbf{75°}$

(2) ∠CAD=∠ABD より　$\alpha = \mathbf{35°}$

∠BAT=90° より　$\beta + 35° = 90°$

よって　$\beta = 90° - 35° = \mathbf{55°}$

(3) 円周角の定理より　$\alpha = 2\angle ACB$

また　$\angle ACB = \angle BAT = 60°$

よって　$\alpha = \mathbf{120°}$

次に，△OAB において，OA＝OB より

$\angle OBA=\angle OAB$

$=\angle OAT-\angle BAT$

$=90^\circ-60^\circ=30^\circ$

また　$\angle ABC=\angle CAS$

$\beta+30^\circ=45^\circ$

よって　$\boldsymbol{\beta=15^\circ}$

(4)　BC は円 O の直径より　$\angle CAB=90^\circ$

よって　$\alpha=180^\circ-(90^\circ+55^\circ)=\mathbf{35^\circ}$

$\angle BCA=\angle BAT=55^\circ$

また，$\angle BCA=\alpha+\beta$ だから（△ACD における∠C の外角）

$\alpha+\beta=55^\circ$

$\alpha=35^\circ$ より　$\boldsymbol{\beta=20^\circ}$

B

188 直線 OP と AB の交点を C とする。

OA＝OB，PA＝PB より，OP は線分 AB の垂直二等分線であるから

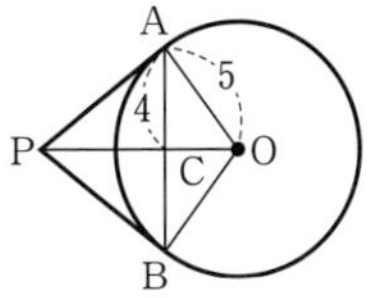

AC＝4，AB⊥OP

よって

$OC=\sqrt{5^2-4^2}=3$

△OAC∽△OPA より（$\angle OCA=\angle OAP$，$\angle AOC=\angle POA$）

OA：OC＝OP：OA

5：3＝OP：5

よって　$OP=\mathbf{\dfrac{25}{3}}$

189 台形 ABCD は円 O に外接しているから

AD＋BC＝AB＋DC＝4＋5＝9

D から辺 BC に垂線 DH を引くと

DH＝AB＝4

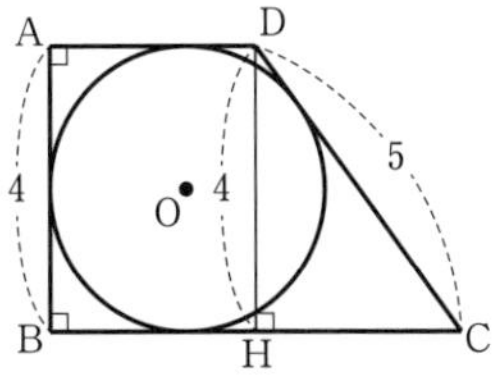

△DHC に三平方の定理を用いて

$HC^2=DC^2-DH^2=5^2-4^2=9$

よって　HC＝3

AD＝BH＝x とおくと

AD＋BC＝AD＋(BH＋HC)

$=x+(x+3)=9$

これを解いて　$x=3$

したがって　AD＝**3**，BC＝3＋3＝**6**

190 (1)　$\angle DAC=\angle DCE=50^\circ$

DA＝DC より　$\angle DCA=\angle DAC=50^\circ$

よって　$\angle ADC=180^\circ-50^\circ\cdot 2=\mathbf{80^\circ}$

(2)　$\overset{\frown}{AB}:\overset{\frown}{BC}=2:3$ より

$\angle ADB=2\theta$，$\angle BDC=3\theta\ (\theta>0)$

とおくと

$\angle BAC=\angle BDC=3\theta$

ここで　$\angle ADC=\angle ADB+\angle BDC=5\theta$

であるから，(1)より　$5\theta=80^\circ$

よって　$\theta=16^\circ$

ゆえに　$\angle BAC=3\cdot 16^\circ=48^\circ$

$\angle DAC=\angle DCE=50^\circ$　であるから

$\angle BAD=\angle BAC+\angle DAC=\mathbf{98^\circ}$

191 BC：BE＝3：2 より

$BC=3l$，$BE=2l\quad(l>0)$

とおくと　$CD=BC=3l$

$\angle BCE=\angle BAC$ かつ $\underline{\angle BAC=\angle DAC}$（BC＝DC より）

であるから

$\angle DAC=\angle BCE$　……①

四角形 ABCD は円 O に内接するから

$\angle ADC=\angle CBE$　……②

①，②より，2 組の角がそれぞれ等しいから　△ADC∽△CBE

よって

$\triangle ADC:\triangle CBE=CD^2:EB^2$

$=9l^2:4l^2=\mathbf{9:4}$

C

192 PQ は∠APB の 2 等分線であるから

$\angle RPA=\angle QPB$ ……①

PA は点 A で円に接しているから

$\angle ABC=\angle CAP$

すなわち

$\angle QBP=\angle RAP$ ……②

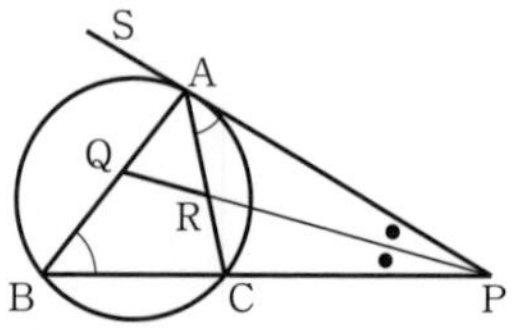

△QBP において，∠AQR は 1 つの外角であるから

$\angle AQR=\angle QPB+\angle QBP$ ……③

△RPA において，∠ARQ は 1 つの外角であるから

$\angle ARQ=\angle RPA+\angle RAP$ ……④

①，②，③，④より　$\angle AQR=\angle ARQ$

よって，△AQR は二等辺三角形である。終

⇦二等辺三角形の底角が等しいことを示す。
(実は$\triangle QBP\backsim\triangle RAP$であることがわかる。)

3 方べきの定理

本編 p.140〜141

A

193 (1) PA・PB=PC・PD より

$3\cdot4=2\cdot x$

よって　$x=\mathbf{6}$

(2) PA・PB=PC・PD より

$(x+3)\cdot3=6\cdot2$

よって　$x=\mathbf{1}$

(3) PA・PB=PC・PD より

$x\cdot(x-4)=4\cdot1$

$x^2-4x-4=0$

$x=2\pm2\sqrt{2}$

AP>AB より　$x>4$

よって　$x=\mathbf{2+2\sqrt{2}}$

(4) OD=OC=5 より

PD=5−2=3，PC=5+2=7

また　$PA=PB=x$ ←

PA・PB=PC・PD より

$x\cdot x=7\cdot3$

$x^2=21$

$x>0$ より　$x=\mathbf{\sqrt{21}}$

弦 CD は円 O の中心を通り，弦 AB に垂直であるから，弦 AB の垂直二等分線であり，点 P は線分 AB の中点

194 (1) $PT^2=PA\cdot PB$ より

$x^2=3\cdot(3+6)$

$x^2=27$

$x>0$ より　$x=\mathbf{3\sqrt{3}}$

(2) $PT^2=PA\cdot PB$ より

$6^2=(x-5)\cdot x$

$x^2-5x-36=0$

$(x-9)(x+4)=0$

$x>5$ より　$\mathbf{x=9}$

(3) $PT^2=PB\cdot PA$ より

$2^2=1\cdot PA$

PA=4

△ATP において，∠ATP=90° より

$AT^2=AP^2-PT^2=4^2-2^2=12$

$AT=2OA=2x$ より　$(2x)^2=12$

$x^2=3$

$x>0$ より　$x=\mathbf{\sqrt{3}}$

195 (1) $PS^2=PA \cdot PB$

$PT^2=PA \cdot PB$

より　$PS^2=PT^2$

$PS>0$, $PT>0$ より

$PS=PT=\mathbf{6}$

(2) $PA=x$ とおくと

$PB=x+5$

$PT^2=PA \cdot PB$ より　$6^2=x(x+5)$

$x^2+5x-36=0$

$(x+9)(x-4)=0$

$x>0$ より $x=4$

すなわち　$PA=\mathbf{4}$

196 小さい方の円において,

$PA \cdot PB=PQ \cdot PR$ ……①

大きい方の円において,

$PC \cdot PD=PQ \cdot PR$ ……②

①, ②より

$PA \cdot PB=PC \cdot PD$

よって, 方べきの定理の逆より

4 点 A, C, B, D は同一円周上にある。 終

B

197 (1) 直線 OP と円 O との交点を図のように C, D とすると

$PC=6$, $PD=12$

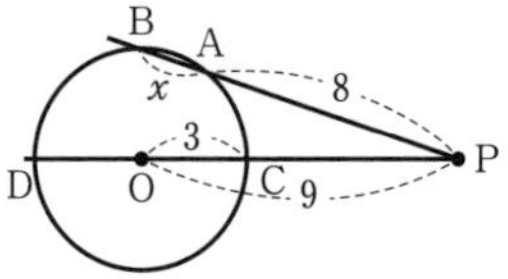

$AB=x$ とおくと $PB=x+8$

$PA \cdot PB=PC \cdot PD$ より

$8(x+8)=6 \cdot 12=72$

$x=1$

よって $AB=\mathbf{1}$

(2) P を通る直径を図のように CD とし, $OP=x$ とすると

$PC=2+x$, $PD=2-x$

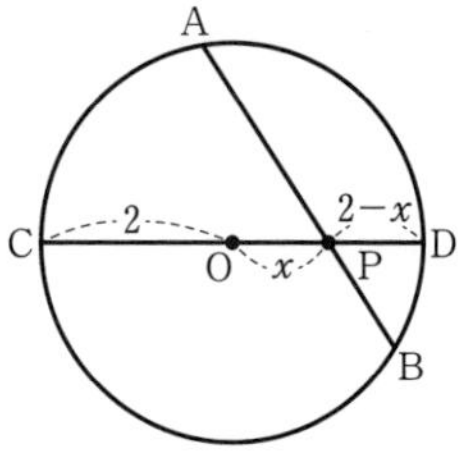

$PC \cdot PD=PA \cdot PB$ より

$(2+x)(2-x)=1$

$x^2=3$

$x \geqq 0$ より　$x=\sqrt{3}$

よって　$OP=\sqrt{\mathbf{3}}$

C

198 (1) 方べきの定理から

$MA^2=MC \cdot MB$

$MA=MP$ より

$MP^2=MC \cdot MB$

方べきの定理の逆から

直線 PA は△PBC の外接円に点 P で接している。

よって　$\angle MPC=\angle MBP$ 終

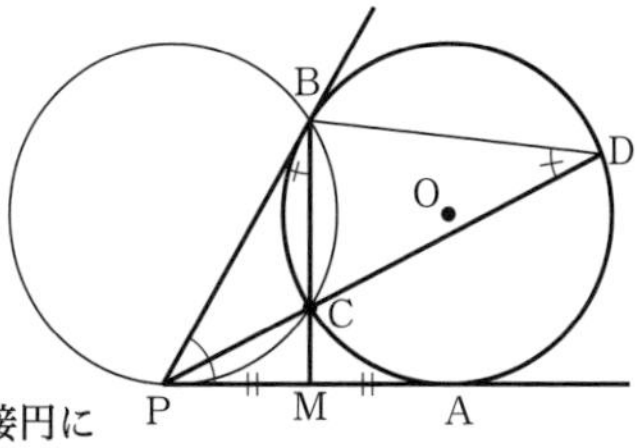

⇦∠MPC=∠MBP が成り立つとすると, これらの角は接線と弦のなす角の関係になっていることから「△BCP の外接円に PA が接することを示す」という方針がたつ。

(2)　PA＝PB，∠APB＝60° より
△PAB は一辺の長さが 3 の
正三角形であるから BM⊥AP
　∠PBM＝∠ABM＝30°
(1)より
　∠MPC＝∠MBP＝30°
よって
　∠BPC＝60°−30°＝30°
直線 PB は B でこの円に
接しているから
　∠BDC＝∠PBC＝30°
よって　BD＝BP＝**3**

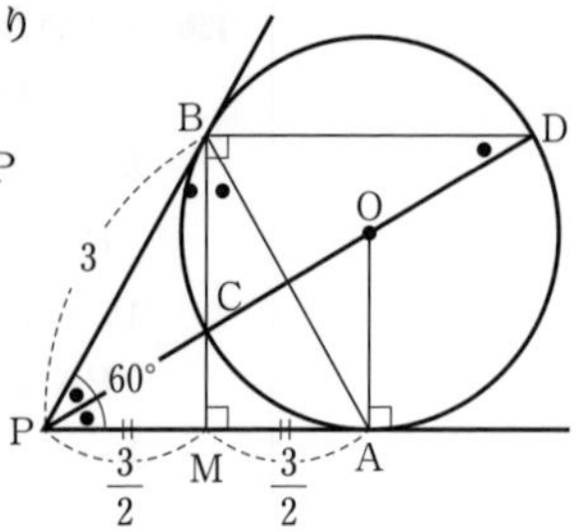

⇦∠BPC＝∠APB−∠MPC

△BPD は∠BPD＝∠BDP＝30° の二等辺三角形

PC は∠APB の 2 等分線だから，円 O の中心 O を通る。
△OPA について∠OPA＝30°，∠OAP＝90°　より
∠AOP＝60°，AP＝3 であるから，円 O の半径は
　$OA=3\times\frac{1}{\sqrt{3}}=\boldsymbol{\sqrt{3}}$

OA：AP＝1：$\sqrt{3}$

4　2 つの円

本編 p.142〜143

A

199 (1)　2 つの円が外接するとき
　5＝2＋r より　$\boldsymbol{r=3}$
一方が他方に内接するのは，AB＝5 より
半径 r の円に半径 2 の円が内接するときである。
このとき，5＝r−2 より　$\boldsymbol{r=7}$

(2)　2 つの円が 2 点で交わるとき
　$|r-2|<5<r+2$ より　$\boldsymbol{3<r<7}$
　$-5<r-2<5$ より　$-3<r<7$
　$5<r+2$ より　$r>3$
離れているとき $5>r+2$ かつ $r>0$ より
　$\boldsymbol{0<r<3}$
一方が他方の内部にあるとき，
　$5<r-2$ より $\boldsymbol{r>7}$

200 O_2 から直線 O_1P に垂線 O_2A を引くと
　$O_1A=5-3=2$
　$O_1O_2=12$

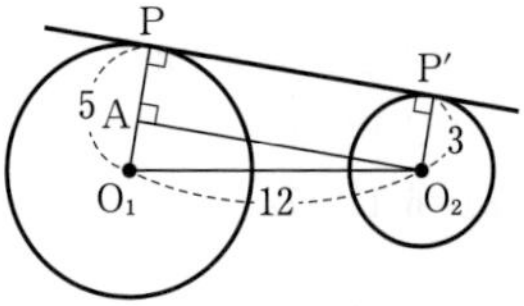

△AO_1O_2 に三平方の定理を用いて
　$PP'=AO_2$
　　$=\sqrt{O_1O_2{}^2-O_1A^2}$ ⇐$\sqrt{12^2-2^2}$
　　$=\sqrt{140}=\boldsymbol{2\sqrt{35}}$

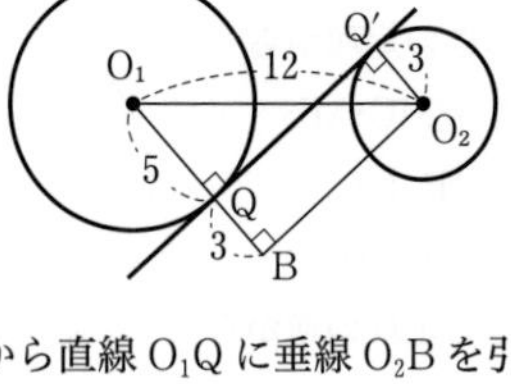

O_2 から直線 O_1Q に垂線 O_2B を引くと
$O_1B=5+3=8$，$O_1O_2=12$
△BO_1O_2 に三平方の定理を用いて
　$QQ'=BO_2=\sqrt{O_1O_2{}^2-O_1B^2}$
　　$=\sqrt{80}=\boldsymbol{4\sqrt{5}}$

B

201 (1) $a+b=7$, $b-a=1$, $d=5$ より
$b-a<d<a+b$ だから,
2つの円は2点で交わり,共通接線は2本

(2) $a+b=8$, $a-b=2$, $d=9$ より
$d>a+b$ だから,
2つの円は離れていて,共通接線は4本

(3) $a+b=6$, $b-a=2$, $d=6$ より
$d=a+b$ だから,
2つの円は外接していて,共通接線は3本

(4) $a+b=8$, $a-b=4$, $d=3$ より
$d<a-b$ だから,
円Bが円Aの内部にあり,共通接線はない

202 円 O_3 の半径を r とすると

$PO_3=10-r$

$PO_2=5+12=17$

点Pから円 O_2 に引いた接線のうち一方と円 O_2, O_3 との接点をそれぞれ T_2, T_3 とすると,
$O_2T_2 /\!/ O_3T_3$ より

$PO_3 : PO_2 = O_3T_3 : O_2T_2$

$(10-r) : 17 = r : 3$

$30-3r=17r$

よって $r=\dfrac{3}{2}$

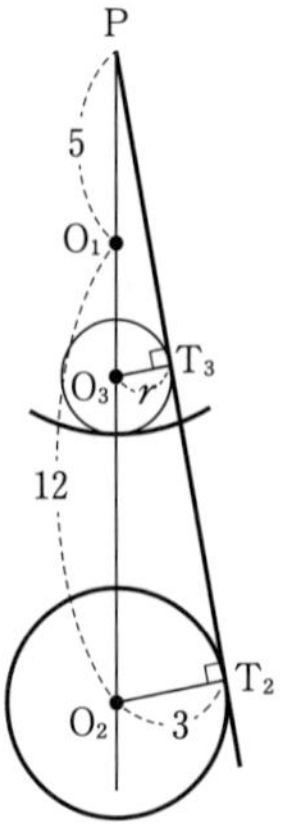

C

203 (1) $\triangle ABC=\dfrac{1}{2}\cdot 3\cdot 4=6$

⇦三角形の面積を利用する。

円 O_1 の半径を r_1 とすると,

$\triangle ABC=\dfrac{1}{2}\cdot r_1\cdot(3+4+5)=6r_1$

⇦円 O_1 は△ABC の内接円
$S=\dfrac{1}{2}r(a+b+c)$ の利用

$6r_1=6$ より $r_1=\mathbf{1}$

(2) AC と円 O_1, O_2 との接点をそれぞれ T_1, T_2, 円 O_2 の半径を r_2 とすると,
$T_1C=r_1=1$ より $AT_1=3$
$\angle AT_1O_1=90°$ より
$\triangle AT_1O_1$ に三平方の定理を用いて

$AO_1{}^2=r_1{}^2+AT_1{}^2$
$=1^2+3^2=10$

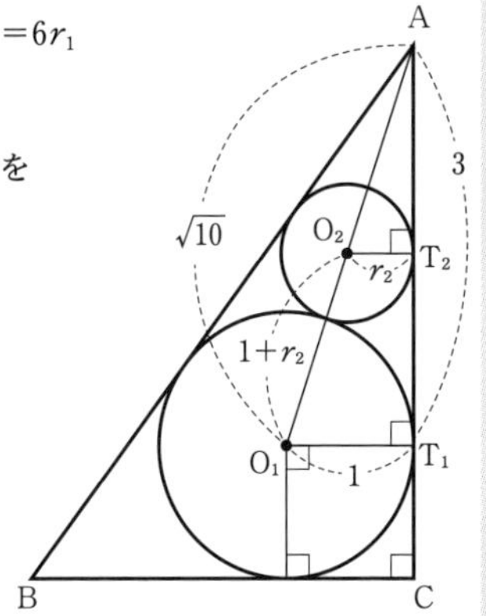

$AO_1>0$ より $AO_1=\sqrt{10}$

また $AO_2=AO_1-O_1O_2$
$=\sqrt{10}-(1+r_2)$
$=\sqrt{10}-1-r_2$

$O_1T_1\perp AC$, $O_2T_2\perp AC$ より $O_1T_1 /\!/ O_2T_2$ であるから

$AO_2 : AO_1 = O_2T_2 : O_1T_1$

⇦平行線と線分の比

$(\sqrt{10}-1-r_2):\sqrt{10}=r_2:1$

$\sqrt{10}-1-r_2=\sqrt{10}r_2$

$(\sqrt{10}+1)r_2=\sqrt{10}-1$

$r_2=\dfrac{\sqrt{10}-1}{\sqrt{10}+1}=\mathbf{\dfrac{11-2\sqrt{10}}{9}}$

204 円 O_3 の半径を r とすると

$OO_3=2-r$

$O_1O_3=O_2O_3=1+r$

$OO_1=OO_2=1$

点 O は線分 O_1O_2 の中点であるから

$OO_3\perp O_1O_2$

$\triangle OO_1O_3$ に三平方の定理を用いて

$O_1O_3{}^2=OO_1{}^2+OO_3{}^2$

$(1+r)^2=1^2+(2-r)^2$

$r^2+2r+1=r^2-4r+5$

$6r=4$

よって　$r=\mathbf{\dfrac{2}{3}}$

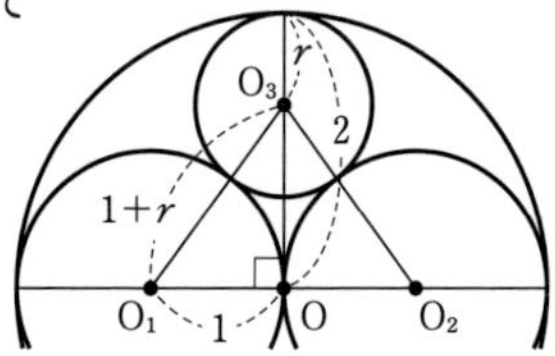

⇦$\triangle O_1O_2O_3$ は $O_1O_3=O_2O_3$ の二等辺三角形であり，線分 OO_3 は辺 O_1O_2 の垂直二等分線になっている。

3節　作図

1　作図

本編 p.144～145

A

205 (1)①　辺 AB，BC の垂直二等分線をそれぞれ引く。

②　①で引いた 2 直線の交点 O が求める外心である。

このとき，AO=BO=CO となる。

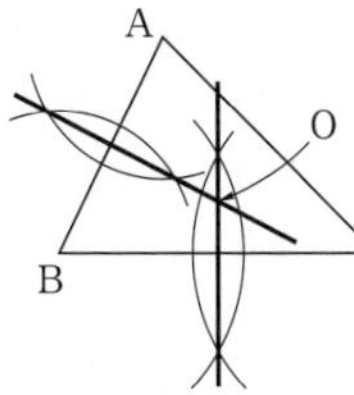

(2)①　頂点 A，B からそれぞれの対辺に垂線を引く。

②　①の交点 H が求める垂心である。

このとき，CH⊥AB となる。

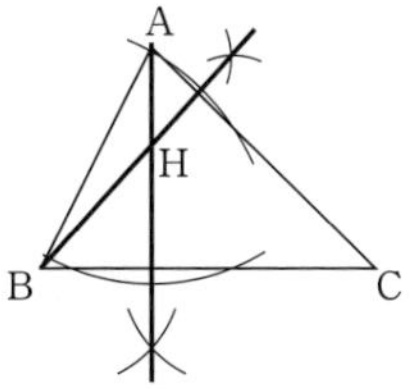

206 ①　点 T を通り，直線 l に垂直な直線を引く。

②　線分 CT の垂直二等分線を引く。

③　①，②で引いた 2 直線の交点を O とし，O を中心とした半径 OT の円をかくと，この円が求める円である。

このとき，OC=OT，OT⊥l となる。

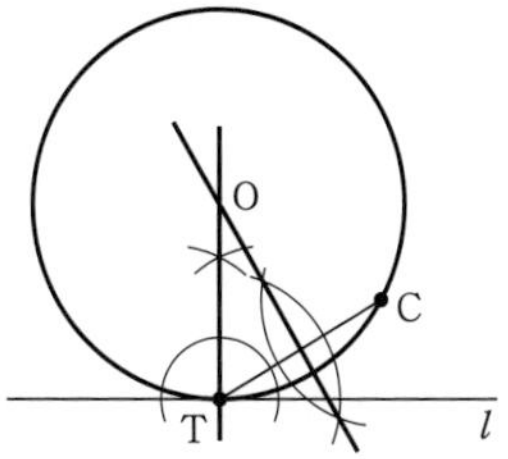

207〔内分点〕

①　点 A を通り直線 AB と重ならない半直線 l を引き，l 上に AC=CD=DE=EF=FG となる 5 個の点 C，D，E，F，G をとる。

②　点 E を通り直線 GB に平行な直線を引く。線分 AB との交点が求める点 P である。

このとき，EP // GB，AE：EG=3：2 より AP：PB=3：2 となる。

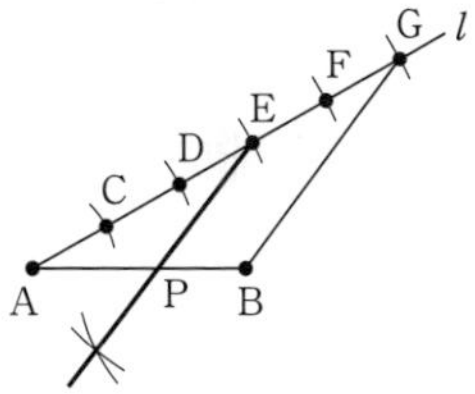

〔外分点〕

①　点 A を通り直線 AB と重ならない半直線 l を引き，l 上に AC=CD=DE となる 3 個の点 C，D，E をとる。

②　点 E を通り直線 CB に平行な直線を引く。線分 AB の延長との交点が求める点 Q である。

このとき，CB // EQ，AE：EC=3：2 より AQ：QB=3：2 となる。

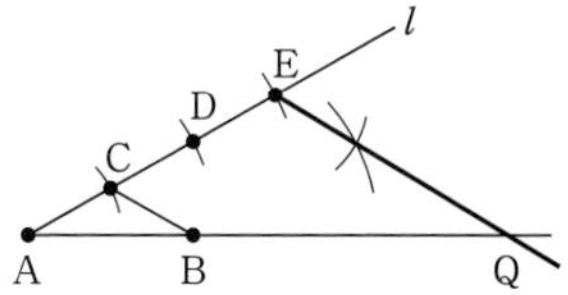

208〔長さ $\frac{2}{3}$ の線分〕

① 点Aを通る半直線 l, l' を引き，l 上に AB=1，AC=3 となる点B，C をとる。

② l' 上に AD=2 となる点Dをとる。

③ 点Bを通り，直線CDに平行な直線を引く。l' との交点をPとすると，線分APが長さ $\frac{2}{3}$ の線分である。

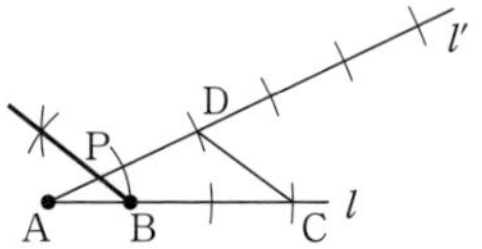

このとき，BP∥CD から

AP：AD=AB：AC

すなわち　AP：2=1：3 より

$AP=\frac{2}{3}$　となる。

〔長さ $\frac{5}{3}$ の線分〕

① 点Aを通る半直線 l, l' を引き，l 上に AB=1，AC=3 となる点B，C をとる。

② l' 上に AE=5 となる点Eをとる。

③ 点Bを通り，直線CEに平行な直線を引く。l' との交点をQとすると，線分AQが長さ $\frac{5}{3}$ の線分である。

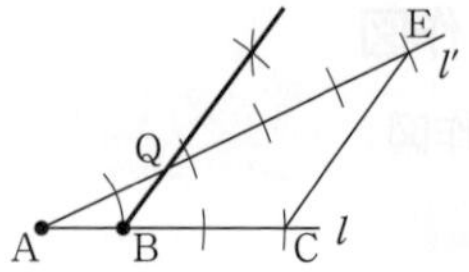

このとき，BQ∥CE から

AQ：AE=AB：AC

すなわち　AQ：5=1：3 より

$AQ=\frac{5}{3}$　となる。

209 ① 線分ACの垂直二等分線を引き，ACとの交点をOとする。点Oを中心とする半径OAの円Oをかく。

② 点Bを通りACに垂直な直線と円Oとの交点の1つをDとすると，BDが求める長さ$\sqrt{3}$の線分である。

〔証明〕 点Bを通りACに垂直な直線と円Oとのもう一つの交点をD′とすると，BD=BD′であり，方べきの定理より

$BD \cdot BD' = AB \cdot AC$

$BD^2 = 1 \cdot 3$

よって　$BD=\sqrt{3}$

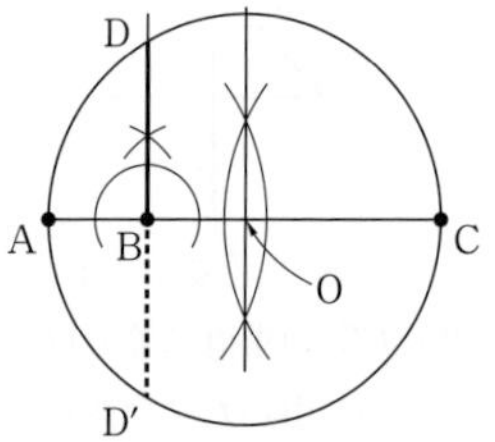

B

210 ① 円O上に，点Aとは異なる2点B，C をとる。

② 線分AB，ACの垂直二等分線を引き，その交点をOとする。

③ 半直線OAを引き，点Aを通り，OAに垂直な直線 l を引くと，l が求める接線である。

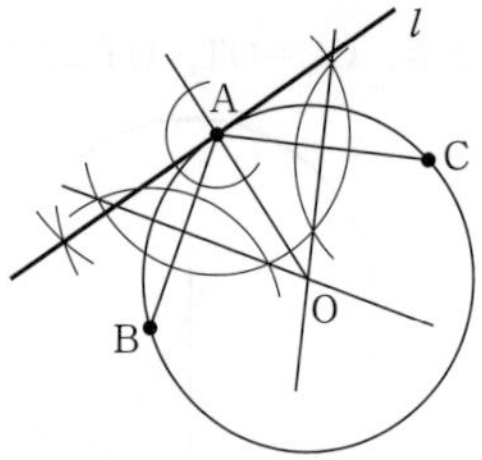

このとき，OA=OB，OA=OC より点Oは円Oの中心であり，$OA \perp l$ より，l は円Oの接線である。

4節　空間図形

1　空間における直線と平面

本編 p.146〜149

A

211 (1)　EH∥AD，AB⊥AD より
AB と EH のなす角は **90°**

(2)　FH∥BD, AB=1, AD=$\sqrt{3}$, ∠BAD=90° より，△ABD は辺の比が 1：$\sqrt{3}$：2 の直角三角形であるから　∠ABD=60°
よって，　AB と FH のなす角は **60°**

(3)　EG∥AC, AC と BD の交点を P とすると
∠CAB=∠DBA=60° より
∠APB=180°−(60°+60°)=60°
よって，BD と EG のなす角は **60°**

(4)　DG∥AF，四角形 ABFE は正方形であるから，∠BAF=45°
よって，AB と DG のなす角は **45°**

212 (1)　**正しい**

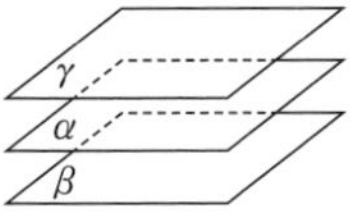

(2)　**正しくない**
(反例は右の図)

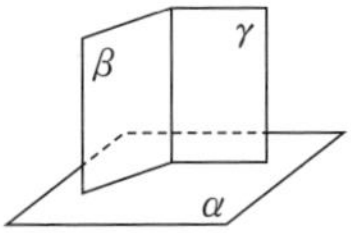

213 (1)　交線 AB に対して AD⊥AB，AE⊥AB であり，AD⊥AE であるから，
平面 ABCD⊥ 平面 ABFE　よって，
平面 ABCD と平面 ABFE のなす角は **90°**

(2)　交線 AD に対して AD⊥AB，AD⊥AF であり，四角形 ABFE は正方形であり，AF はその対角線であるから　∠BAF=45°
よって，平面 ABCD と平面 AFGD のなす角は **45°**

214 (1)　OH⊥平面 ABC であり，直線 BC は平面 ABC 上にあるから　BC⊥OH　……①
また，点 H は△ABC の内心，点 P は△ABC の内接円と辺 BC の接点であるから
BC⊥HP　……②
①，②より，直線 BC は平面 OHP 上の交わる 2 直線と垂直であるから
BC⊥平面 OHP　終

(2)　OP は平面 OHP 上にあるから，(1)より
OP⊥BC　終

215　AK は直線 FH に下ろした垂線であるから
AK⊥FH
また　AE⊥平面 EFGH　←三垂線の定理[2]
よって，三垂線の定理より　EK⊥FH　終

B

216 (1)　AC と LL′ は平行でなく，かつ同一平面上にないから
ねじれの位置にある

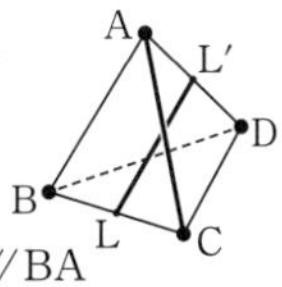

(2)　中点連結定理より
△CAB において　LM∥BA
△DAB において　L′M′∥AB
よって，LM と L′M′ は**平行である**

(3)　(2)より，LM∥L′M′，LM=L′M′
1 組の対辺が等しく，平行であるから，四角形 LML′M′ は平行四辺形である。
よって，LL′ と MM′ は**交わる**

(4)　(2)，(3)と同様に，四角形 MNM′N′ は平行四辺形であるから，MM′ と NN′ は**交わる**

217 (1)　平面 ABD⊥AE より　BD⊥AE
EG∥AC，AC⊥BD より　BD⊥EG
よって　BD⊥平面 AEG　終

(2)　平面 BEF⊥GF より　BE⊥GF
また　BE⊥AF
よって　BE⊥平面 AFG　終

(3)　(1)より　BD⊥AG　←BD⊥平面 AEG
(2)より　BE⊥AG　←BE⊥平面 AFG
よって　AG⊥平面 BDE　終

C

218 (1) BH$=x$ とすると　CH$=3-x$

$AH^2=AB^2-BH^2=AC^2-CH^2$ より

$$2^2-x^2=(\sqrt{7})^2-(3-x)^2$$

これを解いて　$x=1$

よって　$AH=\sqrt{AB^2-BH^2}=\sqrt{4-1}=\boldsymbol{\sqrt{3}}$

⇦△ABH と△ACH に三平方の定理

(2) OA⊥平面 ABC より　OA⊥AH

OA$=1$，AH$=\sqrt{3}$ であるから　$OH=\sqrt{1^2+(\sqrt{3})^2}=2$

よって　$\angle OHA=\boldsymbol{30^\circ}$

⇦△OAH は OA：AH：OH$=1:\sqrt{3}:2$ の直角三角形

(3) OA⊥平面 ABC，AH⊥BC より

三垂線の定理から　OH⊥BC　←三垂線の定理①

よって　$\triangle OBC=\frac{1}{2}\cdot BC\cdot OH=\frac{1}{2}\cdot 3\cdot 2=\boldsymbol{3}$

(4) 三角錐 OABC の体積 V について，点 A から平面 OBC に下ろした垂線の長さを h とすると

$$V=\frac{1}{3}\cdot\triangle OBC\cdot h=\frac{1}{3}\cdot 3\cdot h=h \quad \cdots\cdots①$$

△ABC を底面として考えると

$$V=\frac{1}{3}\cdot\triangle ABC\cdot OA=\frac{1}{3}\cdot\left(\frac{1}{2}\cdot 3\cdot\sqrt{3}\right)\cdot 1=\frac{\sqrt{3}}{2} \quad \cdots\cdots②$$

①，②より，垂線の長さは $h=\boldsymbol{\frac{\sqrt{3}}{2}}$

⇦四面体 OABC の体積を 2 通りに表す。

219 OC⊥OA，OC⊥OB より，

OC⊥平面 OAB であるから　OC⊥BA

OH⊥平面 ABC より　OH⊥AB

よって　AB⊥平面 OHC

CD は平面 OHC 上にあるので

CD⊥AB　終

⇦（別解）

点 H が△ABC の外心であることと，△ABC が正三角形であることを示し，正三角形の垂心と外心が一致することから CD⊥AB を示してもよい。

2 多面体

本編 p.150〜151

A

220 (1) 各頂点に集まる面の数を調べると，3 面が集まる頂点と 4 面が集まる頂点があるので，正多面体ではない。　終

(2) 頂点の数 $v=\boldsymbol{5}$　　辺の数 $e=\boldsymbol{9}$

221　**220** の立体について，面の数 $f=6$ であるから

$$v-e+f=5-9+6=2$$

よって，この立体についてオイラーの多面体定理が成り立つ。　終

222 (1) △OAH，△OBH，△OCH において
OA＝OB＝OC，OH は共通
∠OHA＝∠OHB＝∠OHC＝90° より
△OAH≡△OBH≡△OCH
よって　AH＝BH＝CH
であるから，点 H は△ABC の外心である。
△ABC は正三角形であるから，点 H は△ABC の重心でもある。　終

(2) 辺 BC の中点を M とすると，(1)より

$AH=\frac{2}{3}AM=\frac{2}{3}\sqrt{3}$ ←AM は 1 辺の長さが 2 の正三角形の中線

$OH=\sqrt{3^2-\left(\frac{2\sqrt{3}}{3}\right)^2}=\frac{\sqrt{69}}{3}$

$\triangle ABC=\frac{1}{2}\cdot 2\cdot\sqrt{3}=\sqrt{3}$

であるから，四面体 OABC の体積は

$\frac{1}{3}\cdot\sqrt{3}\cdot\frac{\sqrt{69}}{3}=\boldsymbol{\frac{\sqrt{23}}{3}}$

B

223 (1) ∠ADE＝60°，∠AED＝90° より，
△ADE は DE：AE：AD＝1：$\sqrt{3}$：2 の直角三角形であり，
∠ADB＝30°，∠ABD＝90° より，
△ABD は AB：BD：AD＝1：$\sqrt{3}$：2 の直角三角形である。
AD＝2 より　AB＝1，AE＝$\sqrt{3}$
AB⊥△BCD より，AB⊥BE であるから

$BE=\sqrt{AE^2-AB^2}$
$=\sqrt{(\sqrt{3})^2-1^2}=\boldsymbol{\sqrt{2}}$

(2) AB⊥平面 BCD，AE⊥CD
であるから，三垂線の定理より
BE⊥CD　←三垂線の定理[2]
したがって，△BCE は∠C＝60°，∠BEC＝90° の直角三角形である。

$BE=\sqrt{2}$ より　$BC=\sqrt{2}\times\frac{2}{\sqrt{3}}=\boldsymbol{\frac{2\sqrt{6}}{3}}$

$CE=\sqrt{2}\times\frac{1}{\sqrt{3}}=\boldsymbol{\frac{\sqrt{6}}{3}}$

(3) 四面体 ABCD の体積を V とする。
△BCD を底面とみると

$V=\frac{1}{3}\cdot\left(\frac{1}{2}\cdot CD\cdot BE\right)\cdot AB=\frac{\sqrt{2}}{6}\cdot CD$

△ACD を底面とみると

$V=\frac{1}{3}\cdot\left(\frac{1}{2}\cdot CD\cdot AE\right)\cdot h=\frac{\sqrt{3}}{6}h\cdot CD$

以上より　$\frac{\sqrt{3}}{6}h\cdot CD=\frac{\sqrt{2}}{6}\cdot CD$

よって　$h=\frac{\sqrt{2}}{\sqrt{3}}=\boldsymbol{\frac{\sqrt{6}}{3}}$

224

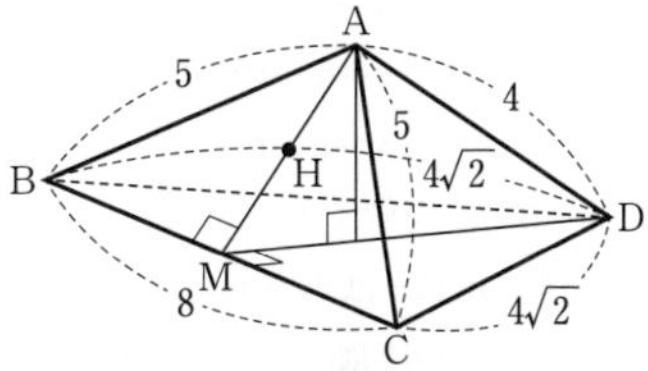

(1) AB＝AC，BM＝CM より　AM⊥BC
△ABM に三平方の定理を用いて

$AM=\sqrt{AB^2-BM^2}=\sqrt{5^2-4^2}=3$

また，DB＝DC，BM＝CM より　DM⊥BC
であるから，△BDM に三平方の定理を用いて　$DM=\sqrt{BD^2-BM^2}$
$=\sqrt{(4\sqrt{2})^2-4^2}=4$

AM の中点を H とすると，
DA＝DM より
DH⊥AM であるから

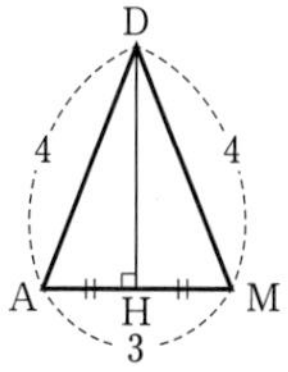

$DH=\sqrt{AD^2-AH^2}$
$=\sqrt{4^2-\left(\frac{3}{2}\right)^2}=\frac{\sqrt{55}}{2}$

よって　$\triangle AMD=\frac{1}{2}\cdot AM\cdot DH$
$=\frac{1}{2}\cdot 3\cdot\frac{\sqrt{55}}{2}=\boldsymbol{\frac{3\sqrt{55}}{4}}$

(2) BC⊥AM，BC⊥DM より BC⊥△AMD
であるから，求める体積 V は

$V=\frac{1}{3}\cdot\triangle AMD\cdot CM+\frac{1}{3}\cdot\triangle AMD\cdot BM$
$=\frac{1}{3}\cdot\triangle AMD\cdot BC=\frac{1}{3}\cdot\frac{3\sqrt{55}}{4}\cdot 8$
$=\boldsymbol{2\sqrt{55}}$

《章末問題》

本編 p.152〜153

225 $AB^2+BC^2=CA^2$ が成り立つから $\angle B=90^\circ$ である。

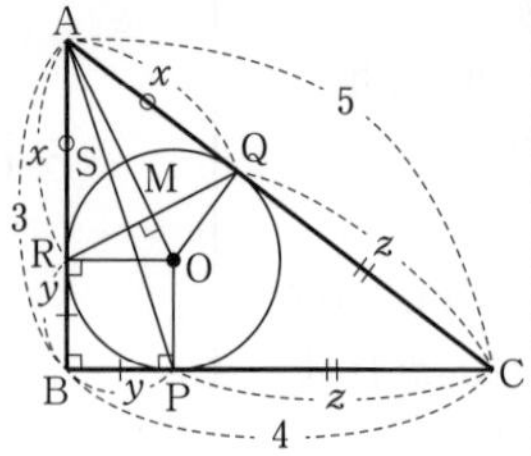

(1) BC, CA, AB は内接円にそれぞれ点 P, Q, R で接しているから,

$AQ=AR=x$

$BP=BR=y$

$CP=CQ=z$

とおく。このとき

$AB=x+y=3$ ……①

$BC=y+z=4$ ……②

$CA=z+x=5$ ……③

①, ②, ③を解くと $x=2$, $y=1$, $z=3$

四角形 ORBP は正方形であるから $OP=y=\mathbf{1}$

次に, △AOR に三平方の定理を用いて

$AO=\sqrt{AR^2+OR^2}$

$=\sqrt{2^2+1^2}=\sqrt{5}$

OA と QR の交点を M とすると $QM=RM$, $AM\perp QR$

△ARM∽△AOR であるから ← $\angle RAM=\angle OAR$, $\angle AMR=\angle ARO=90^\circ$

$AR:MR=AO:RO$

$2:MR=\sqrt{5}:1$

よって $MR=\dfrac{2}{\sqrt{5}}=\dfrac{2\sqrt{5}}{5}$

ゆえに $QR=2MR=\boldsymbol{\dfrac{4\sqrt{5}}{5}}$

(2) $AP=\sqrt{AB^2+BP^2}=\sqrt{3^2+1^2}=\boldsymbol{\sqrt{10}}$ ← △ABP に三平方の定理

方べきの定理から $AS\cdot AP=AR^2$

$AS\cdot\sqrt{10}=2^2$

よって $AS=\dfrac{4}{\sqrt{10}}=\dfrac{2\sqrt{10}}{5}$

ゆえに $SP=AP-AS=\sqrt{10}-\dfrac{2\sqrt{10}}{5}=\boldsymbol{\dfrac{3\sqrt{10}}{5}}$

(3) SH // AB より

PH : PB = PS : PA から $PH:1=\dfrac{3\sqrt{10}}{5}:\sqrt{10}=3:5$

よって $HP=\boldsymbol{\dfrac{3}{5}}$

また, PH : PB = SH : AB から $\dfrac{3}{5}:1=SH:3$

よって $SH=\boldsymbol{\dfrac{9}{5}}$

⇦ **(別解)**

OP が内接円の半径であることに注目して, △ABC の面積から OP の長さを求めてもよい。

$OP=r$ とすると

$\triangle ABC=\dfrac{1}{2}r(3+4+5)$

$\dfrac{1}{2}\cdot4\cdot3=6r$

よって $r=1$

⇦ **(別解)**

△ARO の面積に着目して MR を求めてもよい。

$\triangle ARO=\dfrac{1}{2}\times AR\times RO$

$=\dfrac{1}{2}\times2\times1=1$

$\triangle ARO=\dfrac{1}{2}\times OA\times MR$

$=\dfrac{1}{2}\times\sqrt{5}\times MR$

より $\dfrac{\sqrt{5}}{2}MR=1$

$MR=\dfrac{2}{\sqrt{5}}=\dfrac{2\sqrt{5}}{5}$

⇦

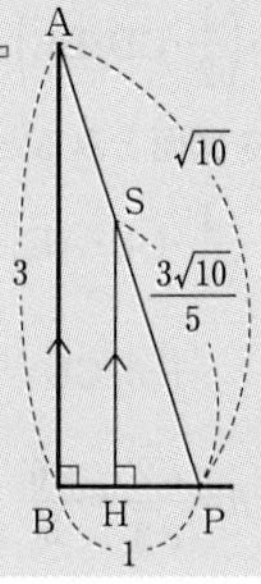

226 $\angle B=30^\circ$，$\angle H=90^\circ$ より　$\angle BCH=60^\circ$

BC=4 から　CH=2，$BH=2\sqrt{3}$

方べきの定理より

$$CA^2=CM\cdot CB=2\cdot 4=8 \longleftarrow CM=\frac{1}{2}CB$$

よって　$AC=2\sqrt{2}$

CH=2，$\angle CHA=90^\circ$　であるから，三平方の定理より

$$AH=\sqrt{AC^2-CH^2}=2$$

$$AB=BH-AH=2\sqrt{3}-2$$

△BCH についてチェバの定理より ⟵ BL，CA，HM は1点Kで交わる

$$\frac{BM}{MC}\cdot\frac{CL}{LH}\cdot\frac{HA}{AB}=1$$

$$\frac{CL}{LH}=\frac{MC}{BM}\cdot\frac{AB}{HA}=\frac{2}{2}\cdot\frac{2\sqrt{3}-2}{2}=\sqrt{3}-1$$

よって　$CL:LH=(\sqrt{3}-1):1$

ゆえに　$CL=\dfrac{\sqrt{3}-1}{(\sqrt{3}-1)+1}CH=\boldsymbol{\dfrac{6-2\sqrt{3}}{3}}$

また，△ABC と直線 MH についてメネラウスの定理より

$$\frac{CK}{KA}\cdot\frac{AH}{HB}\cdot\frac{BM}{MC}=1$$

$$\frac{CK}{KA}=\frac{HB}{AH}\cdot\frac{MC}{BM}=\frac{2\sqrt{3}}{2}\cdot\frac{2}{2}=\sqrt{3}$$

よって　$CK:KA=\sqrt{3}:1$

$\triangle ACH=\dfrac{1}{2}\cdot CH\cdot AH=\dfrac{1}{2}\cdot 2\cdot 2=2$　であるから

$$\triangle KCH=\frac{\sqrt{3}}{\sqrt{3}+1}\triangle ACH=\boldsymbol{3-\sqrt{3}}$$

⇦チェバの定理を用いて CL：LH を求めるために，AH，AB の長さを求める。

⇦△ACH に三平方の定理

⇦L は線分 CH を $(\sqrt{3}-1):1$ に内分する。

⇦K は線分 CA を $\sqrt{3}:1$ に内分する。

227 (1)　BE：EC=1：3，BC=1 より

$$EC=\frac{3}{1+3}\cdot BC=\boldsymbol{\frac{3}{4}}$$

$$ED=\sqrt{EC^2+CD^2}=\sqrt{\left(\frac{3}{4}\right)^2+1^2}=\boldsymbol{\frac{5}{4}}$$

$$EF=ED-FD=\frac{5}{4}-1=\boldsymbol{\frac{1}{4}}$$

⇦△CDE に三平方の定理

⇦FD は円 D の半径

(2) △GBE と△GFE について

$\angle GBE = \angle GFE = 90°$，$BE = EF = \frac{1}{4}$，

GE は共通であるから

△GBE≡△GFE

よって　∠BGE＝∠FGE

であるから，GE は∠G の二等分線である。

また，BI は∠ABC の二等分線であるから，GE と BI の交点 I は△BGH の内心である。　終

⇦F は線分 GH と円 D の接点

(3) GA は A で，GH は F でそれぞれ円 D に接するから

GA＝GF　……①

△GBE≡△GFE より　GB＝GF　……②

①，②より　GA＝GB

よって　$AG = \frac{1}{2}AB = \mathbf{\frac{1}{2}}$

CH＝x とおくと　$EH = EC - CH = \frac{3}{4} - x$

∠EFH＝90° より　$EF^2 + FH^2 = EH^2$

$EF = \frac{1}{4}$，FH＝CH＝x であるから

$$\frac{1}{16} + x^2 = \left(\frac{3}{4} - x\right)^2$$

これを解いて　$x = \frac{1}{3}$　　よって　$CH = \mathbf{\frac{1}{3}}$

⇦△EFH に三平方の定理

⇦FH は点 F で，CH は点 C でそれぞれ円 D に接する。

228 (1) AB の中点を M とする。

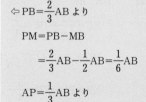

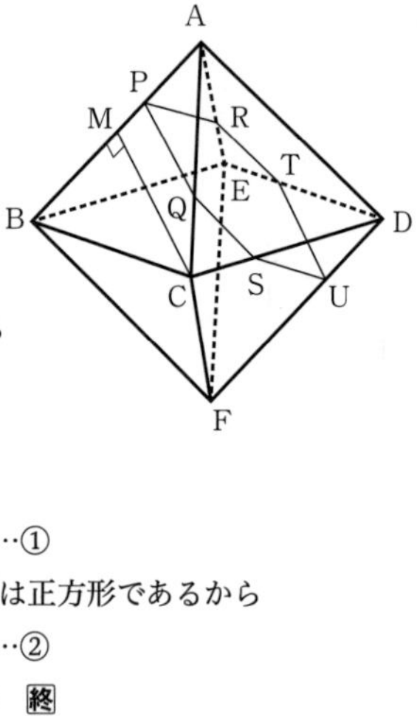

△ABC において，

AP：PB＝1：2

より　AP：PM＝2：1

また　AQ：QC＝2：1

であるから　PQ∥MC

△ABC は正三角形であるから

MC⊥AB

よって　PQ⊥AB

同様にして　PR⊥AB

よって　平面 PQR⊥AB　……①

4 点 A，B，F，D を結ぶ図形は正方形であるから

AD⊥AB　　　　　……②

①，②より　平面 PQR∥AD　終

⇦$PB = \frac{2}{3}AB$ より

$PM = PB - MB$

$= \frac{2}{3}AB - \frac{1}{2}AB = \frac{1}{6}AB$

$AP = \frac{1}{3}AB$ より

$AP : PM = \frac{1}{3}AB : \frac{1}{6}AB$

$= 2 : 1$

(2) 平面PQRと直線CD，DE，FDの交点をそれぞれS，T，Uとする。

平面PQR∥ADよりQS∥AD，RT∥ADであるから，S，TはそれぞれCD，EDを1：2に内分している。

また，PU∥ADより，UはDFを1：2に内分している。

以上より，切り口は**六角形PQSUTR**で

$$PQ=PR=US=UT=CM\times\frac{2}{3}=\frac{3\sqrt{3}}{2}\cdot\frac{2}{3}=\sqrt{\mathbf{3}}$$

$$QS=RT=AD\cdot\frac{1}{3}=\mathbf{1}$$

⇦

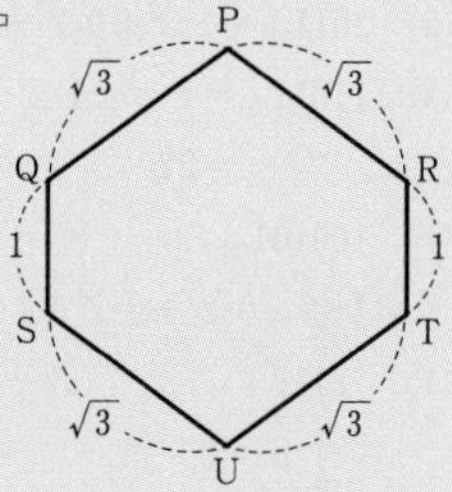

229 (1) △ACDは正三角形で，点Iは辺CDの中点であるから

$AI\perp CD$

同様に，△BCDは正三角形であるから

$BI\perp CD$

よって　平面$ABI\perp CD$

線分EIは平面ABI上にあるから　$CD\perp EI$　終

⇦直線CDは平面ABI上のAI，BIとそれぞれ垂直

(2) 条件(I)について

AC＝ADのとき，△ACDは二等辺三角形で　$AI\perp CD$

BC＝BDのとき，△BCDは二等辺三角形で　$BI\perp CD$

以上から，平面$ABI\perp CD$が成り立つから，

(1)と同様に　$EI\perp CD$

条件(II)について

BC＝AD，AC＝BD，AB＝BA（共通）

より　△ABC≡△BAD

点Eは辺ABの中点であるから

CE＝DE

よって，△ECDは二等辺三角形であり，

点Iは線分CDの中点であることから　$EI\perp CD$

以上のことから，条件(I)，条件(II)のいずれの条件のもとでも$EI\perp CD$は成り立つ。

よって，正しいものは①

3章 数学と人間の活動

1節 数と人間の活動

1 記数法

本編 p.154～156

A

230 (1) $100_{(2)}=1\cdot2^2+0\cdot2^1+0\cdot2^0=\mathbf{4}$

(2) $1011_{(2)}=1\cdot2^3+0\cdot2^2+1\cdot2^1+1\cdot2^0=\mathbf{11}$

(3) $11011_{(2)}=1\cdot2^4+1\cdot2^3+0\cdot2^2+1\cdot2^1+1\cdot2^0$
$=\mathbf{27}$

(4) $100101_{(2)}$
$=1\cdot2^5+0\cdot2^4+0\cdot2^3+1\cdot2^2+0\cdot2^1+1\cdot2^0=\mathbf{37}$

231 (1)
$$\begin{array}{l} 2\,\underline{)\,10} \\ 2\,\underline{)\;\;5}\cdots0 \\ 2\,\underline{)\;\;2}\cdots1 \\ \qquad 1\cdots0 \end{array}$$
$10=\mathbf{1010_{(2)}}$

(2)
$$\begin{array}{l} 2\,\underline{)\,25} \\ 2\,\underline{)\,12}\cdots1 \\ 2\,\underline{)\;\;6}\cdots0 \\ 2\,\underline{)\;\;3}\cdots0 \\ \qquad 1\cdots1 \end{array}$$
$25=\mathbf{11001_{(2)}}$

(3)
$$\begin{array}{l} 2\,\underline{)\,135} \\ 2\,\underline{)\;\;67}\cdots1 \\ 2\,\underline{)\;\;33}\cdots1 \\ 2\,\underline{)\;\;16}\cdots1 \\ 2\,\underline{)\;\;\;\;8}\cdots0 \\ 2\,\underline{)\;\;\;\;4}\cdots0 \\ 2\,\underline{)\;\;\;\;2}\cdots0 \\ \qquad\;\; 1\cdots0 \end{array}$$
$135=\mathbf{10000111_{(2)}}$

(4)
$$\begin{array}{l} 2\,\underline{)\,200} \\ 2\,\underline{)\,100}\cdots0 \\ 2\,\underline{)\;\;50}\cdots0 \\ 2\,\underline{)\;\;25}\cdots0 \\ 2\,\underline{)\;\;12}\cdots1 \\ 2\,\underline{)\;\;\;\;6}\cdots0 \\ 2\,\underline{)\;\;\;\;3}\cdots0 \\ \qquad\;\; 1\cdots1 \end{array}$$
$200=\mathbf{11001000_{(2)}}$

232 (1)
$$\begin{array}{rr} & 11 \\ +) & 110 \\ \hline & 1001 \end{array}$$
よって　$\mathbf{1001_{(2)}}$

(2)
$$\begin{array}{rr} & 1011 \\ +) & 101 \\ \hline & 10000 \end{array}$$
よって　$\mathbf{10000_{(2)}}$

(3)
$$\begin{array}{rr} & 1101 \\ +) & 1010 \\ \hline & 10111 \end{array}$$
よって　$\mathbf{10111_{(2)}}$

(4)
$$\begin{array}{rr} & 11 \\ \times) & 101 \\ \hline & 11 \\ & 11 \\ \hline & 1111 \end{array}$$
よって　$\mathbf{1111_{(2)}}$

$11_{(2)}=1\cdot2^1+1\cdot2^0=3$
$110_{(2)}=1\cdot2^2+1\cdot2^1+0\cdot2^0=6$ より
$3+6=9=1\cdot2^3+0\cdot2^2+0\cdot2^1+1\cdot2^0=1001_{(2)}$
のように，10 進法で表してから計算し，
結果を 2 進法で表してもよい

(5)
$$\begin{array}{rr} & 1011 \\ \times) & 1101 \\ \hline & 1011 \\ & 1011 \\ & 1011 \\ \hline & 10001111 \end{array}$$
よって
$\mathbf{10001111_{(2)}}$

(6)
$$\begin{array}{rr} & 11001 \\ \times) & 111010 \\ \hline & 11001 \\ & 11001 \\ & 11001 \\ & 11001 \\ \hline & 10110101010 \end{array}$$
よって
$\mathbf{10110101010_{(2)}}$

233 (1) $221_{(3)}=2\cdot3^2+2\cdot3^1+1\cdot3^0=\mathbf{25}$

(2) $133_{(4)}=1\cdot4^2+3\cdot4^1+3\cdot4^0=\mathbf{31}$

(3) $241_{(5)}=2\cdot5^2+4\cdot5^1+1\cdot5^0=\mathbf{71}$

(4) $504_{(6)}=5\cdot6^2+0\cdot6^1+4\cdot6^0=\mathbf{184}$

(5) $165_{(7)}=1\cdot7^2+6\cdot7^1+5\cdot7^0=\mathbf{96}$

(6) $286_{(9)}=2\cdot9^2+8\cdot9^1+6\cdot9^0=\mathbf{240}$

234 (1)
$$\begin{array}{l} 3\,\underline{)\,16} \\ 3\,\underline{)\;\;5}\cdots1 \\ \qquad 1\cdots2 \end{array}$$
$16=\mathbf{121_{(3)}}$

(2)
$$\begin{array}{l} 4\,\underline{)\,100} \\ 4\,\underline{)\;\;25}\cdots0 \\ 4\,\underline{)\;\;\;\;6}\cdots1 \\ \qquad\;\; 1\cdots2 \end{array}$$
$100=\mathbf{1210_{(4)}}$

(3)
$$\begin{array}{l} 5\,\underline{)\,117} \\ 5\,\underline{)\;\;23}\cdots2 \\ \qquad\;\; 4\cdots3 \end{array}$$
$117=\mathbf{432_{(5)}}$

(4)
$$\begin{array}{l} 6\,\underline{)\,95} \\ 6\,\underline{)\,15}\cdots5 \\ \qquad 2\cdots3 \end{array}$$
$95=\mathbf{235_{(6)}}$

(5)
$$\begin{array}{l} 7\,\underline{)\,201} \\ 7\,\underline{)\;\;28}\cdots5 \\ \qquad\;\; 4\cdots0 \end{array}$$
$201=\mathbf{405_{(7)}}$

(6)
$$\begin{array}{l} 9\,\underline{)\,333} \\ 9\,\underline{)\;\;37}\cdots0 \\ \qquad\;\; 4\cdots1 \end{array}$$
$333=\mathbf{410_{(9)}}$

C

235 右の計算より

(1) $\mathbf{10_{(2)}}$

(2) $\mathbf{110_{(2)}}$

(3) $\mathbf{1001_{(2)}}$

(4) $\mathbf{11_{(2)}}$

(5) $\mathbf{10_{(2)}}$

(6) $\mathbf{101_{(2)}}$

(1)
$$\begin{array}{r} 101 \\ -)\ \ 11 \\ \hline 10 \end{array}$$

(2)
$$\begin{array}{r} 1101 \\ -)\ 111 \\ \hline 110 \end{array}$$

(3)
$$\begin{array}{r} 10010 \\ -)\ 1001 \\ \hline 1001 \end{array}$$

(4)
$$\begin{array}{r} 11 \\ 10\,\overline{)110} \\ 10 \\ \hline 10 \\ 10 \\ \hline 0 \end{array}$$

(5)
$$\begin{array}{r} 10 \\ 101\,\overline{)1010} \\ 101 \\ \hline 0 \end{array}$$

(6)
$$\begin{array}{r} 101 \\ 110\,\overline{)11110} \\ 110 \\ \hline 110 \\ 110 \\ \hline 0 \end{array}$$

236 (1)
$$0.101_{(2)}=1\cdot\left(\frac{1}{2}\right)^1+0\cdot\left(\frac{1}{2}\right)^2+1\cdot\left(\frac{1}{2}\right)^3$$
$$=\frac{1}{2}+\frac{1}{8}=\mathbf{\frac{5}{8}}$$

⇦ $0.101_{(2)}=\dfrac{101}{1000_{(2)}}=\dfrac{2^2+1}{2^3}=\dfrac{5}{8}$

(2)
$$0.121_{(3)}=1\cdot\left(\frac{1}{3}\right)^1+2\cdot\left(\frac{1}{3}\right)^2+1\cdot\left(\frac{1}{3}\right)^3$$
$$=\frac{1}{3}+\frac{2}{9}+\frac{1}{27}=\mathbf{\frac{16}{27}}$$

⇦ $0.121_{(3)}=\dfrac{121}{1000_{(3)}}=\dfrac{1\cdot3^2+2\cdot3+1}{3^3}=\dfrac{16}{27}$

(3)
$$0.321_{(4)}=3\cdot\left(\frac{1}{4}\right)^1+2\cdot\left(\frac{1}{4}\right)^2+1\cdot\left(\frac{1}{4}\right)^3$$
$$=\frac{3}{4}+\frac{2}{16}+\frac{1}{64}=\mathbf{\frac{57}{64}}$$

⇦ $0.321_{(4)}=\dfrac{321}{1000_{(4)}}=\dfrac{3\cdot4^2+2\cdot4+1}{4^3}=\dfrac{57}{64}$

(4)
$$0.43_{(5)}=4\cdot\left(\frac{1}{5}\right)^1+3\cdot\left(\frac{1}{5}\right)^2$$
$$=\frac{4}{5}+\frac{3}{25}=\mathbf{\frac{23}{25}}$$

⇦ $0.43_{(5)}=\dfrac{43}{100_{(5)}}=\dfrac{4\cdot5^1+3\cdot5^0}{5^2}=\dfrac{23}{25}$

(5)
$$0.024_{(6)}=2\cdot\left(\frac{1}{6}\right)^2+4\cdot\left(\frac{1}{6}\right)^3$$
$$=\frac{2}{36}+\frac{4}{216}=\mathbf{\frac{2}{27}}$$

⇦ $0.024_{(6)}=\dfrac{24}{1000_{(6)}}=\dfrac{2\cdot6+4}{6^3}=\dfrac{2}{27}$

(6)
$$0.343_{(7)}=3\cdot\left(\frac{1}{7}\right)^1+4\cdot\left(\frac{1}{7}\right)^2+3\cdot\left(\frac{1}{7}\right)^3$$
$$=\frac{3}{7}+\frac{4}{49}+\frac{3}{343}=\mathbf{\frac{178}{343}}$$

⇦ $0.343_{(7)}=\dfrac{343}{1000_{(7)}}=\dfrac{3\cdot7^2+4\cdot7+3}{7^3}=\dfrac{178}{343}$

237 (1) $\dfrac{1}{8}=1\cdot\left(\dfrac{1}{2}\right)^3$

$=0\cdot\left(\dfrac{1}{2}\right)^1+0\cdot\left(\dfrac{1}{2}\right)^2+1\cdot\left(\dfrac{1}{2}\right)^3=\mathbf{0.001_{(2)}}$

(2) $\dfrac{23}{32}=\dfrac{1\cdot2^4+0\cdot2^3+1\cdot2^2+1\cdot2^1+1\cdot2^0}{2^5}$

$=1\cdot\left(\dfrac{1}{2}\right)^1+0\cdot\left(\dfrac{1}{2}\right)^2+1\cdot\left(\dfrac{1}{2}\right)^3+1\cdot\left(\dfrac{1}{2}\right)^4+1\cdot\left(\dfrac{1}{2}\right)^5$

$=\mathbf{0.10111_{(2)}}$

(3) $\dfrac{7}{9}=\dfrac{2\cdot3^1+1\cdot3^0}{3^2}$

$=2\cdot\left(\dfrac{1}{3}\right)^1+1\cdot\left(\dfrac{1}{3}\right)^2=\mathbf{0.21_{(3)}}$

(4) $\dfrac{14}{25}=\dfrac{2\cdot5^1+4\cdot5^0}{5^2}$

$=2\cdot\left(\dfrac{1}{5}\right)^1+4\cdot\left(\dfrac{1}{5}\right)^2=\mathbf{0.24_{(5)}}$

⇦ $\dfrac{1}{8}=0.125$
右のように，小数部分に 2 を掛けていき，整数部分を順にかく方法がある。

この順にかく ↓	0.125
	×2
	0.250
	×2
	0.500
	×2
	1.000

⇦ $\dfrac{14}{25}=0.56$

この順にかく ↓	0.56
	×5
	2.80
	×5
	4.00

238 自然数 N は $3^{11}\leqq N<3^{12}$ の範囲にある。

$3^{11}=3\cdot3^{10}=3\cdot(3^2)^5=3\cdot9^5$

$3^{12}=(3^2)^6=9^6$

であるから

$3\cdot9^5\leqq N<9^6$

よって，N は 9 進法で表すと **6 桁**の数である。

⇦ 9 進法で表すために $a\cdot9^n$ の形で表すことを考える。

239 10 進法で表すと 3 桁になる自然数 N は $10^2\leqq N<10^3$

すなわち $100\leqq N<1000$ ……① の範囲にある。

また，6 進法で表すと 3 桁になる自然数 N は $6^2\leqq N<6^3$

すなわち $36\leqq N<216$ ……② の範囲にある。

①，②の共通範囲は $100\leqq N<216$

よって，求める個数は $\underline{215-99}=\mathbf{116}$（個）

↑ 215−100+1 としてもよい

⇦ N は自然数なので
$100\leqq N<216$
$\Longleftrightarrow 100\leqq N\leqq215$

240 求める自然数を N とする。

N を 4 進法で表したときの 4 の位の数字を a，1 の位の数字を b とすると

$N=4a+b$ ……①

また，N を 7 進法で表したときの 7 の位の数字は b，1 の位の数字は a であるから

$N=7b+a$ ……②

ただし $1\leqq a\leqq3$，$1\leqq b\leqq3$

⇦最高位である 4 の位の数と 7 の位の数は 0 にならないから，0 を含まない。

①，②より　$4a+b=7b+a$

よって　　$a=2b$

これを満たす 1 以上 3 以下の整数 a，b は　$(a,\ b)=(2,\ 1)$

ゆえに，求める自然数 N を 10 進法で表すと，①より

$N=4\cdot 2+1=\mathbf{9}$

⇦ $N=21_{(4)}$

2　約数と倍数

本編 p.157～159

A

241 $\mathbf{-6,\ -5,\ -3,\ -2,\ -1,\ 1,\ 2,\ 3,\ 5,\ 6}$

242 (1)　$\mathbf{-28,\ -14,\ -7,\ -4,\ -2,\ -1,}$

$\mathbf{1,\ 2,\ 4,\ 7,\ 14,\ 28}$ ←

$\pm 1,\ \pm 2,\ \pm 4,\ \pm 7,\ \pm 14,\ \pm 28$ のように表してもよい

(2)　$\mathbf{-24,\ -12,\ -8,\ -6,\ -4,\ -3,\ -2,}$

$\mathbf{-1,\ 1,\ 2,\ 3,\ 4,\ 6,\ 8,\ 12,\ 24}$

(3)　$\mathbf{-91,\ -13,\ -7,\ -1,\ 1,\ 7,\ 13,\ 91}$

243　a は 4 の倍数，b は 6 の倍数であるから，k，l を整数として

$a=4k$，$b=6l$

と表せる。

$3a-ab+b^2=3\cdot 4k-4k\cdot 6l+(6l)^2$

$=12k-24kl+36l^2$

$=12(k-2kl+3l^2)$

$k-2kl+3l^2$ は整数であるから，

$12(k-2kl+3l^2)$ は 12 の倍数である。

よって，$3a-ab+b^2$ は 12 の倍数である。

終

244　3 桁の自然数 N は

$N=100a+10b+c$　……①

と表せる。

$a-b+c$ が 11 の倍数のとき，k を整数として

$a-b+c=11k$　と表せる。

$c=11k-a+b$ として①に代入すると

$N=100a+10b+(11k-a+b)$ ←

$=99a+11b+11k$

$=11(9a+b+k)$

$N=99a+11b+a-b+c$ と考えてもよい

$9a+b+k$ は整数であるから，

$11(9a+b+k)$ は 11 の倍数である。

よって，N は 11 の倍数である。　終

245 (1)　$60=\mathbf{2^2\cdot 3\cdot 5}$

(2)　$78=\mathbf{2\cdot 3\cdot 13}$

(3)　$154=\mathbf{2\cdot 7\cdot 11}$

(4)　$1001=\mathbf{7\cdot 11\cdot 13}$

246 (1)　$264=\mathbf{2^3\cdot 3\cdot 11}$

(2)　$\sqrt{264n}=\sqrt{2^3\cdot 3\cdot 11\cdot n}$

$=\sqrt{2^2\cdot 2\cdot 3\cdot 11\cdot n}$

よって，これが

自然数となる最小の n は

$n=2\cdot 3\cdot 11=\mathbf{66}$

← $2^2\times 3^2\times 11^2$ となれば$\sqrt{\ }$がはずせる

247 (1)　$48=2^4\cdot 3$ であるから

$(4+1)\cdot(1+1)=\mathbf{10}$（個）

(2)　$180=2^2\cdot 3^2\cdot 5$ であるから

$(2+1)\cdot(2+1)\cdot(1+1)=\mathbf{18}$（個）

(3)　$210=2\cdot 3\cdot 5\cdot 7$ であるから

$(1+1)\cdot(1+1)\cdot(1+1)\cdot(1+1)=\mathbf{16}$（個）

248 (1)　$52=2^2\cdot 13$，$117=3^2\cdot 13$ より

最大公約数 13

最小公倍数 $2^2\cdot 3^2\cdot 13=\mathbf{468}$

(2)　$324=2^2\cdot 3^4$，$504=2^3\cdot 3^2\cdot 7$ より

最大公約数 $2^2\cdot 3^2=\mathbf{36}$

最小公倍数 $2^3\cdot 3^4\cdot 7=\mathbf{4536}$

249　$20=2^2\cdot 5$，$28=2^2\cdot 7$

(1)　紙 B の 1 辺の長さは 20 と 28 の公約数であるから，n を 20 と 28 の最大公約数とすればよい。

よって　$n=2^2=\mathbf{4}$

(2)　紙 C の 1 辺の長さは 20 と 28 の公倍数であるから，N を 20 と 28 の最小公倍数とすればよい。

よって　$N=2^2\times 5\times 7=\mathbf{140}$

250 (1) $56=2^3\cdot7$, $72=2^3\cdot3^2$,
$84=2^2\cdot3\cdot7$ より
最大公約数 $2^2=\mathbf{4}$
最小公倍数 $2^3\cdot3^2\cdot7=\mathbf{504}$
(2) $98=2\cdot7^2$, $126=2\cdot3^2\cdot7$,
$294=2\cdot3\cdot7^2$ より
最大公約数 $2\cdot7=\mathbf{14}$
最小公倍数 $2\cdot3^2\cdot7^2=\mathbf{882}$

251 (1) $36=2^2\cdot3^2$, $48=2^4\cdot3$
36 と 48 の最大公約数は $2^2\cdot3=12$
であるから，正の公約数の個数は
$(2+1)\cdot(1+1)=\mathbf{6}$ (個)
(2) $135=3^3\cdot5$, $225=3^2\cdot5^2$,
$315=3^2\cdot5\cdot7$
135, 225, 315 の最大公約数は $3^2\cdot5=45$
であるから，正の公約数の個数は
$(2+1)\cdot(1+1)=\mathbf{6}$ (個)

252 $18=2\cdot3^2$, $252=2^2\cdot3^2\cdot7$ より
n と 18 の最小公倍数が 252 となるのは
$n=2^2\cdot3^a\cdot7$ ($a=0$, 1, 2)
のときである。
$a=0$ のとき $n=2^2\cdot3^0\cdot7=28$
$a=1$ のとき $n=2^2\cdot3^1\cdot7=84$
$a=2$ のとき $n=2^2\cdot3^2\cdot7=252$
よって $n=\mathbf{28,\ 84,\ 252}$

253 $\dfrac{4}{15}=\dfrac{4}{3\cdot5}$, $\dfrac{38}{57}=\dfrac{2\cdot19}{3\cdot19}=\dfrac{2}{3}$,
$\dfrac{29}{143}=\dfrac{29}{11\cdot13}$, $\dfrac{67}{159}=\dfrac{67}{3\cdot53}$,
$\dfrac{26}{221}=\dfrac{2\cdot13}{13\cdot17}=\dfrac{2}{17}$
よって，既約分数であるものは
$\mathbf{\dfrac{4}{15}}$, $\mathbf{\dfrac{29}{143}}$, $\mathbf{\dfrac{67}{159}}$

254 a, b の最大公約数が 8 であるから，
a', b' を互いに素である自然数として
$a=8a'$, $b=8b'$ ($a'<b'$) と表せる。
和が 96 であるから
$a+b=8a'+8b'=8(a'+b')=96$
よって $a'+b'=12$
a', b' は互いに素で，$a'<b'$ であることから
$(a',\ b')=(1,\ 11),\ (5,\ 7)$
よって，求める a, b の値の組は
$(a,\ b)=\mathbf{(8,\ 88),\ (40,\ 56)}$

B

255 $N=168=2^3\cdot3\cdot7$
(1) $N=2^2\cdot(2\cdot3\cdot7)$ より，Nn がある整数の平方となるような n の最小値は
$n=2\cdot3\cdot7=\mathbf{42}$
(2) $N=2^3\cdot(3\cdot7)$ より，Nn がある整数の立方となるような n の最小値は
$n=3^2\cdot7^2=\mathbf{441}$

256 n の正の約数がちょうど 6 個であるから，
n を素因数分解すると
$n=p^5$ または $n=p^2q$
(ただし，p, q は異なる素数)
と表せる。
$n=p^5$ となる n のうち，最小となるのは
$p=2$ のときで $n=2^5=32$
$n=p^2q$ となる n のうち，最小となるのは
$p=2$, $q=3$ のときで $n=2^2\cdot3=12$
よって，求める n の最小値は $n=\mathbf{12}$

257 $\dfrac{56}{45}=\dfrac{2^3\cdot7}{3^2\cdot5}$, $\dfrac{42}{25}=\dfrac{2\cdot3\cdot7}{5^2}$
これらの数にかけても整数になるような有理数で，最小のものを求めるには，分母は大きく，分子を小さくすればよい。
すなわち，分子はそれぞれの分母の最小公倍数，分母はそれぞれの分子の最大公約数とすればよい。
よって，求める数は $\dfrac{3^2\cdot5^2}{2\cdot7}=\mathbf{\dfrac{225}{14}}$

258 (1) a, b の最大公約数が 15 であるから，
a', b' を互いに素である自然数として
$a=15a'$, $b=15b'$ $(a'<b')$
と表せる。
最小公倍数が 150 であるから
$15a'b'=150$ よって $a'b'=10$
a', b' は互いに素で，$a'<b'$ より
$(a', b')=(1, 10), (2, 5)$
よって，求める a, b の値の組は
$(a, b)=$**(15, 150), (30, 75)**

(2) a, b の最大公約数を G とすると，
a', b' を互いに素である自然数として
$a=Ga'$, $b=Gb'$ $(a'<b')$
と表せる。
最小公倍数が 120 であるから
$Ga'b'=120$ ……①
積が 1440 であるから
$ab=Ga'\cdot Gb'=G^2a'b'=1440$ ……②
①を②に代入して
$120G=1440$ よって $G=12$
①に代入して $a'b'=10$
a', b' は互いに素で，$a'<b'$ より
$(a', b')=(1, 10), (2, 5)$
よって，求める a, b の値の組は
$(a, b)=$**(12, 120), (24, 60)**

C

259 条件(B)より b, c の最大公約数が 24 であるから，b', c' を自然数として
$b=24b'$, $c=24c'$ (b', c' は互いに素，$b'<c'$)
と表せる。
最小公倍数は 144 であるから
$24b'c'=144$ よって $b'c'=6$
b', c' は互いに素で，$b'<c'$ より
$(b', c')=(1, 6), (2, 3)$
よって $(b, c)=(24, 144), (48, 72)$
条件(C)において，$240=2^4\cdot3\cdot5$ であるから，
a は 5 を約数にもつ。
条件(A)より，a は 6 の倍数であるから
$a\geqq5\cdot6=30$
$a<b$ であるから $(b, c)=(48, 72)$ であり，
$a=6\cdot5=30$
ゆえに $(a, b, c)=$**(30, 48, 72)**

⇦まず，条件(B)から b と c の値を求める。

⇦条件(C)から最小公倍数 240 を素因数分解すると，b が 5 を約数にもたないことから，a は 5 を約数にもつことがわかる。

⇦ $a\geqq30$, $a<b$ より $b\neq24$

260 (1) 7 と互いに素である数は，7 を素因数にもたない数，すなわち 7 の倍数でない数である。
1 から 100 までの数の中で 7 の倍数は
7, 14, 21, ……, 98 の 14 個
よって，7 と互いに素である数の個数は
$100-14=$**86**（個）

⇦ $7\cdot1$, $7\cdot2$, ……, $7\cdot14$

(2) 6 と互いに素である数は，$6=2\cdot3$ より
2 の倍数でも 3 の倍数でもない数である。

1 から 100 までの数の中で

2 の倍数は　2, 4, 6, ……, 100　の 50 個

3 の倍数は　3, 6, 9, ……, 99　の 33 個

6 の倍数は　6, 12, 18, ……, 96　の 16 個

であるから，2 の倍数または 3 の倍数である数の個数は

$50+33-16=67$（個）

よって，6 と互いに素である数の個数は

$100-67=$ **33**（個）

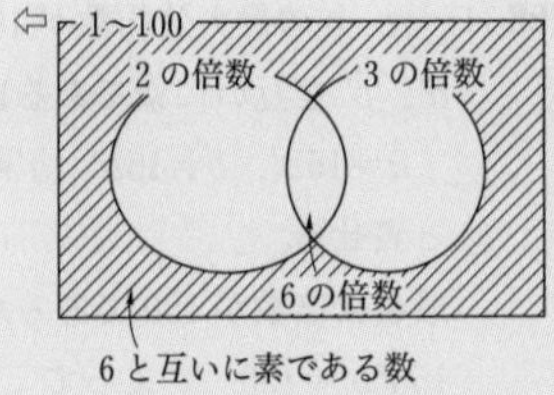

3　整数の割り算と商・余り

本編 p.160〜161

A

261 (1)　$-8=5\cdot(-2)+2$

よって　商は **−2**，余りは **2**

(2)　$-50=7\cdot(-8)+6$

よって　商は **−8**，余りは **6**

(3)　$-115=12\cdot(-10)+5$

よって　商は **−10**，余りは **5**

(4)　$-991=15\cdot(-67)+14$

よって　商は **−67**，余りは **14**

262　2 つの自然数 a，b を 4 で割った余りがそれぞれ 2，3 であるから

$a=4m+2$，$b=4n+3$

（m，n は 0 以上の整数）　と表せる。

(1)　$a+b=(4m+2)+(4n+3)$

$=4m+4n+5$

$=4(m+n+1)+1$

m，n は整数であるから，$m+n+1$ も整数である。よって，求める余りは **1**

(2)　$ab=(4m+2)(4n+3)$

$=16mn+12m+8n+6$

$=4(4mn+3m+2n+1)+2$

m, n は整数であるから，$4mn+3m+2n+1$ も整数である。よって，求める余りは **2**

(3)　$3a+5b+1$

$=3(4m+2)+5(4n+3)+1$

$=12m+20n+22$

$=4(3m+5n+5)+2$

m，n は整数であるから，$3m+5n+5$ も整数である。よって，求める余りは **2**

(4)　a^2-b^2

$=(4m+2)^2-(4n+3)^2$

$=16m^2+16m+4-16n^2-24n-9$

$=4(4m^2-4n^2+4m-6n-2)+3$

m，n は整数であるから，

$4m^2-4n^2+4m-6n-2$ も整数である。

よって，求める余りは **3**

263 (1)　n が奇数のとき，k を整数として

$n=2k+1$　と表せる。

$n^2+3n=(2k+1)^2+3(2k+1)$

$=(4k^2+4k+1)+(6k+3)$

$=2(2k^2+5k+2)$

$2k^2+5k+2$ は整数であるから，

n^2+3n は偶数である。　終

(2)　n が 3 の倍数のとき，k を整数として

$n=3k$　と表せる。

$2n^2-3n=2(3k)^2-3\cdot3k$

$=18k^2-9k$

$=9(2k^2-k)$

$2k^2-k$ は整数であるから，

$2n^2-3n$ は 9 の倍数である。　終

264 整数 n は k を整数として，
$n=4k$，$n=4k+1$，$n=4k+2$，$n=4k+3$
のいずれかの形で表される。

[1] $n=4k$ のとき
$$n^2=(4k)^2=16k^2=4\cdot4k^2$$
であるから，n^2 を 4 で割ったときの余りは 0 である。

[2] $n=4k+1$ のとき
$$n^2=(4k+1)^2=16k^2+8k+1$$
$$=4\cdot(4k^2+2k)+1$$
であるから，n^2 を 4 で割ったときの余りは 1 である。

[3] $n=4k+2$ のとき
$$n^2=(4k+2)^2=16k^2+16k+4$$
$$=4\cdot(4k^2+4k+1)$$
であるから，n^2 を 4 で割ったときの余りは 0 である。

[4] $n=4k+3$ のとき
$$n^2=(4k+3)^2=16k^2+24k+9$$
$$=4\cdot(4k^2+6k+2)+1$$
であるから，n^2 を 4 で割ったときの余りは 1 である。

[1]〜[4] より，n^2 を 4 で割った余りは 0 または 1 である。 終

$2^2=4$ より，整数 n を $n=2k$，$n=2k+1$ の 2 つの場合で分けてもよい

265 (1) n が奇数のとき，k を整数として
$n=2k+1$ と表せる。
$$n^2+4n+3=(2k+1)^2+4(2k+1)+3$$
$$=4k^2+4k+1+8k+4+3$$
$$=4(k^2+3k+2)$$
$$=4(k+1)(k+2)$$
$(k+1)(k+2)$ は連続する 2 つの整数の積であるから 2 の倍数である。
よって，$4(k+1)(k+2)$ は 8 の倍数であるから，n^2+4n+3 は 8 の倍数である。 終

(2) n が 3 の倍数のとき，k を整数として
$n=3k$ と表せる。
$$n^2+3n=(3k)^2+3\cdot3k$$
$$=9k^2+9k=9k(k+1)$$
$k(k+1)$ は連続する 2 つの整数の積であるから 2 の倍数である。
よって，$9k(k+1)$ は 18 の倍数であるから，n^2+3n は 18 の倍数である。 終

266 $n^3+3n^2+2n=n(n^2+3n+2)$
$$=n(n+1)(n+2)$$
$n(n+1)(n+2)$ は連続する 3 つの整数の積であるから 6 の倍数である。
よって，n^3+3n^2+2n は 6 の倍数である。

終

B

267 a，b，c は，k，l，m を整数として
$a=5k+1$，$b=5l+2$，$c=5m+3$
と表せる。
$$a+2b+3c$$
$$=(5k+1)+2(5l+2)+3(5m+3)$$
$$=5k+10l+15m+14$$
$$=5(k+2l+3m+2)+4$$
$14=5\cdot2+4$

$k+2l+3m+2$ は整数であるから，
求める余りは **4**

また，
$$abc=(5k+1)(5l+2)(5m+3)$$
$$=5k(5l+2)(5m+3)+1\cdot(5l+2)(5m+3)$$
$$=5k(5l+2)(5m+3)+25lm+15l+10m+6$$
$$=5\{k(5l+2)(5m+3)+5lm+3l+2m+1\}+1$$
$k(5l+2)(5m+3)+5lm+3l+2m+1$ は整数であるから，求める余りは **1**

C

268 (1)　$n+5$ は 7 の倍数であるから

$$n+5=7k \quad (k \text{ は整数})$$

と表せる。このとき

$$n+12=(n+5)+7=7k+7=7(k+1)$$

$k+1$ は整数であるから，$n+12$ は 7 の倍数である。

また，$n+7$ は 5 の倍数であるから

$$n+7=5l \quad (l \text{ は整数})$$

と表せる。このとき

$$n+12=(n+7)+5=5l+5=5(l+1)$$

$l+1$ は整数であるから，$n+12$ は 5 の倍数である。

よって，$n+12$ は 7 の倍数かつ 5 の倍数，

すなわち 35 の倍数である。

ゆえに，$n+12$ を 35 で割った余りは **0**

(2)　(1)より　$n+12=35m$（m は整数）と表せる。

n は自然数であるから　$n \geqq 1$

$n=35m-12 \geqq 1$ より　$m \geqq \dfrac{13}{35}$

これを満たす最小の整数 m は $m=1$ であるから，

n のうち最小のものは　$n=35 \cdot 1-12=\mathbf{23}$

269　b を 4 で割った余りを r とすると，r は 0 以上 3 以下の整数であり，

$$a=4m+1,\ b=4n+r \quad (m,\ n \text{ は負でない整数})$$

と表せる。

$$\begin{aligned} a^2-b &= (4m+1)^2-(4n+r) \\ &= 16m^2+8m+1-4n-r \\ &= 4(4m^2+2m-n-1)+(5-r) \end{aligned}$$

$4m^2+2m-n-1$ は整数であるから，$5-r=2$ であればよい。

よって　$r=3$

ゆえに，b を 4 で割った余りは **3**

270 (1)　命題「a，b の少なくとも一方が 3 の倍数ならば，ab は 3 の倍数である」は明らかに真であるから，その対偶「ab が 3 の倍数でないならば，a と b はともに 3 の倍数でない」も真である。

よって，ab を 3 で割ったときの余りが 2 のとき，

a と b はともに 3 の倍数ではない。　終

㊗ p.142 節末 5

⇦ $12=5+7$ と分けて考える。

⇦ 5 と 7 は互いに素であるから，5 の倍数かつ 7 の倍数ならば $5 \times 7=35$ の倍数になる。

⇦ $4(4m^2+2m-n)+(1-r)$ とすると，$0 \leqq r \leqq 3$ より $-2 \leqq 1-r \leqq 1$ となり，$1-r=2$ とできない。

(2) a と b がともに 3 の倍数でないとき，k，l を 0 以上の整数として，次の 4 つの場合に分けることができる。

[1] $\begin{cases} a=3k+1 \\ b=3l+1 \end{cases}$　[2] $\begin{cases} a=3k+1 \\ b=3l+2 \end{cases}$

[3] $\begin{cases} a=3k+2 \\ b=3l+1 \end{cases}$　[4] $\begin{cases} a=3k+2 \\ b=3l+2 \end{cases}$

このうち，[1] と [4] のとき，a と b の積を 3 で割った余りは 1 である。
余りが 2 でないので，[1]，[4] は除く

[2] のとき

$$ab=(3k+1)(3l+2)=3(3kl+2k+l)+2$$

より，a と b の積を 3 で割った余りは 2 である。

このとき　$a+b=(3k+1)+(3l+2)=3(k+l+1)$

よって，a と b の和は 3 の倍数である。

[3] のときも [2] のときと同様である。

以上から，a と b の積を 3 で割ると 2 余るとき，a と b の和は 3 の倍数である。　終

⇦[1] のとき
$ab=(3k+1)(3l+1)$
$=3(3kl+k+l)+1$
[4] のとき
$ab=(3k+2)(3l+2)$
$=3(3kl+2k+2l+1)+1$

⇦[2]，[3] のときはそれぞれ k と l が入れかわるだけなので，同様に，と扱える。

271 $n=2$ のとき

$n+2=4$，$n+4=6$ より，いずれも素数でない。

$n=3$ のとき

$n=3$，$n+2=5$，$n+4=7$　はいずれも素数である。

$n\geqq4$ のとき，4 以上の自然数 n は，k を自然数として

$n=3k+1$，$n=3k+2$，$n=3k+3$

のいずれかの形で表される。

$n=3k+1$ のとき　$n+2=3k+3=3(k+1)$

$n=3k+2$ のとき　$n+4=3k+6=3(k+2)$

$n=3k+3$ のとき　$n=3(k+1)$

これらはいずれも 3 より大きい 3 の倍数となるから，

いずれの場合も n，$n+2$，$n+4$ の中に素数ではない数を含む。

よって，n，$n+2$，$n+4$ のすべてが素数となるのは

$n=3$ のときだけである。　終

⇦1 は素数ではないので，$n\geqq2$ で考える。

⇦k は自然数より
$k+1\geqq2$，$k+2\geqq3$

272 (1) 4 以上の自然数 N は，n を自然数として

$N=6n-2$，$N=6n-1$，$N=6n$，

$N=6n+1$，$N=6n+2$，$N=6n+3$

のいずれかの形で表される。

このうち　$N=6n-2=2(3n-1)$，$N=6n=2\cdot3n$

$N=6n+2=2(3n+1)$，$N=6n+3=3(2n+1)$

はいずれも 2 や 3 を約数にもち，素数ではない。

よって，3 より大きいすべての素数は $6n\pm1$ の形で表される。

終

⇦4 以上の自然数を 6 で割った余りで分類する。

(2) (1)より，3 より大きい素数 p は $6n-1$ または $6n+1$ の形で表される。

$p=6n-1$ のとき

$p+2=6n+1$ より，p と $p+2$ がいずれも素数になりうる。

このとき，$p+1=6n$ は 6 の倍数である。

⇦ $p=6n-1$ より　$p+1=6n$

$p=6n+1$ のとき

$p+2=6n+3=3(2n+1)$ は 3 の倍数であり，

素数ではない。

よって，p と $p+2$ がともに素数のとき，$p+1$ は 6 の倍数である。 終

4 ユークリッドの互除法と不定方程式

本編 p.162～163

A

273 (1) $114=78\cdot1+36$

$78=36\cdot2+6$

$36=6\cdot6+0$

よって，最大公約数は **6**

(2) $378=117\cdot3+27$

$117=27\cdot4+9$

$27=9\cdot3+0$

よって，最大公約数は **9**

(3) $377=299\cdot1+78$

$299=78\cdot3+65$

$78=65\cdot1+13$

$65=13\cdot5+0$

より，最大公約数は **13**

(4) $1189=1001\cdot1+188$

$1001=188\cdot5+61$

$188=61\cdot3+5$

$61=5\cdot12+1$

よって，最大公約数は **1**

274 (1) $2x=3y$

2 と 3 は互いに素であるから

$\boldsymbol{x=3k,\ y=2k}$ （**k は整数**）

(2) $4x=-5y$

4 と 5 は互いに素であるから

$\boldsymbol{x=5k,\ y=-4k}$ （**k は整数**）

↑$x=-5k$，$y=4k$ でもよい

(3) $-3x=-6y$ より　$x=2y$

1 と 2 は互いに素であるから

$\boldsymbol{x=2k,\ y=k}$ （**k は整数**）

275 (1) $7x-6y=0$ より　$7x=6y$

7 と 6 は互いに素であるから

$\boldsymbol{x=6k,\ y=7k}$ （**k は整数**）

(2) $8x+24y=0$ より　$x=-3y$ ← $x=3(-y)$

1 と 3 は互いに素であるから

$\boldsymbol{x=3k,\ y=-k}$ （**k は整数**）

↑$x=-3k$，$y=k$ でもよい

(3) $-5x+9y=0$ より　$5x=9y$

5 と 9 は互いに素であるから

$\boldsymbol{x=9k,\ y=5k}$ （**k は整数**）

276 (1) $5x-4y=1$ ……①とする。

$x=1$，$y=1$ は①を満たす整数解の 1 組であるから

（整数解を 1 組みつける）

$5\cdot1-4\cdot1=1$ ……②

①－②より　$5(x-1)-4(y-1)=0$

よって　$5(x-1)=4(y-1)$

4 と 5 は互いに素であるから

$x-1=4k$，$y-1=5k$ （k は整数）

ゆえに

$\boldsymbol{x=4k+1,\ y=5k+1}$ （**k は整数**）

(2) $4x+7y=1$ ……①とする。

$x=2,\ y=-1$ は①を満たす整数解の1組であるから　整数解を1組みつける

$4\cdot2+7\cdot(-1)=1$ ……②

①−②より　$4(x-2)+7(y+1)=0$

よって　$4(x-2)=-7(y+1)$

4と7は互いに素であるから

$x-2=7k,\ y+1=-4k$（k は整数）

ゆえに

$\boldsymbol{x=7k+2,\ y=-4k-1}$ （$\boldsymbol{k}$ **は整数**）

(3) $5x-9y=2$ ……①とする。

$x=4,\ y=2$ は①を満たす整数解の1組であるから　整数解を1組みつける

$5\cdot4-9\cdot2=2$ ……②

①−②より　$5(x-4)-9(y-2)=0$

よって　$5(x-4)=9(y-2)$

5と9は互いに素であるから

$x-4=9k,\ y-2=5k$（k は整数）

ゆえに

$\boldsymbol{x=9k+4,\ y=5k+2}$ （$\boldsymbol{k}$ **は整数**）

(4) $6x+5y=3$ ……①とする。

$x=3,\ y=-3$ は①を満たす整数解の1組であるから　整数解を1組みつける

$6\cdot3+5\cdot(-3)=3$ ……②

①−②より　$6(x-3)+5(y+3)=0$

よって　$6(x-3)=-5(y+3)$

6と5は互いに素であるから

$x-3=5k,\ y+3=-6k$（k は整数）

ゆえに

$\boldsymbol{x=5k+3,\ y=-6k-3}$ （$\boldsymbol{k}$ **は整数**）

277 (1) $23=10\cdot2+3,\ 10=3\cdot3+1$

より　$3=23-10\cdot2$

$1=10-3\cdot3$

$1=10-(23-10\cdot2)\cdot3$

$=10\cdot1-23\cdot3+10\cdot6$

$=-23\cdot3+10\cdot7$

よって　$23\cdot(-3)+10\cdot7=1$

ゆえに，整数解の1組は　$\boldsymbol{x=-3,\ y=7}$

(2) $37=15\cdot2+7,\ 15=7\cdot2+1$

より　$7=37-15\cdot2$

$1=15-7\cdot2$

$1=15-(37-15\cdot2)\cdot2$

$=15\cdot1-37\cdot2+15\cdot4$

$=15\cdot5-37\cdot2$

よって　$15\cdot5+37\cdot(-2)=1$

ゆえに，整数解の1組は　$\boldsymbol{x=5,\ y=-2}$

(3) $41=18\cdot2+5$

$18=5\cdot3+3$

$5=3\cdot1+2$

$3=2\cdot1+1$

より　$5=41-18\cdot2$

$3=18-5\cdot3$

$2=5-3\cdot1$

$1=3-2\cdot1$

$1=3-(5-3\cdot1)\cdot1$

$=3\cdot2-5\cdot1$

$=(18-5\cdot3)\cdot2-5\cdot1$

$=18\cdot2-5\cdot7$

$=18\cdot2-(41-18\cdot2)\cdot7$

$=-41\cdot7+18\cdot16$

よって　$41\cdot(-7)+18\cdot16=1$

ゆえに，整数解の1組は　$\boldsymbol{x=-7,\ y=16}$

(4) $61=29\cdot2+3$

$29=3\cdot9+2$

$3=2\cdot1+1$

より　$3=61-29\cdot2$

$2=29-3\cdot9$

$1=3-2\cdot1$

$1=3-(29-3\cdot9)\cdot1$

$=3\cdot10-29\cdot1$

$=(61-29\cdot2)\cdot10-29\cdot1$

$=61\cdot10-29\cdot21$

よって　$29\cdot(-21)+61\cdot10=1$

ゆえに，整数解の1組は

$\boldsymbol{x=-21,\ y=10}$

B

278 (1) $11x+23y=7$ ……①

$11\cdot(-2)+23\cdot1=1$ であるから，

両辺に 7 を掛けて

$11\cdot(-14)+23\cdot7=7$ ……②

①−②より

$11(x+14)+23(y-7)=0$

$11(x+14)=23(-y+7)$

11 と 23 は互いに素であるから

$x+14=23k$，$-y+7=11k$（k は整数）

よって

$\boldsymbol{x=23k-14}$，$\boldsymbol{y=-11k+7}$（**k は整数**）

(2) $19x+17y=3$ ……①

$19=17\cdot1+2$，$17=2\cdot8+1$ ← ユークリッドの互除法

より $2=19-17\cdot1$

$1=17-2\cdot8$

$1=17-(19-17\cdot1)\cdot8$

$=-19\cdot8+17\cdot9$

よって $19\cdot(-8)+17\cdot9=1$

両辺に 3 を掛けて

$19\cdot(-24)+17\cdot27=3$ ……②

①−②より

$19(x+24)+17(y-27)=0$

$19(x+24)=17(-y+27)$

19 と 17 は互いに素であるから

$x+24=17k$，$-y+27=19k$（k は整数）

よって

$\boldsymbol{x=17k-24}$，$\boldsymbol{y=-19k+27}$（**k は整数**）

(3) $47x-36y=5$ ……①

$47=36\cdot1+11$，$36=11\cdot3+3$，
$11=3\cdot3+2$，$3=2\cdot1+1$ ← ユークリッドの互除法

より $11=47-36\cdot1$

$3=36-11\cdot3$

$2=11-3\cdot3$

$1=3-2\cdot1$

$1=3-(11-3\cdot3)\cdot1$

$=3\cdot4-11\cdot1$

$=(36-11\cdot3)\cdot4-11\cdot1$

$=36\cdot4-11\cdot13$

$=36\cdot4-(47-36\cdot1)\cdot13$

$=-47\cdot13+36\cdot17$

よって $47\cdot(-13)-36\cdot(-17)=1$

両辺に 5 を掛けて

$47\cdot(-65)-36\cdot(-85)=5$ ……②

①−②より

$47(x+65)-36(y+85)=0$

$47(x+65)=36(y+85)$

47 と 36 は互いに素であるから

$x+65=36k$，$y+85=47k$（k は整数）

よって

$\boldsymbol{x=36k-65}$，$\boldsymbol{y=47k-85}$（**k は整数**）

(4) $27x-59y=-4$ ……①

$59=27\cdot2+5$，$27=5\cdot5+2$，
$5=2\cdot2+1$ ← ユークリッドの互除法

より $5=59-27\cdot2$

$2=27-5\cdot5$

$1=5-2\cdot2$

$1=5-(27-5\cdot5)\cdot2$

$=5\cdot11-27\cdot2$

$=(59-27\cdot2)\cdot11-27\cdot2$

$=59\cdot11-27\cdot24$

よって $27\cdot(-24)-59\cdot(-11)=1$

両辺に −4 を掛けて

$27\cdot96-59\cdot44=-4$ ……②

①−②より

$27(x-96)-59(y-44)=0$

$27(x-96)=59(y-44)$

27 と 59 は互いに素であるから

$x-96=59k$，$y-44=27k$（k は整数）

よって

$\boldsymbol{x=59k+96}$，$\boldsymbol{y=27k+44}$（**k は整数**）

279 (1) 求める自然数 n は，整数 x，y を用いて

$n=8x+7$，$n=11y+7$

と表せる。

$8x+7=11y+7$ より $8x=11y$

8 と 11 は互いに素であるから

$x=11k$，$y=8k$ （k は整数）

よって $n=8\cdot11k+7=88k+7$

n は 3 桁の整数であるから

$88k+7\leqq999$

$k\leqq\dfrac{992}{88}=11.2727\cdots\cdots$

ゆえに，条件を満たす最大の自然数 n は

$k=11$ のときで $n=88\cdot11+7=\mathbf{975}$

(2) 求める自然数 n は，整数 x，y を用いて

$n=22x+5$，$n=13y+9$

と表せる。

$22x+5=13y+9$ より

$22x-13y=4$ ……①

$22=13\cdot1+9$，$13=9\cdot1+4$，
$9=4\cdot2+1$
← ユークリッドの互除法

より $9=22-13\cdot1$

$4=13-9\cdot1$

$1=9-4\cdot2$

$1=9-(13-9\cdot1)\cdot2$

$=9\cdot3-13\cdot2$

$=(22-13\cdot1)\cdot3-13\cdot2$

$=22\cdot3-13\cdot5$

よって $22\cdot3-13\cdot5=1$

両辺に 4 を掛けて

$22\cdot12-13\cdot20=4$ ……②

①−②より

$22(x-12)-13(y-20)=0$

$22(x-12)=13(y-20)$

22 と 13 は互いに素であるから

$x-12=13k$，$y-20=22k$ （k は整数）

ゆえに

$x=13k+12$，$y=22k+20$ （k は整数）

このとき

$n=22\cdot(13k+12)+5=286k+269$

n は 3 桁の整数であるから

$286k+269\leqq999$

$k\leqq\dfrac{730}{286}=2.552\cdots\cdots$

したがって，条件を満たす最大の自然数 n は

$k=2$ のときで $n=286\cdot2+269=\mathbf{841}$

280 (1) $1057=906\cdot1+151$
$906=151\cdot6$
］ユークリッドの互除法

よって，906 と 1057 の最大公約数は 151

ゆえに

$\dfrac{906}{1057}=\dfrac{151\cdot6}{151\cdot7}=\mathbf{\dfrac{6}{7}}$

(2) $8885=5331\cdot1+3554$
$5331=3554\cdot1+1777$
$3554=1777\cdot2$
］ユークリッドの互除法

よって，5331 と 8885 の最大公約数は 1777

ゆえに

$\dfrac{5331}{8885}=\dfrac{1777\cdot3}{1777\cdot5}=\mathbf{\dfrac{3}{5}}$

C

281 鉛筆を x 本，ボールペンを y 本買ったとすると，

$x\geqq0$，$y\geqq0$ から x，y は 0 以上の整数であり

$85x+100y=1125$

$17x+20y=225$ ……①
（両辺を 5 で割る）

ここで，$17\cdot(-1)+20\cdot1=3$ であるから，両辺に 75 を掛けて

$17\cdot(-75)+20\cdot75=225$ ……②

㊜p.143 節末 9

⇦ $17\cdot5+20\cdot(-2)=45$
の両辺に 5 を掛けたものを②として考えてもよい。

①－②より

$17(x+75)+20(y-75)=0$

$17(x+75)=20(-y+75)$

17 と 20 は互いに素であるから

$x+75=20k$, $-y+75=17k$ （k は整数）

よって

$x=20k-75$, $y=-17k+75$ （k は整数）

$x \geqq 0$, $y \geqq 0$ であるから

$20k-75 \geqq 0$, $-17k+75 \geqq 0$

共通範囲は　$3.75 \leqq k \leqq 4.41\cdots$

⇦ $k \geqq \frac{75}{20}$, $k \leqq \frac{75}{17}$ より　$\frac{15}{4} \leqq k \leqq \frac{75}{17}$

これを満たす整数 k は　$k=4$

このとき　$x=-75+20\cdot 4=5$, $y=75-17\cdot 4=7$

したがって，鉛筆を**5本**，ボールペンを**7本**買った。

282　求める整数を N とする。

N を 5，9 で割った商をそれぞれ x, y とすると，x, y は 0 以上の整数であり，

⇦はじめに，5 で割ると 2 余り 9 で割ると 7 余る数の一般形を求める。

$N=5x+2=9y+7$ より　$5(x-1)=9y$

5 と 9 は互いに素であるから

$x-1=9k$, $y=5k$ （k は 0 以上の整数）

このとき　$N=9\cdot 5k+7=45k+7$ （k は 0 以上の整数）

N を 13 で割った商を z とすると，z は 0 以上の整数であり，

$N=45k+7=13z+1$ より　$45k-13z=-6$　……①

ここで　$45\cdot(-1)-13\cdot(-3)=-6$　……②

⇦①を満たす整数解を 1 組みつける。

であるから，①－②より

$45(k+1)-13(z+3)=0$

$45(k+1)=13(z+3)$

45 と 13 は互いに素であるから

$k+1=13l$, $z+3=45l$ （l は整数）

よって　$k=13l-1$, $z=45l-3$ （l は整数）

$k \geqq 0$, $z \geqq 0$ より　$13l-1 \geqq 0$, $45l-3 \geqq 0$

⇦ $l \geqq \frac{1}{13}$, $l \geqq \frac{3}{45}=\frac{1}{15}$ より　$l \geqq \frac{1}{13}$

これらを満たす最小の整数 l は　$l=1$

このとき　$k=12$, $z=42$

よって，求める最小の整数 N は　$N=45\cdot 12+7=$**547**

283 (1)　$6n+5=(3n+2)\cdot 2+1$

⇦ユークリッドの互除法の考え方を利用する。

と表せるから，$6n+5$ と $3n+2$ の最大公約数は，$3n+2$ と 1 の最大公約数に等しい。

$3n+2$ と 1 の最大公約数は 1 であるから，$6n+5$ と $3n+2$ の最大公約数も 1 である。

よって，$6n+5$ と $3n+2$ は互いに素である。　終

(2) $5n+34=(2n+15)\cdot 2+(n+4)$

$2n+15=(n+4)\cdot 2+7$

と表せるから，$5n+34$ と $2n+15$ の最大公約数は，$n+4$ と 7 の最大公約数に等しい。

$n+4$ と 7 の最大公約数が 7 になるのは，n が 20 以下の自然数であることから

$n+4=7,\ 14,\ 21$

のときである。よって，求める自然数 n は

$n=\mathbf{3,\ 10,\ 17}$

⇦ユークリッドの互除法の考え方を利用する。

研究 方程式の整数解

本編 p.164〜165

B

284 (1) $xy=6$ より ←x, y はともに 6 の約数

$(x,\ y)=\mathbf{(-6,\ -1),\ (-3,\ -2),\ (-2,\ -3),\ (-1,\ -6),\ (1,\ 6),\ (2,\ 3),\ (3,\ 2),\ (6,\ 1)}$

(2) y は整数であるから，$y-1$ も整数である。

よって　$(x,\ y-1)=(-2,\ 1),\ (-1,\ 2),\ (1,\ -2),\ (2,\ -1)$

ゆえに　$(x,\ y)=\mathbf{(-2,\ 2),\ (-1,\ 3),\ (1,\ -1),\ (2,\ 0)}$

(3) x, y は整数であるから，$x+1$, $y-2$ も整数である。よって

$(x+1,\ y-2)=(-5,\ -1),\ (-1,\ -5),\ (5,\ 1),\ (1,\ 5)$

ゆえに　$(x,\ y)=\mathbf{(-6,\ 1),\ (-2,\ -3),\ (4,\ 3),\ (0,\ 7)}$

285 (1) $xy-3x-3y+9=7$ より

$(x-3)(y-3)=7$

x, y は整数であるから，$x-3$, $y-3$ も整数である。よって

$(x-3,\ y-3)=(-7,\ -1),\ (-1,\ -7),\ (1,\ 7),\ (7,\ 1)$

ゆえに　$(x,\ y)=\mathbf{(-4,\ 2),\ (2,\ -4),\ (4,\ 10),\ (10,\ 4)}$

(2) $xy+4x-2y-8=9$ より

$(x-2)(y+4)=9$

x, y は整数であるから，$x-2$, $y+4$ も整数である。よって

$(x-2,\ y+4)=(-9,\ -1),\ (-3,\ -3),\ (-1,\ -9),\ (1,\ 9),\ (3,\ 3),\ (9,\ 1)$

ゆえに　$(x,\ y)=\mathbf{(-7,\ -5),\ (-1,\ -7),\ (1,\ -13),\ (3,\ 5),\ (5,\ -1),\ (11,\ -3)}$

(3) $xy-5x+3y-9=0$ より

$x(y-5)+3y=9$

両辺から 15 を引いて

$x(y-5)+3y-15=9-15$ ← 共通因数 $(y-5)$ をつくる

$x(y-5)+3(y-5)=-6$

よって　$(x+3)(y-5)=-6$

x, y は整数であるから，$x+3$, $y-5$ も整数である。よって

$(x+3,\ y-5)=(-6,\ 1),\ (-3,\ 2),\ (-2,\ 3),\ (-1,\ 6),\ (1,\ -6),\ (2,\ -3),\ (3,\ -2),\ (6,\ -1)$

ゆえに　$(x,\ y)=\mathbf{(-9,\ 6),\ (-6,\ 7),\ (-5,\ 8),\ (-4,\ 11),\ (-2,\ -1),\ (-1,\ 2),\ (0,\ 3),\ (3,\ 4)}$

(4) $2xy+6x-y=10$ より

$2x(y+3)-y=10$

両辺から 3 を引いて

$2x(y+3)-y-3=10-3$ ← 共通因数 $(y+3)$ をつくる

$2x(y+3)-(y+3)=7$

よって　$(2x-1)(y+3)=7$

x，y は整数であるから，$2x-1$，$y+3$ も整数である。よって

$(2x-1,\ y+3)=(-7,\ -1)$，$(-1,\ -7)$，$(1,\ 7)$，$(7,\ 1)$

ゆえに　$(x,\ y)=\mathbf{(-3,\ -4)}$，$\mathbf{(0,\ -10)}$，$\mathbf{(1,\ 4)}$，$\mathbf{(4,\ -2)}$

286 (1) $x^2-y^2=5$ より　$(x+y)(x-y)=5$

x，y は整数であるから，$x+y$，$x-y$ も整数である。よって

$(x+y,\ x-y)=(-5,\ -1)$，$(-1,\ -5)$，$(1,\ 5)$，$(5,\ 1)$

ゆえに　$(x,\ y)=\mathbf{(-3,\ -2)}$，$\mathbf{(-3,\ 2)}$，$\mathbf{(3,\ -2)}$，$\mathbf{(3,\ 2)}$

(2) $x^2-xy-2y^2=4$ より　$(x+y)(x-2y)=4$

x，y は整数であるから，$x+y$，$x-2y$ も整数である。よって

$(x+y,\ x-2y)=(-4,\ -1)$，$(-2,\ -2)$，$(-1,\ -4)$，$(1,\ 4)$，$(2,\ 2)$，$(4,\ 1)$

ゆえに　$(x,\ y)=\mathbf{(-3,\ -1)}$，$\mathbf{(-2,\ 0)}$，$\mathbf{(-2,\ 1)}$，$\mathbf{(2,\ -1)}$，$\mathbf{(2,\ 0)}$，$\mathbf{(3,\ 1)}$

C

287 (1) $\dfrac{1}{x}+\dfrac{2}{y}=1$ の両辺に xy を掛けて

$y+2x=xy$ より　$xy-2x-y=0$

$x(y-2)-y=0$

両辺に 2 を加えて　$x(y-2)-y+2=2$

$(x-1)(y-2)=2$

⇦共通因数 $(y-2)$ をつくる。

x，y は自然数であるから，$x-1$ は 0 以上の整数，$y-2$ は -1 以上の整数である。

よって　$(x-1,\ y-2)=(1,\ 2)$，$(2,\ 1)$

ゆえに　$(x,\ y)=\mathbf{(2,\ 4)}$，$\mathbf{(3,\ 3)}$

(2) $\dfrac{4}{x}-\dfrac{3}{y}=1$ の両辺に xy を掛けて

$4y-3x=xy$ より　$xy+3x-4y=0$

$x(y+3)-4y=0$

両辺から 12 を引いて　$x(y+3)-4y-12=-12$

$(x-4)(y+3)=-12$

⇦共通因数 $(y+3)$ をつくる。

x，y は自然数であるから，$x-4$ は -3 以上の整数，$y+3$ は 4 以上の整数である。

よって　$(x-4,\ y+3)=(-3,\ 4)$，$(-2,\ 6)$，$(-1,\ 12)$

ゆえに　$(x,\ y)=\mathbf{(1,\ 1)}$，$\mathbf{(2,\ 3)}$，$\mathbf{(3,\ 9)}$

(3) $\dfrac{2}{x}+\dfrac{1}{y}=\dfrac{1}{2}$ の両辺に $2xy$ を掛けて

$4y+2x=xy$ より　$xy-2x-4y=0$

$x(y-2)-4y=0$

両辺に 8 を加えて　$x(y-2)-4y+8=8$

$(x-4)(y-2)=8$

⇦共通因数 $(y-2)$ をつくる。

x，y は自然数であるから，$x-4$ は -3 以上の整数，

$y-2$ は -1 以上の整数である。

よって　$(x-4,\ y-2)=(1,\ 8),\ (2,\ 4),\ (4,\ 2),\ (8,\ 1)$

ゆえに　$(x,\ y)=$ **$(5,\ 10),\ (6,\ 6),\ (8,\ 4),\ (12,\ 3)$**

288　$\sqrt{n^2+99}=k$　（k は正の整数）とおくと

$n^2+99=k^2$ より　$k^2-n^2=99$

$(k+n)(k-n)=99$

⇦**286**(1)の形の式

k，n は正の整数であるから，$k+n$ は 2 以上の正の整数，

$k-n$ は整数であり，$k+n>k-n$ である。

⇦$k+n>0$ より負の数は考える必要がなく，$k+n>k-n$ より積の組合せが限定される。

よって　$(k+n,\ k-n)=(11,\ 9),\ (33,\ 3),\ (99,\ 1)$

ゆえに　$(k,\ n)=(10,\ 1),\ (18,\ 15),\ (50,\ 49)$

したがって，求めるの値は　$n=$ **1，15，49**

289　正の整数 n に，27 を加えても 83 を加えても平方数になるから，ある正の整数 x，y を用いて

$n+27=x^2$，$n+83=y^2$

⇦n を消去すると，**286**(1)の形の式

と表される。

ここで $y^2-x^2=(n+83)-(n+27)=56$ より

$(y+x)(y-x)=56$

x，y は正の整数であるから，$y+x$ は 2 以上の整数，

$y-x$ は整数であり，$y+x>y-x$ である。

⇦$y+x>0$ より $y-x>0$

また $y+x=(y-x)+2x$ であるから，$y+x$ と $y-x$ の偶奇は一致し，積が 56 で偶数であるからともに偶数である。

⇦$2x$ は偶数であるから
$y+x$ が偶数ならば $y-x$ も偶数
$y+x$ が奇数ならば $y-x$ も奇数

よって　$(y+x,\ y-x)=(14,\ 4),\ (28,\ 2)$

ゆえに　$(x,\ y)=(5,\ 9),\ (13,\ 15)$

$(x,\ y)=(5,\ 9)$ のとき　$n=5^2-27=-2$

これは $n>0$ を満たさないので，不適。

$(x,\ y)=(13,\ 15)$ のとき　$n=13^2-27=142$

これは $n>0$ を満たす。

以上より，求める n の値は　$n=$ **142**

290 $x+2y+3z=12$, $x\geqq1$, $2y\geqq2$ より

$3z=12-x-2y\leqq9$ よって $z\leqq3$

$z=1$ のとき $x+2y=9$ ←$2y$ は偶数より，x は奇数

これを満たす自然数の組 (x, y) は

$(x, y)=(1, 4), (3, 3), (5, 2), (7, 1)$

$z=2$ のとき $x+2y=6$ ←$2y$ は偶数より，x は偶数

これを満たす自然数の組 (x, y) は $(x, y)=(2, 2), (4, 1)$

$z=3$ のとき $x+2y=3$

これを満たす自然数の組 (x, y) は $(x, y)=(1, 1)$

以上から $(x, y, z)=(1, 4, 1), (3, 3, 1),$
$(5, 2, 1), (7, 1, 1),$
$(2, 2, 2), (4, 1, 2), (1, 1, 3)$

⇦x, y, z が自然数であるという条件を利用して，z の値の候補を絞る。

291 (1) $4\leqq x<y<z$ であるから $\dfrac{1}{x}>\dfrac{1}{y}>\dfrac{1}{z}$

$$\dfrac{1}{2}=\dfrac{1}{x}+\dfrac{1}{y}+\dfrac{1}{z}<\dfrac{1}{x}+\dfrac{1}{x}+\dfrac{1}{x}=\dfrac{3}{x}$$

よって $\dfrac{1}{2}<\dfrac{3}{x}$ より $4\leqq x<6$

すなわち $x=4, 5$

(i) $x=4$ のとき $\dfrac{1}{4}+\dfrac{1}{y}+\dfrac{1}{z}=\dfrac{1}{2}$ より $\dfrac{1}{y}+\dfrac{1}{z}=\dfrac{1}{4}$

$\dfrac{1}{y}>\dfrac{1}{z}$ より $\dfrac{1}{4}=\dfrac{1}{y}+\dfrac{1}{z}<\dfrac{1}{y}+\dfrac{1}{y}=\dfrac{2}{y}$

よって $\dfrac{1}{4}<\dfrac{2}{y}$ より $4<y<8$ ←$x=4$, $x<y$ より $4<y$

すなわち $y=5, 6, 7$

$y=5$ のとき $\dfrac{1}{5}+\dfrac{1}{z}=\dfrac{1}{4}$ より $\dfrac{1}{z}=\dfrac{1}{4}-\dfrac{1}{5}=\dfrac{1}{20}$

すなわち $z=20$

$y=6$ のとき $\dfrac{1}{6}+\dfrac{1}{z}=\dfrac{1}{4}$ より $\dfrac{1}{z}=\dfrac{1}{4}-\dfrac{1}{6}=\dfrac{1}{12}$

すなわち $z=12$

$y=7$ のとき $\dfrac{1}{7}+\dfrac{1}{z}=\dfrac{1}{4}$ より $\dfrac{1}{z}=\dfrac{1}{4}-\dfrac{1}{7}=\dfrac{3}{28}$

すなわち $z=\dfrac{28}{3}$ これは自然数でないので不適。

教 p.154 章末B [6]

⇦$\dfrac{1}{x}>\dfrac{1}{y}$，$\dfrac{1}{x}>\dfrac{1}{z}$ から
x の値の範囲を絞る。

⇦$\dfrac{1}{y}>\dfrac{1}{z}$ から
y の値の範囲を絞る。

(ii)　$x=5$ のとき　$\frac{1}{5}+\frac{1}{y}+\frac{1}{z}=\frac{1}{2}$ より　$\frac{1}{y}+\frac{1}{z}=\frac{3}{10}$

$\frac{1}{y}>\frac{1}{z}$ より　$\frac{3}{10}=\frac{1}{y}+\frac{1}{z}<\frac{1}{y}+\frac{1}{y}=\frac{2}{y}$

よって　$\frac{3}{10}<\frac{2}{y}$ より　$5<y<\frac{20}{3}$ ←$x=5$，$x<y$ より $5<y$

すなわち　$y=6$

このとき　$\frac{1}{z}=\frac{3}{10}-\frac{1}{6}=\frac{2}{15}$ より　$z=\frac{15}{2}$

これは自然数でないので不適。

(i)，(ii)より

$(x,\ y,\ z)=$**(4，5，20)，(4，6，12)**

(2)　$xyz=2x+2y+z$，$x<y<z$ より

$xyz<2z+2z+z=5z$

$z>0$ より　$xy<5$

x，y は $x<y$ を満たす自然数であるから

$(x,\ y)=(1,\ 2),\ (1,\ 3),\ (1,\ 4)$

$(x,\ y)=(1,\ 2)$ のとき

$1\cdot2\cdot z=2\cdot1+2\cdot2+z$ より　$z=6$

$(x,\ y)=(1,\ 3)$ のとき

$1\cdot3\cdot z=2\cdot1+2\cdot3+z$ より　$z=4$

$(x,\ y)=(1,\ 4)$ のとき

$1\cdot4\cdot z=2\cdot1+2\cdot4+z$ より　$z=\frac{10}{3}$

これは自然数ではないので不適。

以上から　$(x,\ y,\ z)=$**(1，2，6)，(1，3，4)**

⇦ $\frac{1}{y}>\frac{1}{z}$ から y の値の範囲を絞る。

⇦ $x<z$，$y<z$ から $2x+2y<2z+2z$

《章末問題》

本編 p.166

292 (1) $2102102_{(3)}$

$=2\cdot3^6+1\cdot3^5+0\cdot3^4+2\cdot3^3+1\cdot3^2+0\cdot3^1+2\cdot3^0$

$=2\cdot(3^2)^3+3\cdot(3^2)^2+2\cdot3\cdot3^2+3^2+2\cdot1$

$=2\cdot9^3+3\cdot9^2+(6+1)\cdot9^1+2\cdot9^0$

$=\mathbf{2372_{(9)}}$

⇦ 9進法で表すときは9^nの形で表す。

⇦ $3^5=3\cdot3^4=3\cdot(3^2)^2$

(2) $56.7_{(8)}=5\cdot8^1+6\cdot8^0+\dfrac{7}{8}$

$=(2^2+1)2^3+(2^2+2)2^0+\dfrac{2^2+2+1}{2^3}$

$=2^5+2^3+2^2+2+\dfrac{1}{2}+\dfrac{1}{2^2}+\dfrac{1}{2^3}$

$=1\cdot2^5+0\cdot2^4+1\cdot2^3+1\cdot2^2+1\cdot2^1+0\cdot2^0+1\cdot\left(\dfrac{1}{2}\right)^1+1\cdot\left(\dfrac{1}{2}\right)^2+1\cdot\left(\dfrac{1}{2}\right)^3$

$=\mathbf{101110.111_{(2)}}$

⇦ 2 進法に直すときは 2^n の形で表す。

293 1，2，3，……，10 には

2 の倍数が 10÷2=5 より　5 個

4 の倍数が 10÷4=2 あまり 2 より　2 個

8 の倍数が 10÷8=1 あまり 2 より　1 個

よって，10! を素因数分解したときの 2 の指数は

5+2+1=**8**

1 から 100 までの自然数には

5 の倍数が 100÷5=20 より　20（個）

25 の倍数が 100÷25=4 より　4（個）

よって，100! を素因数分解したときの 5 の指数は

20+4=24

5 と偶数の積から因数 10 ができるから，

末尾に 0 は **24 個**並ぶ

⇦素因数 2 の数の方が素因数 5 の数より多いから，素因数 5 の数だけ末尾に 0 が並ぶ

294 (1) **1302，4620**　（下 1 桁が 2 の倍数）

(2) **1302，4620，81765**　（各位の数の和が 3 の倍数）

(3) **4620**　（下 2 桁が 4 の倍数）

(4) **4620，81765**　（下 1 桁が 0 か 5）

(5) **1302，4620**　（2 かつ 3 の倍数）

(6) **81765**　（各位の数の和が 9 の倍数）

⇦ 1302……1+3+2=6

4620……4+6+2=12

81765……8+1+7+6+5=27

295 n は p, q を負でない整数として

$$n=3p+a,\ n=5q+b$$

と表される。

$$10a+6b=10(n-3p)+6(n-5q)$$
$$=16n-30p-30q$$
$$=15(n-2p-2q)+n$$

⇦ $a=n-3p$, $b=n-5q$

$n-2p-2q$ は整数であり，$0 \leqq n \leqq 14$ であるから，

n は $10a+6b$ を 15 で割った余りに等しい。 終

296 15，25，40 の最大公約数を分母に

4，12，21 の最小公倍数を分子にもつ分数を求めればよい。

$15=3\cdot5$，$25=5\cdot5$，$40=2^3\cdot5$ より

最大公約数は 5

$4=2^2$，$12=2^2\cdot3$，$21=3\cdot7$ より

最小公倍数は $2^2\cdot3\cdot7=84$

よって，求める最小の分数は $\boldsymbol{\dfrac{84}{5}}$

297 自然数 N を 33 で割ったときの等しい商，余りを r とおくと

$$N=33r+r=34r \quad (r=0,\ 1,\ 2,\ \cdots\cdots,\ 32)$$

⇦ r は 33 で割ったときの余りであるから，32 以下である。

$N \geqq 1000$ より　$34r \geqq 1000$　よって

$$r \geqq \frac{1000}{34}=\frac{500}{17}=29+\frac{7}{17}$$

ゆえに，求める N は $r=30$，31，32 のときの値であるから

$N=$ **1020，1054，1088**

298

$$7x+4y=(2x+y)\cdot3+x+y$$
$$2x+y=(x+y)\cdot1+x$$
$$x+y=x\cdot1+y$$

⇦ユークリッドの互除法の考え方を利用する。

これより，$7x+4y$ と $2x+y$ の最大公約数は，

x と y の最大公約数に等しい。

x と y は互いに素であるから，$7x+4y$ と $2x+y$ は互いに素である。 終

299 整数 n は，k を整数として

$n=5k$，$n=5k+1$，$n=5k+2$，$n=5k+3$，$n=5k+4$

のいずれかで表される。

[1] $n=5k$ のとき

$$n^2+n+1=(5k)^2+5k+1=5(5k^2+k)+1$$

であるから，5 で割ると余りは 1

[2]　$n=5k+1$ のとき

$n^2+n+1=(5k+1)^2+(5k+1)+1=5(5k^2+3k)+3$

であるから，5 で割ると余りは 3

[3]　$n=5k+2$ のとき

$n^2+n+1=(5k+2)^2+(5k+2)+1=5(5k^2+5k+1)+2$

であるから，5 で割ると余りは 2

[4]　$n=5k+3$ のとき

$n^2+n+1=(5k+3)^2+(5k+3)+1=5(5k^2+7k+2)+3$

であるから，5 で割ると余りは 3

[5]　$n=5k+4$ のとき

$n^2+n+1=(5k+4)^2+(5k+4)+1=5(5k^2+9k+4)+1$

であるから，5 で割ると余りは 1

[1]～[5] より，n^2+n+1 は 5 で割り切れない。　終

300　$N=100A+B$ である。

(1)　$2A+B$ が 7 の倍数であるから　$2A+B=7k$（k は整数）と表される。

$$N=100A+B=98A+(2A+B)$$
$$=7\cdot 14A+7k=7(14A+k)$$

A，k は整数であるから $14A+k$ も整数である。

よって，N は 7 の倍数である。

ゆえに，$2A+B$ が 7 の倍数ならば，N も 7 の倍数である。

終

(2)　$2A-B$ が 17 の倍数であるから　$2A-B=17m$（m は整数）と表される。

$$N=100A+B=102A-2A+B$$
$$=102A-(2A-B)$$
$$=17\cdot 6A-17m$$
$$=17(6A-m)$$

A，m は整数であるから $6A-m$ も整数である。

よって，N は 17 の倍数である。

ゆえに，$2A-B$ が 17 の倍数ならば，N も 17 の倍数である。

終

301　4 桁の数を　$59ab$　$(0 \leqq a \leqq 9,\ 0 \leqq b \leqq 9)$ と表す。

5 の倍数であるとき　$b=0$ または 5

4 の倍数であるとき，偶数でもあるので　$b=0$

3 の倍数であるとき

$$5+9+a+0=14+a$$ が 3 の倍数である。

よって，$a=1,\ 4,\ 7$ のいずれかである。

4 の倍数であるとき，下 2 桁が 4 の倍数であるから

$a=4$ である。　←5910，5970 は 4 の倍数でない

ゆえに，**5940** は，3，4，5 のいずれの数でも割り切れる。

Prominence 数学Ⅰ＋A　解答編

●編　者――実教出版編修部
●発行者――小田　良次
●印刷所――共同印刷株式会社

●発行所――実教出版株式会社
〒102-8377
東京都千代田区五番町 5
電話〈営業〉(03) 3238-7777
〈編修〉(03) 3238-7785
〈総務〉(03) 3238-7700
https://www.jikkyo.co.jp/

002402022　ISBN978-4-407-35127-9